HAMBURGISCHE UNIVERSITÄT

Abhandlungen
aus dem
Gebiet der Auslandskunde
(Fortsetzung der Abhandlungen des Hamburgischen Kolonialinstituts)
Band 36

Reihe B. Völkerkunde, Kulturgeschichte und Sprachen
Band 17

Rathjens - v. Wissmannsche Südarabien-Reise
Band 1

Sabäische Inschriften

bearbeitet von

J. H. Mordtmann und Eugen Mittwoch

HAMBURG
FRIEDERICHSEN, DE GRUYTER & CO. M. B. H.
1931

Rathjens - v. Wissmannsche Südarabien - Reise
Band 1

Sabäische Inschriften

bearbeitet von

J. H. Mordtmann und Eugen Mittwoch

Mit Abbildungen und Karten

HAMBURG
FRIEDERICHSEN, DE GRUYTER & CO. M. B. H.
1931

Die „Abhandlungen aus dem Gebiet der Auslandskunde“ (Fortsetzung der Abhandlungen des Hamburgischen Kolonialinstituts) erscheinen in folgenden Reihen:

A. Rechts- und Staatswissenschaften (auch politische Geschichte umfassend),
B. Völkerkunde, Kulturgeschichte und Sprachen,
C. Naturwissenschaften,
D. Medizin und Veterinärmedizin.

Sämtliche Zuschriften und Sendungen, die den Druck und die Herausgabe der Abhandlungen betreffen, insbesondere sämtliche druckreifen Manuskripte bittet man zu richten

An die Schriftleitung der Abhandlungen aus dem Gebiet der Auslandskunde

Hamburg 13

Universität

Druck von J. J. Augustin in Glückstadt und Hamburg

Inhaltsverzeichnis.

Verzeichnis der Karten und Skizzen.

Vorwort.

Seitdem Eduard Glaser auf wiederholten Reisen, Halévys Spuren folgend, Südarabien epigraphisch durchforscht hat, sind bis in die jüngste Zeit keine weiteren planmäßigen Versuche in dieser Richtung gemacht worden. Die sabäischen Inschriften, die Hermann Burchardt während seines langjährigen Aufenthaltes im Jemen photographisch aufgenommen hat, waren Zufallsfunde. Was sonst noch an neuem Material zu Tage gefördert worden ist, beschränkt sich im wesentlichen auf Stücke, die durch Händler aus dem Innern des Landes vornehmlich nach Aden auf den Markt gelangt waren und von dort ihren Weg in europäische Museen und Sammlungen gefunden haben. Die epigraphischen Ergebnisse der Südarabischen Expedition der Wiener Akademie sind bisher nur bruchstückweise veröffentlicht worden.

Auch die Reise, die die Herren Carl Rathjens und Hermann v. Wissmann im Winter 1927/28 im Gebiete des Imamats Jemen unternommen haben, galt zunächst der geographischen Erforschung des Landes. Daneben aber richteten sie ihr Augenmerk auch auf die Altertümer. Dank der Unterstützung des Imam hatten sie die Möglichkeit, in Ṣan'ā und Umgegend eine größere Anzahl von Inschriften ungehindert aufzunehmen. Rathjens und v. Wissmann sind die ersten Forscher, denen — wenn auch zunächst in bescheidenem Umfange — systematische Ausgrabungen in Südarabien ermöglicht wurden. Über diese soll im zweiten Bande dieser Veröffentlichung berichtet werden.

Ein Teil der von ihnen gesammelten Inschriften war freilich schon durch frühere Reisende bekannt, und das neue Material kann sich an Umfang und Bedeutung nicht mit den von Halévy und Glaser entdeckten Texten messen. Aber dafür haben die Rathjens—v. Wissmannschen (RW) Aufnahmen den Vorzug, daß sie mit besonderer Sorgfalt ausgeführte Zeichnungen sind, die eine sichere Grundlage für die Lesung und Deutung der Inschriften bilden. Auch da, wo schon ältere Abschriften vorhanden sind, stellen sie eine wertvolle Bereicherung unseres kritischen Apparates dar. Es schien uns daher von Wert, ja vielfach geradezu geboten, auch bereits veröffentlichte Inschriften noch einmal wiederzugeben und zu behandeln.

Auch die RWschen Zeichnungen sind nicht frei von Fehlern. Wir dürfen dabei nicht vergessen, daß beide Herren bis dahin keine Übung im Abschreiben von Inschriften hatten und daß ihnen die Kenntnis der sabäischen Schriftzeichen fehlte. Andererseits wird dadurch die Unbefangenheit der Abschriften gewährleistet.

Zur Kontrolle unserer Entzifferung haben wir die RWschen Zeichnungen ohne jede Retouche und, wo erforderlich, von denjenigen Inschriften, die bereits in der Sammlung Glaser vorlagen, die Faksimile der Glaserschen Kopien aus dem C I beigefügt. Dies ist uns durch das Entgegenkommen der Pariser Académie des Inscriptions et Belles-Lettres ermöglicht worden, für das wir dieser Körperschaft auch an dieser Stelle unseren besonderen Dank aussprechen.

Nicht weniger dankenswert ist es, daß die von Hermann Burchardt gefundenen Inschriften in unsere Arbeit aufgenommen werden konnten. Burchardt hatte in al-Ġirās und Ṣan'ā viele von den Inschriften photographiert, die sich in der Sammlung RW finden, außerdem aber noch andere, die diese beiden Forscher nicht aufgenommen haben. So dienen Burchardts Photographien zur Kontrolle und Vervollständigung des RWschen Materials. Daneben leiteten nns noch andere Erwägungen.

Burchardt hatte Abzüge seiner Inschriften-Photographien an Martin Hartmann gesandt, die dieser zum Teil selbst veröffentlichte, zum Teil an Mark Lidzbarski und an die Herausgeber des Pariser Corpus weitergab. Von Hartmann rühren auch die Nummern her, die die Burchardtschen Inschriften in den verschiedenen Publikationen tragen (s. die Konkordanz S. XIII).

Nach Burchardts Tode (er wurde am 19. Dezember 1909 ermordet) sind Abzüge seiner Inschriftenaufnahmen weiter verbreitet worden. So ist Bu. 15 = C I 585 = MM 148 in der Zeitschrift *Serweti funūn* in Stambul veröffentlicht (s. zu MM 148), und von den Aufnahmen Ṣan'ā 1909 Jemen II 382 = MM 146ª, Jemen 1907 Nr. 33 = MM 152 und Jemen 1907 Nr. 290 = MM 162 liegen uns — übrigens recht gut gelungene — Reproduktionen auf Postkarten der Firma Sarrafian Bros. Beirut vor, die v. Wissmann in Jerusalem erworben hat.

Ferner sind in G. B. Rossis Broschüre *El Yemen — Arabia Felix o regio aromatum. Appunti di geografia storia usi e costumi*, Torino 1927, auf Tav. XXIX und XXX die Aufnahmen Jemen 1907 Nr. 33 = MM 152 und Jemen 1907 Nr. 34 = C I 357 = MM 164 reproduziert.

Die schöne Inschrift von Dagban (Ṭaqbān) MM 146ª war schon vorher in der Nr. 3803 (= *Kriegsnummer* 94) der *Leipziger Illustrierten Zeitung* vom 18. Mai 1916 S. 22 in Faksimile wiedergegeben worden.

Wir selbst verfügten über die einzigartige Sammlung von Burchardts Aufnahmen von Landschaften, Bevölkerungstypen, Baudenkmälern und Inschriften, die, in einer stattlichen Reihe von Bänden geordnet, von seinen Erben dem Seminar für Orientalische Sprachen in Berlin überwiesen worden sind (siehe *Aus dem Jemen, Festgabe für den vierten deutschen Orientalistentag in Hamburg*, S. 3).

In Ermangelung einer Gesamtpublikation dieser Sammlung erschien es uns Pflicht der Dankbarkeit gegenüber dem Manne, der im Dienste der Wissenschaft sein Leben gelassen hat, wenigstens diesen Teil seiner Aufnahmen der weiteren Forschung zugänglich zu machen, nachdem bisher kaum ein Drittel davon und dazu noch öfter ohne Nennung des Entdeckers bekannt geworden war. Wir haben daher auch kein Bedenken getragen, die Nummern MM 146—150 ^{b} aufzunehmen, obwohl sie aus Örtlichkeiten stammen, die außerhalb des von den Herren Rathjens und v. Wissmann durchforschten Gebietes liegen.

Der Gewinn aus den in unserer Arbeit behandelten Inschriften ist ein mehrfacher: wir erhalten eine beträchtliche Zahl Inedita in zuverlässigen Wiedergaben, und bei unserer noch immer unzureichenden Kenntnis der sabäischen Sprache und sabäischen Geschichte bedeutet fast jeder neue Text eine Mehrung unseres Wissens. Soweit es sich aber um bereits bekannte Texte handelt, enthalten die neuen Abschriften wertvolles Material für die Textkritik. Darüber hinaus ergab sich aus den genauen Angaben über die Standorte der Inschriften die Möglichkeit, für eine ganze Reihe von Inschriften, die schon in alter Zeit nach Ṣanʿā verschleppt worden sind, und solche, die neuerdings in immer größerer Zahl, leider fast ausnahmslos ohne Bezeichnung des Fundortes, in europäische Sammlungen gelangt sind, die mehr oder minder wahrscheinliche Herkunft festzustellen (s. die Vorbemerkungen zu Kapitel V).

* * *

Um auch den diesen Studien ferner Stehenden eine Nachprüfung unserer Deutungen zu ermöglichen, haben wir uns bemüht, im Kommentar das sprachliche und sachliche Material so vollständig wie möglich vorzulegen. Ebenso sind die beigefügten Übersetzungen und das Glossar nicht nur für den kleinen Kreis der eigentlichen Sabäisten gedacht. Eine gewisse Breite ließ sich hierbei nicht vermeiden. Wir glaubten jedoch Rücksicht darauf nehmen zu sollen, daß nur sehr wenige Forscher in der Lage sind, die außerhalb des Pariser Corpus in zahlreichen, oft entlegenen Zeitschriften veröffentlichten Inschriften und die ebenso verstreuten Beiträge zur Erklärung dieser Inschriften einzusehen. Den Sabäisten, die über Konkordanzen der bisher bekannten Texte verfügen, werden gelegentlich die langen Zitatenreihen überflüssig erscheinen. So lange wir aber keinen sabäischen Thesaurus besitzen, werden wir Zitatenreihen nicht entbehren können.

Ein besonderes Augenmerk haben wir auf das rein epigraphische Moment gerichtet. Diese Seite der Editionstechnik ist vielfach, auch in dem so verdienstvollen Pariser Corpus, hinter der Arbeit des Kommentators zurückgetreten. Manches ist auch schon von anderer Seite beobachtet worden, wie z. B., daß die jüngeren Bauinschriften in der Regel in Reliefschrift ausgeführt sind, während man für die übrigen Inschriften sich der eingegrabenen Zeichen bediente, ein Umstand, der uns für die Ergänzung und Deutung der zahlreichen kleineren Fragmente einen Anhalt gibt, aber nicht immer genügend beachtet worden ist. Ebenso wird es auch da, wo uns mechanische Reproduktionen fehlen, mit Hilfe von genaueren Maßangaben und Zeichnungen möglich sein, die Zusammengehörigkeit solcher Fragmente zu erkennen.

Wie sich das eigentlich von selbst versteht, ist der Anordnung des inschriftlichen Materials das topographische Prinzip zu Grunde gelegt worden. Die Inschriften desselben Fundortes sind nach ihrem Inhalt in Bauinschriften, öffentliche Urkunden, Votivinschriften und Grabinschriften eingeteilt worden. Diese Einteilung kam für Kapitel V (Ṣanʿā) nicht in Betracht.

Im Einzelnen sei noch Folgendes bemerkt:

Mit Sabäisch bezeichnen wir im engeren Sinne die im *ha*-Dialekt abgefaßten Inschriften zum Unterschiede von den minäischen, ḥaḍramautischen und qatabänischen Texten, deren charakteristisches Merkmal das anlautende *s* der Kausativform des Verbums und der Suffixe der 3. Person sing., plur. und dual. ist.

Für die Umschrift der Originaltexte bedienen wir uns nach dem Vorgang des Pariser Corpus des hebräischen Alphabets, nur daß wir abweichend vom C I 𐩦 mit שׂ und 𐩯 mit ס wiedergeben[1]).

In neuester Zeit haben Cantineau und Rhodokanakis, jener in der *Rev. d'Assyr.* VI, dieser in der Zeitschrift *Wörter und Sachen* Bd. II 1929 S. 93ff., das lateinische Alphabet vorgezogen. Wir sind bei der hebräischen Umschrift verblieben. Gegen die lateinische Umschrift sprechen zwei Gründe: einmal die Rechtsläufigkeit der lateinischen Schrift — derselbe Grund, der der Verwendung des äthiopischen Alphabets entgegensteht — vor allem aber der Mangel einer einheitlichen internationalen Umschrift der arabischen Laute in lateinischer Schrift.

Unsere Umschrift sabäischer Namen und Wörter veranschaulicht folgende Tabelle:

---

[1]) Die Wiedergabe der sabäischen Zeichen 𐩦 𐩪 𐩯 für die Zischlaute ist uneinheitlich. In seinem Aufsatz *Das Samech in den minäo-sabäischen Inschriften, ZDMG* XLVI S. 528ff., hat Hommel im Anschluß an Praetorius sich für 𐩯 = ס ausgesprochen. Ihm folgte die Umschrift in den *Himj. Inschr. u. Altert.* (S. 3), auch aus dem Grunde, weil 𐩯 paläographisch dem ס zu entsprechen schien. Dagegen erklärte sich M. Hartmann *ZA* X S. 304f. — Otto Weber, *St.* II S. 2, behielt ס für 𐩯 bei, führte aber „aus etymologischen Rücksichten" für 𐩦 שׁ und für 𐩪 שׂ ein, was bedenklich ist, da es den Anschein erwecken könnte, als ob die Sabäer 𐩦 als שׁ und 𐩪 als س sprachen.

m	מ	𐩣	ʾ	א	𐩱
n	נ	𐩬	*b*	ב	𐩨
ś	ס	𐩯	*ǧ*	ג	𐩴
ʿ	ע	𐩲	*d*	ד	𐩵
ġ	ע̇	𐩶	*ḏ*	ד̄	𐩹
f	פ	𐩰	*h*	ה	𐩠
ṣ	צ	𐩮	*w*	ו	𐩥
ḍ	צ̇	𐩳	*z*	ז	𐩸
q	ק	𐩤	*ḥ*	ח	𐩢
r	ר	𐩧	*ḫ*	ח̇	𐩭
s	שׂ	𐩪	*ṭ*	ט	𐩷
š	שׁ	𐩦	*ẓ*	ט̇	𐩼
t	ת	𐩩	*j*	י	𐩺
ṯ	ת̄	𐩻	*k*	כ	𐩫
			l	ל	𐩡

Zur Bequemlichkeit des Lesers haben wir sabäische Namen und Wörter in der Umschrift vokalisiert. Wir sind uns dabei bewußt, daß die Vokale in Wirklichkeit von Fall zu Fall auch anders gelautet haben können. Unsere Wiedergabe beruht zum Teil auf der Überlieferung bei den klassischen und arabischen Autoren, zum Teil auf der Analogie der arabischen Wortbildung. Nur wo beide versagten, haben wir uns auf das bloße Konsonantengerippe beschränkt.

Die Namen der Fundorte der Inschriften geben wir so wieder, wie unsere Vorlagen sie schreiben. Allerdings glauben wir, daß es in Übereinstimmung mit der türkischen Generalstabskarte beispielsweise Bait al-Ġufr (nicht: Bait Ġufr) und al-Ḥuqqa (nicht: Ḥuqqa) heißen muß. Ebenso haben wir die Schreibung der Ortsnamen bei Halévy, Glaser usw. unverändert gelassen. Die Angaben über die Fundorte, Maße und andere Einzelheiten sind den Zeichenbüchern der Herren Rathjens und v. Wissmann sowie den Beischriften zu Burchardts Photographien entnommen.

* * *

Wir sind weit davon entfernt zu glauben, daß wir in der vorliegenden Arbeit die Lesung und Erklärung der darin behandelten Inschriften erschöpft haben. Seit Glaser ist es bei den Sabäisten Mode geworden, jede *editio princeps* einer Inschrift und die Übersetzung dazu als „provisorisch" zu bezeichnen. In der sabäischen Epigraphik, in der fast jeder neue Text neue Erkenntnis, Bestätigung oder Berichtigung früherer Deutungen und Vermutungen bringt, versteht sich der provisorische Charakter von selbst und bedarf keiner besonderen Betonung.

Daher sollen auch die Berichtigungen zu den Arbeiten unserer Vorgänger keinen Vorwurf gegen diese darstellen, namentlich nicht dann, wenn solche Berichtigungen auf besseren Abschriften oder auf anderem inzwischen herausgekommenen Material beruhen. Das bezieht sich besonders auf das Pariser Corpus. Wir sind überzeugt, daß auch die Herausgeber dieses Monumentalwerkes im Laufe der Jahre einen beträchtlichen Teil des Kommentars und der Übersetzungen in den älteren Teilen des Corpus — der erste Faszikel ist im Jahre 1887 erschienen — als überholt erkannt haben.

Zum Schluß sei Herrn Dr. Hans Schlobies, der uns bei den Nachforschungen nach den Burchardtschen Originalplatten, bei der Ausarbeitung des Glossars und der Register und auch sonst durch wertvolle Hinweise unterstützt hat, auch an dieser Stelle noch einmal gedankt.

Berlin, im Dezember 1930.

J. H. Mordtmann. Eugen Mittwoch.

Konkordanz der Burchardtschen Inschriften.

Nr. 1 = Lidzbarski *Ephem.* I S. 221f. [= C I 829] (= MM 170).
„ 2 = Lidzbarski *Ephem.* II S. 93ff. = C I 448 (= MM 150).
„ 3 = *OLZ* X (1907) Sp. 241ff. = C I 357 (= MM 164).
„ 4 = *ZA* XXI (1907) S. 21 = C I 584 (= MM 165).
„ 6 = *OLZ* X (1907) Sp. 605ff. = *Mélanges Hartwig Derenbourg* (1909) S. 167ff. = C I 408 (= MM 163).
„ 7/8 M. Hartmann schreibt *OLZ* X (1907) Sp. 605: „mit Brief Sanaa 3. Juli 1907 sandte mir Hermann Burchardt drei Photos von Inschriften, die ich Burchardt 6, 7, 8 nenne".
„ 11 = C I 353 bis (= MM 159).
„ 12 = *OLZ* XII (1909) Sp. 337ff. = C I 577 (= MM 158).
„ 13 = *OLZ* XII (1909) Sp. 339 = C I 575 (= MM 28).
„ 14 erwähnt im Kommentar zu C I 575 Z. 8 [= C I 660] (= MM 146).
„ 15 = C I 585 (= MM 148).
„ 16 = C I 578, s. zu MM 162.
„ 17 = C I 586 (= MM 158).
„ 18 = C I 587 (= MM 146b).
„ 19 erwähnt zu C I 587 Z. 3 [= C I 856] (= MM 147b).
„ 25 [= C I 661] (= MM 150a).
„ 26 = C I 59 (= MM 150b).
„ 26b [= C I 952].

Weiter als bis 26b scheint Hartmann nicht gezählt zu haben. Auf welche Texte sich seine Nummern 5, 7—10 und 20—24 beziehen, wird sich kaum mehr feststellen lassen. Die Nummern 16 und 17 fehlen in der uns zugänglichen Sammlung der Burchardtschen Aufnahmen, ebenso fehlt in dieser eine Aufnahme des Räucheraltars MM 171 und damit eine nähere Angabe über seine Herkunft.

Verzeichnis der Abkürzungen.

Beitr. z. Min. Epigr. siehe unter ME.

Berlin VA = Inschriftensteine der Vorderasiatischen Abteilung der Staatlichen Museen in Berlin.

Cantineau = die von I. Cantineau *Rev. d' Assyr. et d' Arch. Or.* XXIV (1927) S. 135—146 veröffentlichten Steine des Musée Borély in Marseille.

C I = Pariser Corpus Inscriptionum Semiticarum, Pars Quarta, Tom. I—II[1]); die Ziffern bezeichnen die Nummern der Inschriften.

Conti Rossini = die von C. Conti Rossini in den *Rendiconti* der Academia dei Lincei Ser. VI. Vol. 1 (1925) S. 169ff. veröffentlichten Inschriften.

Derenbourg *Bibl. Nat.* = Hartwig Derenbourg, Les Monuments Sabéens et Himyarites de la Bibliothèque Nationale, Paris 1891.

— *Etudes* = Joseph et Hartwig Derenbourg, Études sur l'épigraphie du Yemen (SA. aus *Journal Asiatique* VIII Ser. Bd. II).

— *Marseille* = H. Derenbourg, Les Monuments sabéens et himyarites du Musée d'Archéologie de Marseille, *Rev. Arch* III Ser. Bd. XXXV S. 1—15.

— *Nouv. Et.* = Joseph et Hartwig Derenbourg, Nouvelles études sur l'Épigraphie du Yémen, SA aus *Rev. d'Assyr. et d'Arch. Or.* I, Paris 1885.

— *Nouveaux Envois* = H. Derenbourg, Nouveaux envois du Yémen *Rev. Arch.* 1903, I S. 407—412.

— *NTY* = H. Derenbourg, Nouveaux textes Yéménites, *Rev. d'Assyr. et d'Arch. Or.* V S. 6—16.

Fr. = die von F. Fresnel im *Journ. As.* 1845 veröffentlichten Arnaudschen Inschriften.

Gl. B. = die in Berlin befindlichen Steine der Glaserschen Sammlung[2]).

— C. = die vom British Museum angekauften, von H. Derenbourg *Babylonian & Oriental Record* 1887 Nr. 11 u. 12 veröffentlichten Steine der Sammlung Glaser.

— W. = die von Hugo Winckler *MVAG* 1897 Heft 5 veröffentlichten Glaserschen Inschriften.

---

[1]) Während der Drucklegung unserer Arbeit wurde uns auch Band III zugänglich. Die sich aus ihm ergebenden Zusätze sind durch [ ] kenntlich gemacht.

[2]) Solange das große Inschriftenwerk Glasers, das die sämtlichen von ihm kopierten Inschriften umfaßt, noch nicht als einheitliches Corpus Inscriptionum Glaserianarum veröffentlicht ist, empfiehlt es sich, die daraus schon jetzt außerhalb des C I bekannt gewordenen Inschriften so zu bezeichnen, daß man sie ohne Zeitverlust auffinden kann. Seine in das C I aufgenommenen Inschriften sind ebenso wie z. B. die Arnaudschen Inschriften und die von Osiander bearbeiteten Inschriften des British Museum nach den Nummern zitiert, die sie im C I tragen.

[Von den Nummern 1—275 der Sammlung Glaser stand uns neben den im C I reproduzierten Originalkopien und Abklatschen, eine Abschrift zur Verfügung, die ich mit Erlaubnis Glasers von der von ihm angefertigten Reinschrift seiner Originalkopien genommen hatte. Diese Abschrift konnte gelegentlich mit Nutzen herangezogen werden. J. H. M.]

— Wien = die ins ehemalige Wiener Hofmuseum gelangten Glaserschen Steine, vgl. weiter unten unter D. H. Müller *Südar. Alt.*

Glaser *Abess.* = Ed. Glaser, Die Abessynier in Arabien und Afrika, München 1895.

— *Altjem. Nachr.* = Eduard Glaser, Altjemenische Nachrichten, München 1908.

— *Altjem. St.* = Eduard Glaser, Altjemenische Studien in den *MVAG* 28. Jhg., Leipzig 1923.

— *Mitteil.* = Ed. Glaser, Mitteilungen über einige aus meiner Sammlung stammende Sabäische Inschriften, Prag 1886.

Grohmann *Göttersymbole* = A. Grohmann, Göttersymbole und Symbolmotive auf südarabischen Denkmälern (*Denkschriften der Kais. Ak. d. Wiss. in Wien*, Phil. Hist. Kl., Bd. 58).

Hal. = die von Joseph Halévy in seinem *Rapport sur une mission archéologique dans le Yemen* (S A aus *Journal Asiatique*) Paris 1872 veröffentlichte Sammlung.

Halévy *Et. Sab.* = Joseph Halévy, Études Sabéennes (SA aus dem *Journal Asiatique* 1873 und 1874), Paris 1875.

— *Rapport* siehe unter Hal.

M. Hartmann *Ar. Fr.* = M. Hartmann, Der Islamische Orient Bd. II: Die Arabische Frage, Leipzig 1909.

Himj. Inschr. u. Altert. = [J. H. Mordtmann], Himjarische Inschriften und Altertümer in den Königlichen Museen zu Berlin, Berlin 1893.

Hommel *Aufs.* = Fritz Hommel, Aufsätze und Abhandlungen arabistisch-semitologischen Inhalts, München 1892—1901.

Jaussen *himy.* = die von A. J. Jaussen *Revue Biblique* XXXV (1926) S. 548—581 veröffentlichten Inschriften.

Jaussen-Savignac = A. Jaussen et R. Savignac, Mission Archéologique en Arabie, Paris 1904—1914.

v. Kremer *SS* = Alfred von Kremer, Über die Südarabische Sage, Leipzig 1866.

Langer s. unter D. H. Müller *Langer RB.*

Lidzbarski *Ephem.* = M. Lidzbarski, Ephemeris für semitische Epigraphik, I—III, Gießen 1902ff.

Mayer Lambert *Bombay* = Mayer Lambert, Les inscriptions Yéménites du Musée de Bombay, *Rev. d'Assyr. et d'Arch. Or.* XX (1923) S. 73ff.

— *Nouveau Supplément* = Mayer Lambert, Nouveau Supplément aux inscriptions yéménites du Louvre, in den *Mélanges Hartwig Derenbourg* S. 156—166.

M E = die von Euting gefundenen, von D. H. Müller herausgegebenen Nordminäischen Inschriften. Sie werden in unserer Arbeit nach dem revidierten Text in J. H. Mordtmanns *Beiträgen zur Minäischen Epigraphik*, Weimar 1897, angeführt.

Miles = die von D. H. Müller *ZDMG* XXX (1876) S. 677ff. veröffentlichten Milesschen Inschriften.

MM = die in dem vorliegenden Werk bearbeiteten Inschriften.

D. H. Müller *Burgen* I u. II = D. H. Müller, Die Burgen und Schlösser Südarabiens nach dem Iklîl des Hamdânî I Heft (aus *Sitzungsber. Wiener Ak. d. Wiss., Phil. hist. Kl.* Bd. 94) Wien 1879 und II. Heft (ebendaher Bd. 97), Wien 1881.

— *Langer RB* = D. H. Müller, Siegfried Langers Reiseberichte aus Syrien und Arabien, Leipzig [1884].

— *SS* = D. H. Müller, Südarabische Studien, Wien 1877.

— *Südar. Alt.* = D. H. Müller, Südarabische Alterthümer im Kunsthistorischen Hofmuseum Wien 1899.

MVAG = Mitteilungen der Vorderasiatischen Gesellschaft.

Nešwān *Šams* = die auf Südarabien bezüglichen Angaben im *Šams al-ʿulūm* des Nešwān hrsg. von ʿAẓīmuddīn Aḥmad, Leyden 1916.

Nielsen *NKI* = Nielsen, Neue Katabanische Inschriften, *MVAG* 1906.

OLZ = Orientalistische Literaturzeitung.

OM = die Inschriften des Türkischen Museums in Stambul nach der Zählung im *Catalogue sommaire* der *Antiquités Himyarites et Palmyréniennes*, Konstantinopel 1895 (Türkische Ausgabe ebenda 1315 H.).

Os. = die von Osiander *ZDMG* Bd. XIX veröffentlichten Inschriften.

Prid. = die von W. F. Prideaux *Transactions of the Society of Bibl. Archaelogy*, vol. II S. 1ff. und vol. IV S. 196ff., veröffentlichten Inschriften (I—XIX).

Reh. = die von E. Rehatsek *Journal Bombay Branch R. As. Soc.* Bd. IX (S. 139—149) veröffentlichten Inschriften.

Rhodokanakis *Altsab. T.* = N. Rhodokanakis, Altsabäische Texte, *Sitzungsber. Ak. d. Wiss. Wien, Phil. hist. Kl.*, Bd. 206, Wien 1927.

— *Bodenwirtschaft* = N. Rhodokanakis, Die Bodenwirtschaft im alten Südarabien, *Anz. Phil. hist. Kl. der Ak. d. Wiss. Wien*, Jhg. 1916 Nr. XXVI.

— *Grundsatz* = N. Rhodokanakis, Der Grundsatz der Öffentlichkeit in den südarabischen Urkunden, ebenda Bd. 177, Wien 1915.

— *KT* I und II = N. Rhodokanakis, Katabanische Texte zur Bodenwirtschaft, ebenda Bd. 194 und Zweite Folge, ebenda Bd. 198, Wien 1919 u. 1922.

— *St* I u. II = N. Rhodokanakis, Studien zur Lexikographie und Grammatik des Altsüdarabischen, ebenda Bd. 178 (Wien 1915) und Bd. 185 (Wien 1917).

— *Timna* = N. Rhodokanakis, Die Inschriften an der Mauer von Koḥlān-Timnaʿ, ebenda Bd. 200, Wien 1924.

Ryckmans = G. Ryckmans, Inscriptions Sud-Arabes, *Le Muséon* XL (1927), S. 161—200.

Sab. Denkm. = J. H. Mordtmann und D. H. Müller, Sabäische Denkmäler *(Denkschr. der Phil. Hist. Kl. der Ak. d. Wiss. Wien*, Bd. XXXIII), Wien 1883.

SE = die Inschriften der Südarabischen Expedition der Wiener Akademie (nach Rhodokanakis).

Sprenger *AGA* = A. Sprenger, Alte Geographie Arabiens, Bern 1875.

Weber *St.* I—III = Otto Weber, Studien zur südarabischen Altertumskunde, *MVAG* 1901 und 1907.

Wien *Hofmus.* siehe unter D. H. Müller *Südar. Alt.*

WZKM = Wiener Zeitschrift für die Kunde des Morgenlandes.

ZA = Zeitschrift für Assyriologie.

ZDMG = Zeitschrift der Deutschen Morgenländischen Gesellschaft.

ZS = Zeitschrift für Semitistik.

I.

Die Chronologie der sabäischen Inschriften.

Die folgenden Ausführungen sind ein Versuch, die sabäischen Inschriften im engeren Sinne des Wortes — von den minäischen und qatabānischen wird in diesem Zusammenhange abgesehen — zeitlich zu bestimmen.

Mit ganz wenigen Ausnahmen tragen die Inschriften kein Datum. Schriftcharakter und sprachliche Merkmale geben nur relative Anhaltspunkte dafür zunächst wenigstens die älteste und die jüngste Schicht zu unterscheiden. Die Entwickelung von den starren archaischen Formen der Bustrophedon-Inschriften zu den zierlich abgerundeten Buchstaben der späteren und spätesten Inschriften stellt einen Jahrhunderte langen Prozeß dar, der viel Ähnlichkeit mit den Wandlungen der griechischen Schrift zeigt. Schätzungsweise mag man dafür ein Jahrtausend annehmen. Die Untersuchung des Sprachschatzes der Inschriften ist in den ersten Anfängen stecken geblieben: ihre Ergebnisse sind naturgemäß viel weniger sicher als die Resultate, die sich aus der Paläographie der Inschriften gewinnen lassen[1]).

Die Inschriften aus der ältesten und der jüngsten Zeit sind gering an Zahl. Die Hauptmasse der uns erhaltenen Inschriften mit den Buchstabenformen, die man als die normalen bezeichnen kann, muß in der Zwischenzeit untergebracht werden. Hingegen verfügen wir in den nach der einheimischen Ära vom J. 115 v. Chr. datierten Inschriften, so gering auch ihre Zahl ist, über ein wertvolles Hilfsmittel, um eine große Zahl von undatierten Texten, die sich durch ihren Inhalt als gleichzeitig erweisen, chronologisch zu bestimmen.

Die ältesten datierten Inschriften sind:[2]) C I 46 vom Jahre 385 = 270 n. Chr.,

---

[1]) Die Grundlage für die Geschichte der sabäischen Schrift ist noch immer der kurze Exkurs von D. H. Müller *Sab. Denkm.* S. 105ff. Die sprachgeschichtlichen Sammlungen in den *Beitr. z. Min. Epigr.* S. 107ff. sind nicht fortgesetzt worden. Sie bedürfen vielfach der Ergänzung und Berichtigung.

[2]) Was es mit der angeblich vom Jahre 29 n. Chr. datierten Glaserschen Inschrift für eine Bewandtnis hat (Hartmann *Ar. Fr.* S. 174 [und Rhodokanakis *WZKM* XXXVII S. 148 Anm. 3]), läßt sich mangels aller näheren Angaben nicht sagen.

aus der Zeit des Königs von Saba und von ḏū Raidān Jāsir Juhan'im und seines Sohnes Šammir Juhar'iš und MM 150 = C I 448 vom Jahre 396 = 281 n. Chr., aus der Zeit des Šammir Juhar'iš. Ferner kennt Glaser (s. unten S. 220) eine Inschrift des Jāsir Juhan'im vom Jahre 274 n. Chr.

Šammir Juhar'iš wird außerdem noch in den Inschriften Fr. XLV [= C I 628], C I 353, 407, 430, 431 + 438, Ryckmans 3 und Cantineau V genannt. Er führt hier überall den Titel König von Saba und von ḏū Raidān, mit Ausnahme der Inschrift C I 431 + 438, in der er als erster den erweiterten Titel König von Saba und von ḏū Raidān, von Ḥadramaut und Jamanat annimmt. Er ist der Zeitgenosse der Hamdāniden Jarīm Aiman, Barağ Juharḥib, Šāf'aṯt Ašwa' und Zaid Aiman (C I 353, 628) und, wenn die Vermutung zutrifft, daß er mit dem Šammir ḏū Raidān von C I 314 identisch ist, auch des Īlšaraḥ Jaḥḏib, der sich den gleichen Herrschertitel beilegt.

Īlšaraḥ Jaḥḏib seinerseits erscheint C I 398 als Zeitgenosse des Šāir Autar, der ebenfalls König von Saba und von ḏū Raidān genannt wird.

In den Ausführungen zu MM 163 versuchen wir, die Zeit des Šā'ir Autar festzulegen. Trifft das Ergebnis zu, so würde das Aufkommen der Dynastie Bata'-Hamdān in die zweite Hälfte des III. nachchristlichen Jahrhunderts fallen, während man es bisher zwei Jahrhunderte früher angesetzt hatte. Damit wäre auch annähernd die Zeit der Inschriften bestimmt, die sich nach ihrem Inhalte als gleichzeitig erweisen, vor allem derjenigen, in denen des Königs von Ḥabašat, der אחבשן, d. i. der Abessinier, und des Landes Ḥabašat gedacht wird (C I 308, 314, 350, 353).

Aus den Jahren 564 und 565 = 439 und 440 n. Chr. stammt die Dammbauinschrift des Šarḥab'īl Ja'fur, „Königs von Saba und von ḏū Raidān, Ḥaḍramaut und Jamanat und ihrer Araber, Berg und Küste", Sohnes des Abūkarib As'ad (C I 540). Durch die Anrufung Gottes, des Herrn Himmels und der Erden, Z. 81f. bekennt sich der König als Monotheist.

In das Jahr 573 = 448 n. Chr. fällt die Inschrift des 'Abdkulāl C I 6 = MM 153, in der der Allbarmherzige, רחמנן, angerufen wird.

Zwei weitere datierte Inschriften aus den Jahren 582 und 585 = 467 und 470 n. Chr. (C I 537 und 644) nennen den König Šarḥab'īl Jakif.

Es folgt dann die bekannte Inschrift von Ḥiṣn Ġurāb vom Jahre 640 = 525 n. Chr., die große Dammbauinschrift des Abraha vom Jahre 657 = 542 n. Chr. (C I 541) und als letzte datierte Inschrift die Bauinschrift C I 325 vom Jahre 669 = 554 n. Chr.

Diesen aus den Jahren 439—554 n. Chr. datierten Inschriften stehen nach Inhalt, Sprache und Schriftcharakter sehr nahe die undatierten Inschriften:

C I 45[1]), 539, 542, 543, 596, 597, 645—648, *Sab. Denkm.* 41—44, Berlin VA 3819, 3821. Sie müssen alle aus der gleichen Epoche stammen[2]).

Eine andere Gruppe von Inschriften ist nach Eponymen datiert. Wir lernen aus ihnen die Namen von mehr als zwanzig Eponymen kennen. Doch diese Angaben sind, da wir keine Listen dieser Beamten besitzen, chronologisch nicht zu verwerten. Von den uns bekannten Eponymen gehören vier der Familie Ḥizfar (C I 73, 99, 282, 314) an, drei der Familie Fāḍiḥ (Hal. 48 [= C I 600], C I 81, 404, 607), drei der Familie Kabīr Ḫalīl (C I 80, 567, 601), zwei der Familie Ḥaḏamat (C I 83, 390), vier der Familie Juhasḥim (C I 290, 315, MM 25, 164), einer der Familie Ṣawwā' (C I 343). Bei den übrigen (C I 289, 323, 606, 609) ist die Angabe der Familienzugehörigkeit weggebrochen. Mit der Einführung der Ära vom Jahre 115 v. Chr. hat die Rechnung nach Eponymen keineswegs aufgehört. Das ergibt sich aus der Inschrift C I 314, in der vom König Īlšaraḥ Jaḥḍib und seinem Gegner Šammir von Raidān sowie von Ereignissen die Rede ist, die unter einem Eponymen aus der Familie Ḥizfar stattgefunden haben. Ebenso gehören die Eponymen der Familie Juhasḥim, wie schon die Form ihres Namens zeigt und durch C I 290 bestätigt wird, einer späteren Epoche an, die durch das Aufkommen der Hamdāniden gekennzeichnet ist. In dieselbe Zeit fällt auch die Inschrift C I 289, in der Z. 10 der Eponym Sālim b. Juha'in und Z. 17 Ṯa'rān (Ja'ib) von Raidān, d. i. der spätere König Ṯa'rān Ja'ib von Saba und von ḏū Raidān (C I 457, 569) genannt werden.

* * *

Über die Geschichte von Saba und die der anderen südarabischen Reiche im Altertum sind wir recht mangelhaft unterrichtet. Unsere Quellen enthalten nur wenige für die Chronologie unserer Inschriften zu verwertende Daten.

---

[1]) C I 45 = Langer 6 ist ein bisher verkanntes Bruchstück von einer Dammbauinschrift aus Marib. Mit Hilfe der beiden Inschriften C I 540 und 541 erkennt man Z. 2: ..ר]חכם | בן (vgl. C I 540 Z. 6 u. 80, 541 Z. 109); Z. 4: מפל]לם | תשן | ן[עׄיל ... (vgl. C I 540 Z. 16ff., 541 Z. 114); Z. 6: ... |]ובנצר | נן[רחמ ...; Z. 7: .. | בהמו]ואער | מנת[י | ... (vom Ende des erweiterten Herrschertitels „König von Saba und von ḏū Raidān, Ḥaḍramaut und Jamanat und ihrer Araber usw."). — Z. 3 ist אמם Plural von אמת *Elle*; Z. 9 ist כלברכן eine Form von ברך *segnen* (vgl. תברכן C I 543 Z. 1) mit der Konjunktion כל wie C I 541 Z. 73 (Rhodokanakis *KT* I S. 140).

[2]) Inhaltlich ist ihnen gemeinsam das monotheistische Bekenntnis, das in den Anrufungen des göttlichen Beistandes zum Ausdruck kommt, bzw. das Fehlen der polytheistischen Anrufungen. In sprachlicher Hinsicht ist zu beachten das Aufkommen von einzelnen Wörtern, wie z. B. אלהת, Relativpronomen, Plural von ד̄, die Negation דא (s. zu MM 30_1) und מצנעת *Veste* sowie gewisse onomatologische Eigenheiten. Paläographisch unterscheiden sie sich von den älteren Texten durch den ausschließlichen Gebrauch der Reliefschrift. Manche Zeichen neigen zur Kursive, die Zeichen für ב, ג, ט̇ und ח werden abgeändert; ג und ח fangen an, den äthiopischen Zeichen zu ähneln.

Die Keilinschriften nennen zwei sabäische Fürsten Ita'amara und Karibiilu, die zu den Königen von Assyrien freundschaftliche Beziehungen unterhielten. Das führt uns in das VII. vorchristliche Jahrhundert. Diese beiden Namen begegnen uns auch in den sabäischen Inschriften als יתעאמר und כרבאל. Diese Namen waren anscheinend der Herrscherfamilie vorbehalten, und es unterliegt keinen Bedenken, die keilinschriftlichen Ita'amara und Karibiilu mit dem einen oder anderen Makrab bzw. König von Saba gleichzusetzen, der diesen Namen geführt hat und der ältesten Periode angehört[1]).

Viele Jahrhunderte später fallen die ersten gleichzeitigen Nachrichten aus griechischen Quellen bei Theophrast und Eratosthenes. Sie bekunden die Tatsache, daß in Südarabien in den letzten Jahrhunderten v. Chr. die vier Reiche von Saba, Ma'în, Qatabān und Ḥaḍramaut bestanden[2]).

Wieder einige Jahrhunderte später erfahren wir einiges Neue über Südarabien aus den Berichten über den Feldzug des Aelius Gallus i. J. 24 v. Chr. In ihnen werden zum ersten Male die Homeritae, die Ḥimjar, erwähnt. Nach den Erkundigungen des Aelius Gallus waren sie die zahlreichste Völkerschaft: *numerosissimos esse Homeritas* Plinius *Hist. Nat.* VI § 160[3]).

Strabo sagt, daß das von den Römern eroberte Marib zum Gebiete der Rammaniten gehörte, die unter Ilasaros standen: (Aelius Gallus) εἰς πόλιν Μαρσίαβα προῆλθεν ἔθνους τοῦ Ῥαμμανιτῶν, οἳ ἦσαν ὑπὸ Ἰλασάρῳ (ed. C. Müller S. 665)[4]).

Rund hundert Jahre später wird im *Periplus Maris Erythraei*, der unter Domitian (82—96 n. Chr.) abgefaßt ist, berichtet, daß damals Charibaël als „legitimer" d. h. von Rom anerkannter König über Sabäer und Homeriten herrschte und seine Residenz in Saphar d. i. Ẓafār aufgeschlagen hatte. Charibaël unterhielt diplomatischen Verkehr mit den römischen Kaisern. Wie sich der Verfasser des Periplus ausdrückt, war er συνεχέσι πρεςβείαις καὶ δώροις φίλος τῶν αὐτοκρατόρων[5]).

---

[1]) Die Reihenfolge dieser Makrab und Könige ist zuletzt von Rhodokanakis *KT* II S. 44ff. ausführlich erörtert worden.

[2]) Über die Glaubwürdigkeit dieser Angabe zuletzt Lidzbarski *Ephem.* II S. 101f.

[3]) Bei Plinius tauchen statt der Katabaniten die Gebbaniten auf, die Halévy mit den אהל | גבאן der minäischen Inschriften identifizieren wollte. Sie werden sonst nicht erwähnt, überdies steht die Lesung des Namens nicht überall fest.

[4]) Unter den Rammaniten (Var.: Rambaniten; Ptol. Ῥαβανῖται) sind wohl mit Sprenger *AGA* § 245 die Radmān zu verstehen, die Plinius in der Form Rhadamaei kennt und die auch in den Inschriften wiederholt vorkommen, s. die Stellen zu MM 34 Z. 1.

[5]) Die Bedeutung dieser Angaben hat Kornemann in seinem gehaltvollen Aufsatze über den Periplus in der *Festschrift* für C. F. Lehmann-Haupt (*Janus* I S. 54—72) klargestellt. Entgangen ist ihm das Epigramm des Martial *Lib. Spect.* III, in dem die Völker aufgeführt werden, die sich unter Domitian zu den großen Festspielen in Rom zusammengefunden

Der Name 'Ιλάσαρος entspricht offensichtlich dem Namen אלשרח, der auch in der Königsfamilie vertreten ist. Nach Fr. LV = C I 374 hat ein Īlšaraḥ, Sohn des Königs Sumhu'alī Ḏirrīḥ von Saba, am Tempel des Almaqah in Marib gebaut. Es ist nicht unmöglich, daß er mit dem Ilasaros identisch ist. Ein zweiter Īlšaraḥ, mit dem Beinamen Jaḥḍib, König von Saba und von ḏū Raidān, kommt nicht in Betracht: er gehört einer viel späteren Zeit an (s. zu MM 24_6).

Ebensowenig ist es bisher gelungen, den Charibaël des Periplus einwandfrei mit einem der sabäischen Könige zu identifizieren, die uns in den Inschriften begegnen. Man hat schon längst erkannt, daß die Bezeichnung *König der Sabäer und Homeriten* dem inschriftlichen Titel König von Saba und von ḏū Raidān entspricht. Diesen Titel führt nur ein Kariba'īl, mit dem Beinamen Watār Juhan'im, Sohn des Ḏamar'alī Baijin (Fr. LIV)[1]. Es ist nicht ausgeschlossen, daß dieser König der im Periplus erwähnte Charibaël ist.

Die beiden Inschriften Fr. LIV und LV sind am großen Almaqahtempel in Marib angebracht und berichten von dem Wiederaufbau des Heiligtums durch Īlšaraḥ bzw. durch Kariba'īl Watār Juhan'im. Man könnte fast auf den Einfall geraten, daß Ilšaraḥ-Ilasaros nach dem Abzuge des Aelius Gallus den von den Römern zerstörten Tempel wieder aufgebaut und daß Kariba'īl-Charibaël mehrere Dezennien später weitere Ausbesserungen vorgenommen hat.

Dem Kariba'īl Watār Juhan'im, König von Saba und von ḏū Raidān, sind

---

hatten, Sarmaten vom hohen Norden, andere von den Quellen des Nil und vom äußersten Osten:

festinavit Arabs, festinavere Sabaei
et Cilices nimbis hic maduere suis.
crinibus in nodum tortis venere Sicambri
atque aliter tortis crinibus Aethiopes.

Darunter haben wir uns nicht private Zuschauer vorzustellen, wie etwa heutzutage die Gäste von Bayreuth und Oberammergau, sondern offizielle Delegierte exotischer Völker und Potentaten, die aus diesem Anlaß dem römischen Kaiser ihre Huldigungen und Geschenke darbrachten. — Mit den *Aethiopes* sind die Abessinier von Aksum gemeint. Ihre absonderliche Lockenfrisur *(crines torti)* erscheint auf den Münzen von Aksum und hat sich bis heute erhalten.

[1]) Dieser Kariba'īl kommt sonst nur noch Conti Rossini 10 vor. Ein Doppelgänger von ihm ist Kariba'īl Watār Juhan'im, König von Saba, Sohn des Wahb'īl Jaḥūz C I 1 und 517. Nach dem Inhalt der Inschriften, in denen er, sein Vater (C I 360, Gl. 1228 bei Glaser *Abess.* S. 67) und sein Bruder Anmār Juha'min (s. zu MM 120) vorkommen, gehört er der Hamdānidenzeit (II.—III. Jhdt. n. Chr.) an und wird daher, wie bereits M. Hartmann *Ar. Fr.* 138 gesehen, identisch sein mit dem gleichnamigen Herrscher, der in der Hamdāniden-inschrift C I 326 ohne Hinzufügung eines Titels erwähnt wird. Wahb'īl Jaḥūz soll nach Gl. 1228 gegen die ḏū Raidān gekämpft haben: das würde erklären, weshalb er und seine Söhne nur den Titel König von Saba führen.

wohl die Münzen zuzuschreiben, die seinen Namen und den Prägeort Raidān aufweisen. Zweifelhaft bleibt es, ob dieser Kariba'īl der erste König war, der die beiden Völker Saba und Ḥimjar unter seiner Herrschaft vereinigte und ob diese Personalunion unter seinen Nachfolgern erhalten blieb oder ob sie zeitweilig unterbrochen wurde. Immerhin spricht die Vermutung dafür, daß die Herrscher mit dem einfachen Titel König von Saba einer früheren Epoche angehören[1]).

Für die nächste Zeit suchen wir in unseren Quellen vergeblich nach Angaben über südarabische Dinge. In einer kurzen Notiz im *Breviarium* des Festus Kap. XX heißt es, daß der Kaiser Trajan im Roten Meere eine Flottenstation anlegte, wohl zum Schutze der Handelsschiffe gegen See- und Strandräuber. Etwa um dieselbe Zeit berichtet im sogenannten Monumentum Adulitanum ein aksumitischer Herrscher von seinen zum gleichen Zwecke unternommenen Expeditionen an der Arabischen Küste, von Leuke Kome, das im Norden die Grenze des Römischen Reiches bildete, bis zu den „Grenzen der Sabäer".

Das Denkmal ist, wie Mommsen, *Römische Geschichte* V S. 599, gegen Dillmann hervorgehoben hat, in die „bessere Kaiserzeit" zu setzen, später als der Periplus, der aus dem Ende des ersten nachchristlichen Jahrhunderts stammt. Der ungenannte Herrscher, von dem das Denkmal herrührt, hat an den Grenzen der beiden Reiche Halt gemacht.

Dann tauchen die Abessinier, אחבשן, in den Inschriften auf und beteiligen sich an den Kämpfen zwischen Saba, Ḥaḍramaut und Ḥimjar. Ob sie aus eigenem Antriebe, vom Streben geleitet, ihr Machtgebiet zu erweitern, sich im Jemen festgesetzt haben oder von den streitenden Völkern ins Land gerufen worden sind, ist nicht zu entscheiden. Mit der Invasion der Abessinier beginnt

1) [Der König Elisar, der kurz vor der Zeit des Periplus Aden erobert haben soll, ist ein Irrwisch. Er beruht auf einer schlechten Konjektur C. Müllers, die allerdings allgemeinen Beifall gefunden hat. Überliefert ist Καῖσαρ, worunter nach ägyptischem Sprachgebrauch der Kaiser Augustus zu verstehen ist. Im Jahre 1884 schrieb ich in Kuhns *Literaturbl. f. Or. Phil.* II S. 61 in einer Besprechung von Fabricius' Ausgabe des Periplus: „Der (ägyptische) Verfasser (des Periplus) nennt Aden Arabia Eudaemon und fügt am Schluß seiner Beschreibung hinzu, daß diese Stadt vor nicht langer Zeit von Caesar unterworfen sei, ein Mißverständnis, das auf einer Verwechslung des Landes, wohin die Expedition des Aelius Gallus ging, mit dem mißbräuchlich so genannten Hafen am Indischen Ocean beruht". *ZDMG* XLIV (1890) S. 180 habe ich das noch einmal gesagt: es war tauben Ohren gepredigt. — Glaser verwandelte den Caesar in Charibael! Hartmann *Ar. Fr.* S. 153f., 173f. baute auf C. Müllers Elisar ein ganzes Kartenhaus von Hypothesen auf. Ihm hat sich dann auch Conti Rossini in seinem Aufsatz über die Einfälle der Abessinier in Südarabien, *Journ. As.* XI. Ser. Bd. 18 S. 17 Anm., angeschlossen. Diejenigen, die an der überlieferten Lesart festhalten (Mommsen, Rostowtzew, Kornemann) glauben, daß irgend ein römischer Kaiser Aden besetzt habe. Das erscheint mir ganz ausgeschlossen. J. H. M.].

die letzte Epoche des Sabäischen Reiches. Sie umfaßt mehrere Jahrhunderte. Ihren Anfang mag man in die zweite Hälfte des III. Jahrhunderts setzen.

Im Triumphzuge des Aurelian nach der Besiegung des Gegenkaisers Tetricus und der Zenobia im Jahre 274 defilierten vor dem Kaiser *Blemmyes, Exomitae, Arabes Eudaemones, Indi Bactriani, Iberi, Saraceni, Persae cum suis quique muneribus* (Vita Aureliani Kap. XXXIII). Die diplomatischen Beziehungen zwischen Rom und Südarabien, die der Periplus erwähnt, haben also in den folgenden Jahrhunderten weiter bestanden. Daß mit den Ḥabašat der Inschriften die afrikanischen Abessinier gemeint sind, ist zwar gelegentlich bezweifelt worden, aber ihr Eindringen im Jemen ist die natürliche Fortsetzung der uralten kulturellen Beziehungen, die Ḥabaš und Saba miteinander verbanden, und der Auftakt zu den politischen Ereignissen des VI. Jahrhunderts, die zur Unterjochung des Jemen durch die Könige von Aksum führten[1]).

Aus der zweiten Hälfte des II. Jahrhunderts stammt die Beschreibung des Glücklichen Arabien in der Geographie des Claudius Ptolemaeus. Für die Geschichte des Landes ist wenig daraus zu lernen. Er kennt im Norden das unabhängige Volk mit dem absonderlichen Namen Κιναιδοκολπῖται und der Hauptstadt Zadrame. Es wird auch im Monumentum Adulitanum erwähnt und entspricht dem heutigen ʿAsīr. Weiter im Süden zählt Ptolemaeus die Küstenstädte der Kassaniten, Elisari, Homeriten und Adramiten besonders auf. Die Elisari sind an die Stelle der Katabanen bzw. der Gebbaniten des Plinius getreten, Arabiae emporium (Aden) gehört den Ḥimjaren. Die Städte des Binnenlandes werden ohne Angabe der Völkerschaften, zu deren Gebieten sie gehören, aufgeführt. Ptolemaeus hat verschiedene Quellen, jüngere und ältere, benutzt und kontaminiert. So führt er beispielsweise die Qatabān zweimal auf, zuerst als Κοτταβανοί und wenige Zeilen darauf als Κυθηβανῖται, die Ḥaḍramauter als Ἀδραμῖται und als Χατραμωνῖται, als ob es sich um verschiedene Völkerschaften handele. Ebenso erscheinen die Städte Marib, Karnau und Tamna mehrfach bei ihm, jedesmal in anderer Schreibung und verschiedener Lage.

In den ersten Dezennien des III. Jahrhunderts, spätestens um 250 n. Chr., schrieb Uranius seine Ἀραβικά, aus denen einige Bruchstücke bei Stephanus Byzantius erhalten sind[2]). Er wird unter anderem als Gewährsmann für Adana,

---

[1]) Die Bezeichnung der Aksumiten und Aethiopier in der islamischen Literatur als حبشة ist gewiß von Südarabien ausgegangen. So urteilt auch Hartmann *Ar. Fr.* S. 367. Über die Abessinier in Südarabien hat zuletzt Conti Rossini in einem längeren Aufsatze im *Journ. As.* XI. Serie Bd. 18 S. 5—36 gehandelt. Es würde zu weit führen, auf seine im Einzelnen vielfach abweichenden Ansichten einzugehen.

[2]) Das Alter des Uranius ist eine umstrittene Frage. v. Gutschmid *Kleine Schriften* V. S. 605 setzte ihn ins IV. Jahrhundert, Stemplinger (*Philologus* 63 S. 626ff.) unter Diocletian,

Tarphara (Ẓafār) und Karnana (Qarnāu) angeführt. Sollte mit Adane die bekannte Hafenstadt gemeint sein, so wäre das die früheste Erwähnung von Aden in der Geschichte. Es erscheint dann erst wieder in dem Bericht des Philostorgios über die Bekehrung der Ḥimjaren unter Constantius II (337—361). Da aber Uranius Adana ausdrücklich als Binnenstadt bezeichnet, so hat er vielleicht das noch heute bestehende عُدَيْنَة bei Ta'izz (Jāqūt III S. 624) im Auge. Uranius ist auch der einzige Gewährsmann für die Abasener in Südarabien, in denen man die אחבשן der Inschriften hat wiederfinden wollen (*Sab. Denkm.* S. 40, dazu *ZDMG* XLIV S. 181). Wenn diese Identifikation und die Ansetzung des Uranius um den Anfang des III. Jahrhunderts zutrifft, so würde das mit dem oben aus anderen Tatsachen erschlossenen Zeitpunkt für das Eindringen der Abessinier im Jemen übereinstimmen.

Die Nachrichten des ausgehenden Altertums über Südarabien beziehen sich auf die Christenverfolgungen in Neǧrān und die dadurch veranlaßte Intervention der aksumitischen Herrscher. Die genauen Angaben der byzantinischen Chronisten über diese Ereignisse in Verbindung mit der Inschrift von Ḥiṣn Ġurāb haben es ermöglicht, den Anfang der einheimischen Aera festzustellen[1]).

Neben den Denkmälern und den literarischen Quellen sind endlich auch die in den letzten Jahren in größerer Anzahl zu Tage getretenen Münzen für die Chronologie der Inschriften zu verwerten[2]).

Die ältesten Münzen sind Nachahmungen athenischen Silbergeldes in mehreren Typen. Ihre Prägung beginnt frühestens im III. vorchristlichen Jahrhundert (Hill S. XLVIII) und erstreckt sich in ihren letzten Ausläufern bis ins I. Jahrhundert unserer Zeitrechnung (Hill S. LVI). An diese Münzreihen schließt sich

---

v. Domaszewski (*Archiv f. Rel. Wiss.* XI S. 239—242) an den Ausgang der Diadochenzeit. Der Name gehört der späteren Römischen Kaiserzeit an; ihn führten noch andere syrische Literaten (Damascius *Vita Isidori* ed. Bekker S. 342, Agathias II Kap. 29). Sie stammen wohl sämtlich aus Emesa, wie der römische Gegenkaiser Uranius Antoninus (um 250 n. Chr.). Für die Bestimmung des Zeitalters des Geographen Uranius ist von Wichtigkeit, daß er die Ṭaiji' طيّء kennt (Steph. Byz. s. v. Ταιηνοί). Es ist die älteste Erwähnung dieses arabischen Stammes in der griechischen Literatur. In der syrischen Literatur begegnen nach Nöldeke *Philologus* 51 S. 737 die Ṭaiji' zuerst in dem um 210 n. Chr. in Edessa geschriebenen Traktat über die Gesetze der Länder. Dann erscheint er im III. Jahrhundert in verschiedenen Schreibungen in den Bearbeitungen der Mosaischen Völkertafel — im Liber Generationis, bei dem sogenannten Barbarus Scaligeri und im Diamerismus — sowie bei Libanius.

[1]) Was die arabischen Autoren über die vorislamische Geschichte Südarabiens bringen, ist für die Chronologie belanglos.

[2]) Für das Folgende vgl. die Ausführungen von G. F. Hill in der Einleitung zum *Catalogue of the Greek Coins of Arabia, Mesopotamia and Persia* des British Museum, London 1922.

dann ein einheimischer Typus, in dem zunächst der Athenakopf durch einen männlichen Kopf und später die Eule durch die Symbole des ʿAṯtar und Almaqah ersetzt werden. Hill weist diese Prägungen der Zeit von 50—150 n. Chr. zu.

Die jüngsten Münzen der älteren Serie und alle Münzen der jüngeren weisen Personennamen auf, die teils in Monogrammen vorliegen, teils voll ausgeschrieben sind: das sind offenbar Namen von Königen. Von den Münzen des Kariba'īl Watār Juhanʿim war bereits die Rede. Andere Königsnamen sind: ʿAmdān Baijin Juhaqbiḍ, Ṯaʾrān Jaʿib, Jadīʿʾab Janūf, Šahr Hilāl, Waraw'īl Ġailān. In Form von Monogrammen lesen wir die Namen Jadīʿʾīl und Jašūf'īl. Neben den Namen der Prägeherren erscheinen noch die Namen der Prägeorte Raidān, Ḥarīb, Harim und Jaʿūd. Von diesen Königen sind ʿAmdān Baijin Juhaqbiḍ (aus Gl. 567 bei Glaser *Abess.* S. 32), Ṯa'rān Jaʿib (aus C I 289 Z. 17, 365 und 457) als Könige von Saba und von ḏū Raidān, Šahr Hilāl und Waraw'īl Ġailān aus qatabānischen Texten als Könige von Qatabān bekannt.

Wir werden daher nicht mehr mit Glaser und Hommel das Qatabānische Reich im II. Jahrhundert v. Chr. oder mit M. Hartmann um 80 v. Chr. enden lassen, sondern frühestens dreihundert bzw. zweihundert Jahre später. Der inschriftliche Befund — vgl. die Ausführungen zu MM 163 — bestätigt diesen Ansatz.

Ganz vereinzelt steht die silberne Tetradrachme, Nachahmung einer alexandrinischen Prägung, mit dem Namen Abījaṯaʿ, da. Hill weist das Stück den Minäern zu. Für diese Annahme sprechen die altertümlichen Buchstabenformen und der Name, der dem Sabäischen fremd ist.

Aus den Namen der Prägeorte ergibt sich nichts für die Chronologie der Inschriften. Die Namen Raidān und Ḥarīb sind voll ausgeschrieben. Andere werden in den Monogrammen vermutet, von denen sich indes nur wenige mit einiger Wahrscheinlichkeit deuten lassen. Manchen von diesen Monogrammen ist es überhaupt nicht anzusehen, ob sie Personen- oder Ortsnamen darstellen. Andere enthalten nur zwei Zeichen, sind also vielmehr Siglen, deren Sinn wir kaum erraten können.

Durch die Chronologie der Münzen werden auch die Inschriften, in denen Münzen erwähnt werden, zeitlich festgelegt. Es sind dies:

1. בלטם, בלטתם Os. 1 = C I 73 (ʿAmrāntafel) und Gl. 532 (bei Glaser *Abess.* S. 51; Fundort ?) mit dem Zusatz רצים; Hal. 49 = C I 376 aus Ṣirwāḥ und in einem unedierten Texte ebendaher mit dem Zusatze חיאלים | מצעם. Hal. 49 handelt es sich um 1000 balaṭ, in dem anderen Text um 400 balaṭ, wahrscheinlich Betrag einer Hypothek.

רצים ist wohl *vollwichtig*, מצעם *stempelfrisch* (D. H. Müller). Dieselbe Münze wird Hal. 48 (Ṣirwāḥ) und *Sab. Denkm.* 21 = C I 380_6 mit dem einfachen רצים, Hal. 152 (Harim) Z. 5 u. 6 mit חיאלים bezeichnet. Hal. 43 ist die Rede von 40 R-ḍ-j, Hal. 152 und C I 380 von 10 und 5 Ḥaij'īlī bzw. R-ḍ-j-Münzen.

2. *ZDMG* XXX S. 293 Nr. 16 [= C I 614]: . . קר | ותני | חיאלים].....

3. Hal. 152 = C I 548 (Harim) Z. 8: שלעם | חמש 5 *Selaʿ*, worin bereits Halévy *Et. Sab.* S. 81 das aramäische סלע erkannt hat, das auch zur Bezeichnung der Silberdrachmen des Nabatäerkönigs Aretas IV. (7 v. Chr. bis 40 n. Chr.) verwendet wird (Hill. S. XVII; C I Sem. II 198).

4. Im qatabānischen Texte SE 83 (Rhodokanakis *KT* II S. 5ff.) wird anscheinend als Geldbuße der Betrag von 5 חבצת genannt.

5. In der nordminäischen Inschrift Jaussen-Savignac II 294f. min. 28 ist die Rede von einer Zahlung von 500 ...., wahrscheinlich Betrag einer Geldbuße (... | מאה | חמש | ..... | ליטלע). Die Bezeichnung der Münze ist weggebrochen.

Welchen von diesen Bezeichnungen die erhaltenen Münztypen entsprechen, läßt sich vorläufig nicht sagen. Auf den Münzen selbst findet sich keine von ihnen wieder, wenn nicht etwa in einem Monogramm bei Hill S. LXXI חיאל steckt. Ḥaij'īl sieht wie ein Personenname aus, gebildet wie חיועתתר. Er ist bisher nur aus dem nordminäischen Graffito Jaussen-Savignac I Tafel XXX Nr. 23 und dem merkwürdigen Graffito auf der Karawanenstraße von Koptos nach dem Nil מענין | דחיאל | ידכראל (*Transact. Soc. Bibl. Arch.* vol. XXXI pl. XXXVI Nr. 26) nachzuweisen. Die Münze wird nach dem König benannt sein, der sie zuerst prägen ließ, so wie die oben erwähnten סלעין חרתי.

Wir können danach drei Perioden der sabäischen Geschichte unterscheiden:

1. Die Gründung des Sabäischen Reiches von Marib unter Makrab und Königen, seine Kämpfe mit Maʿīn, Qatabān und Ḥaḍramaut und seine weitere Entwicklung zur Großmacht. Den Anfang wird man ins IX. Jahrhundert v. Chr. setzen dürfen, das Ende um den Beginn unserer Zeitrechnung.

2. Die Periode der Könige von Saba und von ḏū Raidān. Sie reicht bis in die zweite Hälfte des III. nachchristlichen Jahrhunderts und ist gekennzeichnet durch das Aufkommen der Ḥimjar-Homeriten, unter gleichzeitiger Verschiebung des Machtzentrums vom Binnenlande (Marib) nach der Küste (Ẓafār). An sie schließt sich mit dem Aufkommen der banū Hamdān-Dynastie:

3. Die letzte Periode, in der die Könige von Saba und von ḏū Raidān sich Könige von Ḥaḍramaut und Jamanat, d. h. des gesamten Jemen, nennen. Sie endet mit der Unterwerfung des Landes durch die Abessinier im VI. Jahrhundert.

II.

al-Ġirās (Šibām Suḫaim).

Vorbemerkungen.

„al-Ġirās liegt 21 km nord-nord-östlich von Ṣanʿā, in der Landschaft Ǧermūz, 18 km ost-süd-östlich von Ḥuqqa, am Westfuß des unmittelbar hinter dem Ort in Steilwänden 310 m abstürzenden Berges Ḥuṣn ḏū Marmar, in einem Winkel zwischen diesem und dem Ǧebel Qohāl, der südlich des Ortes liegt und mit dem Ḥuṣn ḏū Marmar durch einen breiten Sattel verbunden ist. Auf dem Gipfelplateau und auf den Vorsprüngen der Abhänge des Ḥuṣn liegen die umfangreichen Ruinen der Festung gleichen Namens. Etwa in der Mitte des Festungskomplexes liegt eine Moschee und eine anscheinend sehr alte große Zisterne. Am SW- und S-Fuße des ḏū Marmar-Massivs liegen die Siedelungen Šibām, al-Wēire und Qerjet eš-Šāb. Am Fuße des Ḥuṣn ḏū Marmar teilen sich die Straßen von Ṣanʿā nach Nehm und Maʿīn einerseits und Ṣirwāḥ und Mārib andererseits, sowie diejenige von Mārib über Ḥuqqa nach Šibām Kaukabān und Kaukabān.

Das heute Šibām al-Ġirās — im Gegensatz zu Šibām Kaukabān, Šibām Ḥarāz, Šibām in Buraʿ und Šibām in Ḥaḍramaut — genannte Dorf gehört zum Gebiet der Benī Ḥešēiš, während al-Ġirās zum Gebiet der Benī Ǧermūz und die in der westlichen Ebene liegenden Siedlungen, darunter er-Reḥábe (Ruḥāba), zum Gebiet der Benī Ḥāriṯ gehören.

Die Inschriftensteine waren bis auf einen in den Häusern verbaut. Wir haben nach einem Ruinenfelde gesucht, aber keine Stelle gefunden, wo mit Sicherheit alte Bauwerke zu vermuten waren. Es lagen aber alte Säulen herum, ebenso alte steinerne Mörser, so daß wir annahmen, daß das heutige al-Ġirās eine alte ḥimjarische Siedelung war. Da sich im Hofe der für den kleinen Ort sehr großen Moschee ein großes Becken befand und an der Moschee selber viele gut behauene Steine, die anscheinend aus alter Zeit stammen, eingemauert sind, so schien es uns nicht ausgeschlossen, daß die Ruinen unter der Moschee liegen.

Auf die Frage nach Inschriften in der Umgegend von al-Ġirās erfuhren wir nichts von solchen aus Šibām al-Ġirās, wohl aber von einem Hause in Nebī Eijūb auf einem Bergsporn, 400 m über al-Ḥarre nordöstlich von al-Ġirās, in dem ein Zimmer rings mit ḥimjarischen Schriftsteinen verkleidet sein soll.

Zur Erläuterung diene die hier beigeheftete Karte des Ḥuṣn ḏū Marmar und seiner Umgebung II (Rathjens—v. Wissmann).

al-Ġirās ist eine Siedlung aus verhältnismäßig junger Zeit. Hamdānī und die andern arabischen Geographen erwähnen es nicht. Es tritt für uns erst im XVI. Jhdt. in Erscheinung, während der Kämpfe der Osmanen mit den aufständischen Imāmen der Zaiditen. Nachdem Ḥasan Pascha nach langer Belagerung das feste Schloß Ḏamarmar erobert und den dazu gehörigen Distrikt, *bilād Ḏamarmar*, unterworfen hatte, verlegte er den Sitz der türkischen Verwaltung nach al-Ġirās. Die von Rutgers *Historia Jemanae sub Hasano Pascha*, Leiden 1838, in lateinischer Paraphrase herausgegebene Schrift des ʿĀmir b. Muḥammad b. Ḥasan al-Duʿāmī[1]) über die Feldzüge des Ḥasan Pascha im Jemen berichtet darüber S. 64: *interea* — nämlich i. J. 991 H. (beg. 25. I. 1583) — *jussit Hasanus aedificari urbem prope Dzamarmarum in loco Girās* [الغراس] *dicto, quam circumdedit muro et duabus instruxit portis: quod opus per ingentem operariorum numerum intra brevissimum temporis spatium est absolutum. Hanc fecit sedem praefecti Sultanici, quem praefecerat regioni Dzamarmarensi ejusque incolis multa concessit commoda et beneficia: erat autem sita prope Schibāmum Sohaimi, antiquam Himjaritarum urbem* [شبام سخيم المدينة الحميرية], *in qua tunc adhuc multa superabant* (so; lies: *supererant*?) *monumenta, quae tamen per Girasi exstructionem [in] magnam partem sunt destructa*[2]).

Der Imām al-Mahdī lidīnillāhi Aḥmad b. Ḥasan (1079—1092 H. = 1668—1681 n. Chr.) machte al-Ġirās zu seiner Residenz. Er ist dort gestorben und begraben (Niebuhr *Beschreibung von Arabien* S. 261; Ḥāǧǧi Rāšid *tāriḫi Jemen weṢanʿā* S. 259f.)[3]).

Niebuhr a. a. O. schreibt: *Charres, ein Strich Landes nord-östlich von Sanā. Darin liegt: Charres, eine kleine Stadt mit einem Bergcastell.*

Außer Burchardt und der Rathjens—v. Wissmannschen Expedition scheint kein europäischer Reisender bisher al-Ġirās besucht zu haben.

Aus dem Bericht von al-Duʿāmī ergibt sich, daß die in al-Ġirās gefundenen Inschriftensteine aus Šibām Suḫaim dorthin verschleppt sind, und dies erklärt, weshalb dort keine Reste ḥimjarischer Ruinen vorhanden sind.

---

[1]) Zur Nisbe vgl. weiter unten S. 232. — Rutgers las al-Ruʿāmī. Die Berichtigung des Namens ist bereits von F. Babinger *Die Geschichtsschreiber der Osmanen und ihre Werke* (Leipzig 1927) S. 115 verwertet worden.

[2]) Im nächsten Satze ist die Rede von einer Befestigung *in monte Kahalo* (قهال; s. auch ebenda S. 50), die Ḥasan gleichzeitig anlegte. Das ist der oben von RW erwähnte „Ǧebel Qohāl".

[3]) Ḥ. Rāšid schreibt قراس (Druckfehler?). Sicher ist auch unter الفراش bei Rutgers S. 50 al-Ġirās zu verstehen.

Über Šibām Suḫaim schweigt Hamdānī in seiner *Ǧazīrat*, er behandelt nur die drei andern Städte dieses Namens in Südarabien, mit denen Šibām Suḫaim nicht verwechselt werden darf[1]). Um so ausführlicher sind seine Angaben im *Iklīl* über das damit identische Šibām Jasḫum (يسخم). Der betreffende Abschnitt ist von D. H. Müller *Burgen* I S. 19 und 59 im Grundtext und in Übersetzung veröffentlicht worden. Hamdānī sagt: (Überschrift) *Zu ihnen* [den alten Burgen] *gehört auch Šibām Jasḫum, der Sitz des ḏul-Rumḥain.*

Šibām Jasḫum gehört zu den Schlössern des Jemen. Dort hausten die Suḫaimier, die Nachkommen von Jasḫum b. ىداع [so, ohne Punkte] *b. ḏū Ḫaulān. Einige behaupten, daß die Murr b. ʿĀmir dort lebten, aber dem ist nicht so, denn diese gehören zu al-Kalāʿ* [vgl. *Ǧazīrat* S. 247 Z. 11 ff.]. *In Šibām Jasḫum sind großartige Ruinen und Schlösser. Von diesem Šibām bringt man den Gips* [القصّة, nicht الفضّة, *Silber*, wie D. H. Müller liest[2])] *nach Ṣanʿā. Die Entfernung zwischen beiden Städten beträgt weniger als eine halbe Tagereise* [nach dem Gewährsmann des Jāqūt III 248—250 drei *farsaḫ*]. *In der Nähe von diesem Šibām liegt noch Ruḥāba mit großartigen Ruinen, und über Šībām erhebt sich der Berg von ḏū Marmar, der das Kastell dazu trägt.*

Die Inschriften von al-Ġirās geben den besten Kommentar zu den Nachrichten der einheimischen Geographen und Historiker, wie umgekehrt diese zum Verständnis der Inschriften beitragen: sie ergänzen und bestätigen einander.

Der alte Name der Stadt, Šibām شبام, erscheint in unserer Inschrift MM 25 Z. 8 und in der aus al-Ġirās verschleppten Inschrift C I 29 (s. zu MM 26 Z. 1)[3]). Der Stamm רשבמם in den Inschriften MM 9, 19, 27 bezeichnet wohl die Bevölkerung der Stadt und ist auch in MM 25 Z. 20 gemeint. In andern Inschriften (s. MM 2, wo die übrigen Stellen angeführt sind) wird der Stamm „Sumʿaj, Drittel ḏū Haǧar^{m}“ erwähnt. Haǧar ist wohl der Name einer Ortschaft in der Nähe von Šibām, wo ein Teil des Stammes Sumʿaj angesiedelt war. Der Haupt-

---

[1]) Nämlich 1. Šibām Aqjān bei Kaukabān S. 72_{7}, 82_{4}, 103_{26}, 106_{25} ff., 107_{12}, 136_{1} und wohl auch 197_{12}, $_{15}$, 203_{15} gemeint. 2. Šibām Ḥarāz S. 105_{11}, 125_{9}, $_{23}$, 126_{4}, 193_{2}. 3. Šibām in Ḥaḍramaut 45_{17}, 86_{24}, 87_{3}, $_{25}$. Im *Index Geogr.* von D. H. Müllers Ausgabe und dem *ḏail* dazu sind die drei Šibām nicht immer auseinandergehalten; das unrichtige Zitat 101_{12} war nicht zu berichtigen.

[2]) Im kritischen Apparat zu seiner Ausgabe der *Ǧazīrat*, Bd. II S. 78, Anm. zu Bd. I S. 81, hat Müller den Irrtum stillschweigend berichtigt. Aus der berichtigten Lesart ergibt sich, daß mit dem sonst nicht unterzubringenden شبام القصّة *Ǧazīrat* 81 Z. 25 Šibām Suḫaim gemeint ist. Ein Gipstransport in al-Ġirās ist dargestellt in *Aus dem Jemen, Festgabe für den vierten Deutschen Orientalistentag in Hamburg*, Taf. XXVII.

[3]) Der Name Šibām wird stets mit der Mimation שבמם geschrieben, dagegen in den Inschriften aus Šibām Aqjān שבם, ohne Mimation (C I 126 Z. 9, 131 Z. 3 u. 4). הג[רן | שבם Gl. Wien 1050 (Hofmus. 4) Z. 2 dürfte daher auf Šibām Aqjān zu beziehen sein.

sitz des Stammes Sum'aj war, wie aus der Inschrift C I 37 hervorgeht, Ḥadaqān, 12 km nordwestlich von al-Ġirās und ungefähr 25 km nördlich von Ṣan'ā. Ein anderes Drittel von Sum'aj, ḏū Ḥumlān, kommt in den Inschriften von Ḥāz vor (s. die Vorbemerkungen zu Kapitel III).

Zur Zeit unserer Inschriften waren die banū Suḫaim[1]) die herrschende Familie in Šibām.

Sie bauten dort ein *maśwad* (Versammlungshaus, Rathaus, s. zu MM 3) und eine Bewässerungsanlage (MM 1). Ein dritter Bau, auf den sich MM 15 bezieht, läßt sich nicht bestimmen. Eine Reihe anderer Bauten ist von Angehörigen anderer Familien aufgeführt worden, die sich als Klienten, אדם, der banū Suḫaim bezeichnen und nicht verfehlen zu erwähnen, daß der Bau zustande gekommen ist „mit Hilfe ihrer Gebieter, der banū Suḫaim", ברדא | אמראהמו | בני | ש'; s. MM 4, 5, 7—12, 14, 15, 17, 18, C I 17 und 20[2]). Die sich so ausdrückten, gehörten wohl zum Drittelstamm ḏū Hağar von Sum'aj. Als solche unterstanden sie den banū Suḫaim, in deren Familie die Qail-Würde dieses Stammes erblich war (s. die Stellen unten zu MM 2).

Dem Stamme Sum'aj und einem seiner Qaile, sowie „ihren Gebietern", den banū Suḫaim, bezw. ihren Klienten, begegnen wir auch in Inschriften von Širā', 13 km nördlich von Šibām (C I 317 und Hal. 87 = Derenbourg *Marseille* IX) und vom Ğebel Šaiḫān (Hal. 140, s. unten zu MM 2)[3]). Der Fundort von SE 8

---

[1]) Dieser Name wird überall mit einem ח̇ (خ) geschrieben, und Jāqūt schreibt in dem Beinamen der Stadt ausdrücklich سخيم vor (s. D. H. Müller *Burgen* I S. 59 Anm. 1), zum Unterschiede vom Nordarabischen سحيم Suḥaim (lat. Sohaemus, gr. Σόαιμος, Σόεμος, nicht etwa Sochaemus, Σόχαιμος!).

[2]) Hierher gehört auch die Inschrift C I 449 (Fundort unbekannt, jetzt in Marseille) von einer Grabanlage der banū Baḥḏ. Unter den Bauten der אדם-Familien sind ihre „Häuser" hervorzuheben. Drei von ihnen werden mit Namen genannt: Jaf'ān (MM 9 und 154), Jašūf'īl (MM 6) und Raimān (MM 24 Z. 8); ein viertes wird in MM 11 ohne Namen erwähnt. Unter diesen „Häusern" sind wohl größere feste Gebäude, قصور, etwa Stammsitze der betreffenden Familien, zu verstehen, wie Hamdānī sie in seiner Beschreibung von Šibām Suḫaim erwähnt.

[3]) Širā' ist von Halévy und Glaser besucht worden. Nach Halévy liegt es eine halbe Tagereise nordöstlich von Ṣan'ā, nach den Erkundigungen von RW etwa 13 km nördlich oder nordnordöstlich von al-Ġirās. Auch in der Inschrift Hal. 85 (ebendaher = C I 358 u. 576) scheint noch ein Qail von Sum'aj vorzukommen. (Im C I wird die Lesung קול | מרתדם vorgeschlagen, was nicht angängig ist. Die banū Marṯad sind eine Familie, und Qaile gibt es nur von Stämmen, nicht von Familien. Glasers Kopie von Hal. 85 ist bisher nicht veröffentlicht.) — Der Ğebel Šaiḫān, an dem Halévy die Inschriften Nr. 113—142 seiner Sammlung, anscheinend sämtlich Graffiti, kopierte, liegt nach seiner Angabe eine gute Tagereise nordöstlich von Ṣan'ā.

(s. zu MM 2), wo Suẖaimier sich als Qaile von Sumʿaj, Drittel ḏū Haǧar, bezeichnen, wird nicht angegeben.

Die herrschende Stellung, die die Suẖaimier in Šibām einnahmen, gibt uns die Erklärung, weshalb die Stadt zum Unterschiede von Šibām Aqjān bei Kaukabān später Šibām Suẖaim genannt worden ist[1]).

Aber außer der Namensgleichheit bestehen noch nähere Zusammenhänge zwischen beiden Städten.

Es ist schwerlich Zufall, daß der König Īlšaraḥ Jaḥḍib besonders häufig in den Inschriften von Šibām Suẖaim, Ḥāz und Bait Ġufr genannt wird (s. ausführlicher zu MM 24). In den zwei Inschriften C I 140 und 141 aus Šibām Aqjān führt er den Titel כבר | אקינם *Kabīr der Aqjān*[2]). Als solcher unternahm er nach C I 140 verschiedene Kriegszüge gegen Ḥimjar, Radmān, Ḫaulān und Ḥaḍramaut: er war also ein streitbarer und mächtiger Herr, und seine Identität mit dem späteren König von Saba und von ḏū Raidān gleichen Namens ist kaum zu bezweifeln.

Ebenso finden wir in Šibām Aqjān den Suẖaimier Jašraḥʾīl Asraʿ wieder (s. zu

---

[1]) Es muß auffallen, daß Hamdānī statt شبام سخيم gegen die sonstige Überlieferung شبام يُسحم schreibt. Mit dem Namen der Eponymenfamilie יהסחם (s. zu MM 25 Z. 8ff.) hat يُسحم natürlich nichts zu tun. Aber es ist nicht ausgeschlossen, daß Hamdānī sie verwechselt hat. Sabäisch סחם scheint arabischem سحم zu entsprechen, während שחם سخم geschrieben wird.

[2]) Über das Wesen des Kabīrats hat sich M. Hartmann *Ar. Fr.* S. 433—449 in langen Ausführungen verbreitet, ohne das schon damals zugängliche Material zu erschöpfen. Wir finden Kabīre hauptsächlich in den minäischen und älteren sabäischen Texten (vgl. besonders die von Hartmann übersehene sabäische Bustrophedon-Inschrift *ZDMG* XXXIII S. 489 Nr. V). Verschiedene Umstände, namentlich aber der Umstand, daß die minäischen Kabīre als Eponyme fungierten, lassen darauf schließen, daß es sich um ein sakrales Amt handelt. Für die sabäischen Eponyme dürfte dies durch die alte Inschrift *ZDMG* XXIX S. 600ff. Nr. II feststehen. Auch diesen Text und die dazugehörigen Bemerkungen D. H. Müllers hat Hartmann nicht berücksichtigt. Andererseits wird כבר von den Oberhäuptern von Stämmen gebraucht, was wieder für administrative Funktionen spricht. Was die כבר | אקינם waren, läßt sich vorläufig nicht sagen. Hat אקין appellative Bedeutung — *Diener* oder *Priester* der Gottheit bezw. des Herrschers — wie in älteren Inschriften, so bezeichnet der Titel eine Art Hohepriesteramt. Als Stammesname ist אקין bis jetzt nicht bezeugt, wohl aber finden wir C I 131 (Šibām Aqjān) in einem Edikt des Kabīr Aqjān ʿAmmīšafaq die Aqjān Š. und die Priester, אקין | שבם [|| וארש]ן (so zu ergänzen), als zusammengehörig erwähnt. Daß eine energische Persönlichkeit wie Īlšaraḥ Jaḥḍib es vom „Hohenpriester" zum König bringen konnte, darf nicht auffallen. Von den *Makrab* der altsabäischen Periode, den Vorläufern der Könige von Saba, hat man es bisher, wenn auch ohne Beweis, als selbstverständlich angenommen, daß sie eigentlich Oberpriester waren und als solche auch die politische Herrschaft ausgeübt haben. Die Geschichte der islamischen Theokratie bietet weitere Beispiele.

MM 1). Auch in diesem Falle spricht die Übereinstimmung in den beiden sonst nicht nachweisbaren Namen, Haupt- und Beinamen, für die Personengleichheit ihrer Träger.

Nach dem epigraphischen Befunde war Šibām Aqjān die ältere Stadt, Šibām Suḫaim die jüngere: so alte Texte wie C I 126 und 131 oder gar eine Bustrophedon-Inschrift wie C I 128 hat Šibām Suḫaim nicht aufzuweisen.

Außer dem Königspaar Īlšaraḥ Jaḥḍib — Ja'zil Baijin begegnen uns in den Inschriften von al-Ġirās der König Watār^{m} Juha'min (MM 24, C I 10), Sohn des Īlšaraḥ Jaḥḍib, und „der König Anmār^{m}" (MM 26) d. i. Anmār^{m} Juha'min, König von Saba, Sohn des Wahb'īl. Sie gehören der späteren Zeit (etwa III. Jhdt. nach Chr.) an und werden auch in den Inschriften von Ḥāz und Bait Ġufr erwähnt. Ältere Könige fehlen, im Gegensatz zu Šibām Aqjān, wo sich ein Edikt des Jadīʿ'īl Baijin, Sohnes des Königs von Saba Kariba'īl Watār^{m}, gefunden hat (C I 126), der einer früheren Epoche angehört.

Ebenso suchen wir in Šibām Suḫaim vergebens nach dem Stamm Bakīl und dem Geschlecht der banū Marṯad vom Stamme Bakīl. Das ist um so auffälliger, als der König Īlšaraḥ Jaḥḍib und sein Sohn Watār^{m} diesem Geschlechte entstammen und der Stamm Bakīl und die banū Marṯad in den Inschriften von Šibām Aqjān wiederholt als dort ansässig erwähnt werden, vgl. C I 122, 126, 128, 137, 143, 146. Anstelle der banū Marṯad und ihres Stammes Bakīl treten in Šibām Suḫaim die banū Suḫaim und die Stämme ḏū Šibām und Sumʿaj, die öfter erwähnt werden (s. oben), sowie der Stamm דראים, der nur einmal, in MM 28, genannt wird. Keiner von diesen kommt in Šibām Aqjān vor, wenn nicht etwa in dem kleinen Bruchstück C I 136 der Name Sumaʿj zu erkennen ist[1]). An Familien von Šibām Suḫaim lernen wir aus den Inschriften außer den herrschenden banū Suḫaim noch die banū Bataʿat (MM 11), Ḫasa'^{m} (MM 7, 8) und ʿAmmīʿalī (MM 25) kennen. Die banū ḏū Mulaiḥ^{m} (MM 26) sind offenbar aus Maʿīn eingewandert. Keine von diesen kleineren Familien läßt sich sonst nachweisen.

Ähnlich verhält es sich mit den Götterkulten beider Städte.

In Šibām Aqjān wird die altsabäische Göttertrias ʿAṯtar (C I 123), Almaqah (C I 132, 143, 145) und Šams (C I 132) verehrt. Sie tritt uns noch besonders in der stereotypen Formel בעתתר || ואלמקהו | ובדת | חמים | וב || דת | בעדנם | (C I 145) entgegen. Daneben erscheint der sonst nicht bezeugte Gott רמן, C I 143, anscheinend eine Lokalgottheit.

---

[1]) Von der Inschrift sind nur die fünf Zeichen עי | בנ erhalten. Es gehört nicht viel Phantasie dazu, sie zu בנו | שחימם | אקול | שעבן | שמ[עי | בנ]יו zu ergänzen. Die Größe der Buchstaben — 0,25 m — spricht dafür, daß wir die Reste einer Prunkinschrift von einem Gebäude vor uns haben. עי . . kann kaum etwas anderes als שמעי gewesen sein. Etwas mehr erhalten ist in dem Bruchstück C I 163 (aus Ḥāz): . . . ניו [ב | [שמע]י [שעבן | אקול | שחימם | בנו .

In Šibām Suḫaim fehlt Almaqah vollständig, wenn er nicht etwa in der feierlichen Anrufung aller Götter in MM 5 aufgeführt war.

An seine Stelle ist Ta'lab Rijām, der Gott der Bata'iden, getreten. Er wird als „ihr — der Stifter — Schutzpatron" besonders häufig angerufen, MM 6, 8, 11, 16, 17, ihm allein sind die erhaltenen Votivdenkmäler, MM 24—29, gewidmet.

Neben ihm hat sich 'Aṯtar noch behaupten können (MM 5, 6, 8, 12), ebenso Qainān als Hausgott der banū Ḫasa'^m (MM 7—9, 16). Šams und andere Gottheiten *minorum gentium* (Haubas, Mandaḥ) erhalten noch eine *mention honorable* in der eben angeführten Anrufung MM 5, auch erscheinen einige gelegentlich in theophoren Eigennamen, wie z. B. רבשמשם (MM 11), והבדשמי (MM 26).

Im Vorstehenden ist versucht worden, an der Hand des epigraphischen Materials die geschichtliche Bedeutung von Šibām Suḫaim im Altertum festzustellen. Bei der beschränkten Anzahl der Inschriften — im ganzen, einschließlich der von dort verschleppten Steine, nicht mehr als 35 — beruht manches nur auf Vermutung und auf Schlüssen aus dem gefährlichen *argumentum ex silentio*. Immerhin dürfte als Ergebnis bestehen bleiben, daß Šibām Suḫaim mit seinen Überresten der jüngeren Periode des Sabäischen Reiches angehört.

1.

RW 59. In der Moscheemauer; 0.30 × 1.30 — Bu. Ṣan'ā 1909 Jemen II 341.

RW

Bu.

Links abgebrochen, sonst vollständig.

1 י]שרחאל | אשרע | בן | שחימם | העשא | מאחדהמו....

2 אנהר | ופנוי | ואנקב | ומשקי | נגרהמו | קרי....

(1) *[Ja]šraḥ'īl Asra' b. Suḫaim^m hat anlegen lassen ihr Reservoir* .... (2) *die Bäche, Schleusen, Durchstiche und Tränken ihres n-ǧ-r Q-r-j.....*

(Z. 1.) Jašraḥ'īl Asra', „der Sohn des Suḫaim^m", d. i. Chef der Familie Suḫaim, erscheint wiederholt in den Inschriften von al-Ġirās, hier als Bauherr, sonst als Patron von Stiftern anderer Bauwerke (s. MM 4, 5 und vielleicht 20). Auch in der Inschrift C I 147 = Gl. 126 aus Šibām Aqjān ist jetzt in der ersten Zeile ישרחאל | אשרע zu erkennen[1]), und in der Inschrift von Haršfa (Lage unbekannt), Gl. B. 884 [= C I 649], dürfte der verstümmelte Name des *Gebieters*, מרא, am Ende der 2. Zeile zu ישר]חאל | אשרע zu ergänzen sein. Der Name ישרחאל ist sonst im Sabäischen nicht zu belegen, dagegen findet er sich wiederholt im Minäischen (Hal. 504, 545; H. Derenbourg *Nouveaux Envois* III = Lidzbarski *Ephem.* II S. 387 = *Rép. Ep.* 456; ME VI = Jaussen-Savignac min. 213) und in der ḥaḍramautischen Inschrift von 'Obne Z. 5; vgl. auch noch qatabānisch ישרחעם Jaussen *himy.* 98 und ישרחעתת Berlin VA 7821, Jaussen *himy.* 67.

Der Beiname אשרע اَسْرَع begegnet uns auch C I 277, wo aber die Herausgeber אכרע vorziehen. שרעם سريع heißt der Minäer, der die Bronzetafel C I 84 gestiftet hat. Sonst kommt die Wurzel שרע in den Inschriften nicht vor. Zur Familie der بنو سُخَيم vgl. die Vorbemerkungen oben Seite 14.

העשא | מאחדהמו. מאחד مأخذ, Plur. מאחדת (C I 506), bezeichnet eine größere Tiefbauanlage zum Sammeln von laufendem Wasser, etwa ein Staubecken (so zuletzt auch Rhodokanakis *Altsab. T.* I S. 7). Eine solche Anlage trägt wie Tempel, Befestigungen usw. einen besonderen Namen, vgl. [C I 659], Gl. 418 + 419 bei Rhodokanakis a. a. O. S. 5 ff., die Inschriften vom Damm von Marib Gl. 513,

---

[1]) Die Herausgeber des C I hätten neben dem nicht gelungenen Abklatsch Glasers auch dessen Abschrift heranziehen oder doch dessen Varianten notieren sollen. Wir setzen hier die Abschrift Glasers (a), unsere Lesung seines Abklatsches (b) und die Lesung des C I (c) nebeneinander:

(c)	(b)	(a)
אל]שרח | יחצ]ב | כבר | אק	י]שרחאל | א]ש]רע [|בן | שחי	| שרח | בכ
י]נם | קל |...]אלמקה|בעל	מם | קל | ש]ע]ב]ן |	לם | קטט . |
אום | ד]ע]ר]ן | אלו	מעשא | ומקחת	| שעשא | ו |
ערת	???רת	קברתמקמ

In der 2. Zeile ist alles unsicher mit Ausnahme des zweiten Zeichens, מ. Das erste Zeichen kann ל oder מ sein, aber nicht ינ. Mit der 4. Zeile wissen wir nichts anzufangen. An sich ist מ]קברת, wie Glaser vom Steine abschrieb, passend, aber mit dem Abklatsch nicht zu vereinen.

517, 523, 525 ebenda II S. 97 ff., Hal. 141 (= CI 566)[1]) und 271, Jaussen *himy.* 131, sowie die gleich anzuführenden Stellen. — העשא IV. Form von עשא, das ebenso wie das abgeleitete Substantiv מעשא, ein bautechnischer Ausdruck ist. Wie hier finden wir auch noch Gl. 929 (897) + 1392 (bei Rhodokanakis *St.* II S. 120) עשא mit מאחד verbunden (עשאי | מאחדהמי) und in der Berliner Inschrift VA 5324 das Substantiv מעשא (תקדם | כל | מעשא | מאחדן | עילן ... *er leitete den ganzen Bau des Reservoirs Ġailān)*; ferner Ryckmans 5 (מע[ש]א | ומקח | מאחדהמו | דבין). C I 584 = unten MM 165:

עשא | ובני | חרתהו | למשקת | נחלהו |

er .... und baute seine חרת *für die Bewässerung seiner Palmenpflanzung*; wörtlich ebenso Ryckmans 9: עשאו | והותר | ושקר | חרתן | משקית | נחלהמו; ähnlich Berl. VA 5324: ברא | ועשא | בהרת | נחלן *er stellte her und .... die* בהרת *der Palmenpflanzung.*

Auch in diesen beiden Inschriften handelt es sich um Bewässerungsanlagen. Dagegen hat das Verbum עשא in der Inschrift C I 20 als Objekt מקבר = مقابر, eine Grabanlage, und dasselbe dürfte auch auf die oben S. 18 Anm. 1 behandelte Inschrift C I 147 zutreffen. C I 370 (bustrophedon) ist das Objekt zu עשאן in einer Lücke verloren gegangen[2]).

Als Bedeutung von עשא läßt sich danach *graben, aushöhlen* vermuten. Mit dem sabäischen עשי hat die Wurzel nichts zu tun.

Zu beachten sind einige kurze Inschriften, die das zugehörige Bauwerk als מעשא einer Familie bezeichnen,

Fr. XXXVII [= C I 665]: מעשא | בן | מש ? | ומכביהו

Hal. 649 [= C I 672]: מעשא | בן | דשע

und das Bruchstück *ZDMG* XXXIII S. 494 Nr. 14 [= C I 680], wo nur das Anfangswort מעשא erhalten ist.

Diese *ma'sa'*-Inschriften haben ihr Analogon in den zahlreichen Inschriften, die die Opferstätten des Königs und einzelner Familien als solche kennzeichnen

---

1) Die Herausgeber lesen die Schlußworte ... קחו | מאחדן | בול | לארהמ der Abschrift קחו | מאחדן | בעל | ביתהם und übersetzen: *dicarunt catar[r]actam* (?) *domino domus suae.* Das Vb. קח bedeutet sicherlich nicht *dicare*, sondern ist wie עשא ein bautechnischer Ausdruck, s. Rhodokanakis *KT* II S. 22 ff. und zu MM 150_4. In בול steckt, wie schon D. H. Müller erkannt hat, der Name des מאחד, in לארהם aber weder לאלההו, wie Müller wollte, noch ביתהם, noch auch בארהמ (Halévy), sondern לאר[צ]המ[ו, wie sich aus der Inschrift Mayer Lambert *Nouveau Supplément* Nr. XI [= C I 658] ergibt, *für ihr Land.*

2) Ebenso entgeht uns das Objekt in den beiden Berliner Inschriften VA 5346 (eine Zeile): ...מ]עשא | שטרן | דתקדם | להו | קיאן und VA 7818: ...תקד]ם | כל | מעשא | ומבן | תב...; vgl. auch Ryckmans 12: .... כל | מעשא | ומב[ני ..... עד | ש[קרם

In der nordminäischen Inschrift Jaussen-Savignac Nr. 31 aus dem Steinbruch von Ḥuraiba wird עשא von dem Abbau des Gesteins gebraucht.

und regelmäßig mit dem Worte מדבחת beginnen, worauf der Name der Familie folgt[1]). Wir können hiernach unter den מעשא dieser Inschriften eine Anlage verstehen, wie etwa Katakomben oder Wasserbauten, deren Benutzung nur den Angehörigen eines bestimmten Familienverbandes zustand.

(Z. 2.) An Einzelheiten zur Herstellung des Staubeckens werden angeführt: אנהר = انهر oder انهار, Wasserläufe, sonst nur noch C I 308 Z. 6; פנוי = فناوى, Plural von פנות, das in der Bedeutung *Kanal*, *Schleuse* wiederholt belegt ist. Sonst bildet פנות den Plural פנן (s. die Nachweise bei Rhodokanakis *St.* II S. 115, 144, 176 und *Altsab. T.* I S. 46 und 176);

אנקב sind *Durchstiche* durch Gestein (Glaser: *Tunnel)*. Die Stellen, an denen dies Wort in ähnlichem Zusammenhange vorkommt, sind von Rhodokanakis *St.* II S. 80 und 121 erläutert worden. Hinzuzufügen ist das Verbum נקב aus C I 149 Z. 1: .... | הנב]טו | ונקב | וקיפן | וחטון | כל [] | אבאר] *[sie versorgten] mit Wasser, bohrten, gruben und ? alle [Brunnen .....]*.

Das erste Verbum kommt in den minäischen und sabäischen Inschriften nicht selten vor, gewöhnlich mit حفر verbunden, und hat überall als Objekt באר, אבאר nach sich (Hal. 154 = C I 516 Z. 19f., 174 = C I 399, 240 Z. 11, 449_2, 453, 519 Z. 16; Mayer Lambert *Nouveau Supplément* Nr. XI)[2]).

[1]) Die *madbahat*-Inschriften sind, soweit sie das sogenannte Totschlägersymbol des Almaqah tragen, von Grohmann *Göttersymbole* S. 6f. und 10 zusammengestellt worden. Es sind dies: Mackell 2 [= C I 664], Gl. 487 u. 654, Gl. W 1049 [= C I 694], Bibl. Nat. Nr. 4 [= C I 675], OM Nr. 32 = *ZDMG* XXXIII S. 495 Nr. 19 [= C I 679 und dazu C I 676]. Bei den Inschriften Fr. LI [= C I 666], Hal. 645 u. 648, Prid. XIII [= C I 674], Derenbourg *Bibl. Nat.* Nr. 14 [= C I 676] und Berlin VA 5321 fehlt das Symbol, mag es abgebrochen oder in den Abschriften weggelassen sein. Etwas anders ist die Fassung der *madbahat*-Inschrift C I 382.

[2]) Für die Inschrift C I 149 liegen ein nicht besonders gelungener Abklatsch Glasers und seine Abschrift des Steines vor, die Herausgeber haben sich aber nur an den Abklatsch gehalten. Ihre Lesung und Ergänzung der ersten Zeile:

בר]או | והקב | וקיפן | בצרוח | כל [] | מחפרת |

ist recht bedenklich. Glaser las vor dem Steine:

ںויויקווק | ˋן | ויטי | כל

was dem Abklatsch besser entspricht. Von dem vierten Worte וחטון (über dieses Verbum s. zu MM 146) sind der erste, dritte und vierte Buchstabe ganz deutlich, vom zweiten und vierten sind die unteren Hälften erhalten. Der zweite kann nur ein ח gewesen sein.

Der Schlußzeile 3 ging, wie auch im C I angenommen wird, die stereotype, mit רתד eingeleitete Formel voraus, durch die der Bau unter den Schutz der Gottheit gestellt wird, in der Regel des עתתר | שרקן. Von den beiden Objekten von רתד steht der Name der Gottheit ausnahmslos an zweiter Stelle. Es kann also in den überlieferten Resten dieser Zeile: ·ן | וערבן | בן | כל | מחבאשם nur der Name der Gottheit, nicht, wie die Herausgeber annehmen, der des Baus stecken. Man wäre versucht, an עתתר | שרק]ן | וערבן *der ʿA. des Ostens und Westens* zu denken, aber *Westen* ist im Sabäischen מערב, معرب, nicht مغرب.

משקי neben אנקב und פני kann nur Plural von משקית bezw. משקת sein, wie bereits Mayer Lambert zu C I 562 gesehen, wo die Belege gesammelt sind. Im C I wird es als *loci irrigati* erklärt, Rhodokanakis übersetzt es mit *Wasserrinnen (St.* II S. 54), zuletzt *(Altsab. T.* I S. 89) mit *Kanäle.* Vielleicht sind darunter kleinere *Wassergräben*, vielleicht nur *Tränken*, die von der Anlage gespeist wurden, zu verstehen. — Über משקת, משקית siehe noch zu MM 165 Z. 2.

נגרהמו: so, nicht etwa הגרהמו, wie man zunächst zu korrigieren versucht ist, denn die Lesung des Wortes steht durch die Burchardtsche Photographie fest. Ein Fehler des Steinmetzen ist so gut wie ausgeschlossen bei einer Inschrift, die, wie ein Blick auf die Photographie lehrt, mit besonderer Sorgfalt ausgeführt ist, wie sich dies für einen so vornehmen Bauherrn und für ein größeres Bauwerk geziemt. Der Fehler wäre sofort bemerkt worden und hätte unschwer beseitigt werden können: ein Strich hätte genügt, um aus 𐩬 ein 𐩠 zu machen.

נגר ist ἅπαξ λεγόμενον. Die Wurzel ist im Sabäischen belegt durch den Namen der bekannten Stadt Nağrān נגרן, durch den Turm von Ġaimān, der so heißt (MM 150a) und andere alte Ortsnamen, wie Nağr im ehemaligen Miḫlāf Šibām Aqjān (Hamdānī *Ğazīrat* 107_{10}), wo Glaser zwei Inschriften fand, C I 151 und 152, Nağra, wo man Niebuhr das Grab des Tubbaʿ Asʿad Kāmil zeigte, und die Veste Nuğair in Ḥaḍramaut (s. Hamdānī *Iklīl* bei D. H. Müller *Burgen* I S. 44, *Ğazīrat* 87_1, 203_{16}; Balāḏurī *Lib. Expugn.* S. 101 f. und die geographischen Lexika). Das arabische Lexikon versagt, wenn man auch aus نجران *Türschwelle* bezw. *Riegel* und نجّار *Schreiner* allerlei andere Bedeutungen, z. B. *Staudamm* ableiten könnte. Indessen sind نجّار sicher, نجران wahrscheinlich aramäische Lehnwörter im (Nord)arabischen (s. Fraenkel, *Aram. Fremdwörter* S. 18 u. 254 f.). نجير und نجارة sollen die Namen von zwei Gewässern bei Ṣiffīn sein: da könnte man vielleicht an einen Zusammenhang mit hebr. נגר *fließen* denken.

. . . קרי ist nicht mit Sicherheit zu ergänzen.

2.

RW 55. An der Moschee; 0.25 × 0.42 — Bu. Ṣanʿā 1909 Jemen II 338.

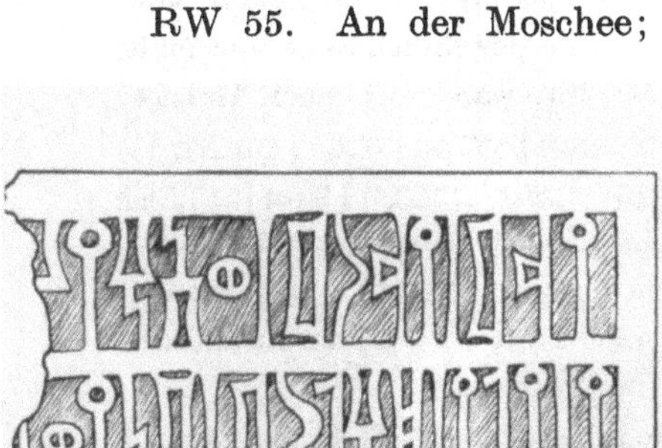

RW

Bu.

Links abgebrochen, sonst vollständig.

1 ידם | ידרם | ואחיה[ו | ....אקול | שעבן | שמע

2 י | תלת | דהגרם | בניו | ....

(1) *Jadūm Jadrim und sei[ne] Brüder [..., Qaile des Stammes Sum'a]* (2) *j, Drittel ḏū Hağar*^{m}*, haben erbaut.......*

(Z. 1.) Der EN. Jadūm ist aus C I 2 (Ṣan'ā) und der großen Inschrift von Rijām C I 308_{25} zu belegen. M. Hartmann nahm ihn unter seine Sippennamen auf, *Ar. Fr.* S. 268, wobei er C I 308 übersah. Hier ist er individueller Name, und auch an den andern Stellen liegt kein Grund vor, darin einen Sippennamen zu suchen. Jadrim auch C I 24[1]) und vielleicht in dem kleinen Fragment Hal. 65. Die Ergänzung des Schlusses der Zeile ergibt sich aus den Inschriften MM 24 und 28 aus al-Ġirās. Auch das kleine Fragment Derenbourg *Bibl. Nat.* Nr. 13 *(admirable spécimen d'écriture monumentale en relief sur une seule ligne)*: י | שלת | דהגרם können wir jetzt mit Sicherheit ergänzen und getrost nach al-Ġirās versetzen[2]).

Die beiden andern Drittel von Sum'aj sind die Sum'aj-Ḥāšid und die Sum'aj-Ḥumlān, siehe unten S. 63ff.

3.

RW 79. An einer Hauswand; erhabene Schrift; Buchstabenhöhe 0.11.

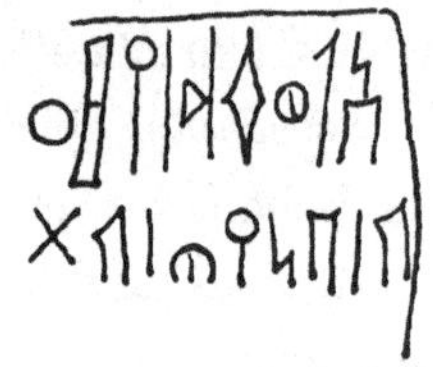

1 אלופד | יצע [| ו .... · בנו | שחימ

2 ם | בניו | מס[ודהמו | ....

Wohl nur links abgebrochen, wo der größere Teil der Inschrift fehlt.

(1) *Īlwafad Jaḏa' [und ...., banū Suḥaim]* (2) ^{m}, *haben gebaut [ihr] maś[wad ....].*

---

[1]) Die Inschrift ist im C I nicht glücklich behandelt. Sie ist bis auf den Schluß vollständig, während die Herausgeber ohne Not annehmen, daß an der linken Seite viel fehlt. Außer den Varianten, die Glaser in seinen *Mitteil.* S. 56 gibt, wäre auch noch Hal. 140 heranzuziehen gewesen. Sie ist zu lesen: (1) והבאום | ישכר | ואחיהו | נשאכרב | י (2) דרם | וחמעתת | אזאד | ואבכרב | אשעד (3) בנו | והבאום | יארף | בן | שחמן | אקול | (4) שעבן | ירשם | " "

In dem Graffito Hal. 140 sind vielleicht in dem schlecht überlieferten Anfang die Namen והבאום | יא]רף | ו[ח]י[ו]ם | [י]שכר zu erkennen. Ob und wie der והבאום | יארף in der Inschrift Mayer Lambert *Bombay* 30 + C I 314 Z. 2 mit seinem Namensvetter in C I 24 zusammenhängt, läßt sich schwer sagen.

[2]) SE 8 (Fundort wird nicht angegeben) ist nach Rhodokanakis *KT* II S. 69, Anm. 5, eine Dedikation von Suhaimiern, die sich darin Qaile „des Stammes SM'I, Drittel von HGR^{m}" nennen und ihren eigenen Stamm Jarsum ebenfalls als Drittel von Hağar^{m} bezeichnen.

(Z. 1.) Der Name Īlwafad kehrt in MM 6 wieder und bezeichnet dort wohl dieselbe Persönlichkeit. Er ist jetzt auch in dem alten Fragmente *Sab. Denkm.* Nr. 33 [= C I 678] zu erkennen, wo nur die zweite Hälfte erhalten ist. Der Beiname יצ̇ע begegnet uns auch C I 408, s. unten zu MM 163 Z. 7.

(Z. 2.) Auch die folgende Inschrift MM 4 berichtet von dem Bau eines *maśwad* durch Klienten der banū Suḫaim. Unter *maśwad* werden wir ein Gebäude zu verstehen haben, in dem sich die Angehörigen eines Stammes oder einer Sippe versammelten, vgl. hebr. סוֹד „Kreis Zusammensitzender, es sei zum Gespräch, oder zur Beratung". Sachlich entspricht im nordarabischen Kulturkreise das دار الندوة ; vgl. die Stelle Ibn Hišām *Sīra* ed. Wüstenfeld S. 323: فاجتمعوا له في دار الندوة وهي دار قصيّ بن كلاب التي كانت قريش لا تقضى امرا الا فيها يتشاورون فيها ما يصنعون فى امر رسول الله صلعم حين خافوه

4.

RW 56 und 57. Zwei zusammengehörige Fragmente, in der Moscheemauer nebeneinander eingemauert; [das Fragment rechts steht auf dem Kopf]; Höhe 0.25, Gesamtlänge beider Fragmente 0.78 — Bu. Ṣanʿā 1909 Jemen II 338.

RW

RW

Bu.

1 . . . . א]דם | בני | שח̇[ימם . . . . . מ ס ו ד ה מ ו

2 ברדא | אמראהמו] | ישרחאל | אש[רע | ו . . . . אל | בני | שח̇ימם

(1) *[.... Kli]enten der banū Suḫ[aim^m ... haben erbaut] ihr maśwad .....* (2) *[mit Hilfe ihrer Gebieter] Jašraḥ'īl As[ra' und .....]'īl, der banū Suḫaim^m.*
Über Jašraḥ'īl Asra' s. zu MM 1 Z. 1. Hier ist neben diesem noch ein zweiter Suḫaimier genannt, sein Sohn oder Bruder, von dessen Namen aber nur der Schluß erhalten ist, ebenso wohl auch in der folgenden Inschrift.

5.

RW 69 und 70. Zwei zusammengehörige Stücke, in der südlichen Wand der Umfassungsmauer des Teiches, bei der südlichen kleinen Moschee, erhabene Schrift; Buchstabenhöhe 0.07. Die Steine tauchen — der linke rechts, der rechte links — in das Wasser des Teiches. — Bu. Ṣan'ā 1909 Jemen II 343.

Das Bruchstück 69, das den Anfang der Inschrift enthält, ist nach der Zeichnung und Photographie rechts, oben und unten vollständig. Abschrift und Photographie ergänzen einander.

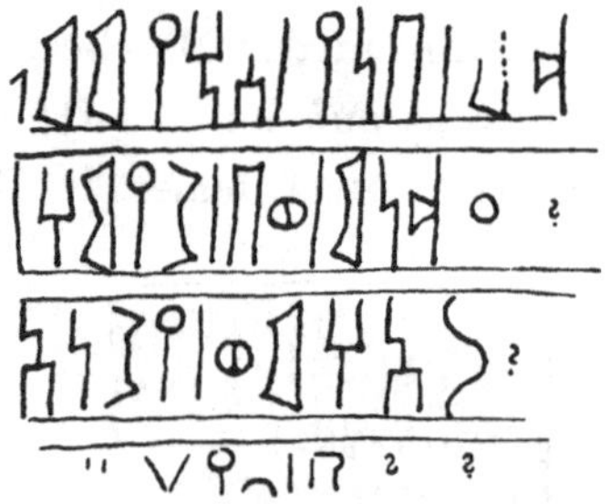

RW

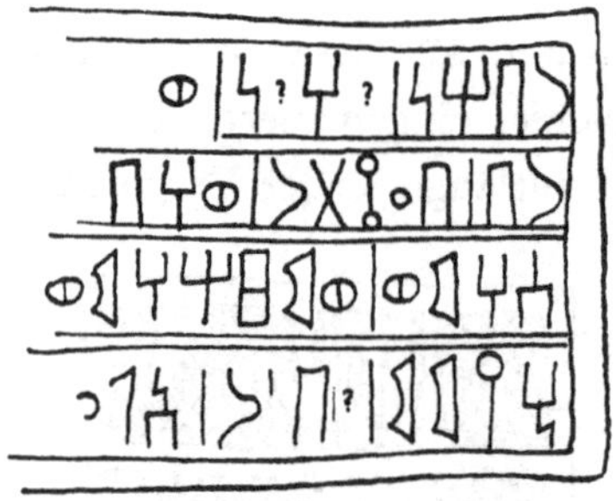

RW

1 רמחן | . ה . ן | ואח̇[............ בנו | .... | א]דם | בני | שח̇ימם |
2 רב | בעת̄תר | והבש[| וב | אלמקה | וב | ד̄ת | חמים | וב] | ד̄ת | בעדנם | וב |
שימה]מו | תאלב | רימם | וב | שמ
3 שהמו | ומצחהמו [| .... | וב | מקם | ורדא | אמ]ראהמו | ישרחא[ל |
אשרע | ו..... | ... | בני | ש
4 ח̇ימם | וב | רדא | שע]בהמו | .... ורת̄דו | ....[| עת̄תר
שרקן] | ....

(1) *Ramḥān .h.n und [sein] B[ruder ...., banū ...., K]lienten der banū Suḫaim^m, [haben erbaut ihr ....]* (2) *r-b mit 'Aṯtar und Hobas [und mit Almaqah und mit der Ḏāt Ḥimaj^m und mit] der Ḏāt Ba'dān^m und mit ihrem Schutzpatron [Ta'lab Rijām^m und mit* (3) *ihrer So]nne und ihrem Maḏḏaḥ [.........* *und mit der Macht und Hilfe ihrer Ge]bieter, Jašraḥ'ī[l Asra' und .... der banū Su]* (4) *ḫaim^m und mit Hilfe ihres Sta[mmes ..... und stellten ihr Haus ...... unter den Schutz] des 'Aṯtar [Šāriqān ....].*

Links fehlt etwa ein Drittel der Inschrift, nach der wohl sicheren Ergänzung des Schlusses von Z. 2, ± 18 Zeichen. Die Lücke zwischen den beiden Bruchstücken ist größer, rund 25 Zeichen. In Z. 1 erwartet man nach den Namen der Stifter die Angabe ihrer Sippenzugehörigkeit, in der 2. Zeile dürfen Almaqah und D̠āt Ḥimaj^m in der langen Anrufung nicht fehlen.

(Z. 1.) Der EN רמחן ist sonst nicht sicher belegt, auch die Wurzel רמח kommt bisher in den Inschriften nicht vor. MM 102 und C I 200 scheint רזחן zu lesen zu sein, was nach der Zeichnung von RW und der Photographie Bu. an unserer Stelle nicht angängig ist. Eher könnte man daran denken, daß überall רמחן für רזחן zu lesen und daß רמחן das Prototyp des ذو الرمحين der ḥimjarischen Sage ist, der nach Hamdānī in Šibām Suḫaim beheimatet war. — Nach ואח̇]ידן glauben wir auf der Photographie noch ת̄ארן zu erkennen.

(Z. 2.) In רב zu Anfang der Zeile steckt das Ende des Namens des Gebäudes, das die Stifter errichtet haben.

(Z. 3.) Über den Manḍaḥ s. zu MM 36, über den Suḫaimier Jašraḥ'īl Asra' s. die Bemerkungen zu MM 1 und 4.

(Z. 4.) ברדא | שעבהמו ebenso C I 46 Z. 6 und 224 Z. 3.

6.

RW 65. An einer Hauswand. — Bu. Ṣan'ā 1909 Jemen II Nr. 320.

Bu.

1 ..בראו | והות̄ר]ן | והשקרן | ביתהמו | [י]שׂפאל | בעת̄תר | שׂרקן.....

2 ....וב | רדא | ומקימת | אמראהמו | אלופ

3 [ד|.... תאלב | ר]ימם | בנכל | נכים | ומהבאשׂם

Anscheinend oben und links vollständig.

(1) *[....haben erbaut, fundamen]tiert und vollendet ihr Haus Jašūf'īl mit 'At̠tar Šāriqān* (2) .... *und mit der Hilfe und den Mächten ihrer Gebieter, Īlwaf*(3)*[ad* .... *und stellten den Bau unter den Schutz des 'At̠tar Šāriqān und ihres Schutzpatrons, des Ta'lab Ri]jām^m, vor jedem, der es beschädigt und sich daran vergeht.*

(Z. 1.) Die Lesung ישפאל dürfte nicht zu beanstanden sein, so sehr man versucht ist, darin das רפאן von MM 12 wiederzufinden. ישפאל *Gott behütet* als Name eines Baues ist nicht auffälliger als ינראל und andere theophore Ortseigennamen; s. zu MM 127. — ישפאל erscheint als persönlicher EN auf Münzen. Davon liegt die Kurzform ישה C I 88 und bei Derenbourg *Nouv. Et.* Nr. 4 vor.

(Z. 2.) Unter den Gebietern der Erbauer haben wir wohl, wie auch sonst in al-Ġirās, die banū Suḫaim m zu verstehen. Der EN אלופר mit dem Beinamen יצע erscheint vollständig in der Inschrift MM 3 (ebenfalls aus al-Ġirās) und bezeichnet wohl dieselbe Persönlichkeit.

(Z. 3.) Das letzte Zeichen ist ein Ornament, wie es gelegentlich am Schluß von Inschriften vorkommt, um leere Räume auszufüllen, wenn der Graveur oder Steinmetz die Inschrift nicht symmetrisch auf die Tafel oder den Stein verteilt hatte. Das ist auch hier der Fall: die zweite und dritte Zeile sind viel weitläufiger geschrieben als die erste (Z. 1: 31, Z. 2: 27, Z. 3: 21 Zeichen). Auf den beiden ʿAmrāntafeln C I 89 und 94 ist eine ganze Zeile mit Weinranken ausgefüllt. Anderwärts wird dafür die Spirale in verschiedenen Varianten verwandt (C I 3, 81, 93, 282, wahrscheinlich auch C I 568 und in der Inschrift von Naqb al-Ḥağar). Auf der Tafel C I 80 finden wir eine Rosette (vgl. C I 73 u. 74), C I 72 ein Strahlenbündel, nur zweimal, C I 83 und 86, ein Göttersymbol. In unserer Inschrift wird der leere Raum durch die Zeichnung einer bronzenen Amphora ausgefüllt, von ganz gleicher Form wie die Amphoren auf den beiden Grabstelen C I 420 und 447.

7.

RW 53 und 54. Am Hausturm, zu Beginn des Aufstiegs auf die Burg Ḥuṣn ḏū Marmar, zwei zusammenhängende Bruchstücke; 0.28 × (0.33 + 0.35) —Bu. Ṣanʿā 1909 Jemen II 337.

RW

RW

1 ... בנו [|] חשאם | דאלהן | ו[ע]קרבם | אדם | בני | שח[ימם ......

2 .... ברד]א | קינן | אלה | חשאם | וברדא | מ[ר]א[המו ......

3 .... עתתר | שרקן [| ו]אלה | חשאם | בן | מה[באשם | ..

R. und l. abgebrochen, oben und unten vollständig.

Die Ergänzungen ergeben sich aus der folgenden Inschrift.

(1) *[.... banū] Ḫasa'ᵐ von Alhān und ['A]qrabᵐ, Klienten der banū Suḫ[aimᵐ, haben erbaut die Grabanlage ..... (2) mit Hil]fe des Qainān, des Gottes der Ḫasa'ᵐ, und mit Hilfe [ihres] Geb[ieters .... und stellten ihre Gräber in den Schutz]* (3) *des 'Aṯtar Šāriqān [und] des Gottes der Ḫasa'ᵐ vor (jedem) Besch[ädiger].*

(Z. 1.) ח̇שאם wird durch diese Inschriften als Name eines Stammes festgestellt, ist also kein Ortsname, und der Beiname des Qainān ח̇שאם | אלה *Gott von Ḫ.* bezieht sich nicht auf eine Kultstätte, sondern auf das Volk, das ihn verehrte, gerade so wie der Himmelsgott ד̄שמוי der Gott der Amīr, אמרם | אלה, oder שעידם | אלה, der Gott der Su'aid, genannt wird[1]. Sonst kommen solche Bezeichnungen nicht vor. Was die Bezeichnung der banū Ḫasa' als ד̄אלהן | ועקרבם bedeutet, ist nicht klar. אלהן | ארץ̇ C I 350 = *Sab. Denkm.* 9_5 entspricht dem späteren Miḫlāf Alhān. C I 40_2 und $_6$ werden in ähnlicher Weise die beiden Stämme Muha'nifᵐ und בכילם mit מנעי | ואלהן | ד̄תמש näher bezeichnet[2]. Über Alhān als Landschafts- und Stammesname s. die Bemerkungen *Sab. Denkm.* S. 38f. und Mlaker *WZKM XXIV* S. 71.

עקרבם *Skorpion*, ist im Nordarabischen nur als weiblicher Personenname gebräuchlich (Nöldeke *Beiträge* S. 89f.). Sonst ist der Name in den Inschriften nicht mit Sicherheit zu belegen; denn C I 416 (= *Sab. Denkm.* 20) Z. 1 ist nach dem Abklatsche עקרבן wahrscheinlicher als עקרבם, und C I 345:

... רבם | ועקרבן | בנו | ישל |

---

[1]) אמרם | אלה C I 528, 530, 531, 536; das Volk Amīr אה[ל]א" Hal. 149 = C I 547 (aus Harim, wo ד̄שמוי verehrt wurde), davon das Ethnikon אמרין Hal. 359 = C I 518; | א" | אשעבן ביה̄ל in der recht alten Inschrift Hal. 615 Z. 16 (nicht ganz sicher); שעידם | אלה C I 568. Beide Bezeichnungen sind bereits von den Herausgebern des C I zu Nr. 528 richtig erklärt und mit ח̇שאם | אלה verglichen worden. M. Hartmann, *Ar. Fr.* S. 209 und 311 hält אלה für das Pronomen (Plural von ד̄); S. 311 gesellt er gar den Gott Qainān seinen sabäischen Baronen bei!

[2]) Der erste Herausgeber der Inschrift, D. H. Müller, und die Bearbeiter des C I lesen מנעי | אלהן | ד̄תמש, was „Distrikt (ar. مخلاف) von 'Alhān Mun'aj" gedeutet wird. An den beiden Stellen, wo diese Worte vorkommen, ist der Langersche Abklatsch durch Falten undeutlich geworden, und M. Hartmann *Ar. Fr.* S. 359 hat richtig erkannt, daß beide Male מנעי | ואלהן | ד̄תמש zu lesen ist. Ebenso erkennt man auf der Reproduktion des nicht retouchierten Abklatsches in der Müllerschen Ausgabe, daß Z. 1 והבשמשם für das seltsame ערבשמשם (was soll das heißen?) und מת̄לן für מת̄ב zu lesen ist (derselbe Stammesname in der großen Inschrift von Ḥiṣn Ġurāb Z. 2). Dieser zweite Name steckt auch deutlich in dem großen Monogramm am Schluß, das die Herausgeber nicht auflösen konnten. Die Reproduktion des Abklatsches im Tafelbande des C I ist für die Kontrolle der Lesungen unbrauchbar, da er nachträglich retouchiert worden ist.

empfiehlt es sich zwar, den ersten Namen zu ע]קרבם zu ergänzen, aber sicher ist das nicht[1]).

In den beiden Inschriften von al-Ġirās ist עקרבם Name eines Stammes. In der geographischen Nomenklatur des Jemen taucht er als solcher erst in späterer Zeit auf, in der Nachbarschaft von Aden, wo Ibn Muǧāwir die عقارب-Stämme nennt. Sie sind als ʿAqrabī namentlich durch ihre Beziehungen zu den Engländern in Aden bekannt geworden, vgl. Ritter *Arabien* I S. 675f., v. Maltzan *Reisen in Südarabien* S. 314ff., Hunter *Account of the British Settlement of Aden* S. 156f. Einen جبل العقارب bei Ṯulā nennt Rutgers *Historia Jemanae sub Hasano Pascha* S. 130.

(Z. 2.) קינן | אלה | חשאם. Diese Gottheit begegnet uns sonst nur noch in den Inschriften C I 8 (Ṣanʿā) und 560 (unbekannter Herkunft), ferner, ohne den Namen, als אלה | חשאם C I 26 u. 27 und im EN שעדקנן C I 341 (קנן defektiv für קינן, wie בת für בית, חל für חיל usw.). Hinsichtlich der Weiterbildung dieses Namens aus קין sei auf die scharfsinnigen Erörterungen Lidzbarskis *Ephem.* III S. 260—265 verwiesen.

(Z. 3.) Die Anrufung des ʿAṯtar Šāriqān zum Schutze des Baues und die Analogie der folgenden Inschrift machen es wahrscheinlich, daß es sich um eine Grabanlage handelt. Denn zahlreiche Beispiele von Grabanlagen und Grabstelen (C I 20, 21, 46, 441—45, 447, 449—452, 456) zeigen, daß besonders diese Gottheit als Beschützerin der Gräber angesehen wurde.

8.

RW 78. An einem Haustor; schwer lesbare, kleine erhabene Schrift.

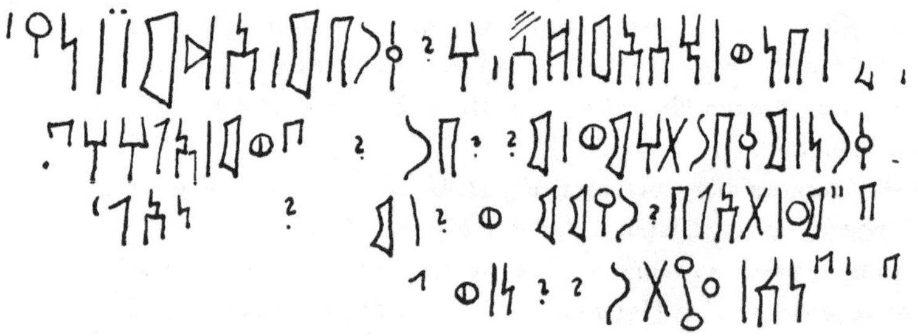

1 ....המ[ו] | בנו | חשאם | דאלה[ן] | וע]קרבם | אדם | [ב]ני | [שחימם...
2 .....והש]קרן | מקברתהמו | מ . . . [|] בר]דא | ומק]ם | אלההמ[ו | ......
3 ......שי]מהמו | תאלב [|] רימם [|] ו[ב] | מ]קם | מראהמו |] אל.......
4 מקברתה]מ[ו] | · נד | עתתר [| שרק]ן | ו]אלה | חשאם

[1]) Man beachte die beiden vom selben Stamm gebildeten Namen von engen Verwandten! Sie sind zu vergleichen mit dem Nimr^m b. Nimrān von C I 230 (von M. Hartmann *Ar. Fr.*

(1) *und ihre . . . ., banū Ḫasa'ᵐ von Alhā[n und ʿA]qrabᵐ, Klienten der [ba]nū [Suḫaimᵐ, ...* (2) *haben erbaut und voll]endet ihre Grabanlage M . . . mit der Hi[lfe und Ma]cht ihres Gottes . . .* (3) *[und . . . . .] ihres [Pa]trons Ta'lab Rijāmᵐ und [mit] der Ma[cht ihrer? ihres? Gebieter? Gebieters?] . . . 'īl . . . . . .* (4) *[und sie stellten ihre Grabanla]ge [M]-n-k in den Schutz des ʿAṯtar [Šāriqā]n und [des Gottes der Ḫasa'ᵐ].*

Zu den Ergänzungen und Erläuterungen vgl. die Ausführungen zur vorhergehenden Inschrift. Neben קבר, das öfter belegt ist, kommt מקברת hier und C I 46, vielleicht auch 330 Z. 3, מקבר C I 20, 21 und MM 161 vor. Die erste Form dürfte wie مَقْبَرَة Singular, die letzte Plural sein (مَقَابِر). Denkbar wäre im Südarabischen freilich auch eine Pluralform mafāʿilat.

9.

Bu. Ṣanʿā 1909 Jemen II 346.

Zwei zusammengehörige Bruchstücke, nebeneinander eingemauert. [Das Fragment links steht auf dem Kopf.]

1 רבאל|ו[א]} ח̇יהו | ובניהו | ב [. . . . . | בנו | ח̇שאם | ד̄א

2 להן | וע} קרבם | בניו | בית]המו | יפען | ברדא | אלההמו | אלה

3 ח̇שאם | וב} רדא | מראהמו | עמ] . . . . | בן | שח̇ימם | ושעבהמו |

4 ד̄שבמם|ור} ת̄דו | ביתהמו | יפע[ן | . . . .

Rechts vollständig; links fehlt ein beträchtliches Stück, etwa die Hälfte der ganzen Inschrift, mindestens 25 Zeichen.

S. 292 erkannt), Tabʿān b. Tābiʿᵐ C I 287 Z. 9, den Brüdern Raṯadᵐ und Marṯadᵐ OM 75, dem Eponymen מבחץ בן אבחץ MM 150_6, namentlich aber mit den Namen der beiden Stiefbrüder Asʿad b. Saʿdān und Jaʿmur b. ʿAmrān in der Inschrift Ryckmans Nr. 44 [= C I 722]. Andere Beispiele solcher *alliterazioni onomastiche*, wie er sie nennt, aus der südarabischen Sage führt Griffini in der *Rivista St. Or.* VII 1 S. 326 an. Über den gleichen Brauch bei der Bezeichnung zusammengehöriger Baulichkeiten s. die Bemerkungen zu MM 146a Z. 1.

(1) *Rabb'īl und seine [B]rüder und seine Söhne B........ [,banū Ḫasa'ᵐ von* (2) *A]lhān und 'Aqrabᵐ, haben erbaut [ihr] Haus [Jaf'ān mit Hilfe ihres Gottes, des Gottes von]* (3) *Ḫasa'ᵐ, und mit Hilfe ihres Gebieters 'Ammī [..... b. Suḫaimᵐ und ihres Stammes]* (4) *ḏū Šibāmᵐ, und sie stellten ihr Haus Jaf'ā[n] in den Schutz....*

Die Ergänzungen der fehlenden Hälfte wollen nur den ungefähren Wortlaut darstellen, wie er sich aus ähnlichen Bauinschriften ergibt. Die Inschrift C I 17, die wir unter MM 156 behandeln, zeigt in Stil und Namen gewisse Übereinstimmungen mit unserer Inschrift, und man darf vermuten, daß sie in neuerer Zeit aus al-Ġirās nach Ṣan'ā verschleppt ist. Möglicherweise rührt sie sogar vom selben Bau her.

(Z. 1.) Der im Nordarabischen und Nabatäischen häufige Name Rabb'īl *Herr des Īl*, ar. ربّيل, griechisch Ῥάββιλος, Ῥάββηλος geschrieben (vgl. die Bemerkung *Sab. Denkm.* S. 72), ist im Sabäischen wiederholt belegt, scheint aber lokal beschränkt zu sein. Außer in unserer Inschrift erscheint er noch in MM 51 (aus Ḥāz), 156 (Ṣan'ā), C I 285 (aus Bait Sinān im Gebiete der Arḥab) und C I 69 und 416 (unsicherer Herkunft). Im Minäischen begegnet er uns nur in dem Graffito Jaussen-Savignac min. Nr. 210 aus el-'Ölā, aber das wird wohl der Name eines Nabatäers sein, der sich dort verewigt hat.

יפען ist ein häufiger Ortsname. — Zu Šibām vgl. die Vorbemerkungen, oben Seite 13.

10.

RW 52. — Bu. Ṣan'ā 1909 Jemen II 344; links abgebrochen, sonst vollständig

Bu.

1 שׂעדם | ואחהו | ובנ]יהמי | בנו | . . . א
2 דם | בני | שׂחימם | בראו . . . . [בר
3 דא | אמראהמו | בני | שׂחי]מם | . . . .

(1) *Sa'd^m und sein Bruder und [beider] Söh[ne, banū ....,* (2) *K]lienten der banū Suḫaim^m, haben erbaut ..... [mit der* (3) *Hil]fe ihrer Gebieter, der banū Suḫai[m^m...].*

11.

Bu. Ṣan'ā 1909 Jemen II 347.

1 שׂר]חם | ואחיהו | שׂעד | ורבשׂמשׂ
2 ם [|] ובנהמו | בנו | בתעת | אדם | בני
3 שׂח]ימם | בניו | ביתהמו | ברדא | שׂימה
4 מ]ו | תאלב | ואמראה]מו | בני | שׂ]חימם

Rechts fehlen ein bzw. zwei Zeichen, sonst vollständig. — Z. 1 u. 2 sind noch die Spuren der Liniierung des Steinmetzen deutlich erkennbar.

(1) *[Šar]ḥ^m und seine Brüder Su'ad und Rabbšams* (2) *[^m] und ihr Sohn, banū Bata'at, Klienten der banū* (3) *[Suḫa]im^m, haben erbaut ihr Haus mit Hilfe [ihres] Schutz* (4) *patrons Ta'lab und ih[rer] Gebieter, [der banū Su]ḫaim^m.*

(Z. 1.) Die Namen Šarḥ^m und Rabbšams^m sind häufig; auffällig und ohne Beispiel im Sabäischen ist שׂעד ohne Mimation. Es dürfte ein EN der Form فُعَل vorliegen, also *Su'ad^u;* vgl. den nordwestarabischen Namen שעדו in der bilinguen palmyrenischen Inschrift Vogué 24, der im griechischen Text mit Σοάδου wiedergegeben ist, und dazu Nöldeke *ZDMG* XLI (1887) S. 715 Anm. 1.

(Z. 2.) בנהמו ist bald Singular *ihr Sohn,* bald Plural *ihre Söhne.* Die einschlägigen Stellen aus unseren Inschriften sind im Glossar aufgeführt; vgl. auch Rhodokanakis *Altsab. T.* I S. 65f. — Die בנו בתעת begegnen uns nur hier.

12.

RW 58. Am Südost-Turm; 0.22 × 0.30.

1 ....ע]תַתר | רפאן | ....
2 | ברדא | מראה]מו | נבטא]ל | ....

(1) *['A]ttar (von?) R-f-'ān* .... (2) *[mit Hilfe ih]res [Gebieters] Nabaṭī[l .....].*

(Z. 1.) רפאן entweder Name eines Ortes oder appellativer Beiname. Die Wurzel sonst nur in den Eigennamen אלרפא C I 40, 451 und ירפא Hal. 189.

(Z. 2.) נבטאל ist C I 90 ('Amrāntafel) Name eines Eponym. Gl. 904 = Hal. 51 + 650 aus Ṣirwāḥ heißt so der Unterzeichner einer *watf*-Urkunde. Sonst kommt der Name noch in der altsabäischen Inschrift Berlin VA 5347 sowie in den qatabānischen Inschriften Os. 37, Mayer Lambert *Nouveau Supplément* IV und *Rev. Sém.* XIV S. 373 Nr. V vor.

Hier ist es wohl Name eines Suhaimiers. Der Name scheint den alten vornehmen Geschlechtern vorbehalten gewesen zu sein. — Statt מראהמו kann man natürlich auch den Plural אמראהמו ergänzen.

13.

RW 60. In der Moscheemauer, unter der Erde; 0.25 × 0.30.

1 ... | ו...ה]ו | שעדעתַתר | ב]נו | .....
2 ....| ו]השקרן | מדׇקנ]תהמו...

(1) *[.... und sei]n .... [Bruder? Sohn?] Sa'd'attar, ba[nū* .... (2) *haben .... und] vollendet ihre madqan[at........].*

(Z. 1.) Der Name Sa'd'attar sonst nur noch C I 343_{13}.

(Z. 2.) Über מדקנת s. zu MM 32 Z. 2.

14.

RW 80. An einem Haus; 0.40 × 0.25; eingegrabene Schrift, Höhe der Buchstaben 0.07.

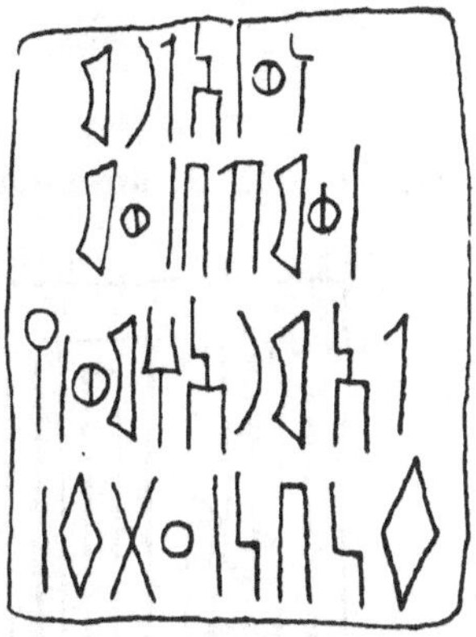

1 ....הו|אגרם|....
2 ..|ומעֹב|ומ ....
3 .לאמראהמו|י ..
4 . פנבן|ותּ| ..

Anscheinend oben und vielleicht auch unten vollständig.

(1) .... *[und] sein* .... *Ağr* ^{m}......... (2) .... *und das ? und* .....(3) ..... *für ihre Gebieter J*..... (4) .... *? ?* ....

(Z. 1.) Der mit אגרם transkribierte Name kommt in den sabäischen Texten recht häufig vor: C I 20, 221, 397, 405, 406, 416, 440, 527; Hal. 169; MM 91. Im C I wird er bald אלרם bald אגרם gelesen und mit Ilrām oder Agūr wiedergegeben (s. die Note der Herausgeber zu Nr. 440). Die Herausgeber der *Sab. Denkm.* hatten אגרם vorgezogen, weil אלרם keine Analogie im sabäischen Onomastikon hat. Von den angeführten Inschriften liegen nur vier in zuverlässigen mechanischen Reproduktionen vor, C I 20, 397, 416 und 527. Wenn man die Formen des ל und ג in diesen vier Inschriften vergleicht, ergeben C I 20 und 527 אגרם, C I 397 und 416 אלרם — das *pro* und das *contra* halten sich also die Wage wie bei ברג — ברל und מנגת — מנלת. Zwei verschiedene Namen anzunehmen ist mißlich. Wenn man sich aber für die Lesung mit ג entscheidet, so kann man im Zweifel sein, ob אגרם أجرم oder أُجُر darstellt. Gegen أجرم spricht, daß die Wurzel גרם im Sabäischen bisher nicht belegt ist, für أُجُر, daß sich in den minäischen Inschriften neben אגרם (Hal. 559 = 560) auch die Form ohne Mimation אגר findet (Hal. 195 Z. 6).

(Z. 2.) מעֹב ist wohl sing. (مَعَبّ) von מעֹבב (مَعَابِب) Fr. LV (= C I 374 = Gl. 485 bei Rhodokanakis *St.* II S. 12ff.) und LVI (= C I 375 = Gl. 481 ebenda S. 15ff.) und wird von Rhodokanakis als *Wall* gedeutet, a. a. O. S. 13. Vergleicht man Fr. XVIII: ... מחפ[דהו|ומ[עֹ]בת, Fr. LV: כל|מעֹבב|ומחפדת (ebenso LVI), so ist man versucht, auch in unserer Inschrift das auf מעֹב folgende Wort zu מ[חפד zu ergänzen.

(Z. 4.) Mit dieser Zeile ist nichts anzufangen. Wenn die Lesung ותף zutrifft, liegt nicht das Bruchstück einer Bauinschrift, sondern einer *watf*-Urkunde vor.

15.

RW 74. Große Schrift, anscheinend nur eine Zeile. — Bu. Ṣan'ā 1909 Jemen II 339.

RW

...... שׁחימם | בני ....

[..... b.]Suḫaimm hat (? haben ?) erbaut .....

Ob ein oder mehrere Suḫaimier oder Klienten, אדם, dieser Familie gemeint sind, läßt sich nicht sagen.

16.

RW 72. Am Wege liegend. Schrift erhaben; Buchstabenhöhe 0.10.

1 ..ן | וא]לח]ה[ב | בנו | .....
2 תא]לב | רימם | וא]לה | חשׂאם

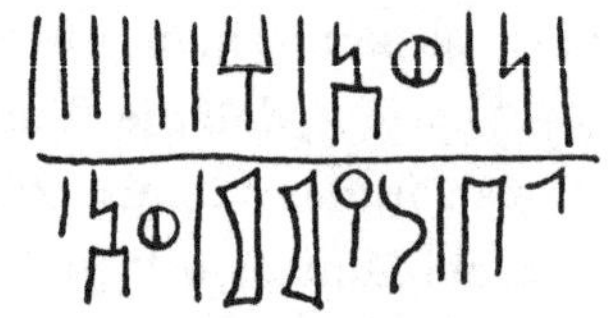

(1) *...n und Ī[lwa]ha[b, banū .... erbauten ...* (2) *und stellten den Bau in den Schutz des Ta']lab Rijām^m und des Go[ttes von Ḫasa'^{m}].*

Die Umschrift soll nur die mehr oder minder wahrscheinliche Lesung und Deutung dieses Bruchstücks wiedergeben; sicher ist nichts außer dem Namen des Ta'lab Rijām^m Z. 2.

17.

RW 66. Neben RW 65 (= oben MM 6). — Bu. Ṣan'ā 1909 Jemen II 320.

1 .... | אדם] | בני | [שחימם | ...
2 ...תאלב | רי]מם | וב ....

(1) *[...., Klienten] der banū [Suḫaim^m, haben erbaut .... (2) mit Ta'lab Rijā]m^m und mit......*

18.

RW 67. An einem Hause; 0.22 × 0.40; Buchstabenhöhe 0.10. — Bu. Ṣan'ā 1909 II Nr. 348. Rechts und links abgebrochen.

Bu.

1 .... ו]עבדאל | בנו | (Monogramm) ....
2 ... אדם | בני | שח]ימם | בניו | ....

(1) *[...... und] 'Abd'īl, banū ...., (2) [Klienten der banū Suḫa]im^m, haben erbaut .....*

Das Monogramm wiederholt den Namen 'Abd'īl. Dieser Name erscheint hier zum ersten Male im Sabäischen, sonst kommt er nur noch MM 99 und in den qatabānischen Inschriften Gl. 1119 bei Nielsen *NKT* S. 28 und *Rev. Sém.*

XVI S. 299, Nr. 5 vor[1]). Überhaupt sind die mit עבד zusammengesetzten Eigennamen im alten Südarabischen viel seltener als im Nordarabischen und in anderen semitischen Sprachen. Im Minäischen fehlen sie ganz, das Äthiopische kennt das Wort עבד überhaupt nicht in dieser Bedeutung.[2])

19.

RW 68. An der kleineren Moschee.

1 .... | הוֺתרו | ו]השקרן | ....
2 ... | ו[ב | שעבהמו | ....

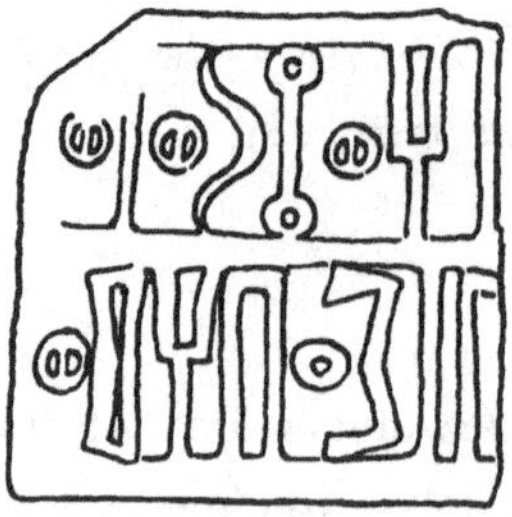

(1) ..... *haben fundamentiert und [vollendet* .... (2) *und] mit ihrem Stamme* ....

20.

RW 61. Neben MM 21; gleiche Buchstabengröße.

.... יש]רחא[ל | אשרע | ...

S. zu MM 1.

---

[1]) Die Inschrift Jaussen *himy.* 160, in der dieser EN ebenfalls vorkommt, fällt weg. Schon Jaussen hatte die Echtheit des Steines bezweifelt, weil die Inschrift rechtsläufig ist, aber nicht bemerkt, daß uns die echte Vorlage des Fälschers in dem von Halévy *Rev. Sém.* a. a. O. veröffentlichten Stein des British Museum erhalten ist.

[2]) Man will neuerdings auf Grund von C I 372 und 545 im Sabäischen ein Wort הופם in der Bedeutung *Knecht* gefunden haben. Die erste Inschrift kommt nicht in Betracht, da Halévy dort ... הופיהמו | בתה gelesen hat, was nach MM 164 Z. 12 anders zu deuten ist. In C I 545 aber sind die Worte הופם | ועבדם Eigennamen, nicht Appellativa. Also ist aus dieser Stelle ein sicherer Schluß auf die Bedeutung von הוף nicht zu ziehen. Sollte jedoch wirklich ein Wort הופם *Knecht* im Sabäischen existiert haben und mit הוף in den Eigennamen הופאל, הופיד und הופעתת identisch sein, so würde das bis zu einem gewissen Grade das seltenere Vorkommen der Composita mit עבד erklären.

21.

RW 62. An einem Brunnen; 0.20 × 0.30.

1 .... בי[תהמ[ו] | מ ....

2 .... הגרם | ור .....

S. zu MM 2.

22.

RW 63. Über der Moscheetür; 0.20 × 0.35.

(Monogramm) | הן ......

Das Monogramm enthält den Namen חפנם, der im minäischen Gebiet häufiger ist, im sabäischen nur noch Hal. 14 und C I 338 Z. 2 (Rijām) vorkommt. Derenbourg *Bibl. Nat.* 28 (Siegelstein) braucht nicht sabäisch zu sein. Jaussen *himy.* 114 (חפנם | ראנשם) ist qatabānisch. Wir begegnen ihm noch in dem Falsifikate MM 174.

23.

RW 64. Im SO, am Stadtturm; 0.20 × 0.30.

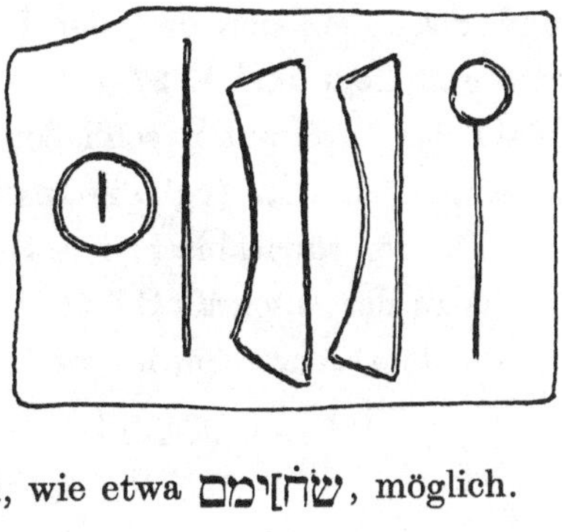

...... תאלב | ר[ימם | ו ......

Natürlich wären auch andere Ergänzungen, wie etwa שח[ימם, möglich.

24.

Bu. Ṣanʿā 1909 Jemen II 345.

1 . . . . יגער | בן | שחׄ(י)מם | אק
2 ול | ש]עבן | שמעי | שלת̄ | ד̄הגר
3 ם | הקניו | שימהמו | תאל
4 ב | רימם | בעל | כבדם | חׄמשׄת
5 ן | אצלמן | לופי | מראהמו | א
6 לשרח | יחצׄב | מלך | שבׄא | וד̄
7 רידן | ובניהו | ותרם | ול | ופ
8 יהמו | וופי | ביתן | רימן | ו
9 אבעלהו | וקלהמו | ול | שׄעד
10 המו |] ד̄ת | נעמת | ותנעמ]ן |

Oben und unten abgebrochen. — Z. 1 hat der Steinmetz in שחׄימם das י versehentlich weggelassen.

(1) . . . *Jaǧʿur b. Suḫaim^{m}, Qai* (2) *[le des St]ammes Sumʿaj, Drittel von ḏū Haǧar* (3) ^{m}*, haben dargebracht ihrem Schutzpatron Taʾla* (4) *b Rijām^{m}, Herrn von Kabad^{m}, die fünf* (5) *Statuen zum Heile ihres Gebieters Ī* (6) *lšaraḥ Jaḥḍib, Königs von Saba und von ḏū* (7) *Raidān, und seines Sohnes Watār^{m} und zu ihrem* (8) *Heile und zum Heile des Hauses Raimān und* (9) *seiner Herren und ihres Qails und daß er [sie] beglücke mit dem* (10), *was gefallen hat und gefallen möge . . .*

Wie die Plurale אקול, הקניו und die Suffixe in שימהמו, מראהמו usw. zeigen, waren in dem verloren gegangenen Anfang der Inschrift die Namen von mindestens zwei Personen und der Hauptnamen des b. Suḫaim^{m} enthalten. Der gleiche Fall liegt in MM 27 + 28 vor. Wenn man aus der Zahl der Statuen auf die Zahl der Dedikanten schließen darf, hätten wir für den Stamm fünf Qaile anzunehmen, مُخَامِسة (vgl. die Inschrift *ZDMG* XXXIII S. 490 Nr. VII), analog den مثامنة der südarabischen Sage.

(Z. 1.) In der Inschrift C I 20, die Langer und Glaser in Ṣanʿā beim *mektūbǧi* des Wilajets abschrieben, ist die Rede von einer Grabanlage, die hergestellt ist:

2 . . . במקם |
3 כבדם | ובמקם | מראהמו | אגרם | יגער . . .
4 ם |

D. H. Müller und die Herausgeber des C I ergänzen die Lücke zwischen Z. 2 und 3 mit עתתר | בעל | und lassen die entsprechende Lücke zwischen Z. 3 und 4 unausgefüllt. Auf Grund unserer Inschrift und der folgenden MM 25 darf man vermuten, daß in der ersten Lücke der Name des Ta'lab gestanden hat und die zweite Lücke mit | בן | שחימ[ם] auszufüllen ist und daß andererseits in unserer Inschrift der Hauptname des Suḫaimiers אגרם war.

Der Stein C I 20 dürfte aus al-Ġirās stammen.

(Z. 2.) Über den Stamm Sum'aj und sein Drittel ḏu Hağar[m] s. oben S. 13 und zu MM 2.

(Z. 4.) Ta'lab Rijām[m] erscheint hier und in der folgenden Nummer als Herr der Kultstätte Kabad[m]; wie wir zu Z. 1 gesehen haben, vermutlich auch schon C I 20. Der Zufall will, daß MM 25 Z. 5 und C I 20 Z. 3 כבדם ohne Trenner am Anfang einer Zeile steht und die vorhergehende Zeile mit einer Lücke schließt. Aus unserer Stelle ergibt sich, daß כבדם vollständig ist.

(Z. 6.) Dem König אלשרח | יחצב von Saba und von ḏū Raidān begegnen wir wiederholt in den Inschriften.

Zunächst erscheint er mit seinem Bruder Ja'zil Baijin in zwei *watf*-Urkunden Os. 35 und Berlin VA 3847, ferner in den Votivinschriften Mayer Lambert *Bombay* 30 + C I 314, C I 398, Berlin VA 5311, Jaussen *himy.* 118 und 149, Ryckmans 36 und in den Bauinschriften C I 172 + 241 (s. die Vorbemerkungen zu Kapitel III, Seite 60) und 257 = MM 98. Die beiden Brüder werden Söhne des Fāri'[m] Janhub, Königs von Saba, genannt. Dieser kommt für sich allein in den Inschriften nicht vor, und man darf daher vermuten, daß in den Fragmenten C I 299 und Berlin VA 7784, in denen das der Fall zu sein scheint, die Namen seiner beiden Söhne vorangingen.

Vermutlich später fallen die beiden Inschriften C I 260 (= weiter unten MM 110) und 429, in denen er allein als König von Saba und von ḏū Raidān genannt ist. Der Name des Vaters ist C I 429 fortgelassen und fehlte auch wohl in dem Fragmente C I 260.

In unserer Inschrift wird neben ihm sein Sohn Watār[m] genannt, ebenso in der Inschrift Berlin VA 3846, und wahrscheinlich auch C I 145 Z. 4[1]).

Der Sohn scheint identisch mit dem Watār[m] Juha'min in den beiden Fragmenten C I 10 und 258. Das erste enthält nur die Worte ותרם | יהאמן | מלך | שבא, das zweite nur die beiden Namen ותרם | יה[אמן]. Watār[m], Sohn des Īlšaraḥ Jaḥḍib, dürfte nach seinem Vater zur Regierung gelangt sein und dabei den Beinamen Juha'min angenommen haben.

---

[1]) Die überlieferten Worte .... | אמראהמו | אלשרח | יחצב ... werden von den Herausgebern zu ברד[א [|] מראהמו | אלשרח | יחצב | [כבר | אקינם ergänzt und berichtigt. Die Korrektur ist unnötig, die Ergänzung sicher unrichtig.

Fraglich bleibt, ob der „Kabīr Aqjān^{m} und b. Marṯad^{m}“ Īlšaraḥ Jaḥḍib in C I 140 u. 141 identisch ist mit dem König dieses Namens. Rhodokanakis *KT* II S. 71 hat sich für diese Annahme entschieden, und in der Tat spricht vieles dafür.

Von den angeführten Texten stammen Os. 35 und C I 314 angeblich aus Marib, C I 172 + 241, 257, 258, 260 aus Bait Ġufr, C I 135 (vorhin nicht erwähnt, enthält nur die Worte אלשרח | יח]צב), 140, 141, 145 aus Šibām, C I 299 aus Nā'iṭ, C I 10 ist in Ṣan'ā kopiert und wohl dorthin verschleppt. Die Fundorte von C I 398, 429, Berlin VA 3846, 3847, 5311, 7784, Jaussen *himy.* 118 und 149, Ryckmans 36 sind unbekannt. C I 147 fällt weg, s. zu MM 1 Z. 1. Die Inschrift Gl. 1628 (bei Glaser *Altjem. Nachr.* S. 114), in der ein König נשאכרב | יאמן von Saba und von ḏū Raidān, Sohn des Īlšaraḥ Jaḥḍib, erwähnt sein soll, ist nicht zu verwerten, so lange sie nur bruchstückweise und nur in hebräischer Transkription vorliegt. Überdies wird ihr Fundort nicht angegeben.

Aus C I 398 entnehmen wir, daß Īlšaraḥ Jaḥḍib der Zeitgenosse des Hamdāniden Šā'ir^{m} Autar war, der sich ebenfalls König von Saba und von ḏū Raidān nennt, aus C I 429, daß er im Kampfe lag mit Nimrān, d. i. der Bata'ide Rabbšams^{m} Nimrān (s. zu MM 82_{6}), der sich in der Inschrift Berlin VA 3820 den gleichen Titel beilegt. In der Inschrift Jaussen *himy.* 118 wird von den Kriegszügen berichtet, die er mit seinem Bruder nach Ḥaḍramaut und ins Land Ḥimjar unternommen hatte. Das führt uns in die Zeit des dritten nachchristlichen Jahrhunderts, wo, wie es in der Inschrift C I 314 Z. 7ff. heißt, *Krieg herrschte im ganzen Lande zwischen allen Königen und Völkern*, die um die Vorherrschaft in Südarabien rangen und schließlich die Abessinier ins Land riefen[1]).

Die verhältnismäßig große Zahl und der Inhalt der Inschriften, in denen Īlšaraḥ Jaḥḍib genannt wird, zuerst mit seinem Bruder als Mitregenten, dann allein und zuletzt mit seinem Sohne Watār^{m}, der mit dem Beinamen Juha'min Nachfolger seines Vaters wird, lassen darauf schließen, daß Īlšaraḥ Jaḥḍib in diesen Kämpfen sich behauptet hat und Sieger geblieben ist. Aus den Inschriften ist sein Name auch den einheimischen Archäologen bekannt geworden. Hamdānī (*Iklīl* bei D. H. Müller *Burgen* I S. 19 = S. 56 und 58) weiß zu erzählen, daß الىشرح يحضب das sagenberühmte Schloß Ġumdān erbaut habe. Als der Bau vollendet, verfaßte er darauf ein Gedicht in ḥimjarischer Mundart, von dem nur der eine Vers überliefert wird.

انّى انا القيل الىشرح حصنك غمدان بمنهمت

ICH bin der Qail Īlīšaraḥ, ich baute die Veste Ġumdān mit Quadern.

---

[1]) Auf M. Hartmanns Ausführungen über Īlšaraḥ Jaḥḍib (*Ar. Fr.* S. 148—176 und 230—255) einzugehen erübrigt sich.

Ġumdān war nämlich der erste Steinbau im Jemen. Im Kommentar der Ḥimjarischen Qaṣīda heißt es, daß „ʿAmr ḏū Ġumḏān b. Abī Ṣarḥ (so!) b. Jaḥṣub b. al-Ṣawwār das Schloß Ġumdān zum zweiten Male aufbaute" (v. Kremer *SS* S. 99). In Abī Ṣarḥ b. Jaḥṣub steckt natürlich الى شرح يحضب. In derselben Qaṣīda Vs. 109 wird er als Jaḥṣib erwähnt, und in den Genealogien des Kommentators erscheint er als آل شرح يحصب bezw. آل شرح ابن يحصب S. 101, 102, 103, vgl. يحضب شرح Hamdānī *Ǧazīrat* S. 240 Z. 21. Zu beachten ist, was v. Kremer a. a. O. S. 101 aus dem Kommentar anführt: *das Haus āl ḏī Tabaʿ* [l. Bataʿ] — von dem Āl Šaraḥ Jaḥṣib abstammt — *herrschte über Hamdān. Einige Genealogen* [u. a. auch Hamdānī] *behaupten daher, daß sie von Hamdān abstammen. Aber die himjarischen Genealogen bestreiten dies* [nehmen also den Īlšaraḥ und seine Nachkommen als Ḥimjaren in Anspruch]. *Den Titel ḏū Hamdān führte er, weil er über Hamdān herrschte.* Tatsächlich gehörte Īlšaraḥ Jaḥḍib nach den oben angeführten Inschriften C I 140 und 141 der Familie Marṯad vom Stamme Bakīl an, und es ist gewiß kein Zufall, daß sein Sohn Watārᵐ den gleichen, anderwärts nicht vorkommenden Namen führt wie der Stifter der Bronzetafeln von ʿAmrān C I 70 u. 83, der sich als b. Marṯadᵐ bezeichnet (s. zu Z. 7).

Der König Watārᵐ ist übrigens auch den ḥimjarischen Archäologen bekannt. Nešwān *Šams* S. 113 sagt: وتر فعال بفتح الفاء وتارٌ اسم ملك من ملوك حمير

Nešwān schreibt sicher den Hamdānī aus, und dieser schöpfte seine Weisheit aus den Inschriften.

Wie weit der Name يحصب , يحضب in Orts- und Stammesbezeichnungen im eigentlichen Ḥimjarenlande mit dem Beinamen des Königs Īlšaraḥ zusammenhängt, muß dahingestellt bleiben; s. zu רימן Z. 7[1]). Da wo er in den Genealogien erscheint (Nešwān *Šams* s. v. بتع , ذمر , نهف , هند), ist es mit Sicherheit anzunehmen. In diesen mehr oder minder künstlich zurecht gemachten Stammbäumen kreuzt er sich wiederholt mit Namen, die wir aus den Inschriften als echt hamdānisch nachweisen können, und das erklärt die Unsicherheit der einheimischen Genealogen inbezug auf die Stammesangehörigkeit des Īlšaraḥ.

(Z. 7 f.) Die Wendung *zu ihrem Heile und zum Heile des Hauses Raimān und seiner Herren und ihres Qails* erinnert auffällig an C I 573 Z. 3:

לופיהמו | ופי | ביתן | שלחן | ואבעלהו | ומלכהמו

[1]) حقل يحصب = Ẓafār nach Hamdānī *Iklīl* bei D. H. Müller *Burgen* I S. 37; ارض يحصب in den apokryphen Versen des Asʿad Tubbaʿ bei Hamdānī *Ǧazīrat* S. 101 Z. 10 = Nešwān *Šams* S. 49. *Ǧazīrat* S. 101 verbreitet sich Hamdānī über die يحضبان , يحضب السفل (bei Muqaddasī S. 91 مخلاف سفل يحصب) und يحضب العلو (bei b. Ḫordādbeh علو يحصب); ebenda 135_3 über die Sprache von يحصب; بنو يحصب ebenda S. 101 Z. 2 u. b. Duraid S. 309.

(ähnlich C I 531 und in der folgenden Inschrift MM 25 Z. 21; etwas kürzer C I 86) und an die Bronzetafel von ʿAmrān C I 70:

ותרם | וכניהו | בנו | מרת̄דם | הקניו] אלמקה | ד̄הרן | ד̄ן | צ̇פ   ותרם
ן | לופיהמו | ול | ופי | הגרהמו | . . .]ם | וקלהמו | ושעבהמו   (in Monogramm)

Die Herausgeber des C I waren auf dem richtigen Wege, als sie auf Grund des Monogrammes und unter Vergleichung der ʿAmrāntafel C I 83 den verlorenen Anfang der ersten Zeile zu ותרם | בן | מרת̄דם | הקני ergänzten. Dagegen ist ihre Ergänzung der zweiten Zeile ausgeschlossen. Unsere Inschrift und die angeführten Parallelen führen vielmehr auf die obige Ergänzung, und diese wiederum ergibt, daß die im C I vorgeschlagene Ergänzung der ersten Zeile (19 Zeichen) nicht ausreicht[1]).

Die defektive Schreibung קלהמו = قيلهم kommt nur in unserer Inschrift und C I 70 vor und ist eine weitere Übereinstimmung zwischen beiden Inschriften. Sie erscheint noch in dem EN קלכהל C I 289. Sonst wird bald קיל bald קול geschrieben, s. weiter unten zu MM 76.

(Z. 8.) Die „Herren des Hauses Raimān“ scheinen auch in dem Fragmente C I 322 Z. 1: א]בעל | ביתן | רי]מן vorzukommen. Durch unsere Inschrift wird dieses Haus in al-Ġirās oder Umgegend lokalisiert. Es kann nicht identisch sein mit der viel südlicher, im alten Miḫlāf es-Saḥūl, im eigentlichen Ḥimjarenlande, gelegenen Ortschaft dieses Namens, die schon in einem Gedichte von al-Aʿšā (Hamdānī *Ǧazīrat* S. 100, 224, Kommentar zur Ḥimjarischen Qaṣīda bei v. Kremer *SS* S. 99) und wiederholt bei Hamdānī a. a. O. (s. die Stellen im *Index Geogr.* von D. H. Müllers Ausgabe) stets zusammen mit Baʿdān genannt wird, eher mit dem andern Raimān, das nach Hamdānī 141_{15}f den بنى سحيم (l. بنى سخيم) gehört hat.

(Z. 9f.) Die Lücke zu Anfang der 10. Zeile bietet nur Raum für 4, höchstens 5 Zeichen und wird durch die Endung המו |, die das Vb. שעד erfordert, ausgefüllt. Dann kann der folgende Satz ד̄ת | נעמת usw. nur Objekt dazu sein. Ergänzt man vor diesem Satze die Copula oder ול |, so vermißt man das Objekt zu שעדהמו. Die Wendung שעדהמו | ד̄ת | נעמת | ותנעמן ist nicht ohne Parallelen, vgl. C I 78 (ʿAmrāntafel) Z. 6ff.: ול | וזא | אלמקה | שעד | אנמרם | ברי | אד̄נם | ומקמם | וד̄ת | נעמת | ותנעמן und C I 197 (= MM 84) Z. 11ff.: ול | וספהמו | ד̄ת | נעמת | ותנעמן | בתאלב | רימם.

---

[1]) צ̇פ]ן ist gewiß identisch mit טפן, das in der Inschrift Gl. Wien 1053 an Stelle des sonst dafür üblichen מסנדן zur Bezeichnung der Votivbronzetafel verwendet wird. Das Wort dürfte aus dem Akkadischen entlehnt sein, wo es *ṭuppu* lautet und sumerisches Lehnwort ist. Sollte nicht auch *tabula*, das im Lateinischen keine Etymologie hat, damit zusammenhängen? — ץ̇ ض wechselt auch sonst gelegentlich mit ط ט, vgl. קבט neben קבץ̇, נטע neben נצ̇ע und מוצ̇ן (MM 163_{12}) neben מוטן.

25.

RW 71. Großer Stein auf der Stufe einer Straße; 0.25 × 0.85; Buchstabenhöhe 0.04 — Bu. Ṣanʿā 1909 Jemen II 342.

RW

Bu.

1 .... | א]זאד | ובנ[יהו | ....

2 .... | ו]ירדע | אוכן | בנו [| עמע

3 לי | א]דם | בני | שׁחימם | הק[ניו |

4 שׁ]ימהמו | תאלב | רימם [| בעל |

5 כבדם | צלמן | [חמדם | בד̄ת [|

6 שׁף | ומתען | עבדהו | עמכר[ב | ב

7 ן | תשין | שין | רגלהו | בנ]ט
8 עתן | בהגרן | שבמם | בחרף]|
9 אלכרב | בן | מעדאל | בן | יה
10 סחם | והתבו | לשימהמ]ו |
11 תאלב | תאמנם | בדת | שף]| ו
12 מתען | עבדהו | בן | הות | ת]שי
13 נן | ול | דת | יזאן | תאל]ב |
14 שוף | ומתען | אדמהו | בני] | ע
15 מעלי | בן | באשתם | ונכים |
16 ונצע | ושצי | שנאם | ול | ש]ע
17 דהמו | רצו | וחטי | אמר]אה
18 מו | להיעתת | אזאד | ואשדם]|
19 יערר | ובנהמו | רפשן | יעלל]|
20 בנו | שחימם | ושעבהמו | ול]|
21 ופיהמו | ווּפי | אבעל | ב
22 יתהמו | בתאלב | רימם |

(1) *[. . . . . A]z'ad und [seine] Söhne . . . .* (2) *[. . . . und] Jarda' Aukan, banū['Ammī'a* (3) *lī, Kli]enten der banū Suḥaim*^{m}*, haben darge[bracht* (4) *ihrem Schutz]patron Ta'lab Rijām*^{m}*, [Herrn von]* (5) *Kabad*^{m}*, die Statue zum Preise dafür, daß er* (6) *errettete und bewahrte seinen Knecht 'Ammīkar[ib in]* (7) *der Krankheit, an der sein Fuß krankte in der* (8) *na[t]'at* (Karawanserei ?) *in der Stadt Šibām*^{m}*, im Jahre des* (9) *Īlkarib b. Ma'd'īl b. Juha-* (10) *šḥim; und sie haben vergolten ihrem Schutzpatron* (11) *Ta'lab in Treue, daß er gerettet* (12) *und bewahrt seinen Knecht in dieser Kr[ank]* (13) *heit, und auf daß Ta'la[b] fortfahre zu* (14) *retten und zu bewahren seine Knechte, die banū ['A]* (15) *mmī'alī, vor Bosheit und Schaden* (16) *und vor Anschlag und Nachstellung von Feinden und sie be* (17) *glücke mit der Gunst und Huld ihrer Her* (18) *ren Liḥaj'aṯat Az'ad und Asad*^{m} (19) *Ja'rur und ihres Sohnes Rafšān Ja'lal,* (20) *der banū Suḥaim*^{m}*, und ihres Stammes und zu* (21) *ihrem Heile und zum Heile der Herren ihres* (22) *Hauses. Mit Ta'lab Rijām*^{m}*!*

(Z. 1f.) Der Beiname אזאד ist weiter verbreitet (s. zu MM 163_3), אוכן findet sich — das ist vielleicht Zufall — nur im engeren Bereich unserer Inschriften: C I 130 (Šibām Kaukabān), 569 (Ḏamār) und MM 163. — ירדע ist sonst nicht zu belegen; die Wurzel רדע erscheint auch sonst noch in Orts- und Personennamen: רדע = رداع, häufig im Minäischen, רדעם Stammes-

oder Familienname Gl. Wien 1065[1]), מרדעם Ortsname Hal. 596 und *Sab. Denkm.* 15 Z. 6, dagegen Personenname Derenbourg *Marseille* V. — Die Ergänzung des Namens עמעלי in der Lücke zwischen der 2. und 3. Zeile ergibt sich aus Z. 14, wo allerdings nur מעלי erhalten ist. Das kann wohl nur zu עמעלי ergänzt werden. Dieser Name kommt bisher nur in qatabānischen Inschriften, Gl. 1605/6 (bei Rhodokanakis *Grundsatz* 33ff., *WZKM* XXXI S. 22ff.), Jaussen *himy.* 162, Conti Rossini Nr. 14, vor.

(Z. 7.) Von allerlei Krankheiten, Pestilenz und Viehsterben ist wiederholt in den Votivinschriften die Rede. C I 351 wird dem Ta'lab Rijām[m] eine Statue geweiht zum Danke dafür, daß er den Stifter von der Podagra, ב]ן | ....[|| רגליהו, من .... رجليه, erlöst hat. Das gleiche Motiv liegt, wie Ryckmans erkannt hat, der Votivinschrift Jaussen *himy.* 149 zugrunde. Welches Fußleiden in unserer Inschrift Z. 7 mit תשין bezeichnet wird, ist nicht klar. שין, תשין ist ἅπ. λεγ. und aus den verwandten Sprachen nicht mit Sicherheit zu deuten.

Es wäre voreilig, auf Grund dieser und anderer Inschriften (z. B. C I 336, 351, 352) in Ta'lab Rijām[m] den sabäischen Aesculap zu sehen. Jaussen *himy.* 149, C I 405, 407 und 530 werden Almaqah und Ḏū Samāwī ebenfalls als Erretter aus Krankheiten gepriesen.

(Z. 7/8.) Die Bedeutung *Karawanserei* für נטעת ist lediglich erraten. Das arabische Wörterbuch und die Wörterbücher der verwandten Sprachen lassen uns auch in diesem Falle im Stich. Das Wort kommt sonst noch C I 40 (Ḥadaqān), MM 33 + 34 (Ḥāz) und 124 (Ḥuqqa) vor. Aus C I 40 ergibt sich, daß die *naṭ'at Talfum*, auf deren Herstellung sich die Inschrift bezieht, eine bauliche Anlage profanen Charakters von einigem Umfang war. Sie lag in der Nähe eines Wachturmes, محفد, der gleichzeitig instand gesetzt wurde. An dem Werke beteiligten sich mehrere Sippen und Stämme mit ihren Qailen. Ähnlich werden MM 33 + 34 als Bauherren die Sippen der banū Bata' und Suḫaim, MM 124 verschiedene Angehörige der Sippe Sumai' genannt, die den Bau gemeinsam und mit Hilfe der drei Stämme Jarsum, Ḥumlān und Ma'ḏin ausgeführt haben. D. H. Müller *Langer RB* S. 19 hielt die *naṭ'at* Talfum von C I 40 für eine *Baulichkeit auf der Terrasse eines Turmes:* das wäre doch ein recht bescheidenes Werk, zu dessen Herstellung es schwerlich der vereinten Kräfte mehrerer Stämme bedurft hätte. Die Herausgeber des C I halten נטעת für einen Plural und deuten es als *praedia.* Diese Deutung wird ausgeschlossen durch die Verba ברא

[1]) Es ist D. H. Müller und seinen Kritikern entgangen, daß von diesem Stein, der sich jetzt im Wiener Hofmuseum befindet, schon vorher ein gefälschtes Duplikat ins Stambuler Museum gelangt war, s. *Sab. Denkm.* S. 102 Nr. VII unter den Falsifikaten.

bauen, הותר *fundamentieren,* הקוח (den Grund) *ausheben,* השקר (einen Bau) *vollenden,* deren Objekt *naṭ'at* in C I 40 und MM 124 bildet.

(Z. 8ff.) Der hier genannte Eponym kommt sonst nicht vor, dagegen kennen wir noch drei andere Eponyme aus dem Geschlechte Juhaśḥim: Ṯaubān b. Šā'ir^{m} b. J. aus C I 315_{15}, Īlwahab b. Tubba'karib b. J. aus C I 357 = MM 164_{13}ff. und Anmār^{m} b. Īlkarib b. J. aus C I 290_{4}. Es ist nicht ausgeschlossen, daß der letzte der Sohn des in unserem Texte genannten Īlkarib b. Ma'd'īl ist. Andere Angehörige dieser offenbar mächtigen Familie finden wir C I 313 und 336. — C I 290, 313 und 1359 stammen aus Rijām, die Herkunft von C I 336 ist unbekannt.

Der Name מעדאל ist sonst nur aus qatabānischen Inschriften (SE 80 bei Rhodokanakis *Timna* S. 15, Jaussen *himy.* 64 und 66) und als Name eines Königs von Ausān (Margoliuth *Two South Arabian Inscriptions,* SA aus den *Proceedings of the British Academy, Vol. XI,* S. 4) zu belegen. Qatabānisch sind auch die Namen מעדהל Mayer Lambert *Bombay* 42_{2} und מעדודם Berlin VA 5343. Im Sabäischen findet sich מעדכרב, معدیکرب, häufig; מעדשבם nur einmal, *ZDMG* XXX S. 20 Nr. I (falsche Bronzetafel nach einem echten Original) [= C I 776]. Das Verbum מעד findet sich C I 315_{11}.

(Z. 14.) Die Verwendung von אדמהו, dessen Suffix sich auf Ta'lab bezieht, zeigt wieder einmal, daß dieses Kollektivnomen den nicht vorkommenden Plural von עבד vertritt; ihm entspricht der Singular עבדהו *sein* (des Ta'lab) *Knecht* in der 6. Zeile. Ganz ebenso MM 79.

(Z. 15.) נכים ist Versehen des Steinmetzen für נכיתם, wie Z. 18 להיעתת für לחיעתת und Z. 20 בנו | שחימם für בני | ש' .

(Z. 19.) Der erste Buchstabe von יערך fehlt bei RW, ist aber auf der Burchardtschen Photographie noch zu erkennen. Der Name kommt bereits C I 339bis Z. 1 vor. Er ist dort angezweifelt worden; wie unsere Inschrift lehrt, mit Unrecht. — Über den Namen יעלל s. zu MM 45.

26.

RW 73. Stele in einer Hausmauer; 0.90 × 0.25; Höhe der Buchstaben 0.03—0.04. Die Oberseite zeigt zwei Vertiefungen in Form von Fußsohlen von 10 cm Länge, was auf eine Statuette von 50—75 cm Höhe schließen läßt. — Bu. Ṣan'ā 1909 Jemen II 340 mit dem Lemma *Wadi Dhar (alte Wasserleitung).*

Bu.

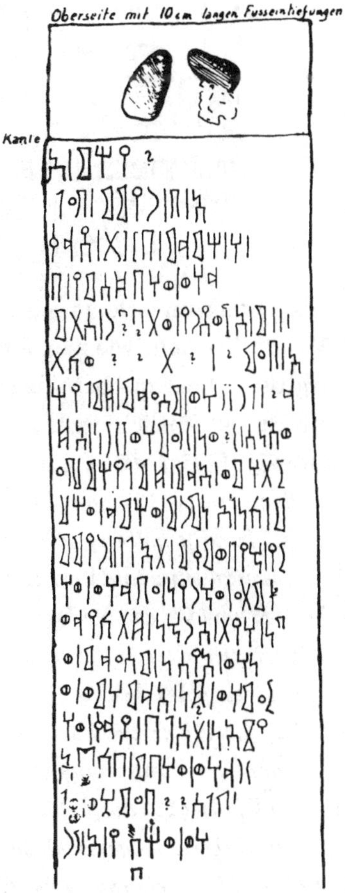

RW

1 והבד̄שמי | אכ]יף | ד̄מליחם | א
2 רח̇| שי]מהמ[ו |]תאלב | רימם | בעל[|
3 כ]בדם[| צלמ]ן | חמדם | בד̄ת | צדק
4 | והען | עב]דהו | והבד̄שמי | ב
5 כל | א]מ[ל]א | וצרי | ותבשר | שתמ
6 ל]א | [ב]עמ[הו] | [ובד̄]ת[| ... |]וכת
7 ד . | גרבהו | משעדם | ד̄מליח
8 ם |] ואנש | [כ] ון | [ב]עמהו | [ב]ן | אד
9 י]מתהמו | אדם | ד̄מליחם | בע
10 ם |] מלכן | אנמרם | וחמד | והב
11 ד̄ש]מי | ח̇יל | ומקם | תאלב | רימם
12 | בד̄]ת | מתע | וח̇רין | עבדהו | וה
13 בם |] בז | הית | ארח̇ן | ד̄תכידו

14 | ב]נהו | אישן | משעדם | ו
15 ד̄]בעמהו | [ב]ן | אדמהמו | ו
16 ל | [יזאן | תאלב | צדק | וה
17 ען | ע]בדהו | והכם | בכל | א
18 מלא | ישת]מל[א ן | [בעמהו | ול
19 שעדהמו | רצ]ו | וחטי | אמר
20 אהמו | א] מלכן |

Links dürfte der Stein unverletzt sein, rechts fehlen nur wenige Zeichen. Die Zeile enthielt 20—22 Zeichen, wie sich aus den sicheren Ergänzungen der Zeilen 5, 10 und 12 ergibt. Die Umschrift beruht auf der Zeichnung RW, die durch die Photographie Bu. wesentlich ergänzt wird.

(1) *[Wahbḏūsamāj Ak]jaf ḏū Mulaiḥ^m hat ge*(2)*[weiht i]hrem [Schu]tzpatron Ta'lab Rijām^m, dem Herrn* (3) *von [Ka]bad^m, die [Statue] zum Danke dafür, daß er wohlgetan* (4) *[und geholfen] seinem [Knech]te Wahbḏūsamāj mit* (5) *[allen W]eis[un]gen, mit Anordnung und Verheißung, um die er* (6) *ihn gebeten, und weil...* (7) .... *sein ? Mas'ūd^m ḏū Mulaiḥ* (8) *[^m] und die Männer, die [m]it ihm [wa]ren, [vo]n* (9) *ihren Kli[en]telen, der Klientel der ḏū Mulaiḥ^m mit* (10) *dem König Anmār^m, und es pries Wahb* (11) *[ḏūsa]māj die Kraft und die Macht des Ta'lab Rijām^m* (12) *[weil] er beschützt und gerettet hat seinen Knecht Wah*(13)*b^m aus diesem ? , den sie unternahmen (?),* (14) *[für seinen [Soh]n, den Mann Mas'ūd^m, und [für* (15) *die,] die mit ihm waren von ihrer Klientel, und* (16) *[auf daß] Ta'lab fortfahren möge wohl zu tun und zu hel* (17) *fen seinem Knechte Wahb^m mit jeglicher* (18) *Weisung, um die er ihn bittet, und auf daß er* (19) *sie beglücke mit der Gunst und Gnade [ihrer] Gebie[ter],* (20) *der Könige.*

Die banū ḏū Mulaiḥ^m, zu denen der Stifter unserer Inschrift gehört, erscheinen auch noch in MM 160 und in der merkwürdigen Inschrift C I 29, die Glaser in Ṣan'ā abgeklatscht hat. Ihre Stifter bezeichnen sich als Minäer, אמענן, und Stil und Sprache der Inschrift bestätigen diese Angabe. Ergänzung und Erklärung der Inschrift im C I bedürfen der Berichtigung. Sie lautet:

שעדאל | בן | אלעמד | ועמדח̄ר | ובני]הו..... | בנ
ו | ד̄מליחם | אמענן | הות̄רו | וברא | והש]קרן | בית ... ד̄ש
אם | וקני | אביהמו | אלעמד | ועמדח̄]ר ..... | ור
ת̄דו | בנו | ד̄מליחם | ביתהמו | עת̄תר | [שרקן | וכל | אל
אלת | שבמם | בן | נכרם | ומהבאשם

שעדאל
(in Monogramm)

Der Stein ist links abgebrochen, sonst vollständig. Das verloren gegangene Stück ist viel größer, als die Herausgeber annehmen. Das erste Wort der 3. Zeile ist שׁ]אם, wie auch M. Hartmann *Ar. Fr.* S. 289 gesehen hat. שאם | וקני aber sind Verba, was Hartmann nicht gesehen, ebenso übersetzt er שאם falsch mit Stiftung, obwohl die richtige Bedeutung bereits *Himj. Inschr. u. Altert.* S. 44 vermerkt worden war. Subjekt zu den beiden Verben ist אביהמן. Die Inschrift ist zu übersetzen:

(1) *Sa'd'il, Sohn des Īl'amad und des 'Ammīḏaḥar, und [seine] Söhne* (folgten die Namen der Söhne) *ban]* (2) *ū ḏū Mulaiḥ*ᵐ, *die Minäer, haben fundamentiert, gebaut und voll[endet das* (bezw. *ihr) Haus* (folgte der Name des Hauses), *das]* (3) *gekauft und erworben haben ihre beiden Väter Īl'amad und 'Ammīḏaḥa[r ......,* und (4) *es stell]ten die banū ḏū Mulaiḥ*ᵐ *ihr Haus in den Schutz des 'Aṯtar [Šāriqān und aller]* (5) *Götter von Šibām vor Zerstörer und Beschädiger.*

Das Merkwürdige der Inschrift besteht darin, daß die minäischen Stifter zwar korrekt sabäisch schreiben, aber in den Namen der beiden Väter Īl'amad und 'Ammīḏaḥar, die sonst nur in Ma'īn vorkommen — auch der Name Sa'd'īl ist im Minäischen weitaus häufiger als im Sabäischen — und in der Schlußformel ihren Ursprung verraten. Diese ist echt minäisch. In den sabäischen Inschriften werden die Stadtgötter niemals angerufen, wohl aber geschieht dies regelmäßig in den Schlußformeln der minäischen Bauinschriften. Aus diesen stammt auch das Wort נכרם. Ein Sabäer hätte נכים gesagt. בנו | דמליחם ist ein Kompromiß zwischen sab. בנו | מליחם und min. דמליחם. Besonders charakteristisch ist die Bezeichnung des Stifters als Sohn von zwei „Vätern": auch das ist echt minäische Art. Die Stelle ist anscheinend den Verfechtern der These von der Polyandrie der Sabäer bisher entgangen. Auch unser Text weist Minäismen auf, wie Z. 1 דמליחם statt sabäisch בן | מי und ארח für *weihen*.

Die banū ḏū Mulaiḥ ᵐ waren nicht die einzigen Minäer, die sich im Gebiete der Sabäer niedergelassen haben. Ein zweites Beispiel ist der Minäer Sarī'ᵐ, שרעם מענין, der die 'Amrāntafel C I 84 gestiftet hat. Das mag in späterer Zeit nach dem Niedergange des Minäischen Reiches öfter vorgekommen sein.

Die Vermutung der Herausgeber des C I, daß der Stein C I 29 aus dem minäischen Ǧōf nach Ṣan'ā verschleppt sei, ist abzulehnen. In ihrer Heimat hätten die Stifter minäisch geschrieben, also אבהישם, ביתשם usw. Noch viel weniger lag für sie ein Anlaß vor, sich in ihrer dortigen Umgebung als Minäer zu bezeichnen und die landfremden Götter des sabäischen Šibām anzurufen. Der Stein ist vielmehr aus Šibām nach Ṣan'ā gekommen.

(Z. 1.) Der EN והבדשמי *Geschenk des Ḏū Samāj*, der aus Z. 4 ergänzt ist, begegnet uns hier zum ersten Male. Im weiteren Verlauf der Inschrift erscheint dafür die Kurzform והבם (Z. 13 und 17). Eine und dieselbe Person führte also bald den vollen, bald den abgekürzten Namen. Ein zweites Beispiel hierfür ist der Name des Wahb'aum Ja'ḏuf aus der Sippe Ǧadan, der in der Inschrift C I 314 + Mayer Lambert *Bombay* 30 einmal, zu Anfang der Inschrift, in der vollen Form, zum Schluß aber in der Kurzform erscheint. — Der Beiname אכיף kommt noch C I 234_3 (el-ʿIrrēn) und MM 88_1 (Ḥāz) vor. Sonst ist die Wurzel aus den Inschriften nicht zu belegen. — Von dem Verbum des Eingangssatzes, das die in Z. 2 und 3 folgenden Objekte ׳ | שימהמו und צלמן regiert, ist nur der erste Radikal א erhalten. Zur Ergänzung bietet sich nur das minäische Verbum ארח dar, das aus Hal. 187 + 188 + 191 = Gl. 1083 (bei Glaser *Altjem. St.* S. 38ff.) Z. 9, Hal. 192 + 199 = Gl. 1150 (bei Rhodokanakis *St.* II S. 54ff.) Z. 3 und Hal. 556 in der stereotypen Wendung ששרע | בדת | ארח | כאלהש | ו׳ belegt wird. Eine Variante hiervon ist Gl. 1302 (bei O. Weber *St.* I S. 2ff.) Z. 3: מחצן | באהל | ארח | כאלהשמן. Das Wort wird mit *darbringen* (Weber) oder *vorschreiben* (Rhodokanakis) übersetzt. Maßgebend für die Bedeutung ist die bisher übersehene Stelle Hal. 484_3ff.: אר[ח |] [|] ונתדר | כעתתר *sie weihten und gelobten dem ʿAṯtar*. Davon abgeleitet ist das Substantiv ארח, pl. אארח; s. zu Z. 13.

(Z. 3ff.) Das Verbum הען wird sonst in dieser häufig vorkommenden Formel nicht verwendet. צדק, mit dem es hier verbunden ist, regiert bald den Akkusativ, bald wird es mit ב konstruiert (s. die Beispiele in den Bemerkungen zu Z. 13). — אמלא und das von צרי abgeleitete Substantiv צרית kommen auch auf der Bronzetafel von Raida C I 282 in der Wendung צדקהו | בכל | אמלא | שתמלא | בעמהו | צריתם | ל׳ vor. Auf der ʿAmrāntafel C I 80 Z. 6f. und Z. 11 erscheint es in Verbindung mit משאל. Im Qatabānischen hat das Verbum die Bedeutung *entscheiden, Bescheid geben* (Rhodokanakis *KT* I passim, zuletzt *Altsab. T.* I S. 77), und das würde gut zu משאל *Orakel* passen. An anderen Stellen (C I 74 und MM 29) hat es die Bedeutung *erretten, beschützen.* Die Stellen, wo das Verbum und das Substantiv sonst noch im Sabäischen vorkommen (C I 401, 430; MM 77), sind verstümmelt und geben keine Aufklärung. — Für תבשר ergibt sich aus C I 99 und 333 die Bedeutung *verheißen, zusagen.*

(Z. 6f.) Es ist uns nicht gelungen, die Lücken Z. 6 Mitte und Z. 7 Anfang auch nur dem Sinne nach auszufüllen. Das Verbum, dessen Anfang am Ende von Z. 6 steht und von dessen Schlußbuchstaben am Anfang von Z. 7 noch ein ד erhalten ist, könnte zu שתידע ergänzt werden.

(Z. 7.) לרבהו | משעדם. Das erste Wort erscheint nur in der Abschrift RW; in der Photographie ist an dieser Stelle keine Spur von Schrift zu erkennen. Statt לרבהו, das wie arabisch لربّه aussieht, ist wohl גרבהו zu lesen, da רב = ربّ in den Inschriften bisher nur in zusammengesetzten Eigennamen nachgewiesen ist. Um so häufiger ist גרב: C I 95, 407_8, 410, 521, 557, 581_{15}; Berlin VA 3820, 5311, 7802, mit dem Plural גרבת oder גריבת C I 87_9, 239_3 (so: לשע]דהמו | ופי | ג[רבתהמו zu ergänzen), 535 und Cantineau IV. Der Singular wird mit Singularsuffix oder Singularen von Substantiven, der Plural mit Pluralsuffixen oder Pluralen von Substantiven verbunden. Zuerst wurde das Wort mit *Saatfeld* übersetzt, bis Praetorius *ZDMG* LIV S. 37f. nachwies, daß diese Übersetzung verfehlt ist. Er deutete das Wort als *Körper, Person*. Ihm folgten O. Weber *St.* III S. 33, Lidzbarski *Ephem.* I S. 225 und die Herausgeber des Pariser Corpus (vgl. die Anmerkung zu C I 407 Z. 8), während Rhodokanakis *KT* II S. 32f. diese Bedeutung nur für den Singular zugibt, hingegen den Plural als *Feldterrassen* deutet. Vergleicht man aber Wendungen wie C I 95: ול | וזא | אלמקה | — ח̇מר | עבדהו | — ופי | גרבהו | וחט̇י | ורצ̇ו | אורת̄הו | mit C I 306: לשעדהמו | ופי | גרבתהמו | ורצ̇י | אמראהמו | sowie C I 572: לופי | גרבהו | וופי | גרב | בנהו | — וופי | בערהו mit Cantineau IV: לופי | גריבתהמו | וופי | בערהמו, Wendungen, die sich nur dadurch unterscheiden, daß die einen singularisch, die andern pluralisch redigiert sind, so wird man sich kaum zu der von Rhodokanakis angenommenen Distinktion entschließen können.

An unserer Stelle paßt keine der beiden Bedeutungen. In Z. 14 wird derselbe Mas'ūd als der *Sohn* des Stifters der Inschrift bezeichnet.

(Z. 8f.) אדימתהמו. Vom Kollektivum אדם bildet das ältere Sabäisch den Plural אדומת (Hal. 51 = Gl. 904, vgl. Rhodokanakis *Grundsatz* S. 16ff. und Gl. 1571 bei Rhodokanakis *KT* I S. 77ff. Z. 4). In jüngeren Inschriften begegnet uns die Form אדימת C I 275, 352 und 80[1]).

(Z. 10.) מלכן | אנמרם *der König Anmār*^{m} ist eine ungewöhnliche Ausdrucksweise für die sonst stereotype Form X, König von Y, aber nicht ohne Beispiel im Stil der späteren sabäischen Inschriften, so מלכן | שמר | יהרעש Ryckmans 3, מלכן | מרת̄דאלן | ינף Reh. III_1, C I 537 Z. 3 (אמלכן), ebenso qatabānisch מלכן | שהרמו Gl. 1606 (bei Rhodokanakis *Grundsatz* S. 33f.) Z. 2, vgl. ferner in Z. 14 unserer Inschrift אישן | משעדם, C I 581_{12}: הא | את̄תן | נעמגד | *diese Frau Na'amǧadd* und nordminäisch לואתן | מואל Jaussen-Savignac II S. 292ff., Nr. 27. — Über den König Anmār^{m} von Saba s. zu MM 120.

(Z. 12f.) Ähnlich heißt es C I 352_4ff.: מתעהו | בן | כל | אארח̇ | רושי | בעליהו (der Gott) *hat ihn bewahrt von allen* אארח̇, *die* usw. (der Sinn des Nebensatzes unklar) und C I 409_5ff.: ול | וזא | אלמקה | הופין | עבדהו | — בכל | אארח̇ | ישתידענהו „*möge Almaqah fortfahren, zu erhalten seinen Knecht — mit allen* אארח̇, *um deren Überweisung er ihn* (den Gott) *bitten wird*. Diese Stelle erinnert

---

[1]) Die Herausgeber des C I haben richtig erkannt, daß die beiden Teile von C I 80 ('Amrāntafel) nicht unmittelbar aneinanderschließen. Sie ergänzen eine Zeile, es fehlt aber mehr. Die Schlußzeichen von Z. 8 vor der Lücke werden von ihnen אריב gelesen und zu אריב]המו ergänzt, was von داب *laboravit* abgeleitet und mit *servus* übersetzt wird. Der letzte Buchstabe, dessen untere Hälfte fehlt, kann aber ebensogut ein מ sein, es ist also אדימ]תהמו zu lesen, was den Vorzug vor dem sonst nicht zu belegenden אריב verdient. Diese Pluralbildungen weisen darauf hin, daß אדם = ادام ist, vgl. z. B. מקימת Pl. von מקם. Nöldeke hat einmal hebr. אדם für identisch mit انام erklärt. Das sabäische אדם *adām* kann als Bestätigung dienen.

wiederum sehr an die so häufige Wendung: möge der Gott fortfahren, den Stifter des Denkmals zu erhalten בכל | אמלא | ישתמלאן | בעמהו *mit allen* אמלא, *die er von ihm erbittet.* Nun ist אארח im Qatabānischen in der Bedeutung *Befehle, Weisungen* oder ähnlich neben אפתחם und מחרתם durch die Inschrift Gl. 1606 (bei Rhodokanakis *Grundsatz* S. 33ff.) gesichert, und die gleiche Bedeutung hat es in der altsabäischen Inschrift C I 562, in der es ebenfalls mit מחר verbunden ist. Sie würde auch an der angeführten Stelle C I 409 passen, sowie C I 431 + 438: möge 'Aṯtar seinem Knechte schenken | נעמתם | וופים | ואארח] | צדקם | *Wohlergehen und Heil und rechte Weisungen.* Diese Bitte um Gewährung von rechten Weisungen hat ihr Analogon in Wendungen wie C I 282_8f. צדקהמו | מלאהו (der Gott) *bescherte ihnen sein* מלא, ebenso C I 315_{17}f. und 343_{10}, wo מלא, pl. אמלא, deutlich die durch andere Stellen (siehe zu MM 148_3) geforderte Bedeutung *Weisung* (der Gottheit) hat. Anderwärts wird in der gleichen Wendung צדק mit ב konstruiert (C I 84_9f., 104_5, 282_4 und $_{11}$). Der von uns in C I 431 + 438 ergänzten Verbindung אארח | צדקם entspricht C I 43_6f.: ול | וספהמו | ש]משם | נע]מתם | ושופתם | ואמלא | [צדק]ם | אמלא | צדקם (so zu ergänzen) und C I 314_{11}: וו.כבו | בהית | צחפתן | אמלא | צדקם. Wir dürfen somit אארח und אמלא als Synonyma betrachten. Damit würden sich die früheren Deutungen von Praetorius *ZS* II S. 142f. *(Gesamtheit)* und Glaser *Altjem. St.* S. 41 *(Kriegszüge)* erledigen[1]).

An unserer Stelle ist das weibliche Demonstrativpronomen neben ארחן auffällig. Wenn kein Fehler des Steinmetzen vorliegt (הית statt הות), wäre dann das folgende דתכידן in דת | כידן zu zerlegen. Aber das Fehlen des Trenners nach דת spricht dagegen. Die Wurzel כיד kommt sonst nicht vor, und da auch Parallelstellen fehlen, entgeht uns der Sinn der Worte und damit der Zusammenhang mit dem Rest der Inschrift.

(Z. 14.) אישן | משעדם erinnert an אישן | נמרן C I 429 Z. 6, wo נמרן dem Zusammenhange nach appellativisch als *Aufrührer* gefaßt wurde. Unsere Stelle spricht dafür, daß נמרן Eigenname ist; das wäre dann der Gegenkönig des Īlšaraḥ Jaḥḍib, dessen vollständigen Namen רבשמשם | נמרן wir oben zu MM 24 (S. 40) kennengelernt haben.

Sabäisches אישן | נמרן, אישן | משעדם entspricht genau dem hebräischen Sprachgebrauch, wie er in den Verbindungen האיש מיכה, האיש משה usw. vorliegt: *hunc in modum* [האיש] *nominibus propriis praemittitur honorifice* (Gesenius, *Thesaurus* s. v. איש). Das trifft auch auf die beiden sabäischen Beispiele zu.[2])

[1]) Mit den von Glaser aus seiner 8 Zeilen langen, noch unedierten Inschrift 1324 herausgerissenen Worten דת ר]תכל ארחהו ist natürlich nichts anzufangen.

[2]) Ebenso merkwürdig ist das Zusammentreffen beider Sprachen in dem Ausdruck: איש אל אחיו, sabäisch אישם | לאחהו bezw. אישם | בעבר | אחהו (das ist hebr. איש בעבור אחיו), s. *Himj. Inschr. u. Altert.* S. 19.

27 und 28.

Bu. Ṣan'ā 1909 Jemen II 319. Zwei Bruchstücke einer Inschriftenstele in einer aus ähnlichen Bruchstücken zusammengesetzten Mauer. Nr. 27 ist rechts von Nr. 28 in der Steinlage darunter eingefügt.

28 27

Nr. 28 ist oben und, wie der teilweise erhaltene freie Rand zeigt, links vollständig; nach der zweiten Zeile ist eine Zeile ausgemeißelt. Das Fragment Nr. 27 ist rechts vollständig, man erkennt rechts von der zweiten Zeile den freien Rand. Es schließt links an die untere Hälfte von Nr. 28 an.

1 .... בן | שׂחימם | אק
2 ול | שׂעבן | שׂמעי |] [| שׂלת̄ | ד̄ הגרם
eine Zeile Schrift ausgemeißelt
3 הקניו | תאלב | רימ]ם | צלמינה[ן
4 וכל | ק[ניהו | ל[ופי]המו | ופ[י |
5 שׂעבהמו | ד̄שׂב[מם |][ול | שׂעדה]מ
6 ו] | נעמתם | וברי[| אא]ד̄[נם | ו מקי
7 מת]ם | [ו]ל | [שׂעדהמו | ....

Die sicheren Ergänzungen von Z. 2 und Z 5 ergeben eine Zeilenlänge von 21—23 Zeichen.

(1) ..... *b. Suḫaim*^{m}*, Qai* (2) *[le des Stammes Sum'aj,] Drittel von ḏū Hağar*^{m}*,* (3) *[haben dargebracht dem Ta'lab Rijām]*^{m} *die beiden Statuen* (4) *[und all sei]ne Habe für ihr Heil und für das Hei[l]* (5) *ihres Stammes Dū Šibā[m*^{m}*], und auf daß*

er sie beglücke (6) *mit Wohlsein und Fülle von An[sehn und Ma*(7)*ch]t, [und] auf daß [er sie beglücke ....].*

(Z. 1.) Der Eingang der Inschrift war so gefaßt wie in MM 34.

(Z. 2.) Über דהגרם | שלת̄ s. zu MM 2.

(Z. 3.) Zu beachten ist die determinierte Dualform auf ינהן —, die sonst durchweg נהן — lautet. Andere Beispiele für diese Form sind לבאינהן C I 312_5, מחרמינהן C I 405, שעבינהן C I 340_1 und 326_1; vgl. hierzu die Bemerkungen von D. H. Müller *Langer RB* S. 11. — Die Darbringung *aller Habe* ist sehr gewöhnlich in den Proskynemen (vgl. die Vorbemerkungen zu den Graffiti von Ḥuqqa), kommt aber in den eigentlichen Votivinschriften sonst nicht vor. Die erhaltenen Buchstabenreste lassen indes kaum eine andere Ergänzung als וכל | קניהו zu. Allerdings erwartet man nach dem Plural אקול Z. 1 und neben den andern Pluralsuffixen ופיהמו, שעבהמו, שעדהמו das Pluralsuffix. Aber solche Inkongruenzen kommen auch sonst vor. Oder sollte hier der Fall vorliegen, daß das Suffix הו den bestimmten Artikel vertritt?

(Z. 4.) Über den Stamm ḏū Šibām s. die Vorbemerkungen oben Seite 13.

Von der zweiten Hälfte der 6. Zeile und den Resten der 7. Zeile sind nur die oberen Hasten der Buchstaben erhalten. Die Ergänzungen sind sicher.

29.

Bu. Ṣanʿā 1909 Jemen II 221 = C I 575.

1 .. ? ר ? ... ם | [הק]נ[יו] | ש
2 י]מהמו | תאלב | רימם | בעל [|
3 ד̄מר | רימת | ד̄ת | צלתן | ח[נג
4 ן [|] וקההמו | במשאלהו | ח[מ
5 דם | בד̄ת | צריהמו | ומתע [|] ש
6 ע]בן | ד̄ראים | בן | ח̇כטן |
7 ד̄]ח̇כט | דאין | בארצ̇ן | וע
8 .. בנות | בעום | אחד | ד̄
9 . ם | ראים | וכם | הות | יו
10 ... ד̄הרג | ותאלב | פו]א |
11 צר]י | בן | הות | עופין | ש
12 עבן] | ד̄ראים | כברהמו | וצ
13 ע̇ר]המו | ו[כל]אולדה[מו |

Die Inschrift wurde zuerst von M. Hartmann in der *OLZ* XII (1909) Kol. 339 auf Grund der Burchardtschen Photographie als Burchardt 13 mit kurzen Bemerkungen veröffentlicht. Sie ist dann im C I auf Grund derselben Vorlage wiedergegeben worden. Wie ein Blick auf die Reproduktionen in der *OLZ* und im Tafelbande des C I zeigt, ist die Photographie nicht besonders klar ausgefallen, auch scheint der Stein selbst auf der Oberfläche gelitten zu haben. Außerdem ist er oben und unten abgebrochen und an den beiden Seiten abgestoßen. Zu Anfang fehlen mehrere Zeilen mit den Namen der Stifter, desgleichen zum Schluß;

rechts und links sind nur wenige Zeichen verloren gegangen. Die Schrift ist grob und unregelmäßig. Z. 3 liegt in צלתן ein Fehler des Steinmetzen vor. Durch diese Umstände wird die Lesung und Deutung des Textes besonders erschwert.

Z. 1 lasen die Herausgeber des C I: .... ה .... ר̉א̉ | ; Z. 3: אמר | רימם; Z. 6 Anf.: בא .; Z. 9: ת | ראים | ובן |; Z. 11 zu Anf.: בן | ; Z. 12: אצ̇רהמו. Über die abweichenden Lesungen in unserer Umschrift läßt sich streiten; aber ובם Z. 9 und כברהמו Z. 12 dürften sicher sein.

(1) *[........... haben dargebracht* (2) *ihrem Schutzpa]tron Ta'lab Rijām*^{m}, *dem Herrn von* (3) *Ḏamār Raimat, diese Statue, w[ie]* (4) *er ihnen geboten hat mit seinem Orakelspruche, zum Danke* (5) *dafür, daß er sie gerettet und daß er erhalten hat* (6) *den [S]tamm ḏū Ra'ij*^{m} *vor dem Raubzug* (?), (7) *[den] die Da'jān im Lande unternahmen,* ...... (10) .... *Ta'lab aber fuhr fort* (11) *zu [ret]ten vor diesem Unheil* (?) *den Sta* (12) *[mm] ḏū Ra'ij*^{m}, *groß und kl[ein]* (13) *von ihnen und [alle] ih[re] Kinder....*

(Z. 3.) Die Lesung ד̄מר | רימת ist unsicher. ذمار ist der Name von mehreren Ortschaften im Jemen. Jāqūt kennt ein Miḫlāf und ein Ḥiṣn Raimat in der Nähe von Ṣanʿā. Dieses dürfte das Raimat al-Ḥumaid sein, das Niebuhr in jener Gegend verzeichnet hat und Ḥāǧǧi Rāšid öfter erwähnt.

צלתן ist ein Fehler des Steinmetzen für צלמתן.

(Z. 6.) ד̄ראים und das Verbum ח̇בט kommen sonst nicht vor.

(Z. 7ff.) דאין wird hier wie C I 92 ('Amrāntafel), Hal. 138 und in der Inschrift MM 30 Name einer Sippe seir. In der qatabānischen Inschrift *Rev. Sém.* XIV (1906) S. 373 Nr. V ist es individueller EN. Hier und Hal. 138 steht דאין für בנו | ד', wie שח̇ימם MM 33 und C I 220 für בנו | שח̇ימם gesagt ist.

באר̇צן. Man vergleiche die Wendungen C I 81: בן | עוש | כון | באר̇צן | *vor der Seuche (?), die im Lande herrschte* (fast wörtlich ebenso C I 557); C I 67: בן | עהרן | ביום | כון | באר̇צ]ן | *vor dem ?, als es im Lande herrschte*; C I 315 Z. 8: בצ̇ר | שתא | וכון | בכל | אר̇צן | *im Kriege, der ausbrach und herrschte im ganzen Lande.*

Der Sinn des folgenden Satzes bis ד̄הרג Z. 10 einschließlich entgeht uns. Zu בנות Z. 8 *Filiale* haben die Herausgeber des C I bereits auf Burchardt 14 = MM 146 Z. 2 verwiesen. בעום | אחד sieht aus wie ar. بعام أحد *im Jahre Eins*. In der 9. Zeile ist בם | הות | יו]מן | (ar. بٕا هذا اليوم) deutlich. Man vergleiche C I 289 Z. 8, 11 u. 14: במו | הות | ח̇רפן, wo במו für בם geschrieben ist, *in diesem Jahre*. Danach sind auch die Worte במהות | עצרן in C I 84 Z. 6f. als *an diesem Tage*, ar. بٕا هذا العصر, aufzufassen[1]). בם, במו ist zu trennen von ḥaḍra-

[1]) ראש | כל | אלת | בם | אח]ד | ...... in der altsabäischen Inschrift C I 413_4 ist zusammenzustellen mit minäisch בם | ת̄המנהו | ומאת | רב Hal. 466.

mautischem בנמן = ممّا, über das D. H. Müller *Langer RB* S. 78f. gehandelt hat.

(Z. 11.) Nach וזא erwartet man eine auf ן endende Verbalform. — Das folgende עופין (ar. العوافي) muß im Gegensatz zu ar. عافية irgend ein Übel bedeuten. Praetorius *ZS* IV S. 123 verglich *'awf* in der Bedeutung *Hungersnot* aus Rhodokanakis' Dofartexten. Die Herausgeber des C I nehmen einen Fehler des Steinmetzen an und vermuten als Text seiner Vorlage בן | הות | עו[מן | הו[פין *et pergat Ta'lab ab illo anno servare* etc.

(Z. 12f.) כברהמו | וצ[ע]ר[המו wie sonst nur noch Os. 35 [= C I 595] Z. 6: כל | שטרם | כברם | פאו | צערם *jeder Schreiber, groß oder klein.*

(Z. 13.) אולדהמו ist sicher, aber der Zwischenraum, der dies Wort von dem ו nach צ[ע]ר[המו | trennt, reicht nicht für כל | aus, man müßte denn annehmen, daß der Trenner fehlt. Vielleicht hat aber überhaupt nichts in der Lücke gestanden.

III.

Ḥāz, Bait Ġufr, Ḥuqqa.

Vorbemerkungen.

„Die Stadt Ḥāz liegt 30 km nordwestlich von Ṣanʿā auf einem gegen Westen sanft geneigten Plateau von vulkanischen Decken, das 10 km im Osten der Stadt steil zur Ebene von Ṣanʿā abfällt und 10 km westlich der Stadt von den 300 m steil aufragenden Sandsteinbergen des Ǧebel Kaukabān überragt wird. Auf dem Plateaurand dieser Berge liegt die Stadt Kaukabān und an ihrem Fuße die Stadt Šibām-Kaukabān. Mit Ḥuqqa und dem benachbarten Bait Ġufr gehört die Stadt Ḥāz zum Gebiete der Banū Hamdān und ist mit seinen 600 muhammedanischen und 150 jüdischen Bewohnern wohl die größte Siedelung dieses Stammes. Vor 80 Jahren soll die Stadt den Namen Ramādi geführt haben. Die Stadt lag wohl ehemals an der alten Hauptstraße von Mārib über das Wādī Sirr, Šibām al-Ġirās, Ruḥāba und Ḥuqqa nach Kaukabān und den Maṣāniʿ-Bergen. Heute liegt die Stadt abseits der wichtigen, von Ṣanʿā ausstrahlenden Verkehrslinien. Das Dorf Bait Ġufr liegt etwa 3 km nördlich von Ḥāz und ist als schwer zugängliches Bergnest auf einem steilen Felsen erbaut.

Die Inschriftensteine finden sich, ebenso wie in Bait Ġufr, in den Hausmauern eingebaut. Ein Ruinenfeld el-ʿIrrēn liegt etwa eine halbe Stunde nordwestlich von Ḥāz und ebensoweit südwestlich von Bait Ġufr auf einer Felsnase über dem Tal. Die Einwohner sagten aus, daß alles ḥimjarische Material in beiden Orten von diesem Ruinenfelde stamme. Wir glauben aber, daß zum mindesten in Ḥāz ebenfalls eine alte Siedelung vorhanden war; denn innerhalb des Ortes ist noch ein sehr großes Wasserreservoir aus alter Zeit erhalten, in das das Wasser durch eine z. T. noch erhaltene unterirdische Leitung drei Stunden weit her geleitet sein soll. Ferner waren in den Substruktionen der Askari-Kaserne gewaltige Grundmauern zu sehen, außerdem unterirdische Gänge und Räume, die gleichfalls vorislamisch sein dürften. Ebenso zeigt die Stadtmauer von Ḥāz an einzelnen Stellen der unteren Partien dieselben gewaltigen, sorgfältig behauenen Quadern. Der Imām stellte uns frei, die Ruinenfelder auszugraben, wir zogen es indes vor, dies späteren Arbeiten von Fachleuten zu überlassen, zumal die Ruinen sehr umfangreich sind. In Bait Ġufr fanden wir eine Anzahl von Rindsköpfen, Reliefs und viele andere schön bearbeitete Steine, sämtlich in den modernen Häusern eingebaut. Zwischen

Ḥāz und Bait Ġufr liegen ausgedehnte Gräberfelder, die von den Einwohnern den Ḥimjaren zugeschrieben werden" (Rathjens—v. Wissmann, vgl. die Karte).

Umgebung von Ḥâz und Bêit Ghofr

Maßstab ca 1:30 000

Formlinien in Stufen von 20m

Ḥāz wird in der *Ǧazīrat* des Hamdānī wiederholt erwähnt (S. 82_2, 107_{13}, 111_9). An einer Stelle (107_{13}) wird gesagt, daß es eine bedeutende Ortschaft sei, in der sich heidnische Altertümer befinden (حاز قرية عظيمة وبها آثار جاهلية). Im *Iklīl* erwähnt Hamdānī den „Damm des Bata'", سدّ بتع, in al-Ḫašab bei Ḥāz (s. *Sab.*

Denkm. S. 44). Bait Ġufr suchen wir vergebens bei den arabischen Geographen[1]). Beide Ortschaften und das benachbarte el-ʿIrrēn sind zuerst von Eduard Glaser auf seiner ersten Reise untersucht worden, nachdem schon vor ihm der rührige Ḥaijīm Ḥabšūš dort verschiedene Inschriften abgeschrieben hatte. Glaser kopierte in Ḥāz 75 Inschriften, Nr. 136—210 seiner Sammlung, im C I in gleicher Reihenfolge unter Nr. 153—226 behandelt. Die Sammlung RW zählt 65 Nummern, von denen sich die meisten — etwa zwei Drittel — schon bei Glaser und Ḥabšūš finden. 20 Texte sind neu. Hierzu kommen drei Texte des Ḥabšūš (C I 68, 228 und MM 59) und Gl. B. 866 = C I 227, so daß wir im ganzen 99 Nummern erhalten.[2])

Dieser Bestand vermehrt sich aber noch durch die Inschriften aus dem benachbarten Bait Ġufr und el-ʿIrrēn.

Schon Glaser hörte in Bait Ġufr, daß die von ihm dort gefundenen Inschriften sämtlich aus Ḥāz stammten, und den Herren Rathjens und v. Wissmann wurde von den Einwohnern von Ḥāz erzählt, daß die alten Inschriftensteine in beiden Orten aus dem Ruinenfelde von el-ʿIrrēn verschleppt seien.

Daß diese lokale Tradition nicht aus der Luft gegriffen ist, läßt sich an einem sicheren Beispiele erweisen.

Die Inschrift C I 172, die Ḥabšūš und Glaser in Ḥāz kopierten, ist die linke Hälfte von C I 241, die Glaser in Bait Ġufr fand:

C I 172		C I 241	
|| יהחמד | בנו | בתע | אבעל	(zwei	.... | ואחיהו | אשדם | יע]נם | ובניהמו | שרחם	1
ז | ב[ע]תתר | והבש | ובאל	Mono-	.... | והותרן | והש]קרן | מסוד | ביתהמו | עיל	2
מו | בעלת | מיפע | ברדא | ו	gramme)	מקה | ו........ | ובמנצ]חהמו | בע[ל] | וכלם | ובשמשה	3
מ[לכ]י | שבא | ודרידן | ושעבהמו		מקם | מראיהמו | א]לשרח | יחצב | ויאזל | בין	4

---

[1]) Ein *Ḥiṣn* Ġufr nennt Jāqūt III S. 807 l. Z., ebenso *Tāǧ* III S. 453_{14}. Es lag aber im Bezirk von Abjan.

[2]) Die Abschriften des Ḥabšūš hat Glaser seiner eigenen Sammlung unter Nr. 50—78 einverleibt. Nach Angabe von Ḥabšūš sollten sich die Originale der ersten 19 oder 20 Nummern, also Nr. 50—68 bezw. 69 in Ḥāz, drei — Nr. 72 = C I 230, Nr. 73 = C I 4, Nr. 74 = C I 11 — in Ṣanʿā, Nr. 76 = C I 107 in Kaukabān, Nr. 77 = C I 231 und 78 = C I 126 in Šibām befinden. Damit verhält es sich so, daß die Nummern 50—67, ausgenommen Nr. 53, 55 und 61, von Glaser und RW in Ḥāz wieder aufgefunden sind. Von diesen kommt Nr. 55 = C I 229 nicht in Betracht, s. zu MM 60; Nr. 61 = C I 68 gelangte 1880 ins Stambuler Museum. Nr. 68—70 = C I 99 kopierte Glaser in ʿAmrān, 73 und 74 = C I 4 u. 9 in Ṣanʿā, 76 = C I 107 in Kaukabān, 78 = C I 126 in Šibām. Somit erweisen sich die Angaben von Ḥabšūš mit einer einzigen Ausnahme als zuverlässig, und wir dürfen ihm auch bezüglich Nr. 61 = C I 68, 72 = C I 230 und 77 = C I 231 Glauben schenken. Jedenfalls sind die beiden Nummern 230 und 231 des C I aus der Zahl der Inschriften von Ḥāz zu streichen, dagegen C I 68 diesen hinzuzufügen.

C I 241 Z. 1) *[. . . . und sein Bruder Asad*^{m} *Jaǵ]num und ihr Sohn Šarḥ*^{m} (C I 172) Z. 1) *Juhaḥmid, banū Bataʿ, Herren* (C I 241, 2) *[des bait . . . . haben fundamentiert und vol]lendet das maśwad ihres Hauses Ġailā* (172, 2) *n mit [ʿA]ṯtar und Hobas und mit Al* (241, 3) *[maqah und mit . . . . und mit] ihrem [Manḍa]ḥ, dem Herr[n] von Wakal*^{m}, *und mit ihrer Šams* (172, 3), *der Herrin von Maifaʿ, mit der Hilfe und* (241, 4) *[Macht ihrer beiden Herrscher Ī]lšaraḥ Jaḥḍib und Jaʾzil Baijin, der beiden Kö[nige] von* (172, 4) *Saba und von ḏū Raidān, und mit ihrem Stamme*[1]).

Ein zweites Beispiel bieten die beiden Fragmente C I 225 (aus Ḥāz) und 255 (aus Bait Ġufr), s. zu MM 39. Ob die vollständigen Inschriften ursprünglich in Ḥāz oder in Bait Ġufr zu Hause waren oder ob die erhaltenen Stücke von el-ʿIrrēn verschleppt sind, wird sich kaum feststellen lassen. Die gleiche Unsicherheit besteht bei den andern Inschriften von Bait Ġufr.

Aus dem aber, was Rathjens und v. Wissmann über die sonstigen alten Überreste von Ḥāz mitteilen, und aus der Notiz von Hamdānī ist zu schließen, daß Ḥāz der bedeutendste der drei Orte war. In el-ʿIrrēn sind nur ganz wenige und unbedeutende Inschriften zutage gekommen (C I 232—234), und man kann nicht gut annehmen, die Ruinen seien so vollständig ausgeplündert worden, daß nicht mehr übrig geblieben ist. Vielleicht stand dort ein Heiligtum des Almaqah (s. weiter unten) und bildete den Kern einer kleineren Siedelung.

Wir dürfen daher bis auf weiteres die 41 Inschriften von Bait Ġufr den 99 Inschriften von Ḥāz zuzählen, so daß die Epigraphik von Ḥāz die stattliche Ziffer von 140 Nummern aufweist. Allerdings finden sich darunter nur wenige vollständige und längere Texte. Auch solche aus älterer Zeit, wie MM 77, 78 (Ḥāz), C I 235 und 247 = MM 121 (Bait Ġufr) sind nur spärlich gesät — also *multa non multum.* Die Mehrzahl dürfte der Epoche der Hamdāniden, dem zweiten und dritten nachchristlichen Jahrhundert, angehören.

Inhaltlich zerfallen die Inschriften in Bau- und Votivinschriften. Aus Ḥāz stammen 76 Bruchstücke von Bauinschriften und 20 mehr oder minder vollständige Votivinschriften, aus Bait Ġufr 29 Bau- und 9 Votivinschriften. Dazu kommen noch aus beiden Orten einige Texte verschiedenen Inhalts oder solche, deren Inhalt vorläufig nicht zu bestimmen ist (MM 76—78; C I 255, 262, 263).

Die Bauinschriften liegen uns nur in Fragmenten von ein bis drei Zeilen vor,

---

[1]) Die Zusammengehörigkeit der beiden Stücke ist im C I verkannt worden. Nach Glasers Zeichnung ist das Fragment C I 172 links vollständig. Die beiden Monogramme in der Mitte gehen von Z. 1—3 durch. Das Monogramm links ist wohl יעמר zu lesen, von dem rechts sind nur die Zeichen ח̄ und ר zu erkennen. Die Ergänzung der Zeilenanfänge von C I 241 ist unsicher. Die Lücken zu Anfang von Z. 3 u. 4 werden mit 9 bis 10 Zeichen ausgefüllt. Z. 1 und 2 aber kommen wir mit dieser Zahl nicht aus. Zur Ergänzung des Anfanges von Z. 1 vgl. zu MM 98.

und wenn es gelingen sollte, die Zusammengehörigkeit einzelner Stücke festzustellen, so würde die Zahl der Bauinschriften erheblich zusammenschrumpfen.

An profanen Bauten werden erwähnt die Befestigung einer Niederlassung, מוטן, MM 64, und der Aufbau der Stadt, הגר, MM 101, besonders häufig aber die Erbauung von *Häusern* בית, C I 154, 186, 216; MM 31, 32, 42, 57 + 58 + 59, 95, 97, 108 und von dazugehörigen Gebäuden, wie מסוד, *Rathäusern*, C I 172 + 241 und *maḏqanat* MM 32 (s. daselbst) und 65. Unter den *Häusern* werden wir wohl in erster Linie die festen Schlösser der größeren Familien zu verstehen haben, gelegentlich mag aber damit auch ein Heiligtum gemeint sein, wie mit den Häusern נעמן C I 154, רחבן MM 95 und שצרם MM 108[1]).

Zu beachten ist das *Haus des Qail* MM 116 (das sieht wie ein Amtsgebäude aus) und die dem ʻAṯtar gewidmete *naṭʻat* MM 33 + 34 (über die Bedeutung s. zu MM 26).

Jedes *bait* führt einen eigenen Namen. In den Namen, die Imperfektform zeigen, wie ירם (Name des בית | קילן MM 116; dagegen fem. תרם von der *maḏqanat* MM 32) und יחצר MM 57 + 58 + 59 tritt die appellative Bedeutung besonders klar hervor.

Seltener sind die Sakralbauten: MM 75 ein Tempel, *maḥram*, und Opferstein, *maqāf*, der Šams.

Die Votivinschriften sind vornehmlich dem Ta'lab gewidmet, dem Schutzpatron, שים, der Bataʻiden, die ihren Sitz in Ḥāz und Umgegend hatten (MM 80—89, C I 174, 187, 220, 222, 239). Seinem Schutze werden neben und vor den andern Gottheiten die „mit seinem Beistande" errichteten Bauten anempfohlen. Hier wird er speziell als der *Herr von Šaṣar*^{m} verehrt.

Neben Ta'lab nimmt der altsabäische Mondgott Almaqah eine bescheidene Stellung ein: er hat nur zwei Votivinschriften aufzuweisen (MM 79 u. C I 240). Sonst erscheint er noch gelegentlich in den traditionellen Anrufungen (MM 34, C I 155, 172 + 241).

Seine Gefährtin, die Šams, hatte als Herrin von Ġaimān einen Tempel (MM 75); daneben wird sie in der Inschrift C I 172 + 241 als Herrin von Maifaʻ angerufen und behauptet sich auch sonst in den Anrufungsformeln der Bauinschriften neben Ta'lab, ʻAṯtar und andern Gottheiten (MM 31, 68, C I 171, 219 + 223).

Dem ʻAṯtar Šāriqān wird MM 33 + 34, wie eben erwähnt, eine *naṭʻat* erbaut. Sonst erscheint er nur in Anrufungen wie auch die Ḏāt Ḥimaj und Ḏāt Baʻdān und der altertümliche Haubas (C I 155, 172).

---

1) In dem Ausdruck מחטר | אביתהמו | ואשעבהמו MM 33 „die *maḫāṭir* ihrer Häuser und Stämme" bezeichnet אבית offensichtlich nicht die Schlösser oder Tempel, sondern die Insassen der *Häuser*, die Sippen als Bestandteile der Stämme. Ebenso C I 174_2f.: עדי | כל | ארצת | ואשרר | ומשימת | אבי[תה]מו | ואשעבהמו *auf allen den Ländern, Talgründen und Gebieten ihrer Häuser und Stämme.*

Zu bemerken ist die dem Nasr geweihte Inschrift C I 189. Zweifelhaft ist das Vorkommen des Qainān (MM 90), noch zweifelhafter das des Rāmān MM 74.

Der alte Name von Ḥāz liegt inschriftlich in der Form חוים MM 41 und wahrscheinlich auch MM 32 vor, was wohl arabischem حاز entspricht. Der Ort wird als הגר bezeichnet. Dieser Ausdruck deutet darauf hin, daß Ḥāz, wie noch heute, mit einer Mauer umgeben war. Der alte Name von Bait Ǵufr entgeht uns, mit der MM 91 vorkommenden Sippe עפרם wird er nichts zu tun haben. Dagegen dürfen wir den alten Namen von el-ʿIrrēn mit Wahrscheinlichkeit in dem דבהגרן | ערן *das in der Stadt ʿIrrān* MM 97 (aus Bait Ǵufr) und in ערן | דנעמן C I 240 (Bait Ǵufr) und MM 76_4 (Ḥāz) erkennen[1]).

Ḥāz, Bait Ǵufr und Ḥuqqa waren das Gebiet der mächtigen Sippe der banū Bataʿ und ihres Schutzpatrons, des Ta'lab von Šaṣar^{m} und von Qadmān ḏū Damhān. Die Bewohner bildeten den Drittelstamm Sumʿaj-Ḥumlān, und die Bataʿiden waren die Qaile dieses Stammes[2]). Diese werden daher von den andern Sippen als die Gebieter, מרא, bezeichnet. Die Bauwerke kommen mit ihrer Hilfe und mit Hilfe der Gottheiten zustande, und wie diese werden sie angerufen, ihre Gunst wird von der Gottheit erbeten. Sich selbst nennen die kleineren Sippen bescheiden die אדם, *Klienten*, der banū Bataʿ. Diese sind die Herren, אבעל, des „Hauses" und der Stadt (C I 172, 189, 202 = MM 36, C I 242 = MM 95). Sie haben als solche einen מקתוי, مقتوى, C I 226, ebenso wie ihr Zweig, die banū Hamdān, C I 287 Z. 10 u. 14. Ihrerseits bekennen sie sich als Untergebene der Könige von Saba (vgl. MM 86 Z. 13 אמלך | שבא), bezw. der Könige von Saba und von ḏū Raidān[3]).

---

[1]) Vgl. die Ortsnamen ערן | דאלן C I 80_9 (daneben ערן | אלן C I 74_4, 126_3 und $_{16}$) und ערן | דמדרם MM 152. Der Zusatz דנעמן, דאלן und דמדרם dient dazu die verschiedenen Orte des Namens ערן voneinander zu unterscheiden.

[2]) בנו | בתע | אקול | שעבן | שמעי | תלתן | דחמלן C I 187, MM 106, 107, 117, dafür abgekürzt אקול | שעבן | שמעי MM 85 und C I 163. Die kürzere Fassung auch wohl in den Bruchstücken MM 60—62. Dieser Stamm dürfte auch unter dem „Stamm der Stadt Ḥāz" C I 224 Z. 3 und überall dort zu verstehen sein, wo von „ihrem — der Stifter der Inschrift — Stamme" die Rede ist (C I 190, 217, 222, 172 + 241). Nur einmal, MM 81 Z. 10, wird חמלן hinzugefügt. Die Stifter des Tempels der Šams, MM 75, bezeichnen sich als banū Huzam ḏū Ḥumlān (vgl. auch MM 32), bei andern Sippennamen fehlt dieser Zusatz. Der Stamm Ḥumlān wird außerdem noch in den erzählenden Teilen von Inschriften erwähnt (C I 155_5, 195_7 = MM 86_9, Gl. B. 825 = C I 334), wo von den Kämpfen der Hamdāniden-Periode die Rede ist. Hamdānī *Ǧazīrat* S. 106_{22} kennt das Miḫlāf Maʾḏin waḪumlān, und MM 77 finden wir die Maʾḏin in einer Inschrift von Ḥāz.

[3]) Aus den Inschriften lernen wir folgende Bataʿiden kennen: Bāriq^{m} und Ḍaraḫʾīl Jaḥḏul MM 46, 89 — Haufʿaṯt MM 95_3 — Liḥaijʿaṯt Aukan C I 130 — Marṯadʾīlān Asʿad ebda. — Našaʾkarib Autar C I 342 — Našaʾkarib Jazʾan C I 154, 187, MM 83_6, 105, 125_3 — Našaʾkarib Nahfān Jaǧʿur C I 158, MM 34 — Rabbšams^{m} Nimrān C I 164 = MM 82_6 — Radm^{m} Jarḫub

Von sabäischen Herrschern kommen in unseren Inschriften vor: 1. Watār[m] Juha'min C I 258; 2. Ḏamar['alī ...... MM 35; 3. Anmār[m] Juha'min, König von Saba, Sohn des Wahb'īl MM 86 und 120; 4. das Brüderpaar Īlšaraḥ Jaḥḍib und Ja'zil Baijin, Könige von Saba und von ḏū Raidān C I 172 + 241, MM 98, 110, dagegen keiner aus der Hamdānidendynastie, wie 'Alhān Nahfān, Šā'ir[m] Autar, Jarīm Aiman. Das dürfte schwerlich Zufall sein.

Die banū Bata' waHamdān, von denen verschiedene die Herrschaft über Saba und ḏū Raidān erlangten, sind ein Ableger der Bata'iden von Ḥāz und Umgegend. Wie jene über den Drittelstamm Sum'aj-Ḥumlān, so geboten diese über den Drittelstamm Sum'aj-Ḥāšid[m], s. Gl. 1359/60 = C I 315. Ihr Zentrum

---

C I 242 = MM 95 — Rijāb'īlān Jamğud C I 130 — Sa'd'aum Nimrān C I 226 — Suḫmān Juhaṣbiḥ MM 31, 32 — Šarḥ[m] Juhaḥmid C I 172 + 241 (s. oben S. 60) — Šarḥ[m] Ġailān MM 117 — Šarḥ[m] (Beiname fehlt) C I 158 — Šaraḥ'īl CI 571 — Šaraḥ'aṯt C I 222 — Šarḥab'īl ... C I 130 — ..k]arib MM 37 — .... Juha'min C I 187. Man vergleiche hiermit die Liste der Bata'iden bei M. Hartmann *Ar. Fr.* S. 238ff. Aus ihr sind zu streichen: 1. die Namen der Bata'iden, die sich als banū Bata' wa Hamdān bezeichnen. Sie gehören nicht hierher; 2. der angebliche Bata'ide Sa'dta'lab Juhaṯīb aus C I 208 = MM 33. Er gehört der Sippe Sumai'[m] an, s. MM 124; 3. „Sumhu'alā und Iaṯa''amr, Sippe Bata'" aus Hal. 596 = C I 368. Diese Inschrift lautet: (1) ע]מאמר | בן | אב (2) אמר | ד̄יברן | מ (3) וד |
שמהעלי | וי (4) ת̄עאמר | בני | בת (5) הו | מרדעם | בגנא| (6) הגרן | מניתם | ליתׄעאמר | " "
d.i. (1) 'Ammī'amar b. Abī (2) 'amar von Jabrīn, (3) Freund des Sumhu'alī und Ja (4)ṯī'-'amar, erbaute sein Haus (5) M-r-d-'[m] in der Umwallung (6) der Stadt Manījat[m] dem Jaṯī''amar usw. Hartmann verwechselte wie anderwärts (siehe zu MM 155) auch hier בני = بَنَى mit בני = بَنِى und emendierte dann בתהו in בתע!, wodurch die beiden Makrab Sumhu'alī und Jaṯī''amar zu simplen Bata'iden wurden. Daß damit der Rest der Inschrift unverständlich wurde, hat ihn nicht sonderlich gekümmert, er hat ihn S. 268 kurzweg unterdrückt! Umgekehrt sind die vier Bata'iden aus C I 130 trotz Hartmanns Zweifel nicht zu beanstanden. C I 130 ist von Glaser in Šibām kopiert worden, wo die Bata'iden eigentlich nichts zu suchen haben. Die Inschrift lautet:

(1) לחיעתׄת | אוכן | ובניהו | מרתׄד]אלן | א (2) ש]עד | ו<ע>ריבאלן | ימגד | ושרחבאל [] ....|
(3) ב]נו | בתע | וד̄]ו]כבת | וד̄ארפם | ב ......

Da die Schrift erhaben ist — diese Angabe Glasers ist im C I weggelassen —, liegt gewiß eine Bauinschrift vor, und das ב am Ende von Z. 3 wird der Anfang von ב]ראו oder ב]ניו sein, nicht von ב]נו, wie Hartmann meinte; denn die beiden vorhergehenden Namen sind offensichtlich nicht Namen von Individuen, sondern bezeichnen zwei Sippen, die gemeinsam mit den banū Bata' den fraglichen Bau errichtet haben (vgl. die Bemerkungen zu MM 33). Das Vorkommen der banū Bata' in dem bakīlischen Šibām ist auffällig, aber das berechtigt uns noch nicht, mit Hartmann (*Ar. Fr.* S. 231 Anm. 3) die Lesung בתע und die Provenienzangabe Glasers in Zweifel zu ziehen. Im übrigen hat Hartmann wenige Seiten später (S. 238) seine Zweifel aufgegeben oder vergessen; denn er hat dort die vier Bata'iden von C I 130 unbeanstandet in seine Bata'idenliste aufgenommen. Die Namen werden von den Herausgebern des C I und Hartmann anders ergänzt und gelesen.

war Rijām mit dem Heiligtum des Ta'lab Ba'l Tur'at, und dort waren auch die 30 Exemplare der sogenannten Vertragstele aufgestellt. Im Bezirk von Ḥāz begegnen wir weder den banū Bata' waHamdān noch den Königen der Hamdānidendynastie noch auch ihrem Schutzpatron, dem Ta'lab von Tur'at[1]).

Sie haben sich mit den Bata'iden von Sum'aj-Ḫumlān und den Suḫaimiern von Sum'aj-Hağar[m] in das Gebiet des ehemaligen Königreichs Sum'aj geteilt und sind dann ihre eigenen Wege gegangen, die sie dann zur Herrschaft über Saba und ḏū Raidān führten[2]).

Neben den banū Bata' erscheinen in den Inschriften von Ḥāz noch eine Anzahl anderer Sippen, ראין MM 30, ד̄רמהן MM 83, הזם MM 75, זהרם (s. zu MM 81), סנחן C I 154, שקרן (s. zu MM 49).

Nicht nach Ḥāz gehören die Dedikanten der beiden Inschriften MM 33 + 34 und C I 220. Es handelt sich in beiden um Votivinschriften, die von auswärtigen Sippen und Stämmen zum Andenken an gemeinsame Kriegszüge in Ḥāz errichtet worden sind.

* * *

An die Epigraphik von Ḥāz-Bait Ġufr haben wir die Inschriften des benachbarten Ḥuqqa angeschlossen, die auch inhaltlich demselben Kreise angehören, wenn sie auch eine gewisse lokale Farbe tragen. Auch in Ḥuqqa herrschen die Bata'iden (s. Nr. 124—127), wir treffen auch dort die den Sum'aj affilierten Ḫumlān und Jarsum (s. Nr. 124, 138), und auf nähere Beziehungen zu Ḥāz weist der Umstand, daß Sa'dta'lab Juhaṯīb aus der in Ḥuqqa ansässigen Sippe der banū Sumai'[m] gleichzeitig in beiden Orten Baulichkeiten stiftet (MM 33 + 34 und 62, wahrscheinlich auch 92 aus Ḥāz und 124 aus Ḥuqqa). Ebenso auffällig ist die fast wörtliche Übereinstimmung der beiden Bauinschriften C I 154 (Ḥāz) und MM 125 (Ḥuqqa).

Endlich hat Ḥuqqa mit Ḥāz und Bait Ġufr gemeinsam den Kult des Ta'lab. Charakteristisch hierfür ist, daß er in den Inschriften MM 125 und 126 + 127 sowie in den Graffiti MM 140—143 allein angerufen wird.

Eine Besonderheit von Ḥuqqa ist der Kult der (Sonnengottheit) Ḏāt Ba'dān[m].

---

[1]) Allerdings soll Gl. B. 872, eine der vielen Repliken der sog. Vertragstele C I 308 und zwar der kürzeren Rezension, nach Glasers Angabe aus Ḥuqqa stammen. Glaser hat Ḥuqqa nicht besucht, seine Angabe beruht daher wohl auf den Angaben derjenigen, die ihm den Stein verschafft haben.

[2]) Die Existenz der Könige von Sum'aj ergibt sich aus der alten Inschrift C I 37. — Über Sum'aj hat sich auch M. Hartmann *Ar. Fr.* S. 389ff. verbreitet, ohne das schon damals vorhandene Material zu erschöpfen (er übersah z. B. Miles V [= C I 642]). Es erübrigt sich auf seine Ausführungen einzugehen.

Ḥāz.

30.

RW 128. 0.22 × 0.50; Buchstabenhöhe der ersten drei Zeilen 0.06 = C I 194 (= Gl. 178).

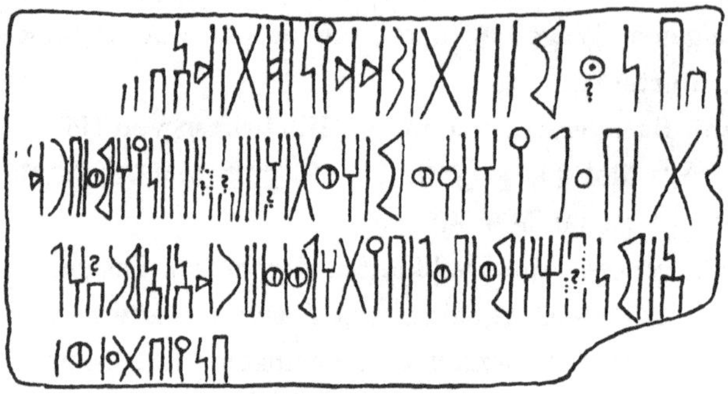

RW

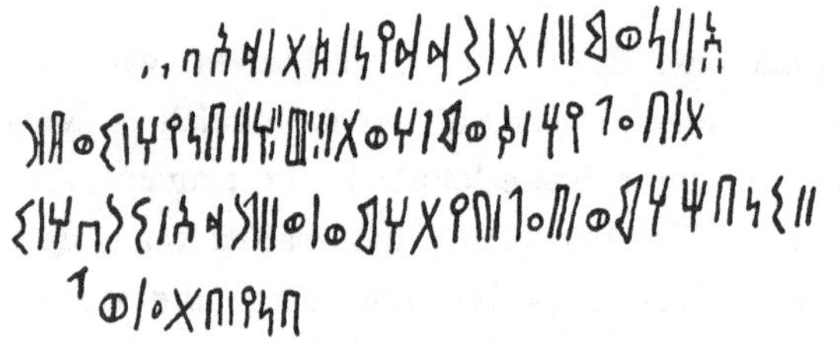

Gl.

1 אבנעם | בת | שדדין | דׄת | דא]ין | ....

2 ת | בעליה | קום | הות | [חׄ]טׄ[בן] | [לׄ]בניהמו | ברד[א | ....

3 א | מנ[צׄ]חהמו | בעל | ביתהמו | וב | רדא | אמר[א]המ[ו | ....

4 בני | בתע | ו[ב | רדא | שׄעבהמו |

Die Inschrift ist oben, rechts und unten vollständig. Aber links fehlt erheblich mehr als die Herausgeber des C I annehmen. Wenn die letzten Zeichen von Z. 2 an das erste Zeichen von Z. 3 anzuschließen scheinen, so täuscht das. Die 4. Zeile in kleineren Buchstaben war in die Mitte des Steines gerückt.

Z. 1. enthält die Eingangsworte der Inschrift mit dem Namen der Stifterin: *Abīnaʿam bi(n)t Šaddādījān, von* (der Familie) *Da'jān.* Man vergleiche dieselbe Ausdrucksweise C I 85 (ʿAmrāntafel): אב[מ]לׄך | דׄת | מרתׄדם | בנת | עננן *Abī[ma]lik, von* (der Familie) *Marṯad^{m}, bint ʿAnanān;* C I 92 (ebenfalls ʿAmrāntafel): חלׄכם | דׄת | בני | עבדם | דׄרותן | בנת | בן | דאין *Ḥalkam, von* (der Familie) *banū ʿAbd^{m} von Rautān, bint b. Da'jān.*

Mit *bint* wird die durch Geburt, mit *ḏāt* die durch Heirat begründete Zugehörigkeit zu einer Familie bezeichnet[1]). Anderwärts fällt die erste Angabe weg, und es wird nur die durch Heirat erworbene Familienangehörigkeit bezeichnet, so C I 95_2, 289_9, 422, 442, 544. Die Stelle C I 544 ist hierfür besonders charakteristisch: יצבח | ארים | בן | מוקצם | ואתתהו | כרבת | דת | מוקצם Jaṣbaḥ Arjam aus der Familie Mauqaṣ[m] hatte zur Frau die Karībat, die aus einer andern Familie stammte und durch die Heirat ḏāt Mauqaṣ[m] wurde. Der gleiche Fall liegt C I 19 vor: der Mann, [Ṣ]abāḥ[m], wird als ein b. Sumai'[m], seine Ehefrau, Maǧdlāt, als eine ḏāt Sumai'[m] bezeichnet.

Der Name אבנעם gehört zu den besonders im Sabäischen zahlreichen mit אב zusammengesetzten weiblichen Eigennamen, der zweite Teil erscheint auch in den Namen נעמגד C I 330, 581 (vgl. punisch *Giddeneme*) und נעמוד C I 581.

In שדדין und דא]ין] werden wir nach den angeführten Parallelstellen Sippennamen zu erblicken haben. Die Ergänzung des zweiten Namens dürfte nicht zu bezweifeln sein, s. oben zu MM 29 Z. 7. Ein Stamm שדדם wird C I 326 Z. 1 erwähnt. Hamdānī *Ǧazīrat* S. 95 kennt die banū Šaddād. Heutzutage heißt so ein Stamm von Ḫaulān in dem unabhängigen Gebiet s. ö. von Ṣan'ā, s. zu Gl. B. 826 Z. 1. Bekannt ist der mythische Šaddād, Sohn des 'Ād, der südarabischen Sage (v. Kremer *SS* S. 19, 33), wofür Nešwān in seiner Qaṣīda vs. 26 und im *Šams* شدّد schreibt. שדדין ist die regelmäßige Nisbebildung von שדדם. Der Ahnherr der Familie wird diesen Namen ursprünglich als *laqab* geführt haben, weil er dem Stamme Šaddād angehörte. Ebenso gebildet ist der Sippenname שקפין MM 171 B 1. Es liegt nahe, dasselbe für דאין anzunehmen, und tatsächlich hat man in der großen Dammbauinschrift Gl. 618 = C I 541 Z. 12 und 50, sowie Gl. 554 = C I 540 Z. 66 einen Stamm דא finden wollen und davon דאין abgeleitet, s. Hartmann *Ar. Fr.* S. 362. Aber Praetorius *ZDMG* LIII S. 13 und 16 hat in דא die Negation لا erkannt[2]) und damit den Stamm Da' beseitigt. דאין wird daher wohl eine Form فَعْلَان sein.

---

[1]) Das hat auch M. Hartmann *Ar. Fr.* S. 220f. aus C I 85, 92 und 289_9 erschlossen. Nur vergaß er dabei zu erwähnen, daß dies bereits in den *Sab. Denkm.* auf Grund derselben Stellen und mit denselben Worten gesagt war. Hartmann sieht in ḏū, ḏāt Adelsprädikate und übersetzt *Baron, Baronin, Baronesse*! Das ist geeignet, ganz falsche Vorstellungen von der Struktur der sabäischen Gesellschaft zu erwecken. Von diesen und ähnlichen, mitunter recht phantasiereichen Ausführungen gilt das, was Hill in der Vorrede zu seinem *Catalogue of the Greek coins of Arabia* S. XLV im Allgemeinen über das Buch von Hartmann sagt: ... *is written from the political and sociological rather them from the historical standpoint.*

[2]) Praetorius hätte für seine Deutung das von b. Hišām überlieferte Musnad anführen können, in dem die Worte فدو سه mit فلم تجد glossiert werden, s. *ZDMG* XLIV S. 192. Die Angabe von b. Hišām wird bestätigt durch die Anekdote in Bahā ed-dīn al-

Der Anfang von Z. 2: ת | בעליה | קום | הות | חטבן | entzieht sich vorläufig der sicheren Ergänzung und Deutung. Er klingt an die Worte im Fragment Gl. B. 886 = C I 427 an: . . . ארפן | הושעת | בעלה | נשאכר]ב | . . . . Aber es wird dadurch kaum etwas gewonnen, denn auch diese Worte sind nicht zu erklären.

בעליה kann بعليها sein, *ihre beiden Herren*, wie בעלה im CI = بعلها als *ihr Herr* gedeutet worden ist. An sich aber könnte auch die Präposition בעלי = بعلى darin stecken.

Analog dem נשאכרב der Parallelstelle möchte man in dem folgenden קום einen EN sehen, und tatsächlich kommt ein solcher Hal. 202 in einer minäischen Inschrift vor. Aber im Sabäischen lautet er קומם (C I 496_2), und das Fehlen der Mimation macht bedenklich.

Eine frühsabäische Bustrophedon-Inschrift der Berliner Sammlung VA 5347 lautet:

(1) נבטאל | בן | צבחן | ע (2) שיי (so!) | ובני | וקני | ק (3) ום | משבאהו |
בעתתר | וב (4) הובש | וב | אלמקה | ו (5) ב | שמהעלי | דרח |

Nabaṭ'il b. Ṣabḥān hat gepachtet (?), gebaut und erworben das q-w-m seines Kanals. Mit 'Aṯtar, Haubas, Almaqah und Sumhu'alī Ḏirrīḥ!

Über die Bedeutung von משבא s. Rhodokanakis *St.* I S. 8, II S. 112f., 115, über עשי ebenda II S. 27.

Dieser Text läßt darauf schließen, daß קום einen Teil von einer Wasserbauanlage bezeichnet.

הות | חטבן: הות ist sicher überliefert; חטבן, wofür im C I מקטרן vorgeschlagen wird, entspricht den von Glaser und Rathjens gelesenen Zeichen und wird durch das Vorkommen des Wortes חטב in bautechnischer Bedeutung in andern Inschriften gestützt. Den von Rhodokanakis *KT* I S. 92 gesammelten Belegen wären noch die Stellen Hal. 154_{11}, $_{13}$ (אחטבהו) und evtl. 416_2 hinzuzufügen.

Das Demonstrativpronomen הות weist darauf hin, daß das als Gegenstand des Baues bezeichnete חטב schon vorher genannt war und somit am Ende der ersten Zeile ein längerer Satz verloren gegangen ist. Keinesfalls kann man die Lücke zwischen Z. 1 u. 2 mit dem Verbum הקנית ausfüllen, ganz abgesehen davon, daß dieses wohl zu מקטרן, nicht aber zu dem חטבן der Abschriften passen würde.

Ende Z. 2 beginnt die Aufzählung der Gottheiten, die den Bau gefördert haben. Im C I wird angenommen, daß Z. 2 ohne Lücke an Z. 3 anschließt. Dann wäre

---

Ğanadī's Geschichte der Qarmaten im Jemen, S. ١٤٧ des Textes in Kay's *Yaman. Its early mediaeval history*, wo die Worte دو بدّ من ذى حكم الامير mit لا بدّ من الذى حكم الامير glossiert werden, mit dem Hinzufügen: دو بالدال المهملة فى لغة بعض اليمانيين بمعنى لا.

nur eine Gottheit, der Manḍaḥ, aufgeführt. Das wäre sehr auffällig, zumal der Manḍaḥ zu den *di minorum gentium* gehört. Es ist vielmehr anzunehmen, daß dieser, wie es auch sonst meist der Fall ist, als letzter genannt war und ein oder mehrere Götternamen vorausgingen.

(Z. 3.) Als Schutzgötter des oder der „Häuser“ der Weihenden werden die מנצ̇חת, die *dei aquarii* der Sabäer (C I), auch noch C I 40 und 569 bezeichnet. — Die Lesungen des C I לבניה | מוהבם Z. 2 und מראהמו Z. 3 erledigen sich durch die neue Abschrift.

Die Namen der Bata'iden, die zum Schluß der Zeile genannt waren, sind nicht zu erraten.

Die vierte Zeile wird im C I zu בני | בתע | והמדן ergänzt. Das ist nicht angängig, weil der Hamdānidenzweig der banū Bata' nicht ins Gebiet von Ḥāz gehört. Die von uns vorgeschlagene Ergänzung beruht auf C I 46 Z. 6 und 224 Z. 3.

31.

RW 121. 0.25 × 0.90 = C I 153 (= Gl. 136).

RW

1 רבשמשם | אשוע | ובניהו | שעדאום | יענם | ורת̱ד .... [ב
2 יתהמו | בכרם | ברדא | ומקם | מראהמו | שח̇מן | יהצבח] | בן | בתע | ..... ורת̱דו | בי
3 תהמו | עתתרשרקן | ושימהמו | תאלב | רימם | ומ [נצ̇ההמו | ....

(1) *Rabbšams*^{m} *Ašwa' und seine Söhne, Sa'd'aum Jaǵnum und Raṯad* .....
[haben erbaut ihr H] (2) *aus B-k-r*^{m} *mit der Hilfe und mit der Macht ihres Gebieters Suḥmān Juhaṣbiḥ [b. Bata'* .... *und sie stellten ihr Hau]* (3) *s unter den Schutz des 'Aṯtaršāriqān und ihres Schutzpatrons Ta'lab Rijām*^{m} *und ihres M[anḍaḥ. . . . .]*

Im C I ist nur der nicht gelungene Abklatsch Glasers benutzt worden. Dieser ist aber nur mit Hilfe von Glasers Abschrift zu entziffern, die im C I nicht reproduziert ist. Die Zeichnung RW enthält mehrere Fehler, doch berichtigt sie die

Vorlagen des CI in einigen Kleinigkeiten. Die vorstehende Umschrift beruht auf dem Abk'atsche und der Abschrift Glasers und auf der Zeichnung RW[1]). Der Stein ist links abgebrochen, sonst vollständig. Links aber fehlt bedeutend mehr, als die Ergänzungen des C I voraussetzen. In der Lücke zwischen Z. 1 und 2 standen außer einem oder mehreren Verben wie בנין bezw. בראו | והותרן | והשקרן noch die Angabe der Familienangehörigkeit der Stifter, banū ....., vielleicht noch mit dem Zusatze אדם | בני | בתע, und eventuell die Namen weiterer Söhne des Rabbšamš m. Am Ende von Z. 2 scheint auf den ersten Blick außer בן | בתע und dem Verbum רתדן nichts zu fehlen. Dementsprechend wurde im C I angenommen, daß Z. 3 mit מ]נצחהמן abschloß. Doch macht ein Vergleich mit der im Stil sehr ähnlichen Inschrift MM 32 es sehr wahrscheinlich, daß neben dem Bata'iden, dem Gebieter der Stifter, auch noch der Stamm als Förderer des Baues erwähnt war, also etwa ובן | רדא | שעבהמו. Wir gelangen hierdurch zu einer gleichen Zeilenlänge, wie sie für Z. 1 vorauszusetzen ist und dürfen ferner vermuten, daß Z. 3 auf מ]נצחהמן noch ein Epitheton wie בעל | וכלם (vgl. zu MM 36) oder die Erwähnung der Šams oder endlich ein Zusatz wie בן | באשתם | ונכיתם folgte, wenn nicht überhaupt die Schlußzeile kürzer war.

Zum Kommentar des C I wäre noch zu bemerken, daß die Ergänzung des EN am Schluß der ersten Zeile zu רתד]אל nicht wahrscheinlich ist, da Raṯad'īl bisher nur im Minäischen nachweisbar ist, eher רתד]אום, רתד]רימן oder רתד]תון.

Dem b. Bata' Suḫmān Juhaṣbiḥ begegnen wir auch in der folgenden Inschrift.

32.

RW 133. Buchstabenhöhe ca. 0.02 = C I 224 (= Gl. 208).

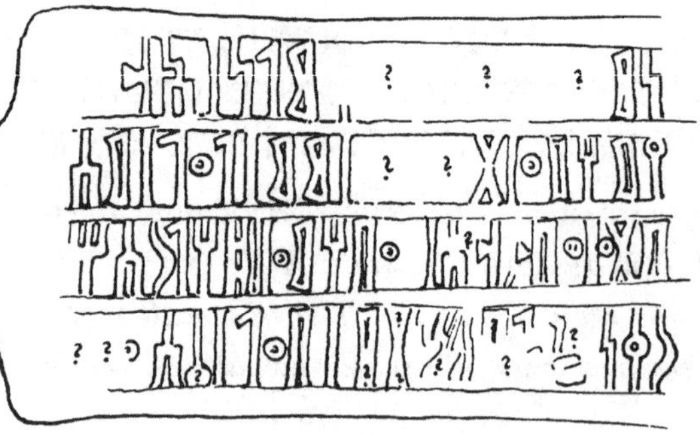

RW

[1]) In der 2. Zeile haben RW versehentlich fünf Zeichen übersprungen.

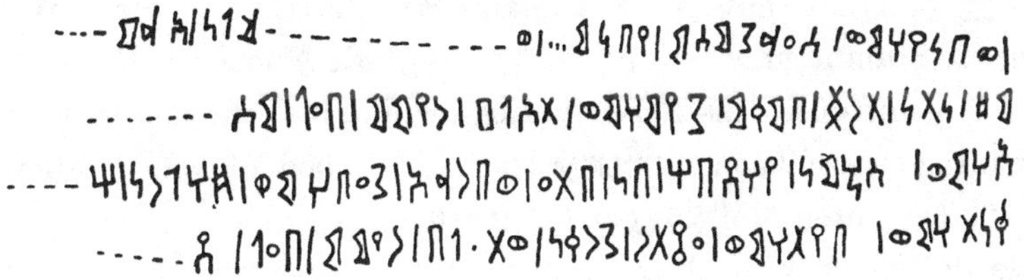

Gl.

In der vorliegenden Zeichnung erscheint nur die linke Hälfte der Glaserschen Abschrift. Der Stein ist, seit Glaser ihn sah, rechts eingemauert worden, aber auch vorher enthielt er nur die Hälfte der ganzen Inschrift. Er ist oben und unten vollständig. Rechts ist der Anfang der Inschrift verloren gegangen, links scheint weniger zu fehlen. Die nachfolgende Umschrift beruht auf beiden Abschriften.

1 .... | ובניהמו | שעדשמשם | יגׄנם ... | ו[........ | ד̄ח]מלן | אדם [| בני | בתע

2 ביתן | ...... ו]מד̄[ק]נתן | תרס | במקם | שימהמו | תאלב | רימם | בעל | [שצרם | ....

3 ......מר]אהמו | שחׄמן | יהצבח | בן | בתע | וברדא | שעבהמו | ד̄הגרן | ח]זים | ...ורת̄דו

4 ......מד̄]קנתהמו | [ו]ביתהמו | עת̄תר | שרקן | ות[א]לב | רימם | בעל | [ש]צ]רם .....

(1) .... *und ihre Söhne (ihr Sohn?), Sa'dšams*^{m} *Jagnum [........ ḏū Ḥu]mlān, Klienten [der banū Bata'*, (2) *haben erbaut ..... das Haus .... und die] maḏ[qa]nat Tariś mit der Macht ihres Schutzpatrons Ta'lab Rijām*^{m}, *Herrn [von Saṣar*^{m}, ... (3) .... *und mit Hilfe] ihres [Gebie]ters Suḥmān Juhasbiḥ b. Bata' und mit Hilfe ihres Stammes von der Stadt Ḥā[zj]*^{m} ...... *und sie stellten]* (4) *ihre [maḏ]qanat und ihr Haus unter den Schutz des 'Aṯtar Šāriqān und des Ta['*]*lab Rijām*^{m}, *Herrn von [Ša]ṣa[r*^{m}*]*.

Zu Anfang der Inschrift fehlen mindestens zwei Namen — Hauptnamen und Beinamen — und wir müssen dementsprechende Lücken für die folgenden Zeilen annehmen. Die Ergänzungen des C I reichen nicht aus, um sie auszufüllen. Vor der *maḏqanat Tariś* Anf. Z. 2 war wahrscheinlich noch das Z. 4 erwähnte *bait* genannt. Ebenso ergeben sich aus Parallelstellen verschiedene Möglichkeiten, um die Ergänzung der übrigen Lücken zu vervollständigen.

(Z. 1.) Die Lücke in der Mitte der Zeile ist in der Zeichnung RW kleiner ausgefallen als bei Glaser. Nach Glasers Abschrift hätten wir 15, nach RW nur 10—11 Zeichen zu ergänzen. Man ist zunächst geneigt anzunehmen, daß in der Lücke zwischen יגׄנם und ח]מלן ein zweiter Name und die Angabe der Familienangehörigkeit *[banū ..... ḏū] Ḥumlān* gestanden hat. Das reicht für 15 Zeichen aus. Aber בניהמו kann auch Singular sein, dann wäre die Lücke mit ד̄ח | ... [| בנ]ו |, also 11 Zeichen, ausgefüllt.

בנו | ח[מלן (C I) ist mit M. Hartmann *Ar. Fr.* S. 363 abzulehnen, denn Ḥumlān ist ein Stamm und der auf בן, בנו folgende Name ist da, wo nicht der leibliche Vater gemeint ist, als Bezeichnung der Familie aufzufassen[1]). Doch das von Hartmann vorgeschlagene אחמלן ist nicht unbedenklich, während דֿחמלן durch C I 180 (= unten MM 75) geschützt ist.

Am Ende der Zeile ist nach Z. 3 בני | בתע zu ergänzen, nicht בני | המדן.

(Z. 2.) Was für ein Bauwerk unter מדֿקנת zu verstehen ist, läßt sich aus den bis jetzt vorliegenden Parallelstellen nicht feststellen. In der großen Inschrift von Taʿizz *ZDMG* XXXIX S. 227 ff. [= C I 648] ist es mit מסוד *Rathaus* (s. zu MM 3) verbunden, in unserer Inschrift mit *bait* (vgl. MM 146a: כל | מדֿקן | אביתהמו *alle maḏāqin ihrer „Häuser"*) und führt einen eigenen Namen, wie gelegentlich ein *maśwad* (C I 41). Schon daraus dürfen wir schließen, daß es sich nicht um einen nebensächlichen Bauteil, sondern um ein selbständiges Bauwerk und zwar um ein profanes Bauwerk von einiger Bedeutung handelt. Auf einen solchen Bau passen auch die Ausdrücke השקר *unter Dach und Fach bringen* (MM 13) und בראו | והקשב *herstellen und erneuern* (Inschrift von Taʿizz) besser als auf einen einfachen Betplatz, wie Rhodokanakis *St.* II S. 34 übersetzt. — Übrigens ist das Wort sehr alt: es kommt bereits in dem Bustrophedon-Fragment *ZDMG* XXXIII S. 494 Nr. XI vor. Über דֿקן vgl. zu MM 161[2]).

33.

RW 127. 0.18 × 0.80; die dritte Zeile unleserlich = C I 203 (= Gl. 187).

RW

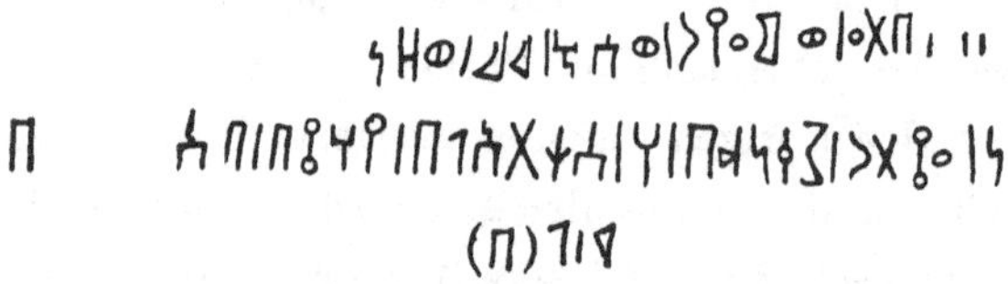

Gl.

[1]) Diese Erkenntnis ist durch M. Hartmanns Ausführungen in dem Abschnitte über die Sippen und Stämme in seiner *Ar. Fr.* S. 225—393 wesentlich gefördert worden. Aber das von ihm gesammelte Material bedarf einer gründlichen kritischen Sichtung.

[2]) Rhodokanakis, *St.* I S. 69, zitiert für מדֿקנת noch Gl. 1197, 1500 und 1628, aber ohne den Wortlaut mitzuteilen.

‎..... בנ[ו] | בתע | ומע ? ר | ושח[ני]מם | וד[נ]עמן | 1
‎..... ן | עתתר | ש[ר]קן | [ע]ב[ד]ה[ו] | ש[ע]דתאלב | יהתב | בש 2
‎........................ ם | ל 3

Der Stein ist, abgesehen von der abgestoßenen oberen Kante, oben und unten vollständig.

Die beiden Abschriften lassen erkennen, daß das Original in eng gedrängter Schrift ausgeführt ist, was die Lesung und Deutung namentlich der Reliefinschriften besonders erschwert. Insbesondere muß man damit rechnen, daß das Auge des Abschreibers die Zeichen für ן, ע und ר übersieht.

Die linke Fortsetzung ist, was man bisher nicht erkannt hat, erhalten im folgenden Fragmente:

34.

RW 114. 0.27 × 0.65 = C I 182 + 183 (= Gl. 166 + 167).

RW

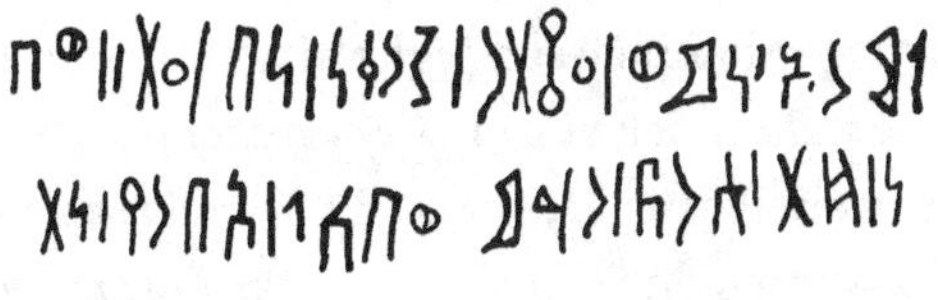

Gl. 166

Gl. 167

Gl. 166 enthält Z. 1 und 2, Gl. 167 die dritte Zeile von RW 114. Glaser hatte schon selbst vermutet, daß es sich bei seinen beiden Nummern 166 und 167 nicht um zwei, sondern um einen Stein handele. Diese Vermutung erweist sich durch die neue Abschrift als richtig.

Der Stein ist wie MM 33 rechts und links abgebrochen, dürfte aber oben und unten vollständig sein.

Aus den beiden Abschriften gewinnen wir folgenden Text:

1 למראהמו | עתׄתר | שרקן | נטעתן | ו ? . . .
2 . . ן | דׄת | ארץׄ | רדמ[ן] | ובכל | אברתׄ | אתמ[ות . . .
3 . . | ומׄחטר | [א]ביתהמו | ואשעבהמו

In Übersetzung lauten die beiden Fragmente 33 und 34:

(33_1) *[.. banū] Bata', und M..r und Suḫa[i]m^m und ḏū Na['mān* ..... (34_1) *haben erbaut] ihrem Herrn, dem 'Aṯtar Šāriqān, die naṭ'at und* ..... (33_2) *[zum Dank dafür, daß gerettet ha]t 'Aṯtar Šā[ri]qān seinen [K]ne[cht] Sa[']dta'lab Juhaṯīb in S* .... (34_2) *ān vom Lande Radmā[n] und in allen Kriegszügen ihrer Scharen* ... 33_3) *[mit* ......*] und* (34_3) *den Vornehmen ihrer „[H]äuser" und ihrer Stämme* ......

Wir haben also eine Bauinschrift vor uns, in der abweichend von dem Stile dieser Inschriften und ähnlich wie in den Votivinschriften, die Veranlassung des Baues erzählt wird[1]), nämlich die glückliche Heimkehr der in Z. 1 genannten Stifter von einem gemeinsamen Streifzuge in das Land Radmān. Ihr Anführer wird der Z. 2 erwähnte Sa'dta'lab Juhaṯīb gewesen sein. Ebenso dürfen wir für den Bau, auf den sich C I 137 bezieht, nach den erhaltenen Resten der Inschrift als Anlaß kriegerische Ereignisse vermuten.

(33 Z. 1.) Die Zeile enthielt die Namen der Bauherren. Zu Anfang ist [banū] Bata' klar. Vorauf gingen wohl, ähnlich wie C I 130 (s. oben S. 64) und 220, die Namen von Einzelpersonen (C I 130 ebenfalls Bata'iden). Es folgen dann die Namen von Sippen und Stämmen, die sich an dem Bau beteiligt haben. Von diesen ist der erste unsicher überliefert. Aus den Varianten der beiden Abschriften kann man מעקר oder מעתׄר herauslesen (vgl. Seite 180 Anm. 2). Der zweite, שׄחימם, ist bekannt: es sind die Suḫaimier von al-Ġirās gemeint. Die Ergänzung des dritten Namens ist natürlich zweifelhaft. Die banū ḏū Na'mān kommen noch C I 432 vor.

Zum weiteren Verständnis hilft uns das, was Glaser *Abess.* S. 67 über den Inhalt seiner Inschrift Nr. 1228 (aus Rijām) mitteilt. In dieser, heißt es, sei die Rede von einem erfolgreichen Kriege, der unter dem Könige Wahb'īl Jaḥūz gegen ḏū Raidān geführt wurde, und in dem *„Hauf'ām, Makhṭarān, Sukhaim ḏū Khaulān, die banū Bata' usw."* auf seiner Seite standen.

Dieselben Personen und Sippen werden nun — was Glaser mit den Herausgebern des C I entgangen ist — in der Votivinschrift aus Ḥāz C I 220 genannt, deren Eingang danach wie folgt zu ergänzen ist:

ה[ו]פעם | יזל | ומׄחטר ? . . . . [ו]שׄח[י]מם | ודׄחולן | ובנו | דׄע[י]מן | "

[1]) Siehe zu MM 150 Z. 4 (S. 178 Anm. 2).

Von dem erzählenden Teil des Textes sind nur die Eingangsworte erhalten: (.... haben dem Ta'lab Rijām^{m}, Herrn von Šaṣar^{m}, die Statue dargebracht......) חמדם | ב[ד]ת | הושע | תאלב | רימם *[zum Dank] dafür, daß T. R. ausgezeichnet hat* .... — gewiß in Kriegsgefahr.

Außerdem gehört hierher die zu Z. 2 anzuführende Inschrift CI 360, in der ebenfalls von Kriegszügen des Wahb'īl Jaḥūz und des Sa'dta'lab Juhaṯīb die Rede ist.

Wir schließen daraus, daß unsere Inschrift, CI 220 und 360 und Gl. 1228 demselben Personenkreis angehören und von denselben Ereignissen handeln.

(34 Z. 1.) Das ל vor מראהמו darf nicht angetastet werden, wie es im CI geschieht. Damit entfällt das von den Herausgebern davor ergänzte רת̄דן, das den doppelten Akkusativ regiert und auch aus einem andern Grunde bedenklich ist. Es eröffnet in den Bauinschriften den Epilog des Textes, während wir uns hier in der ersten Zeile am Anfang des Textes befinden. Wir haben vielmehr ein Verbum wie בראן, בנין zu ergänzen.

So häufig der Gott 'Aṯtar genannt wird, so selten erhält er einen Titel. Wo dies geschieht, wird er wie hier als *Herr*, מרא, bezeichnet (CI 46_5, 431_3, 436_{10} und unten MM 150). Dementsprechend heißt seine Mutter, die אמעת̄תר, CI 544 *Herrin*, מראת.

Über נטעת siehe zu MM 25_7.

Die zweite Zeile enthält die Motivierung der Stiftung. In den Votivinschriften wird sie in der Regel mit der Wendung חמדם | בדת eingeleitet, in den älteren Bauinschriften mit يوم יום. Parallelen aus späteren Bauinschriften fehlen. Von dem Verbum, das dem Subjekt עת̄תר vorausging, ist nur der Endbuchstabe erhalten. In ähnlichem Zusammenhange wird das Verbum ושע IV gebraucht, man möchte also an מתע | והושע[ן] denken.

Sa'dta'lab Juhaṯīb wird in den Inschriften wiederholt genannt. Aus der Inschrift MM 124 erfahren wir, daß er der Sippe der banū Sumai'^{m} angehörte, die ihren Sitz in Ḥuqqa hatte, und aus dem kleinen Fragmente MM 63 dürfen wir schließen, daß er in Ḥāz irgendeinen Bau gestiftet hat. Die Inschrift CI 360 (Abschrift eines echten Originals auf einer falschen Bronzetafel) ist eine Votivinschrift desselben Sa'dta'lab zu vier Statuen, die er dem Ta'lab dargebracht:

חמדם | בדת | הושע | תאלב רימם | מראהמו | והבאל | יחז | מלך | שבא |
ועבדהו | שעדתאלב | יהת̄ב | בשקחן ....

zum Dank dafür, daß Ta'lab Rijām^{m} ihren Herrn Wahb'īl Jaḥūz, König von Saba, und seinen Knecht Sa'dta'lab Juhaṯīb ausgezeichnet hat durch?......[1])

---

[1]) בשקחן, das die Tafel bietet, ist nicht zu deuten. Keinesfalls steckt darin בן | שקרן, wie M. Hartmann vermutete: das verstoßt gegen den Stil der Inschriften und wird jetzt durch MM 124 beseitigt. Glaser kopierte das steinerne Original, Nr. 1364 seiner Samm-lung; diejenigen, denen sie zugänglich ist, werden die richtige Lesung mühelos feststellen können.

Sa'dta'lab Juhaṯīb war offenbar ein kriegerischer Herr, der sich gemeinsam mit den Bata'iden und im Dienste der Könige von Saba an verschiedenen Kämpfen mit Erfolg beteiligt hat.

Wie die Lücke zwischen den beiden Fragmenten auszufüllen ist, ist schwer zu sagen. בן | דת | ארץ | רדמן, *in hac terra Radmān,* wie im C I vorgeschlagen wird, ist abzulehnen. Das verstieße schon gegen die Regeln der sabäischen Grammatik. Den Worten דת | א' | ר' ging wohl ein Subst. fem. — Ortsname oder appellative Ortsbezeichnung — voraus, das durch דת | א' | ר' näher bestimmt war, so wie z. B. C I 347 Z. 5 die Stadt Wa'lān durch den Zusatz דרדמן von andern gleichnamigen Städten unterschieden wird. Man kann auch an בש[באת]ן | דת | א' | ר' denken, *in dem Kriegszuge gegen das Land R.*; vgl. Berlin VA 7820: שבאו | ארץ | חמירם.

Der Stamm und die Landschaft Radmān werden in folgenden Inschriften erwähnt:

C I 220 (aus Ḥāz) zusammen mit Ḫaulān und Jarsum;

ZDMG XXXIX S. 227ff. [= C I 648] Z. 2 wird שעבן | ר' näher bestimmt durch den Zusatz דשלפן[1]);

C I 347 Z. 5: ועלן | דר' (s. oben);

C I 140 (aus Šibām) wird Radmān neben Ḫaulān im Kampfe mit Īlšaraḥ Jaḥḍib, dem kabīr Aqjān^{m} von Šibām, erwähnt (vgl. C I 220). C I 334 sehen wir den Stamm Radmān in Kämpfe mit dem Hamdāniden Šā'ir^{m} Autar verwickelt, an denen auch der Stamm Ḥumlān beteiligt war;

C I 392 = Prid. X ist eine Dedikation an Almaqah aus Anlaß der Aufstellung eines קיח (Opferstein?) בהרתהמו | דרדמן *in ihrer h-r-t ḏū Radmān.*

בכל | אברת | אתמ[נ]ת... Das Wort אברת ist schon von den Herausgebern des C I erkannt worden, אתמ[נ]ת ergibt sich aus der RWschen Abschrift. Das erste Wort ist in der Bedeutung *Kriegszug* wiederholt belegt, das damit im St. cstr.-Verhältnis verbundene אתמ[נ]ת muß hier und in einer anderen Inschrift aus Ḥāz, C I 155, wie auch die Herausgeber des C I annehmen, die Bedeutung *Scharen, Truppen,* vielleicht *verbündete Scharen* haben.

(34 Z. 3.) Die am Anfang erhaltenen Buchstabenreste lassen sich auch mit Hilfe der neuen Abschrift nicht deuten. אקו[ל] scheint ausgeschlossen.

Das folgende: ומחטר | [וא]ביתהמו | ואשעבהמ[ו] ist in beiden Abschriften klar.

Das Wort מחטר begegnete uns bereits in den zu Z. 1 angeführten Inschriften Gl. 1228 und C I 220. Unsere Stelle zeigt, daß es appellativ und als Plural

[1]) M. Hartmanns Vermutung, daß nach רדמן noch רבען oder תלתן zu ergänzen sei (*Ar. Fr.* 385), ist aus der Luft gegriffen. Er hielt sich an die Glasersche Abschrift und ignorierte das *ZDMG* a. a. O. gegebene Faksimile des Originals, aus dem er hätte ersehen können, daß zwischen den beiden Wörtern keine Lücke ist.

مخاطر zu fassen ist. Man geht wohl nicht fehl, wenn man darin die Bezeichnung einer Würde erblickt; vgl. die ähnlich gebildeten Bezeichnungen מכרב (bisher nur als Singular nachzuweisen), מסוד *Ratsherr* (sing. und plur.), מחרג (Plur., vgl. אקול | ומחרג, Inschr. von Taʿizz *ZDMG* XXXIX S. 227ff., כבור | ומחרג, in der großen Inschrift von Ḥiṣn Ġurāb) und den literarisch überlieferten Plur. مقاول von مِقْوَل = قيل.[1]) מחטר bedeutet wohl die *Vornehmen*, vgl. خطير.

35.

RW 100. Am Hause des Sīdī ʿAbdullāh; 0.25 × 0.50 = C I 166 (= Gl. 150); Abschrift von Ḥaijīm Ḥabšūš, in Glasers Sammlung Nr. 62.

RW

1 .... נשאכרב | נהפן | יג]ער | ....

2 .... בעת̄תר | וב | אלמקה]ו | וד̄ת | חמים | [וב | ד̄ת | בעדנם | ...

3 .... | ו] ב | אמראהמו | ד̄מר [עלי | ....

(1) ...... *Naša'karib Nahfān Jağ[ʿur .... haben erbaut ..... (2) mit ʿAṯtar und mit Almaqah] ū und mit der Ḏāt Ḥimaj* ᵐ *[und mit der Ḏāt Baʿdān* ᵐ .... (3) *und [mit ihren Herren, Ḏamar]ʿalī.....*

Der Stein ist rechts und links abgebrochen, sonst vollständig.

(Z. 1.) Die Ergänzung des zweiten Beinamens ist von den Herausgebern des C I gefunden. Der Bauherr führte als vornehmer Herr zur Unterscheidung von Homonymen drei Namen wie der Hamdānide Marʾšams Nāṣir ᵐ Juhaʾmin C I 287 und auch der eine oder andere der Herrscher von Saba, z. B. Kariba'īl Watār Juhanʿim. Die abendländischen Potentaten bedienen sich zu diesem Zwecke der Ordnungszahlen. Man ist versucht, denselben Namen in der Inschrift C I 158 Z. 1 ....ן | יגער | wiederzufinden.

(Z. 3.) Im C I wird der Name zu ד̄מר]עלי ergänzt, gewiß mit Recht. Es liegt nahe, darin den ד̄מרעלי | ד̄רח, König von Saba und von ḏū Raidān, Fr. XXXI und Derenbourg *Nouv. Et.* Nr. 5 (= ד̄'י | ד̄'י, Vater des נשאכרב | יהאמן, Königs von Saba, C I 433 und 573) zu erkennen und unter den אמרא der

[1]) Siehe Griffini, *Riv. Stud. or.* VII. 1, S. 323.

Stifter der Inschrift Könige von Saba zu verstehen. Der Name ד̄מרעלי kommt bisher nur in der sabäischen Königsdynastie vor. Das Zusammentreffen der Namen נשאכרב und ד̄מרעלי in unserer Inschrift wird kaum Zufall sein. Jedenfalls ist zu beachten, daß der Beiname נהפן auch von dem König von Saba ʿAlhān geführt wurde, der als בן | בתע | והמדן, Bataʿide und Hamdānide, bezeichnet wird. Dazu stimmt, daß wir uns in Ḥāz im Gebiete der Bataʿiden befinden.

Man hat die Identität des Königs Ḏamarʿalī Ḏirrīḥ mit dem gleichnamigen Vater des Königs Našaʾkarib von CI 433 und 573 bezweifelt (s. die Herausgeber zu CI 433). Die dafür vorgebrachten Gründe erscheinen nicht stichhaltig. Jedenfalls gehören diese beiden Inschriften und die hier behandelte nach Schriftcharakter und Inhalt derselben Epoche an. Als Stifter kommen wohl keine אדם, sondern Angehörige eines vornehmen Geschlechts in Betracht, vielleicht Bataʿiden, die als Gebieter über sich nur die Könige anerkennen.

36.

RW 119. 0.25 × 0.66; eingegrabene Schrift, die Striche zwischen den Zeilen fehlen auf dem Steine = CI 211 (= Gl. 195).

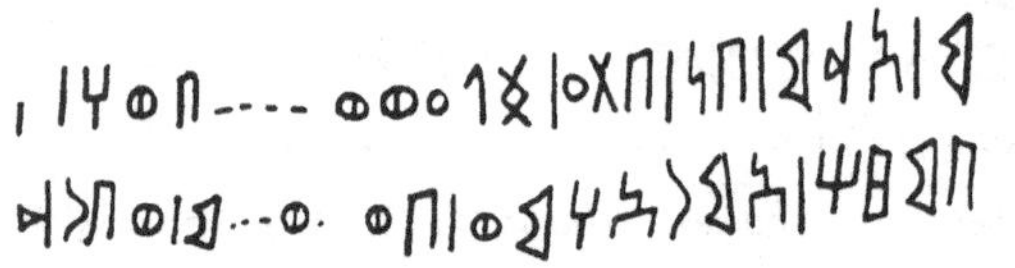

Gl.

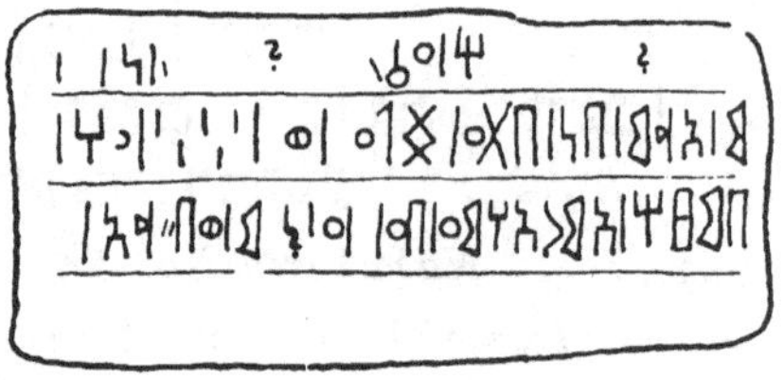

RW

1 ....ל]חיעת̄ת [| ......?ן.?........[בנו..
2 ם | אדם | בן | בתע | סלעו | ו[עד̄]ב[ן] | וה[גדדן.......
3 במצ̇ח | אמראהמו | בע[ל] | ו[כל]ם | וכרדא |..........

Oben und unten vollständig; links scheint mehr zu fehlen als rechts.

(1) *[....... Li]ḥaijʿaṯt ...... [und ihre Söhne .... banū]* (2) ... *m, Klienten des b. Bataʿ, haben? und [wiederherge]ste[llt] und er[neuert .....]* (3) *bei dem Maḏḏaḥ ihrer Gebieter, dem Her[rn] von Wa[kal]*^{m}*, und mit Hilfe ....*

Z. 1 fehlt bei Glaser.

(Z. 2.) סלעו ein ἅπ. λεγ., dessen Bedeutung nicht festzustellen ist. In den folgenden Zeichen erkannten schon die Herausgeber des CI das Verbum עד̄ב; statt עד̄בו, wie sie lasen, ist aber wohl עד̄בן vorzuziehen, vgl. z. B. CI 391_2 החדת̄ו | ועד̄בן | קבר | בני | שחר *erneuerten und stellten wieder her das Grab der banū Saḥar*. Das dritte Verbum könnte nach den erhaltenen Resten הנגדדן gewesen sein, das im Sabäischen bisher nur aus Hal. 349 = *ZDMG* XXXVII S. 1ff. belegt ist.

(Z. 3.) Die Anrufungen mit ב gehen hier den mit ברדא eingeleiteten Aufzählungen der Herren und Gottheiten, die den Bau mit ihrem Beistande gefördert haben, voraus. Die Regel ist das Umgekehrte.

Herr von וכלם wird der Manḍaḥ auch noch in andern Inschriften aus Ḥāz, MM 69 + 70 und C I 228_3[1]) sowie in der Inschrift aus Bait Ġufr C I 241 genannt. — מצח | אמראהמו ist aufzufassen wie שין | ועתתר | אבש Os. 29 *der Sīn und der ʿAttar seines* (d. i. des Dedikanten) *Vaters* und שמש | אאבוהמו *die Šams ihrer Väter* Gl. B. 869_3. Anderwärts wird der Manḍaḥ als *der Herr ihres Hauses* מנצח | בעל | ביתהמו oben 30_3, im Plural מנצחת | אביתהמו C I 40_5, 569_3 *die Manḍaḥe ihrer Häuser* bezeichnet. Es hatten also die Herrenhäuser der אמרא und die *bait* ihrer Klienten, der אדם, jedes seinen besonderen Manḍaḥ. Übrigens fehlt vor dem Manḍaḥ mindestens noch ein Göttername. In den vollständigen Texten steht der Manḍaḥ regelmäßig unmittelbar neben der Šams, und zwar bald an erster Stelle: C I 41, 241, 293, 294, 339, bald an zweiter: C I 40, 149, 339 bis, 340, MM 5, 59, 68.

37.

RW 30. An einem Hause, gelber Kalkstein, Reliefbuchstaben = C I 202 (= Gl. 186).

RW

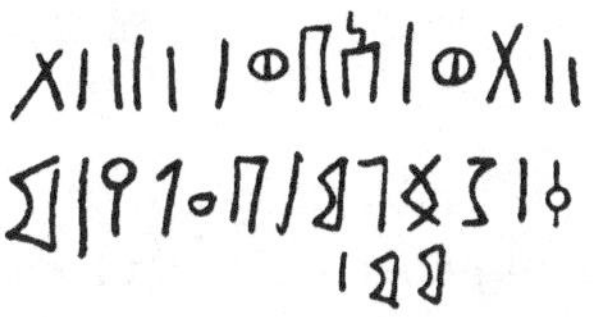

Gl.

1 בנו]| בתע | אבול | בית[ן | . . .
2 . . . . . | שסלם | בעלי | מ . . . . .
3 תאלב | ר]ימם

Das Fragment scheint oben und unten vollständig zu sein. Man erkennt Z. 1: *[. . . . . banū] Bataʿ, Herren des Hauses* . . . . . Über diese Bezeichnung s. zu MM 95 Z. 4. Z. 2 entzieht sich einer sicheren Deutung. שסלם sieht wie ein Ortsname aus, dann wäre בעלי Präposition *oberhalb* (so C I). Wenn aber

[1]) In dem בעל | דכלם der Kopie von Ḥabšūš steckt natürlich בעל | וכלם, nicht בעל | בכלם, wie die Herausgeber lasen. Damit erledigt sich das Befremden M. Hartmanns über den *dominus Bakīli, Ar. Fr.* S. 309.

בעלי Dual von בעל ist, dann gingen wohl zwei Götternamen voraus, von denen in שסלם der Beiname des zweiten erhalten ist, und das auf בעלי folgende Wort wäre zu מ]חרמן] zu ergänzen; vgl. das Götterpaar Almaqah Ṯahwān und Ṯaur Baʿlm, *die beiden Herren von Auwām*, בעלי | אום, C I 155_4, bezw. *von Ḥarwānm*, בעלי | חרונם, C I 581_4 und Šāriqān und Ḏāt Ḥimajm, בעלי | מחרמן | רידן, C I 41 Z. 3. Übrigens hat Glasers Kopie vor שסלם | noch ein ק angedeutet. Der Fehler אבול statt אבעל fällt wohl dem Steinmetzen zur Last, da beide Abschriften in der Lesung übereinstimmen.

38.

RW 29. An einem Hause, brauner Sandstein; 0.25 × 0.25; eingegrabene Buchstaben = C I 198 (= Gl. 182), ohne Varianten. Rechts abgebrochen, sonst vollständig.

RW

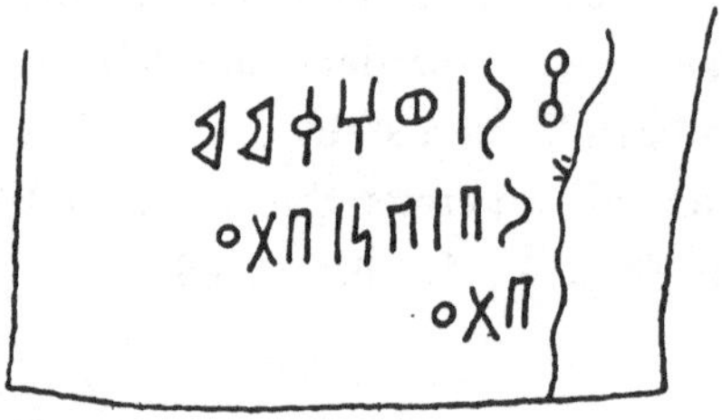

Gl.

1 .... תר̇ | והקמם
2 ...כ]רב | בן | בתע
3 ..... בתע

Die Herausgeber lesen und ergänzen die erste Zeile ... הו]ת̇ר | והקם [ו]מ *fundavit et erexit* und geben die Belege für הקם, Gl. 1000 Z. 6 (s. jetzt Rhodokanakis *Altsab. T.* I S. 82), wo הקם mit בני بَنَى verbunden ist, und C I 537_6: הכ]מלו | והקמו | ביתהמו = اكلوا واقاموا بَيْتَهُم. Allerdings fehlt der Trenner nach הקם in beiden Abschriften, aber eine andere Deutung der erhaltenen Worte erscheint ausgeschlossen. הותר verbindet sich sonst regelmäßig mit השקר *einen Bau bis zum Dache aufführen, vollenden*; הקם läuft dem Sinne nach auf dasselbe hinaus.

39.

RW 120. Sehr hoch an einer Hauswand angebracht; Reliefbuchstaben, 4 Zeilen, die letzte unleserlich; 0.20 × 0.50 = C I 225 (= Gl. 209). Anscheinend an allen vier Seiten abgebrochen.

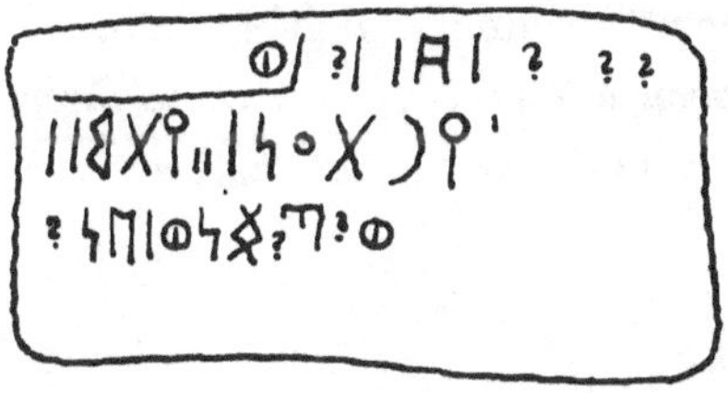

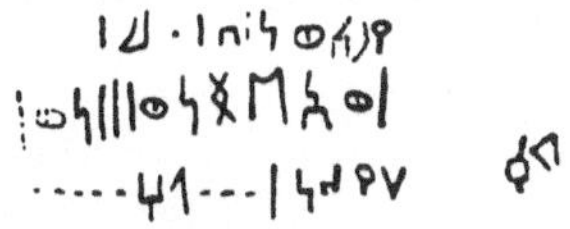

RW Gl.

Die erste Zeile nur bei RW, die vierte nur bei Glaser. Man erkennt in den Überresten der 2. Zeile: ירתען | ביתם | ...., in der dritten Zeile: | ואבסנן | ... | בנן. Diese wenigen Zeichen genügen, um in diesem Bruchstück einen weiteren Teil einer Inschrift zu erkennen, von der ein etwas größeres Stück von Glaser in Bait Ġufr abgeschrieben worden ist, Nr. 234 seiner Sammlung = C I 255:

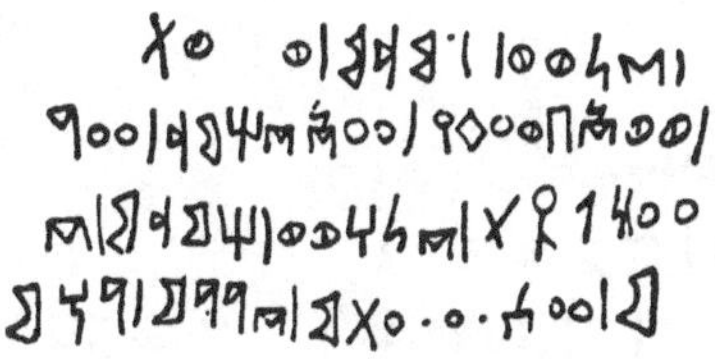

בנו | [ח]מדם | ו . . ות . .
ואבופי | ואבחמד | ול . .
וחלטת | בנהו | חמדם | ב
ם | וש · ע · עתם | בללם | לחמ

Die Zusammengehörigkeit der beiden Bruchstücke wird durch die Übereinstimmung in der Schriftgattung — späte Reliefbuchstaben —, die gleiche Zeilenzahl, vor allem aber durch den EN אבסנן erwiesen, der die gleiche Bildung zeigt wie die ebenso singulären Eigennamen אבחמד und אבופי von C I 255. Alle drei bezeichnen weibliche Personen.

Ob, wie wir annehmen, eine Bauinschrift vorliegt, bleibt zweifelhaft.

40.

RW 15. Reliefbuchstaben. Gelber Kalkstein; 0.25 × 0.45 = C I 210 (=Gl. 194).

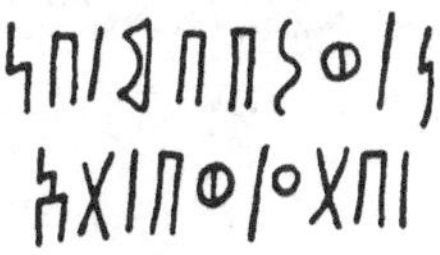

RW Gl.

1 ן .... | ורבכם | בנ[ו | .....
2 .... | בתע | וב | תא]לב | רימם | ...

Vom Anfang und Ende einer Bauinschrift, r. und l. abgebrochen.

(1) *....n und Rabīb*^{m}*, ban[ū .... haben erbaut .... mit Hilfe ihrer? ihres? Herren ......* (2) *der banū? des b.?] Bata' und mit Ta'[lab Rijām*^{m} *...]*

41.

RW 123. An einer Hausmauer; 0.25 × 0.50 = C I 212 (= Gl. 196).

RW

Glasers Abschrift ist deutlicher. Sie ergibt:

1 ...הגרן | חזים | ו......

2 תא[לב | רימם | בעל | שצ]רם | ...

Die erste Zeile enthält nur die Worte: *die Stadt Ḥāzj*^{m}, die zweite nennt den Ta'lab Rijām^{m}, Herrn von Šaṣar^{m}; über beide s. die Vorbemerkungen, oben Seite 62.

42.

RW 16. An einem Torbogen, gelbbrauner Kalksandstein; 0,25 × 0.60 = C I 196 (= Gl. 180).

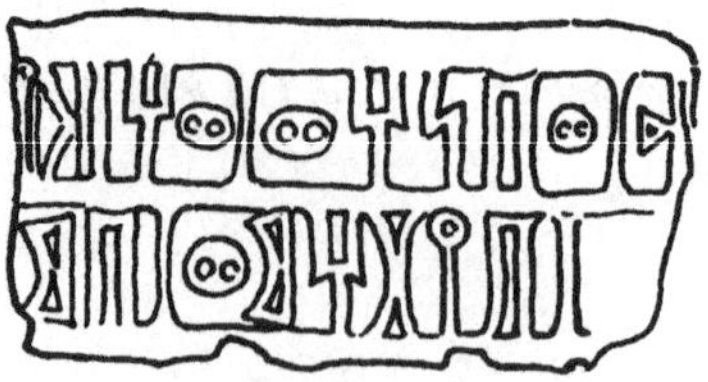

RW

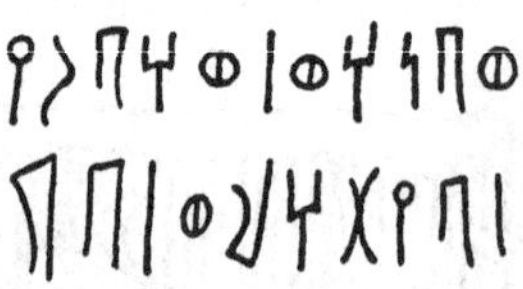

Gl.

1 ......ד | ובנהו | והברי]מן | .....

2 ...... | ביתהמו | במ]קם .....

Vom Anfang und Schluß einer Bauinschrift.

(1) *..d und sein Sohn Wahbrai[mān .... haben erbaut ....]* (2) *..... ihr Haus mit der Ma[cht....]*

Der zweite Name *Geschenk des Raimān* kommt auch noch CI 263 (Bait Ġufr) vor. In beiden Inschriften bricht der Stein mit dem vorletzten Buchstaben ab, aber die Ergänzung zu והברימן wird gesichert durch die Namen רתדרימן (CI 102) und עבדרימן (CI 536)[1]. In der zweiten Hälfte dieser drei Eigennamen ist der Name einer Gottheit Raimān zu erkennen. אהל | רימן als Bezeichnung eines Stammes in den Inschriften von Harim Hal. 144 (= CI 512), 150 u. 151 bedeutet also ursprünglich *Volk des Gottes Raimān*, wie אהל | עתתר *Volk des Gottes ʿAṯtar* in anderen Inschriften von Harim, Hal. 149 (= CI 547), 157 und Gl. Wien 1081 (an dieser Stelle: | שׂעבן אהל | עתתר), אהל | אבמעתתר Hal. 148_3 *Volk des Gottes Abīmaʿaṯtar*, אהל | נשור ebenda 190_2 *Volk des Gottes Naswar*[2]) bedeutet. Ebenso heißen in den altsabäischen und qatabānischen Texten die Sabäer und Qatabānen ולד | אלמקה und ולד | עם *Kinder des Almaqah* bezw. *Kinder des ʿAmm*. Man ist geneigt anzunehmen, daß רימן eine Lokalgottheit von Harim war. So würde es sich erklären, daß wir ihm im Gebiete der Sabäer nur in einigen seltenen Eigennamen begegnen.

43.

RW 17. Gelber Kalksandstein.

1 .... א]ושאל | יפד | [ו]בנהו [| ......

2 .... ן | ורבבם | יהנעם | ובנה[מו. ....

(1) *[A]usʾīl Jafid [und] sein Sohn* .... (2) *[... mit Hilfe des ......] n und Rabīb*^{m} *Juhanʿim und [ih]res Sohnes...*

Z. 1. vom Anfang der Inschrift enthielt die Namen der Stifter, Z. 2. die Namen der אמרא, mit deren Hilfe der Bau errichtet war.

Der Beiname יפד auch MM 157, CI 1, 336, 339bis, sehr zweifelhaft MM 71, wohl Imperfekt von der Wurzel ופד, die auch sonst im Sabäischen bezeugt ist.

Über רבבם s. zu MM 45.

---

1) Im Kommentar zu CI 536 wird ferner ohne Angabe der Stelle, an der er vorkommen soll, der Name שׂמהרימן hinzugefügt. Wenn Hal. 647 gemeint ist, so ist zu bemerken, daß dort שׂמהרים steht *Sein Name ist hoch*.

2) Über אהל | נשור s. Rhodokanakis *KT* II S. 36, *Altsab. T.* I S. 12. Hierher gehört auch der qatabānische Stamm שׂעבן | דמהרצן, Rhodokanakis *KT* II S. 29.

44.

RW 122. = C I 191 (= Gl. 157).

RW

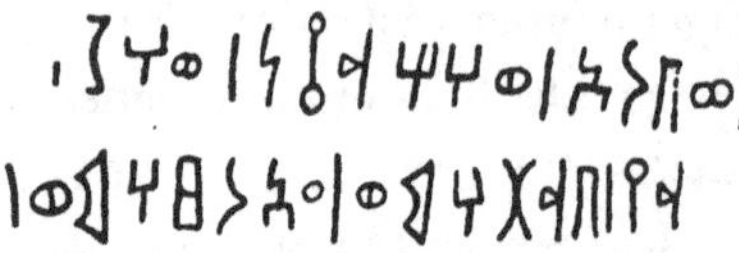

Gl.

1 ..... בני[ן | וברא | והחדתן | והשק]רן ....

2 .... | ע]די | בדתהמו | וארצהמו | ....

(1) *[... bauten] und errichteten und erneuerten und vollen[deten* ... (2) *a]uf ihren ? und Ländereien.........*

Die Übereinstimmung mit Glasers Kopie erlaubt nicht, בדתהמו in Z. 2 in ביתהמו zu ändern. Das Wort kommt sonst nicht vor und ist vorläufig nicht zu erklären.

45.

RW 28 und 134 (zwei identische Abschriften). Gelber Kalkstein; 0.30 × 1.20; eingegrabene Schrift.

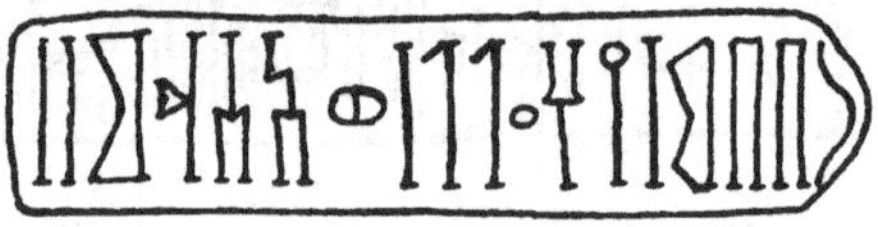

רבבם | יהעלל | ואשדם ......

Rabīb^{m} *Juhaʿlil und Asad*^{m}......

Nach der Zeichnung liegen die Anfangsworte der Inschrift vor. Der erste Name ist in den jüngeren sabäischen Texten recht häufig und stellt eine Kurzform von theophoren Namen dar, vgl. רבבשמע MM 146a, שמשם | רבב C I 43, nabatäisch bezw. nordarabisch רביבאל Jaussen-Savignac 37, 43, 84 (Medā'in Ṣāliḥ), 216 (el-ʿÖlā), gr. Ῥαβίβηλος = ربيب ايل, *von Sāmiʿ, von der Šams, von Īl aufgezogen*. Das Femininum dazu liegt in רבבת C I 179 (= MM 90), $544_{8/9}$ [und 710] vor.

Neben dem sonst nicht belegten יהעלל finden sich von derselben Wurzel die Eigennamen יעלל MM 25_{19}, C I 362 (vgl. ינעם neben יהנעם, ירחב neben יהרחב usw.) und העלל C I 6_{2}, 440 (vgl. העןָ neben יהען). לל... C I 107 kann zu העלל, יהעלל oder יעלל ergänzt werden.

Über die Eigennamen der Form يُهَفْعِل und ihr örtliches und zeitliches Vorkommen sind die Ausführungen von Rhodokanakis *KT* II S. 62ff. zu beachten. Danach gehören sie einer späteren Zeit an und kommen mit den Hamdāniden auf.

46.

RW 19. Gelber Kalkstein; 0.25 × 1.20 = C I 214 (= Gl. 198).

Es liegt noch eine Abschrift von Ḥaijīm Ḥabšūš unter Nr. 52 der Glaserschen Sammlung vor. Im C I ist sie nicht berücksichtigt worden.

RW

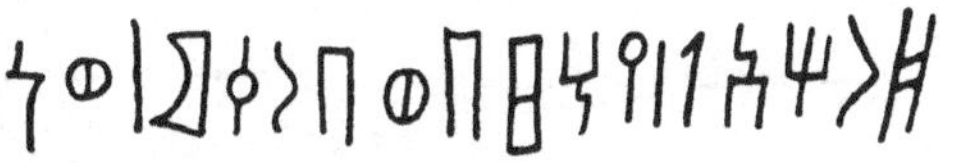

Gl.

דרחאל | יחצל | וברקם | ונ . . . .

Ḏaraḥ'īl Jaḥḏul und Bāriq^m und N . . . . .

Statt יחצל kopierte Ḥabšūš ישלעל, Glaser יחצב, das nicht in יחצב geändert werden darf; denn offenbar derselbe Mann wird in MM 89 (aus Ḥāz) genannt.

Der Name Ḏaraḥ'īl auch unten MM 84 Z. 1f. Außerhalb Ḥāz begegnen wir ihm noch in Ġaimān C I 57, in der großen Inschrift von Ḥadaqān C I 37 und der dieser inhaltlich und zeitlich nahestehenden Inschrift von Ṣirwāḥ C I 376. — ברקם = بارق sonst nur noch in der Inschrift aus Bait Ġufr, unten MM 122, in der Felsinschrift von Ḥuqqa MM 143 und in der Bronzetafel von Raida C I 282 (ברקם | נמרן). b. Duraid *k. al-ištiqāq* S. 278 kennt Bāriq als Stammesname. — Von dem dritten Namen ist nur der erste Buchstabe erhalten, nach Ḥabšūš und Glaser שׁ, nach RW נ. Ist שׁ das Richtige, so kann man שׁ[עדם oder sonst einen mit שׁ beginnenden Namen ergänzen, nur nicht שׁ[ארן, wie die Bearbeiter des C I wollen, denn Su'rān ist Sippenname, während hier ein individueller Name am Platze ist. Ist aber der zweifelhafte Buchstabe ein Nūn, so empfiehlt sich die Ergänzung נ[מרן, und man könnte dann an einen Zusammenhang mit dem ברקם | נ[מרן von C I 282 denken. Es wäre dann auch nicht ausgeschlossen, daß das Fragment C I 208 רן | ובנהמו die Fortsetzung unseres Fragments bildet.

47.

RW 20. An einem Hause, gelber Kalksandstein = C I 193 (= Gl. 177), ohne Variante.

RW

...... ר]חב | ושעדם | ....

Wohl Bruchstück vom Anfang einer Inschrift, mit dem Beinamen יר]חב bezw. יהר]חב (Jarḥub, Juharḥib) des an erster Stelle genannten Stifters, und dem Hauptnamen Sa'd^m eines andern Stifters.

48.

RW 39. An einem Hause.

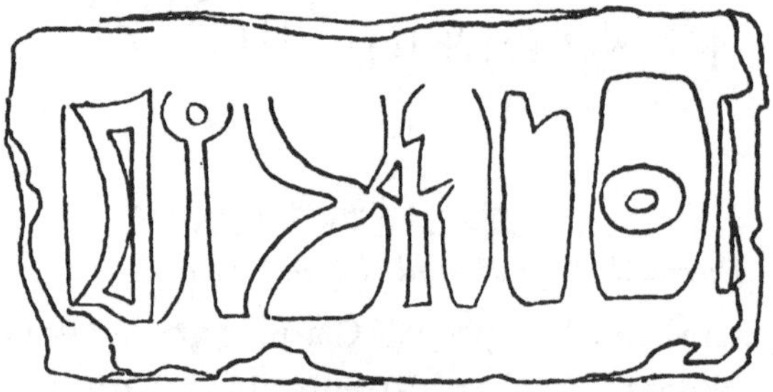

..... בעל | ארים .....

ארים ist als Beiname wiederholt belegt. Davor erwartet man einen Hauptnamen, und nach den überlieferten Resten denkt man zunächst an einen mit בעל oder על zusammengesetzten Namen. Aber der nordsemitische Baal ist dem sabäischen Pantheon fremd, und die beiden Eigennamen מתעעל (*WZKM* X S. 149f.) und מנדעל C I 544 Z. 8 reichen nicht aus, um einen Namen וה]בעל wahrscheinlich zu machen.

49.

RW 10. 0.25 × 0.75 = Gl. 64. (Abschrift von Ḥabšūš, im C I übergangen).

...... ובניהמ[ו | בנו | שקרן | אד[ם | בן | בתע ....

[..... und ihre Söhne], banū Saqrān, Klien[ten des b. Bata' .....]

Die banū Saqrān gehören neben den banū Bata' zu den vornehmen Sippen von Ḥāz und Umgegend. Wir begegnen ihnen in den Inschriften von Ḥāz (C I 156, 221), Bait Ġufr (C I 239, angeblich aus Ḥāz verschleppt) und Ḥuqqa (MM 126). Wie sie sich hier als Klienten — wahrscheinlich des b. Bata' — bezeichnen, so nennen sich die Stifter von C I 239 Klienten der banū Saqrān, die Stifter von MM. 126 + 127 Klienten des b. Bata' waSaqrān[1]).

Dieses Fragment ist vielleicht der Anfang zu MM 64; s. daselbst.

50.

RW 99. Über einem Haustor; 0.22 × 0.50 = C I 169 (= Gl. 153).

RW

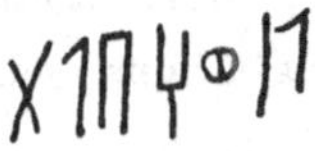

Gl.

. . ב]רג | והבלת . . . .

Zwei Namen: *[...B]arağ Wahblāt....*

Der erste könnte auch ברל gelesen werden und ist auch so von den einheimischen Archäologen gelesen worden, die ihn mit بريل = برى ايل wiedergeben und als *Geschöpf Gottes* deuten (بريل معناه برى ال اى صنعة الله اى خلقة الله, Hamdānī *Iklīl* nach D. H. Müller *Sab. Denkm.* S. 45). Diese Deutung ist abzulehnen. Die Sabäisten haben sich auf die Lesung ברג geeinigt. Der Name ist Hauptname und erscheint mit den Beinamen יהרחב und יחמר bisher nur bei Angehörigen der Sippen banū Bata' und banū Hamdān. Der Umstand, daß die Bata'iden auch in Ḥāz zu Hause waren (s. die Vorbemerkungen, Seite 63f.), stützt die Ergänzung des Namens in unserer Inschrift, und wir werden והבלת als Beinamen auffassen müssen. Bei der Übereinstimmung beider Abschriften ist es ausgeschlossen, vor והבלת die Copula ו einzufügen, wie die Herausgeber des C I wollen, und ebenso mißlich ist es — bei dem monumentalen Charakter der

1) C I 156 ist nicht identisch mit unserer Inschrift 49. Die Ergänzung des Namens Saqrān in C I 179 ist unsicher, in C I 208 ohne Zweifel falsch. M. Hartmanns Einwände gegen die Deutung der Inschrift C I 239 durch die Herausgeber des C I und seine sonstigen Ausführungen *(Ar. Fr.* S. 299) erledigen sich durch die obigen Bemerkungen.

Inschrift —, anzunehmen, daß der Steinmetz versehentlich einen Buchstaben ausgelassen habe.

Der im Nordarabischen häufige und uns als Name des Sohnes der Zenobia geläufige Name وهب اللات war bisher im Sabäischen nicht zu belegen. Um so willkommener ist unser kleines Fragment.

Weitere mit לת zusammengesetzte Namen sind[1]):

אושלת, sabäisch C I 287_9, 315_{12}, 352_2; D. H. Müller *Langer RB* S. 88 Nr. 17.

וידלת, sabäisch C I 517; minäisch Gl. Wien 1073 (וידלת | בן | וידאל).

מגדלת fem., sab. C I 198.

נצלת, so! für נצרלת, sab. aus Harim C I 434: נצראל | בן | נצלת; auch palmyrenisch[1]). — Der Wechsel von לת mit אל in den Namen von Vater und Sohn wie vorher in וידלת בן | וידאל; s. auch oben Seite 28 Anm. 1.

עבדלת sab. Hal. 168 [= C I 715]; auch palmyrenisch, griechisch ʼΑβεδαλλάθ.

שעדלת sabäisch und ḥaḍramautisch, s. zu MM 163; minäisch שעדאלת Hal. 577_3; nabatäisch שעדלת Lidzbarski *Ephem.* I S. 345, griech. Σαδιλάθου (Genitiv) ebenda II S. 326.

תימלת nordminäisch in den Graffiti von al-ʿÖlā ME LIV—LVI, dürfte Name eines Nabatäers sein. Mit תים zusammengesetzte Namen sind bisher in den Inschriften nicht nachzuweisen, denn תים | ל... Hal. 171 = C I 520 ist zu unsicher, um herangezogen zu werden, und die Wurzel תים scheint überhaupt in den alten südarabischen Dialekten zu fehlen;

עזזלת Name einer Gottheit C I 557, der *ʿAzīz der Lāt*, wie אלת | עתתר Hal. 152 = C I 548_4 *die* אלת *des ʿAṯtar*.

In den palmyrenischen Namen wird, wie die griechischen Formen Οὐαβάλλαθος, ʼΑβεδαλλάθ und Σαλμάλ]λαθος ergeben, לת = اللات sein. Hingegen dürfte den griechischen Transkriptionen ʼΑμαθάλτη = palm. אמתלת und Σαδιλάθου = שעדלת لات zugrunde liegen.

Die arabischen Genealogen geben sabäisch אושלת mit اوسلة wieder und leiten es von وسل ab. Von nordarabischen Stämmen, deren Namen mit اللات zusammengesetzt ist, werden in Wüstenfelds Register und bei b. Duraid, *k. al-ištiqāq* genannt: Anasallāt, Taimallāt, Zaidallāt, Saʿdallāt, Sakanallāt, Šukmallāt, Šaiʿallāt (Ṭabarī *Annalen* II S. 448, Ǧauharī s. v. لهزم, bei Wüstenfeld a. a. O. S. 418 ohne Quellenangabe), Wahballāt. Daß in dem gleichen Namen gelegentlich allāh statt allāt überliefert wird, wie Anasallāh [b. Saʿd, Ṭabarī] neben Anasallāt, Taimallāh [Wüstenfeld s. v.] neben Taimallāt [ebenda S. 444], hat bereits Wellhausen *Skizzen* III S. 28f. angemerkt.

---

[1]) Die entsprechenden palmyrenischen Namen sind *MVAG* 1899 Heft I S. 39ff. zusammengestellt worden. Die dort gegebene Liste dürfte nicht mehr vollständig sein.

51.

RW 8. 0.25 × 0.40.

.... | ובני]המו | רבאל .....

[.... und] ihre [Söhne], Rabb'īl ....

Über den EN Rabb'īl s. zu MM 9 Z. 1.

52.

RW 77. Über dem Fenster eines Hauses = C I 165 (nach Glasers Abschrift Nr. 149, der als Maße 0.16 × 1.00 angibt). Außerdem liegt eine Abschrift von Ḥaijīm Ḥabšūš (Gl. 60) vor, die aber im C I nicht berücksichtigt ist.

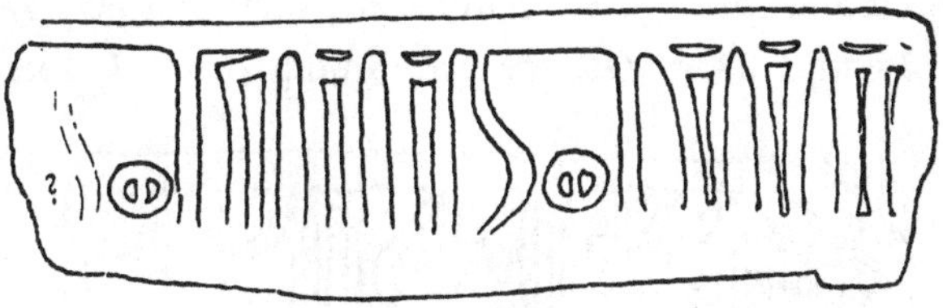

RW

RW: טבם? | ורבבם | ור? Gl.: בבם | ורבבם | וח?

Ḥabšūš las: אבב | רבבם

Der erste Name ist nicht mit Sicherheit zu ergänzen. ריבם, das im C I vorgeschlagen wird, ist ausgeschlossen.

53—59.

53.

RW 32. Gelber Sandstein; 0.20 × 1.10 = C I 176 (= Gl. 160). Auch liegt eine Abschrift von Ḥabšūš bei Glaser unter Nr. 50 vor.

RW

הו]פעתת | ומרכצם | ולחיעת]ת | ....

Die Lesung von RW stimmt mit Gl. überein und sichert den EN מרכצ̇ם gegen Ḥabšūš, der dafür מרבצ̇ם hat.

54.

RW 23. Über MM 62; sehr undeutlich.

..... | ובני]המו | ו .....

Vielleicht ist aber nach MM 59 מנצ̇ח]המו zu ergänzen.

55.

RW 13. An einem Hause; gelber Kalkstein; 0.20 × 1.00. Zwei Abschriften von Ḥabšūš Nr. 58 und 63 in Glasers Sammlung (im C I übergangen).

.... | ביתהמו |] יחצ̇ר | ברדא | אמראה]מו | ...

56.

RW 75. An dem Dache eines verfallenen Hauses; 0.75 lang = C I 170 (= Gl. 154).

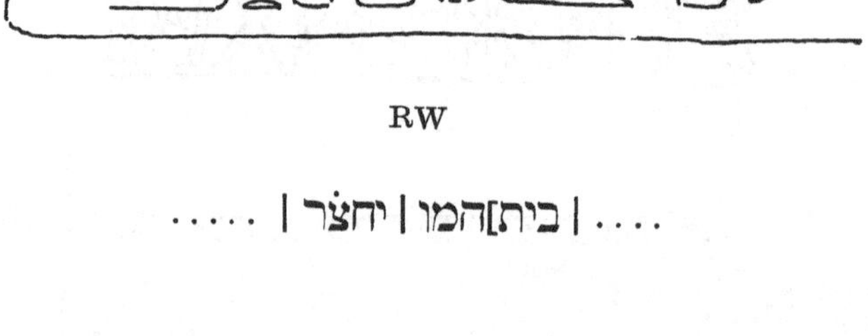

RW

.... | בית]המו | יחצ̇ר | .....

57.

RW 12. In einer Hausmauer.

.... | ורת̄דו | ביתהמו | י]חצׂר | אלאלתהמו | ....

58.

RW 14. Gelber Kalkstein; 0.20 × 1.00 = C I 213 (= Gl. 197) und 229 (Abschrift von Ḥabšūš, Nr. 55 in Glasers Sammlung).

RW

..... | ורת̄דו |] ביתהמו | עת̄תר | שרקן | ......

Ḥabšūš hat seiner Abschrift das Wort הגרחת̄ angehängt, das er aus Z. 1 von C I 212 = MM 41 entnommen haben dürfte. C I 229 ist demnach als besondere Nummer zu streichen.

59.

RW 31. An einem Hause, gelber Kalkstein; 0.20 × 0.40.

..... ומנצׂ]חהמו | ו .....

Das Bruchstück schließt wohl an Nr. 58 an, wie das Bruchstück aus Ḥāz C I 171:

עת̄]תר | שרקן | ומצׂחהמו

nahelegt; vgl. auch den Schluß von MM 31 Z. 3.

Die sieben Bruchstücke Nr. 53—59 scheinen zwei mehr oder minder gleichlautenden Inschriften von einem und demselben Bau anzugehören. Zutreffendenfalls läge der Eingang in Nr. 53 und 54 vor:

(53) *[Hau]f'att und Markaḍ^m und Liḥaij'aṯ[t* .... (54) *und] ihre [Söhne] W.....,*

die Fortsetzung in Nr. 55:

[haben erbaut ihr Haus] Jaḥḍur mit Hilfe ih[rer] Gebieter,

der Schluß in Nr. 56 und 57:

[und haben geweiht] ihr Haus Jaḥḍur ihren Göttern

oder aber in Nr. 58 + 59:

[und haben geweiht] ihr Haus dem 'Aṯtar Šāriqan und ihrem [Manḍ]aḥ und ....

Die Ergänzung von Nr. 54 ist natürlich unsicher. Wenn, was nicht unwahrscheinlich, C I 171 zu diesen Bruchstücken gehört, hätten wir darin ein Triplikat zu sehen.

60—62.

60.

RW 76. An einem Hausfenster; 0.50 lang = C I 184 (= Gl. 168), ohne Variante.

..... אקול] | שעבן | שמ]עי | ...

61.

RW 7. An einem jüdischen Hause, gelber Kalkstein.

.... | אקול |[שעבן | שמעי | ....

62.

RW 24. An einem Hause, gelbbrauner Kalkstein; 0.20 × 1.00 = C I 206 (= Gl. 190).

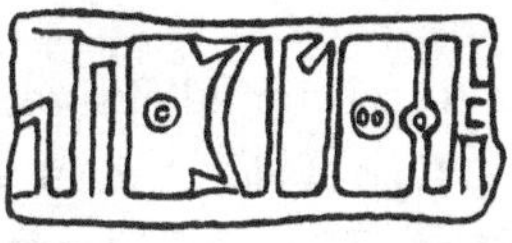

RW

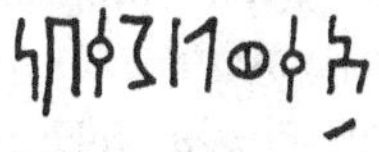

Gl.

אקול | שעבן [ו] שמעי |

Diese drei im Wortlaute identischen Bruchstücke gehören wohl wie Nr. 53—59 drei Ausfertigungen einer Bauinschrift an: *Qaile des Stammes Sumʿaj.*

63.

RW 126. 0.30 × 0.30.

..... ש]עדתא[לב ....

[S]aʿdtaʾ[lab], gewiß der gleiche wie der oben zu MM 33 besprochene Saʿdtaʾlab Juhaṯīb.

64.

RW 11. Neben MM 49, eventuell zusammengehörig.

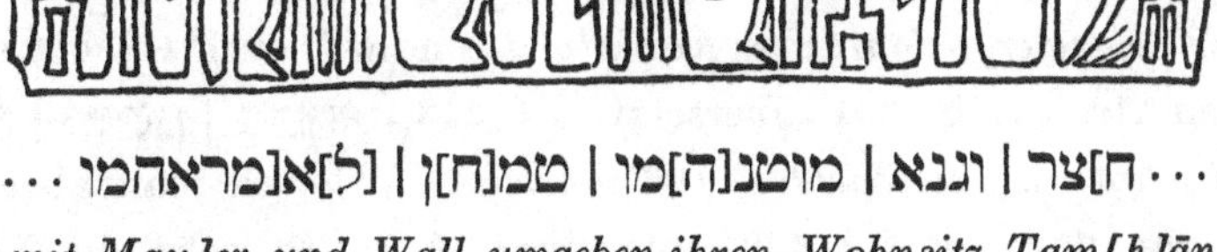

....ח]צר | וגנא | מוטנ[ה]מו | טמ[ח]ן | [ל]א[מראהמו ....

[..... hat mit Mau]er und Wall umgeben ihren Wohnsitz Ṭam[ḥ]ān [für ihre] Ge[bieter ....]

Das erste Verbum, dessen erster Radikal weggebrochen ist, wird kaum anders als zu חצר zu ergänzen sein, vgl. حصر , حِصار , äth. ሐጸረ: Diese Wurzel läßt sich zur Zeit nur durch die recht späte Inschrift Hal. 63 = C I 542 Z. 3: | חצרהו וביאריהמו *sein ḥ-ṣ-r und ihre beiden Brunnen* und das qatabänische Fragment *Rev. d'Assyr.* V S. 127f. Nr. V Z. 5: ...אחצרש... nach O. Webers Lesung (*St.* III S. 44f.) belegen. C I 542 ist die Bedeutung *Mauer* wahrscheinlich, an der zweiten Stelle möglich.

גנא *mit einem Wall umgeben* kommt in der Regel nur allein vor, gelegentlich wird es mit בני *bauen* verbunden (Hal. 276; 520_{12}; Prid. I Z. 8 = C I 338_{17}). C I 396_5 (Stein im Br. Mus.) lautet nach Halévys Lesung: | מדק]נתהו | והשר | גנא. | הגרן ... השר wird von Rhodokanakis *St.* II S. 70 mit hebr. שׁוּר *Mauer*, verglichen, so daß es synonym mit גנא wäre. Sollte etwa חצר darin stecken, sei es als Verbum = حصر oder als Subst. im st. cstr. zu גנא?

מוטן wurde bisher an den Stellen, an denen es vorkommt (C I 82_7, 343_7, 532_6), als *Wohnort, Niederlassung* gefaßt.

C I 82_7f. lautet: (Almaqah hat den Stifter der Tafel errettet)

בן | זחנת | זחן | במוטנן | בקשח | אשדן

a vulnere quo vulneratus est in his sedibus crudelitate bellatorum (C I);

C I 343_{16}f.: (Ta'lab hat den Stifter errettet)

בן | מוטנן | טמחן | עדי | חיל |

protexit eum a sede Ṭamḥān usque ad Khayalum (C I, ebenso D. H. Müller *Sab. Denkm.* S. 48);

C I 532_6f. (die Stifterin hat gesündigt)

בדת | וצאת | עדי | מוטנן | עיר | טהרם |

quia exierat intra sedes impura (C I), ebenso D. H. Müller zu Hofmus. Nr. 6, 7 und M. Hartmann *Ar. Fr.* S. 210f. Hartmann erläutert treffend „*sie hielt sich nicht in Klausur*", während sie sich im Zustande der Unreinheit befand, sondern zeigte sich im מוטן. Man vergleiche hiermit was Caskel in den *Islamica* Vol. III fasc. 5 S. 13 Anm. 4 über altarabische Bräuche beibringt und was Flad in seiner *Kurzen Beschreibung der Abessinischen Juden* S. 30f. von ähnlichen Vorschriften bei den Falaschas berichtet.

C I 408_{12}f.: במוטנהמו | עימן *in ihrem* מוטן *Ġaimān.*

Dagegen deutet Rhodokanakis *Bodenwirtschaft* S. 16 מוטנן bzw. מוטנן | טמחן C I 82_7 und 343_{17} unter Vergleichung von طمحات الدهر und موطن = *Kriegsschauplatz* als *widriger, gefährlicher Kampfplatz* und will auch C I 408 so erklären. M. Hartmann *Ar. Fr.* S. 301 übersetzt C I 343_{17} בן | מוטנן | טמחן gar mit *aus der hochgelegenen (verseuchten?) Wohnstätte.* Was soll man aber mit dieser Bedeutung von מוטן in C I 532 anfangen? C I 408 steht die Lesung עימן außer Zweifel, und die Deutung auf den bekannten Ortsnamen ist das Nächstliegende und Natürliche. Das hier veröffentlichte Fragment dürfte endgültig für die ältere Erklärung von מוטן und טמחן gegenüber Rhodokanakis entscheiden. Überdies ist טמחן als altsüdarabische Ortsbezeichnung gut bezeugt. Hamdānī im *Iklīl* kennt einen Damm طمحان (s. *Sab. Denkm.* a. a. O.), und in der Dammbauinschrift von Marib C I 540 Z. 9 wird der Wādī Ṭamḥān, ודין | טמחן, erwähnt.

Am Schluß der Zeile ist das vorletzte Zeichen kaum anders denn als ל zu deuten. Es folgte etwa ein Plural א]מראהמו, schwerlich א]רצ̈המו.

65.

RW 132. 0.15 × 0.15.

.... מ]ד̄קנת ....

S. zu MM 32 Z. 2.

66.

RW 33. An einem Torbogen. Rotbrauner Sandstein, 0.25 × 0.30 = C I 175 (= Gl. 159).

RW

..... ש | ומורת .....

מורת ist aus C I 40 und 569 als Bezeichnung von Bauteilen oder Zubehör von Befestigungen bekannt und danach auch C I 16_2 ergänzt worden, vielleicht *Graben* (von ور). — Die Ergänzung des vorhergehenden Wortes ist unsicher; Glaser las ח statt ש, was möglicherweise אשק[ח *Dächer* (so C I) ergibt.

67.

RW 40. Stein, abgehauen von einem Türken, der ihn kaufen wollte, aber nicht erhielt, = C I 188. Im C I ist nur die Abschrift Glasers, Nr. 172 seiner Sammlung, berücksichtigt worden; es liegt aber auch eine Abschrift von Ḥabšūš vor, Nr. 51 in Glasers Sammlung.

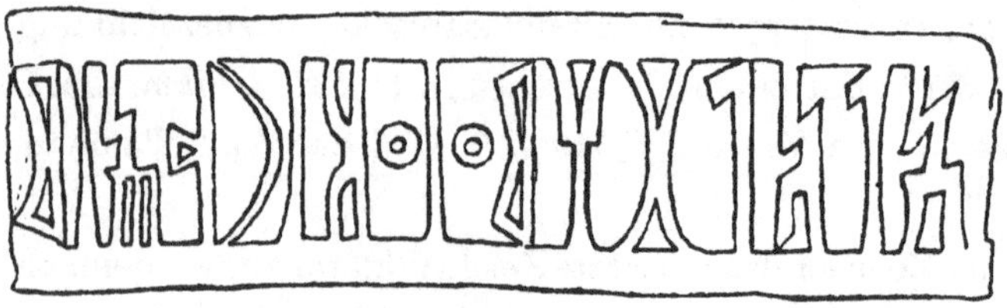

RW

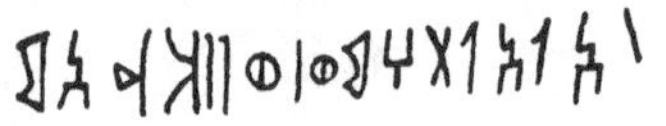

Gl.

Aus den Varianten der drei Abschriften ergibt sich:

ברדא | ומקם |] אלאלתהמו | וב | רדא | מ]ראהמו . . . .

[mit der Hilfe und Macht] ihrer Götter und mit der Hilfe [ihres] G[ebieters. . . .]

Die in den Schlußformeln der minäischen Bauinschriften stereotype Anrufung aller Götter, כל | אלאלת, oder der Stammes- bzw. Stadtgötter, kommt in den sabäischen Inschriften nicht vor. Ebenso werden nur selten, wie in diesem Fragmente, neben bzw. anstatt der Einzelgottheiten „die Götter" angerufen, vgl. MM 57 und C I 40_4 ברדא | ומקמת | אלאלתהמו, ähnlich 448_4 (= MM 150), 506_4, 564. אלאלת | שׂבכמם C I 29_5 ist anders zu erklären, s. zu MM 26. Außerhalb der Anrufungen findet sich אלאלתן *die Götter* in den altsabäischen Texten C I 562 u. 563 und dann wieder in dem viele Jahrhunderte jüngeren Texte C I 429: לאלאלתן | ולאנשן *gegen Götter und Menschen.*

68.

a) RW 109. An einem Hause sehr hoch oben eingemauert; 0.50 lang.

b) RW 108. Am selben Hause; 0.30 lang = C I 177 (= Gl. 161).

RW 108

RW 109

בתאלב | רימם | וב | ש]משהמו | ומצ]חהמו . . . . . .] וב | אדמ]המו . . . .

Im C I stehen unter Nr. 219 (= Gl. 203) und 223 (= Gl. 207) folgende zwei Fragmente aus Ḥāz:

C I 219:	C I 223:
'וב | אדמ'	ב | רימם | וב | שמ

Sie gehören zu einem Duplikate. RW 109 + 108 und C I 223 + 219 ergänzen einander zum Schluß einer Inschrift mit den üblichen Anrufungen: *[mit Ta'lab Rijām^{m} und mit ihrer Ša]ms und [ihrem] Manḍa[ḥ] ...... und mit [ihren] Klienten....*

Die Stellen, an denen die אדם zum Schlusse der Inschrift angerufen werden, sind nicht allzu häufig, aber nicht zu beanstanden.

Zu der hier behandelten Inschrift kommen als weitere Belege hinzu:

C I 242 = MM 95: וב \| מקימת \| אדמהמו *und mit den Mächten ihrer Klienten;*

C I 252 = MM 96: וב \| רדא \| א]דמהמו *[und mit der Hilfe] ihrer [Kli]enten;*

C I 228 = Gl. 53: במקם \|] ורדא \| אדמהמו *[mit der Macht] und Hilfe ihrer Klienten.*[1])

Diese drei Texte stammen aus Bait Ġufr und Ḥāz. Qatabānisch ist SE 48 (bei Rhodokanakis *KT* II S. 28f.) Z. 4: ברדא \| ואחיל \| אדם \| בן \| קסמם *mit der Hilfe und den Kräften der Klienten des b. Qāsim^{m}.*

M. Hartmann nahm Anstoß an C I 228 „weil *ope vassalium suorum* gegen die Vorstellungen ist, die die Inschriften beherrschen, in welchen ein רדא nur von den Gottheiten und den „*Herren*" gewährt wird" *(Ar. Fr.* S. 309). Diese Vorstellungen sind aber nur seine eigenen Vorstellungen von der Struktur der sabäischen Gesellschaft, speziell von den אדם, den „Hörigensippen" (ebenda S. 404ff.). In den אדם der Götter erblickt er die Hörigen, „die am Landbesitz des Tempels hafteten", in den אדם \| מלכן die Hörigen, mit denen der König auf seinen Domänen einen Betrieb unterhielt, mit andern Worten die von der Kirche und den Fürsten ausgesogenen Proletarier. Die oben angeführten Stellen C I 177, 242 und 252 sind Hartmann entgangen. SE 48 war damals noch nicht veröffentlicht. Aus dem Umstande, daß die „Hörigen" bis dahin in qatabānischen Texten nicht nachgewiesen waren, zog Hartmann den Schluß: „Qataban hatte eben eine andere soziale Struktur" (S. 406).

---

[1]) Hierher gehört auch wohl der Schluß der Bauinschrift C I 416: mit Hilfe der Gottheiten, der אמרא und שו[ע]ן \| במקימת *mit den Mächten der Gefolgschaft.*

69—70.

69.

RW 26. In der Stadtmauer; 0.15 × 0.80 = Gl. 142.

RW

... מנצ̇חהמו | בעל | ו]כלם | ...

70.

RW 25. Anschließend an Nr. 69 = Gl. 143.

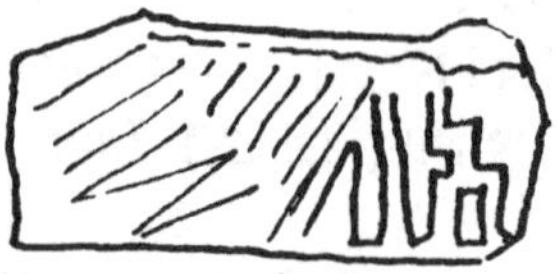

RW

⁞ א | . . . . . . ⁞

Die beiden Fragmente, die auch nach Glaser zusammengehören, stehen im C I unter Nr. 159. Den Schluß ergänzen die Herausgeber zu בעל | וא]לם. Aber in der Zeichnung von RW folgt am Ende des ersten Fragments auf das ו noch ein Vertikalstrich, und das א des zweiten ist vollständig erhalten, so daß jener Vertikalstrich nicht den ersten halben Vertikalstrich davon bilden kann. Damit fällt die Ergänzung ואלם, die übrigens die Herausgeber des C I selbst als zweifelhaft geben. Da in andern Inschriften von Ḥāz der מנצ̇ח als בעל | וכלם bezeichnet wird (s. zu MM 36_3), so darf man dasselbe Epitheton auch in unserem Fragment 69 annehmen und das zweite Stück zu ברד[א | ergänzen.

71.

RW 98. Neben dem Tor des Hauses des Sidi Abdullah; Länge 0.40 = C I 168 (= Gl. 152); Sammlung Glaser Nr. 59 (Abschrift Ḥabšūš), ohne Varianten.

RW

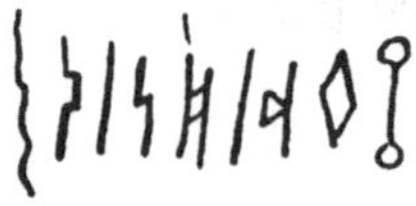

Gl.

..... תַּפד | דָן | א ......

In den beiden ersten Worten stimmen alle drei Abschriften überein; den Schlußbuchstaben א hat die Zeichnung von RW vollständig, Glaser zur Hälfte, Ḥabšūš gar nicht. Die erhaltenen Reste sind nicht zu deuten, und bei der Übereinstimmung der drei Abschriften enthält man sich besser aller Berichtigungen. Seine vom C I übernommene Lesung תֿער | דֿן | [צ]רחן, was heißen soll *restituit hanc turrim*, wird Hommel wohl selbst nicht mehr aufrecht erhalten.

72.

RW 21. An einem Torbogen; gelber Kalksandstein; Länge 0.22 = C I 192 (= Gl. 176); ohne Variante.

RW

תבעם

Als Ortsname durch Hal. 43, als Personenname durch C I 287 Z. 9 belegt.

73.

RW 124. Höhe 0.30.

קרן ?

Schwerlich הש]קרן; eher der EN ש]קרן.

74.

RW 22. An einem Hause; gelber Kalkstein; 0.30 × 0.60 = C I 209 (= Gl. 193), ohne Variante.

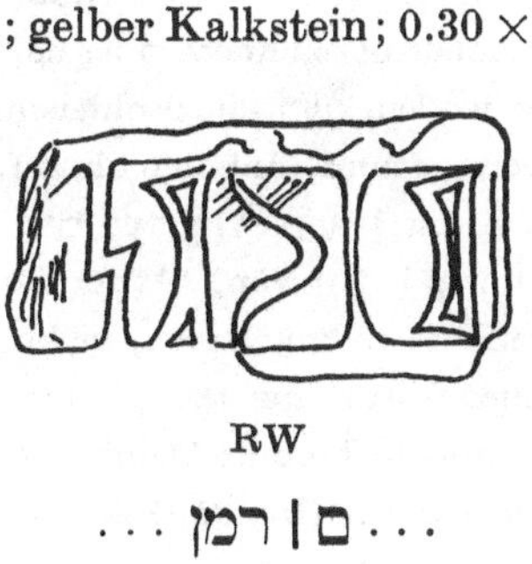

RW

... ם | רמן ...

Der Gott Rīmān ist durch C I 140 (aus dem benachbarten Kaukabān) im sabäischen Pantheon nachgewiesen[1]). Ob er in diesem Fragmente zu erkennen ist, bleibt natürlich zweifelhaft. Nach der Zeichnung von RW kann das vorhergehende Wort במק[ם] gewesen sein. שימה[מ]ו, wie im C I ergänzt wird, ist durch die Übereinstimmung mit Glaser ausgeschlossen.

75.

RW 104. 0.25 × 0.66 = C I 180 (= Gl. 164).

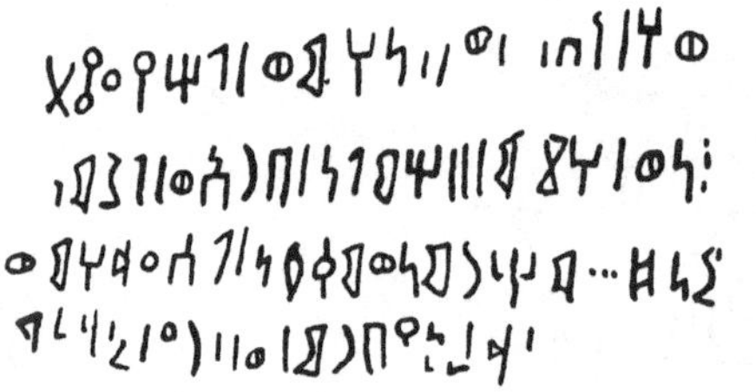

Gl.

RW

Oben und unten anscheinend vollständig; zwischen den einzelnen Zeilen fehlen ± 11 Zeichen. Die nachstehende Umschrift beruht auf beiden Abschriften.

1 . . . . . והבאל | ובנהמו | לחיעת̄ת [ו| . . . . .
2 . . . . . ב]נו | הזם | ד̄חמלן | בראו | לשמש]המו |
3 בעלת | ע]י[מן | ד̄[ן | ו]מחרמן ומקפן | לשעדהמו [ו|
4 . . . . נא]ד | את̄מרם | ובר̇י | אד̄נם [ו| ומקמם |

(1) *[...... und] Wahb'īl und ihr Sohn Liḥaij'aṯṯ* ...... (2) ....., *[ba]nū Huzam von Ḥumlān, erbauten [ihrer] Sonnengottheit,* (3) *[der Herrin von Ġai]mān, die[ses] Heiligtum und den Kultstein, auf daß sie sie beglücke mit* .... (4) *[und saf]tigen Früchten und Fülle von Macht [und Ansehen].*

---

[1]) Die Stelle, in der dieser interessante Name in der Inschrift vorkommt, ist leider in Glasers Abschrift nicht ganz sicher. Glaser las Z. 2f.: | רנ . ללעל(?) מן | ד̄אכשר | . In den verlesenen Zeichen רנ . ל steckt, wie die wiederholte Erwähnung des רמן in Z. 7, 8, 9 und 11 zeigt, רמן . Das folgende, als unsicher bezeichnete ל ist der Trenner. Dazwischen ist kein Raum, um, wie die Herausgeber wollen, בעל einzuschieben. Da die Inschrift rechts und links vollständig und die Zeilenenden und -anfänge ohne Lücke aneinander schließen, ergibt sich als einzig mögliche Lesung | רמן | עלמן | ד̄אכשר |, und wir müssen עלמן als Epitheton zu רמן auffassen, vgl. Almaqah Ṯahwān, 'Aṯtar Šāriqān, Wadd^m שהרן . Mit dem aramäischen Rimmōn wird רמן nichts zu tun haben, es könnte eher eine Nebenform von רימן sein, das wir als Namen eines Gottes aus theophoren Eigennamen erschlossen haben (s. zu MM 42). Als Personeneigenname kommt 'Almān Hal. 192 + 199 und Derenbourg *Marseille* VI sowie in einem *Musnad* bei Hamdānī (s. zu MM 122) vor.

(Z. 1) sind die Reste von והבאל in der Zeichnung von RW sicher zu erkennen; החיאל (so C I) ist ausgeschlossen und kommt auch sonst nicht vor.

(Z. 2) הזם Gl., wohl richtig; sonst nicht belegt. Vgl. بنو الهُزَم bei b. Duraid, *k. al-ištiqāq* S. 179 (C I).

(Z. 4.) Über אתמרם s. zu MM 87 Z. 3. — Den Schluß ergänzen die Herausgeber des C I zu ואפקלם | הנאם, aber die Buchstabenreste in Glasers Zeichnung ergeben vielmehr וברי | אדנם |.

76.

RW 130. 0.15 × 0.50 = C I 204 (= Gl. 188).

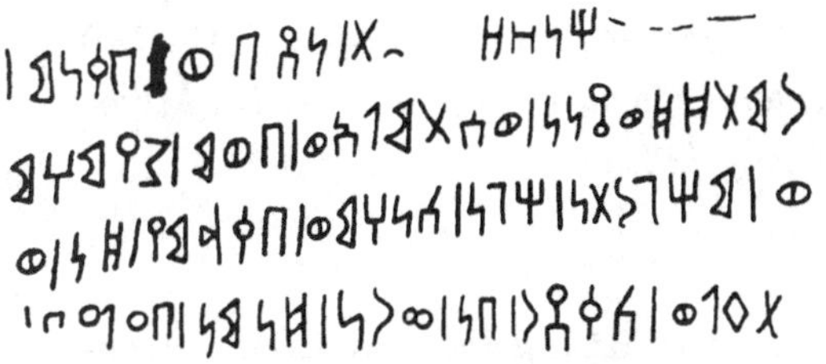

Gl.

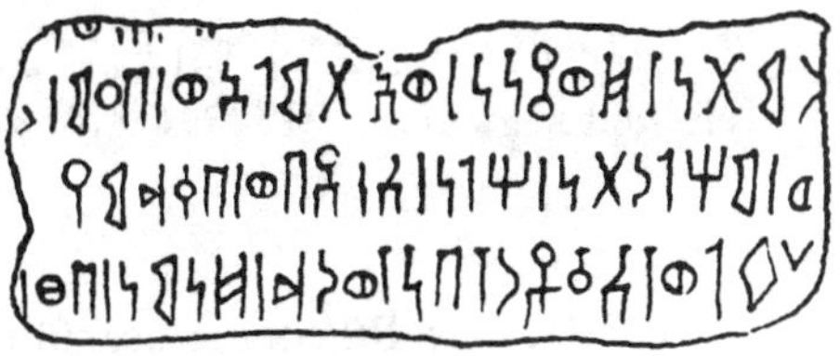

RW

Auch mit Hilfe der neuen Abschrift läßt sich keine sichere Lesung dieses Bruchstücks gewinnen. Die im C I vorgeschlagene befriedigt nicht. Aus Z. 3 geht hervor, daß wir die Reste eines jener Texte vor uns haben, die man als *watf*-Urkunden zu bezeichnen pflegt nach dem vorläufig noch nicht zu erklärenden Ausdrucke ותף, der in diesen Texten von dem Inhalt der darin getroffenen Verfügungen gebraucht wird (Os. 35, Hal. 361, C I 99, 380, Gl. B. 883, Gl. 1548/1549). Rhodokanakis hat sie in seiner Abhandlung *Der Grundsatz der Öffentlichkeit* und *St.* II S. 141ff. im Zusammenhange untersucht und festgestellt, daß sie die Rechtsverhältnisse von Grundstücken betreffen.

(Z. 1.) Nur die Schlußworte נצבו | בק[ד]מ[י | scheinen sicher, s. zu Z. 3.

(Z. 2.) רמתן | דותנן | ושתמלאו | בעם | שימהמ[ו

Im ersten Worte sahen die Herausgeber des C I einen Ortsnamen; Glaser *Altjem. Nachr.* S. 150 Anm. wollte [ד]רמתן ergänzen. Man kann aber auch an עדי | [ח]רמתן denken: (sie stellten auf) *bei dem Heiligtum*, vgl. C I 282_3, 292_2.

(Z. 3.) . . . . ו | מחגרתן | חגן | כנצבו | בקדמי | דן | ו[תפן

Man vergleiche die Wendungen Hal. 147 = C I 546_8:

חגן | כחור | בקדמי | דת | תנחיתן

und Gl. B. 883 [= C I 606]:

וכון | דן | ותפן | חגן | כנ[צבו | בקדמי |] דן | ותפן | בורח ״

Ähnlich wird auch Z. 1 unserer Inschrift gelautet haben, wo Glasers Abschrift deutlich נצבן hat. Hierdurch und durch die Abschrift von RW werden Glasers Lesart כנהמו in dieser Zeile und die dazu gemachten Deutungsversuche (s. den Kommentar des C I und Rhodokanakis *Grundsatz* S. 49) beseitigt. Der Stamm נצב ist sonst nur als Substantiv in der Bedeutung *Grabstele* belegt.

מחגרת auch noch Hal. 147_{11} (שרהמו | ומחגרתהמו); der Plural davon liegt in מח[ג]רהמו Hal. 63_6 vor.

(Z. 4.) .....תפלו | כקצר | בן | ורד | ד̄נמן | בעלי |

Hiermit ist nichts anzufangen. Zur Erklärung von תפלן nützen uns תפל C I 405_{11}, אפל, פלתן C I 380, פלית C I 74_5 und MM 77_7 nichts. Ebenso dunkel ist der Rest der Zeile. In der Lesung stimmen beide Abschriften überein, aber man kommt über vages Vermuten und Raten nicht hinaus. Ist ד̄נמן etwa *der Regen* (s. zu MM 171 A Z. 1)? In der großen Dammbauinschrift C I 540 Z. 59 heißt es: כחגן | ורד | דת̄אן *sicut ceciderat pluvia veris* (C I), und im Äthiopischen sagt man: ዘናም፡ወረደ፡ *der Regen ist gefallen.*

77.

RW 34. Im Pflaster eines jüdischen Hauses in Ḥāz; gelber Sandstein; eingegrabene Schrift.

1 .....תאלב | ....
2 ....ולמן | ד̄מאד̄נם | ו...
3 ..כבׂ | אושׂן | לשׂטר | חג | ?
4 ..ותאלב | יצרידהו | וש ?...
5 מרם | לאתו | שׂעבם | נשׂר | שׂבא
6 לם | ויצדקן | בן | נפשׂ | ב...
7 ? | וכונת | פליתן | ב.....
8 דעלת | הופעת̄ת | ....
9 חולן | ....

Die Buchstabenformen zeigen, daß hier ein älterer Text vorliegt, wie auch in der folgenden Inschrift MM 78. Über den Inhalt läßt sich bei dem fragmentarischen Zustande nichts Sicheres ermitteln. Immerhin dürfen wir aus der Nennung der Ausān Z. 3 und von Saba Z. 5 schließen, daß die darin erwähnten Ereignisse im Zusammenhang stehen mit den Kämpfen zwischen Saba und Ausān, die in die I. Epoche der sabäischen Geschichte fallen, und über die wir jetzt durch die von Rhodokanakis in seinen *Altsabäischen Texten* I veröffentlichten Texte unterrichtet sind. Dann ist Z. 5 wohl מהא]מרם zu ergänzen.

Der Schluß Z. 7ff. enthält eine Datierung: *und es fand statt die* פלית *[im Jahre des....] Hauf'att......*

Aber was unter פלית zu verstehen ist, bleibt unklar; auch die Stelle in der Bronzetafel von 'Amrān CI 74 hilft uns nicht weiter. Daß in dieser Tafel die Verben צרי und צדק unserer Inschrift wiederkehren, läßt auf ähnlichen Inhalt schließen.

(Z. 2.) ולמן wird wohl kaum anders als zu ש]ולמן Šaulamān zu ergänzen sein. In der großen Dammbauinschrift von Marib Gl. 618 = CI 541 Z. 84 wird דשולמן *der von Š.* unter den mit Abraha verbündeten Stamm- und Familienhäuptern genannt. Der Name kommt sonst nicht vor.

דמאדנם, *der von M.*, ebenso CI 57 (Ġaimān), wofür sonst מאדנין = المأذنى CI 287_8 (Ġebel Ṯanein bei Nā'iṭ), 349, 359 (Ta'lab-Inschriften unbestimmter Herkunft) gebraucht wird. Das ארץ | מאדנם CI 323 entspricht dem von den Geographen überlieferten مخلاف مأذن westlich von Ṣan'ā. Hamdānī las in einem alten Musnad من كريب ذى مادنم (*Iklīl* bei D. H. Müller *Südar. St.* S. 31 Anm.).

(Z. 3.) בב | אושן. Wenn das erste nicht ganz sichere Zeichen, wie es den Anschein hat, ein ב ist, bietet sich אר]בב als passende Ergänzung. Aus seiner Inschrift Nr. 218 (ined.) führt Glaser *Mitteilungen* S. 10 die Worte ארבב | שמעי ارباب سمعى *die Herren des Stammes S.* an. Sonst kommt ربّ in den Inschriften nur in theophoren Eigennamen wie רבשמשם, רבנשרם, רבאל usw. vor. רבבן (Dual) Gl. B. 830 Z. 22 (= CI 308 Z. 24f.) ist wohl رَبِيبَيْن von רבב = ربيب (s. zu MM 45). In den *Himj. Inschr. u. Altert.* ist es als *Geiseln* gedeutet, ebenso im CI. Auch in der Inschrift vom Ġebel Ġiḥāf (Lidzbarski *Ephem.* II S. 380ff.) dürfte ארבבן appellativ zu fassen sein.

(Z. 4.) Über צרי siehe zu MM 26_5.

(Z. 5.) שעבם sonst nur noch in der alten Inschrift Fr. XI = Gl. 1000 B Z. 3, wo Rhodokanakis *Altsab. T.* I S. 80 es als Ortsnamen faßt. — נשר | שבא *nach Saba.* Diese Bedeutung von נשר hat Rhodokanakis nachgewiesen.

(Z. 8.) Der erste Eponymenname ist nicht mit Sicherheit zu ergänzen.

78.

RW 36. An der Tür eines jüdischen Hauses, gelber Kalkstein; 0.20 × 0.35.

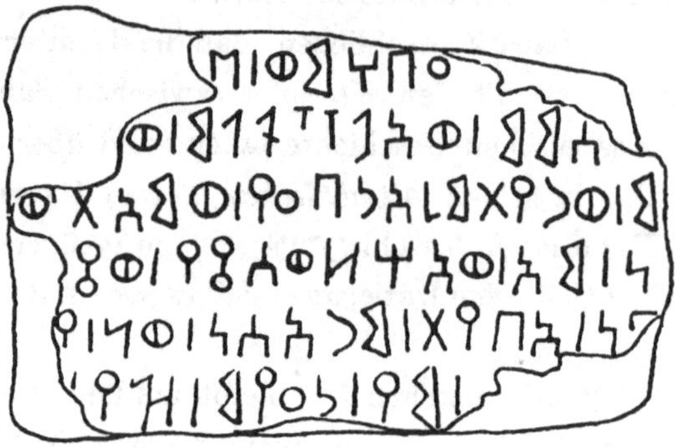

1 . . | ש]עבהמו | ב . . .
2 צ?מם | ואל | ??לם | ו . . . . .
3 ם | וריתם | ארבעי | ומאת | ו . . .
4 ן | מא | ואחד | ושת̄י | ות̄ . . . .
5 בן | אבית | מראשן | ו ? | ?
6 | באר]המי | רעים | ?י?

An allen Seiten abgebrochen.

Von dieser Inschrift gilt das Gleiche wie von MM 77. Doch weist sie schon jüngeren Schriftcharakter auf. Der Inhalt läßt sich nur erraten. Man erkennt nur einzelne Wörter:

(Z. 1.) ש]עבהמו *ihr Stamm.*

(Z. 2.) עצ]מם | ואל | שאלם ?

(Z. 3.) ריתם wohl Ortsname, allerdings sonst nur in den Inschriften von el-ʿÖlā. Im Folgenden sind die Zahlen klar: ארבעי | ומאת = 140; Z.4: אחד | ושת̄י = 61. Das vorhergehende ... ן | מא | ist unklar; ת̄מ]ן | מא = 800?

(Z. 5.) מראשן ist bisher nur aus den von Glaser *Altjem. Nachr.* S. 144 aus seiner Inschrift Nr. 1628 angeführten Worten zu belegen.

(Z. 6.) רעים ist C I 399 Name eines Brunnens (ב]ארהו | ר'). In der Inschrift Berlin VA 5324 heißt ein Brunnen רוים (בארן | ר'), in der ersten Göttinger Inschrift [= C I 652] ein Kanal (חרתן | ר'). Die Lesung רוים an diesen Stellen steht fest. Es fragt sich, ob nicht רעים in unserer Inschrift und C I 399 in רוים zu ändern ist; des weiteren, ob nicht in רעים bezw. רוים Appellativa vorliegen. In dem ähnlichen Falle von רבח̇ם, das C I 20 und 286, und מרבחם, das C I 21 als Bezeichnung von Grabstätten vorkommt, hat sich das C I für eine appellative Bedeutung entschieden.

Soweit sich erkennen läßt, war in unserer Inschrift von der Herstellung allerlei gemeinnütziger Profanbauten die Rede.

79.

RW 160. In Ḥāz erworben, jetzt in Berlin VA Nr. 8960; 0.10 × 0.30. Abklatsch und Photographie.

1 אום | צלמן | ד̄ד̄[הבן | ח
2 מדם | בד̄ת | הופ[ני | אלמקהו |
3 עבדהו | ודאב]| בן | . .
4 נם | ונכים | ד̄כד ? . .
5 ? ו | משׂבא | שׂד . [. וב ד̄ת | ה
6 ען | ומתען | א[למקה
7 בעלאום | ודא[ב | בן | . .
8 תם | ופרקנפשׂה[ו | ו
9 רא | אלמקהו | מ[תע | ו
10 הענן | אדמהו | [בני | . .
11 לאל | בן | נצׂע | ושׂצ[י | שׂ
12 נאם [| ח]עלית | כה[ל
13 ם | באל]מקה[ו | בעלאום

[Wadd'ab b. ..... hat dargebracht dem Almaqah, Herrn von] (1) *Awwām, die g[oldene] Statue [zum Da]*(2)*nke dafür, daß er bewah[rt und behütet hat]* (3) *seinen Knecht Wadd'ab [vor..* (4) *..] und Feind, die ....* (5) *.... [und weil ha]* (6) *lf und behütete A[lmaqahū],* (7) *Herr von Awwām, den Wadd'a[b vor* (8) *...] und sein Leben rettete* (9) *[und es] gefiel dem Almaqahū zu be[wahren* (10) *und] helfen seinen Knechten, [den banū]* (11) *.. l'īl vor Überfall und Anschlag [des Fei* (12) *ndes und] Unbill des Macht* (13) *[habers. Mit Al]maqah[ū, Herrn von Awwām!].*

Zu Anfang sind mehrere Zeilen mit den Eingangsworten der Inschrift verloren. Rechts und links fehlen nur wenige Zeichen. Stil und Diktion unserer Inschrift weichen von ähnlichen Texten ab, was mangels Parallelstellen die Ergänzung der Lücken erschwert.

(Z. 3.) ודאב ist als Personenname nur noch aus dem Bombayer Grabrelief C I 482 mit der Beischrift צ[ור | ודאב *[B]ild des W.* zu belegen. Er hängt gewiß zusammen mit dem Zauberwort אבם | ודם, ודאב bezw. ודם | אבם, אבוד, über das ausführlich zu MM 168 gehandelt werden soll.

(Z. 4.) נם zu Anfang ist sehr deutlich. Es steckt darin das Ende eines Synonym von נכים, das sonst nicht vorkommt. Ebenso steht ..... דכ̄ am Ende der Zeile fest. Im Folgenden war die Rede von einem Kriegszuge, משבא, aber wie die in der Lücke zwischen Z. 4 und 5 verloren gegangenen Worte lauteten, ist nicht zu erraten.

(Z. 5.) Das verstümmelte ..שד ist mangels Parallelstellen nicht zu ergänzen. Oder sollte darin das Substantiv von שדוהמו, MM 146a Z. 4, stecken?

(Z. 8.) פרקנפשהו, ohne Trenner!, bildet gleichsam ein einziges Wort[1]). Dieselbe Verbindung scheint in der qatabānischen Inschrift Berlin VA 7821 Z. 4: פר[ק | נפשהו | ואדנהו | ובניהו vorzuliegen. Das Verbum kommt nur noch in der ʿAmrāntafel C I 79 Z. 4 vor.

(Z. 9.) רא, wie hier mit folgendem Perfekt, findet sich noch Hal. 49 = C I 376 = Gl. 896 bei Rhodokanakis *Grundsatz* S. 6ff. Z. 10 (אבעלי | ויהפרע | רא | הגנבאי) und Berlin VA 3849_7 (ורא | הופיו). Häufiger ist die Konstruktion mit כ, C I 397_{10}: רא | כחמר | עבדהו, C I 581_{14}: רא | כוקה, Berlin VA 3844_6: רא | כשלמו, ebenso C I 396_6 und wahrscheinlich auch 522_6. Die Herausgeber des Corpus sahen in רא ein Verbum finitum (für ראי = رأى) mit der Bedeutung *placuit, statuit,* Rhodokanakis (zuletzt *St.* II S. 164) eine deiktische Partikel. Ursprung und Bedeutung des Wortes wird erst auf Grund weiteren Materials mit Sicherheit zu erkennen sein.

(Z. 10/11.) Auf אדמהו folgte der Name der Sippe, von dem nur die Schlußbuchstaben erhalten sind. Unter den zahlreichen mit אל zusammengesetzten Eigennamen findet sich keiner, der zu unserem Texte passen würde.

(Z. 12.) עלית ist aus C I 352 Z. 16 in der Bedeutung *injuria* zu belegen. Die Ergänzung כה[ל]ם = *kāhil* dürfte sicher sein. Eine andere Ableitung von derselben Wurzel ist כהלתם, das C I 326_3 neben עזתם = عِزَّة steht. Als Bedeutung ergibt sich aus dem Äthiopischen *Machthaber, Macht.*

---

[1]) Man vergleiche das äthiopische ቀተለ፡ነፍሰ፡ = *morden,* ቀታሊ፡ነፍስ፡ = *Mörder* (amharisch: ነፍስ(ን)፡ገደለ፡ bzw. ነፍስ፡ገዳይ፡, das auch vielfach als ein Wort geschrieben wird).

80.

a) RW 116. In der Nähe von RW 117; Buchstabenhöhe 0.04.

b) RW 117. An einem Hausdache, jetzt Berlin VA 8949; 0.06—0.10 × 0.28, Buchstabenhöhe 0.04.

Offenbar zwei zusammengehörige Bruchstücke. Das fehlende Mittelstück enthielt 7—9 Zeichen. Das linke Bruchstück hat eine Zeile weniger als das rechte.

b)

a)

1 ש]למן |] יח[צל | בן | ....]רם | הקנ[י

2 ש]ימהמו | ת[אלב | רי]מם | בעל | ש

3 צ]רם | צלמ[ן | חמדם |] בדת | צדק |

4 והופין | ת[אלב | רי]מם | עבדהו |

5 ש]למן | בכ[ל | אמלא |] שתמלאן | [ב

6 עמה]ו | וח[מדם | בד]ת | הושע | ת

7 א]לב | רימ[ם | עבדהו |] שלמן | [ב

8 ת[א]ו[לן | בופים | בן | כל | ש]באת | .

9 ...??...............

(1) *[Sa]lmā[n] Jaḫ[ḍul b. ...]rm hat dargebracht* (2) *ihrem [Sch]utzpatron Ta'[lab Rijā]m*^{m}*, dem Herrn von Ša* (3) *[ṣa]r*^{m}*, [die] Statue [zum Danke dafür], daß begnadet* (4) *und erhalten hat Ta['lab Rijā]m*^{m} *seinen Knecht* (5) *[Sa]lmān durch al[le Weisungen, die er] erbeten hat* (6) *[von ih]m, und zum Da[nke dafür, d]aß ausgezeichnet hat Ta*(7)*[']lab Rijām[*^{m} *seinen Knecht] Salmān* (8) *mit der H[eimkehr in Wohlsein aus allen F]eldzügen ......*

(Z. 1.) Die Ergänzung des ersten Eigennamen ergibt sich aus Z. 5 und 7. Der Beiname יחׄצׄל auch MM 46 und 89. Der Sippenname ist vielleicht וה]רם, s. zu MM 81.

(Z. 5.) Die Lesung שתמלאן ist sicher, ebenso die Ergänzung der Lücke. Die verlängerte Form des Perfekts ist auffällig, vielleicht verschrieben.

(Z. 8.) Die Ergänzung nach Gl. B. 825 = C I 334 Z. 22.

81.

RW 135. In der Stadtmauer = C I 160 (= Gl. 144).

Auf der Oberseite der Stele Vertiefungen für die Füße einer Statuette.

RW

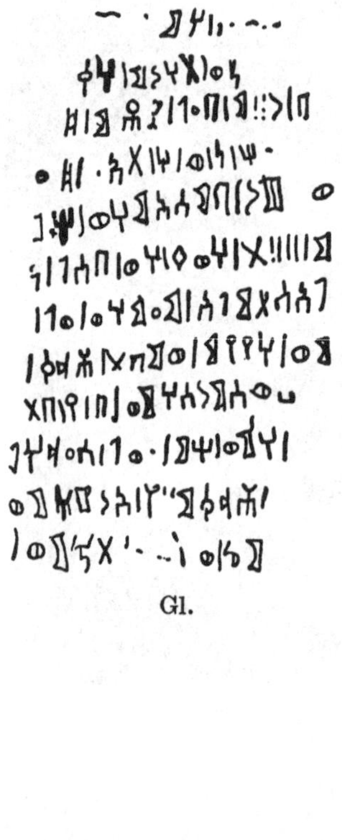

Gl.

1 .... | ובנ[המ]ו | ....

2 ...... |[בנו | [ז]הרם | הק]ניו |

3 | תאל[ב | ר]י[מם | בעל | שׂצ]ר[ם | ד̄ן]|

4 צלמן[| ח]ג[ן | ו]ק[ה | תא]ל[ב | ע]בד

5 ה[ו]|[. . ?ר | במשׂאלהו | ח]מ

6 ד[ם | ב]ד̄[ת | הופיהו | ב]כ[ל | א

7 מ[לאשׂתמלא | בעמהו | ול |]שׂעד

8 ה[מו | ח]ט̇[ים | ומנ]ל[ת | צדקם]| ו

9 רצ̇[ו | אמראהמו | בני | בת]ע | ו

10 שׂע[בהמו | חמ]ל[ן | ול | שׂעדהמ]ו | א

11 ת̄מר[| צדקם |]עד[י | ארצ̇המו]| וא

12 שׂררה[מו | ו]משׂימ[ת]ה[מו |

(1) *[.... und] ihre [Söhne ...]* (2) ... *banū [Z]uhr*^{m}, *haben darge[b]racht* (3) *[dem Ta'la]b Ri[jā]m*^{m}, *Herrn von Šaṣa[r]*^{m}, *diese* (4) *[Statue], so wie Ta'lab geheißen seinen K[necht]* (5) ...*?r mit seinem Orakel, zum Da[n* (6) *ke] dafür, daß er ihn heil erhalten durch al[l]e* (7) *Weisungen, die er von ihm erbeten hatte, und auf daß er* (8) *sie [beglücke] mit Wohlge[fall]en und reichlichem Besitz [und* (9) *mit der Gun]st ihrer Gebieter, der banū Bata[', und]* (10) *ihres [Stam]mes Ḥum-[lā]n, und daß er sie beglücke* (11) *mit reichlichen [Früchten] von ihren Ländereien,* (12) *ihren [Tälern] und [ih]ren [Güt]ern.*

Im C I im wesentlichen richtig ergänzt.

(Z. 5.) Der EN wird im C I auf Grund von Glasers Lesung als ד̄שׂ]טר gefaßt' ohne Wahrscheinlichkeit; näher läge, wenn der Buchstabe ט sicher stände, eine Elativform wie אח̇]טר.

(Z. 10.) שׂעבהמו | חמלן ist schon von M. Hartmann *Ar. Fr.* S. 309 und 377 in Glasers Kopie erkannt worden. Er bezog aber das Suffix von שׂעבהמו irrigerweise auf seine bata'idischen Barone, während es auf die banū Zuhr Z. 2 zu beziehen ist, wie sich z. B. aus MM 84 Z. 9f.: רצ̇ו | מראהמו | ושׂעבהמו ergibt.

(Z. 11f.) sind nach C I 174 und MM 87 ergänzt worden.

Die Sippe der banū Zuhr^{m}, der die Stifter unserer Inschrift angehören, erscheint noch in andern Inschriften von Ḥāz und Umgegend: C I 228 (Ḥāz); 234 (el-'Irrēn); 240, 263 (Bait Ġufr), vielleicht auch schon in MM 80.

82.

RW 118. In der Stadtmauer; 0.30 × 0.50 = C I 164 (= Gl. 148). Von Z. 2—4 liegt eine Abschrift von Ḥaijīm Ḥabšūš in Glasers Sammlung unter Nr. 57 vor. Sie ist im C I nicht berücksichtigt worden, obwohl sie einige bessere Lesungen bietet.

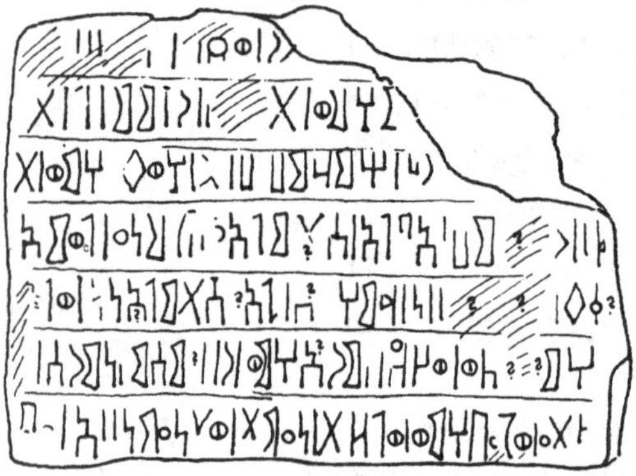

RW

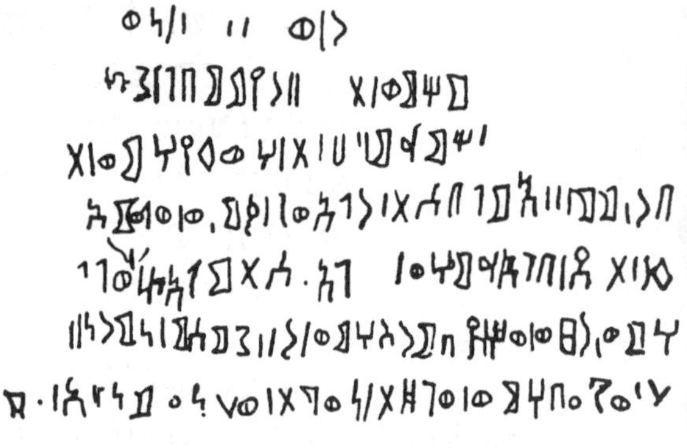

Gl.

Die folgende Umschrift beruht auf den drei Abschriften

1 .... תר | ו[בניהו | ב]נו ......
2 הקניו | שי]מהמו | ת[אל]ברימםב[ע]ל | ש[צרם
3 ד̄ן | צלמן] | חמדם | ב[ד̄]ת | הופיהמו | ת[א
4 ל]בר[י]מם | באמלא | שתמלאו | בעמ[ה]ו | ולוזא
5 הו]פ[ין |] ת[אל]ב | אדמהו | [באמ]לא[ן]שתמלאנן | ול
6 שעד]המו | רצ̇ו | וחט̇[ין] | מראהמו | רבשמשם | נמרן |
7 בן | ב]תע | ושעבהמו | ולד̄ת | נעמת | ותנעמן | [ל]א[ד]מ[הו

(1) .... *t-r und [seine Söhne, ba]nū* ....., (2) *[haben dargebracht] ihrem [Schutzpa]tron Ta['la]b Rijām*^{m}, *H[er]rn von Ša[ṣar*^{m}, (3) *diese Statue] zum Danke dafür, daß sie heil erhalten hat Ta['* (4) *la]b Ri[jā]m*^{m} *durch die Weisungen, die sie [von] ihm erbeten hatten, und damit fortfahre* (5) *[hei]l [zu erhalten] Ta['l]ab seine Knechte [durch die Wei]sungen, die sie erbitten, und damit* (6) *er sie [beglücke] mit der Gunst und Huld ihres Gebieters Rabbšams*^{m} *Nimrān* (7) *[b. Ba]ta' und ihres Stammes, und weil es wohl ergangen ist, und damit es wohl ergehen möge [seinen] K[ne]chten.*

Die Inschrift scheint oben und unten vollständig zu sein. Zwischen den einzelnen Zeilen fehlen abgesehen von der Lücke zwischen Z. 1 und 2 nur wenige Zeichen.

(Z. 1.) ergänzen die Herausgeber des C I zu: נשׂאכרב | או]תר | ו]בניהו | ב]נו]| בתע bezw. נשׂאכרב | יגע]ר usw. Die neue Abschrift spricht für die erste Ergänzung, die manches für sich hat. Dann hätten wir den Bataʿiden dieses Namens vor uns, der C I 342 dem Ta'lab Rijām^{m}, Herrn von Qadmān, zwei Statuen darbringt. Daraus ergibt sich dann die weitere Ergänzung des Sippennamens zum Schluß der ersten Zeile. Wenn Z. 6f. um die Gunst ihres Gebieters, des Bataʿiden Rabbšams^{m} Nimrān, gebeten wird, so darf das nicht auffallen. Gewöhnlich sind es die אדם, die Angehörigen einer niedrigeren, nicht derselben Sippe, die eine solche Bitte aussprechen. Hier ist aber unter dem Rabbšams^{m} Nimrān der Chef der Bataʿiden zu verstehen, und es ist durchaus nicht abzusehen, weshalb nicht gelegentlich ein Mitglied dieser Familie um die Gunst des regierenden Familienchefs bitten soll.

(Z. 2.) Die beiden Trennungsstriche in תאלב רימם בעל fehlen in allen drei Abschriften, also sicherlich auf dem Steine, ebenso Z. 4.

(Z. 4f.) An der Stellung des Gottesnamens nach הופין haben auch die Herausgeber des C I Anstoß genommen. Nach den zahlreichen Parallelen — C I 78, 84, 87, 93, 95, 282, 315_{19}, 323, 326, 335, 349, 544, Hal. 346 — die sich noch vermehren ließen, erwartet man ול | וזא | תאלב | הופין oder einfach ול | וזא | הופין (so C I 3, 28, 76, 315_{17}).

Aber es gibt wenigstens drei Stellen mit der gleichen Konstruktion wie in unserer Inschrift, C I 350 Z. 14f.: ול | וזא | חֹמרהמו | תאלב | ״, C I 429 Z. 7ff.: פל | יהעשמן | שוף | ומתען | עתֿתר | ״׳ עבדהו und C I 28 Z. 4ff.: ול | וזא | הושענהמו | שימ]המו | חגר]ם

Nicht minder anstößig ist, was im C I nicht vermerkt ist, das Fehlen von בעמהו nach ישתמלאנן Z. 5. Das kommt anscheinend nur hier vor.

(Z. 6.) Der hier erwähnte רבשמשם | נמרן | בן | בתע begegnet uns noch in einem von Glaser in Marib gefundenen einzeiligen Fragment; s. Glaser, *Reise nach Mârib*, S. 50. Er ist zweifellos identisch mit dem gleichnamigen König von Saba und von ḏū Raidān (Berlin VA 3820 und 3843) und dem „Mann Nimrān, der sich empörte und erhob wider die Götter und Menschen", d. h. wider den König Īlšaraḥ Jaḥḍib, von C I 429; s. oben S. 40.

(Z. 7.) Das Suffix in אדמהו bezieht sich auf die Gottheit, nicht auf den Gebieter Rabbšams, wie die Herausgeber des C I wollen. Man erwartet danach den Namen der Sippe, wie z. B. C I 95 Z. 8. Vielleicht stand er in einer verlorengegangenen achten Zeile.

83.

RW 105. An einer Hauswand; Höhe 0.50 = C I 185 (= Gl. 169).

RW

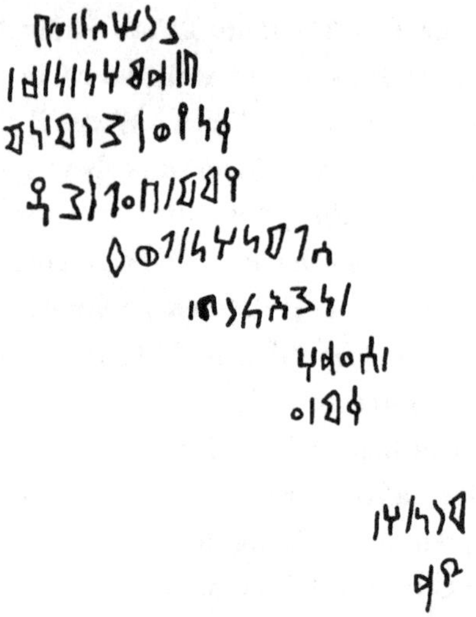

Gl.

1 ...... ם | ו]אחיהו | ...
2 ... שרחאל | וב]ניהמו | ב
3 נו] | ד̄דמהן | אד]ם | בן | בתע
4 [ה]קניו | שימהמו [| תאלב |
5 ר]ימם | בעל | שצ]רם [|
6 צלמנהן | לופ]י | עבדה]ו
7 | נשאכרב | י ....
8 ול] | שעדה]מו | תאלב | את̄
9 מר | צד]קם | ע]די | ארצ̇המו
10 .. ??ר .... [ו] ורצ̇ו |
11 מראהמ]ו | ....
12 .. ת̄ד ....

(1) ......*m und [seine Brüder? ....]* (2) .. *Šaraḥ'il und [ihre] Söh[ne, ba* (3) *nū] ḏū Damhān, Klien[ten des b. Bata'*, (4) *haben dar]gebracht ihrem Schutzpatron [Ta'lab* (5) *Ri]jām*^{m}, *Herrn von Šaṣa[r*^{m}*]*, (6) *die beiden Statuen zum Hei[le seines Knechtes]* (7) *Naša'karib J* ...... (8) *[und] damit sie beglücke [Ta'lab mit Frü]* (9) *chten in Fülle au[f ihren Ländereien* (10) .... *und mit der Gunst und Huld]* (11) *ihres Gebieters* .... (12) ..*ṯ-d*....

Die Ergänzung und Deutung dieser Inschrift im C I ist zu beanstanden. Der Inhalt erinnert an eine andere Inschrift aus Ḥāz, C I 187, mit der zwei bata'idische Qaile, Naša'karib Jaz'an und ... Juha'min, demselben Ta'lab, Herrn von Šaṣar^{m}, zwei Statuen weihen zum Danke dafür, daß der Gott den Naša'karib Jaz'an heil erhalten habe. Man ist danach versucht, in Z. 7 unserer Inschrift diesen Naša'karib wiederzufinden und den Beinamen, von dem nur der erste Buchstabe erhalten ist zu י[זא]ן zu ergänzen, zumal er auch noch in anderen Inschriften dieser Gegend vorkommt (s. zu MM 105). Zutreffendenfalls würde mit dem aus CI 187 sich ergebenden Zusatze בן | בתע der Rest der Zeile ausgefüllt sein. Haben unsere Inschrift und CI 187 etwa zu den beiden in ihnen erwähnten Statuen gehört?

Die Ergänzung בנ[ן] | ד̄רמהן Z. 2f. befriedigt nicht, aber der verfügbare Raum der Lücke reicht nicht zu mehr aus. Damhān ist Name einer Stadt (CI 19_3) mit einem Heiligtum des Ta'lab, Herrn von Qadmān. Aus diesem Heiligtum werden außer CI 19 die Votivinschriften CI 341—345 verschleppt sein. Die Stadt Damhān ist auf Grund unserer Inschrift und anderer Indizien in der Nähe von Ḥāz bezw. Ḥuqqa (s. zu MM 126) zu suchen.

84.

RW 125. 0.90 × 0.25; Buchstabenhöhe 0.06 = CI 197 (= Gl. 181).

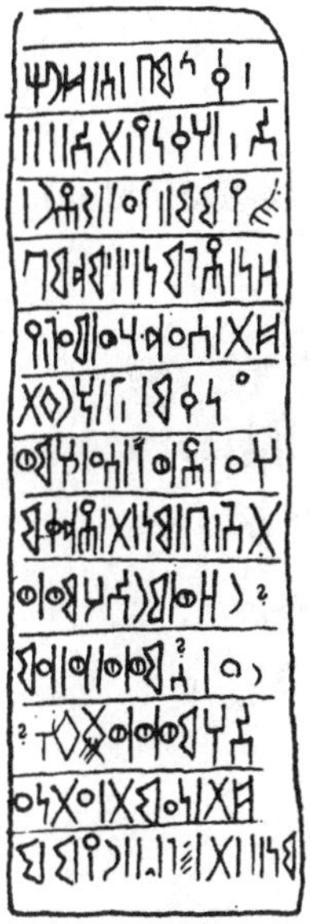

RW

1 ?ק?ם | בנ[ן] | ד̄רח
2 אל | הקני | תאלב |
3 ר]ימם | בעל | שׁצר[ם |
4 ד̄ן | צלמן | חמדם [ן] ב
5 ד̄ת | שׁעדהו | מעלץ [ן]
6 צדקם | ?? | ח̇רפת
7 ?ע[ל]ץ | ול | שׁעדהמו
8 תא[ל]ב | מנלת | צדקם
9 ורצ̇ו | מראהמו | ו
10 שׁעבהמו | ו[ל] | וצ̇ע [ן]ש
11 נ]אהמו | ולוספהמ
12 ן]) ד̄ת | נעמת | ותנע
13 מן | בת[א]ל[ב] | רימם

Gl.

(1) *[Bā]qi[l]*^{m} (?), *Soh[n] des Ḏaraḥ* (2) *'il, hat dargebracht dem Ta'lab* (3) *[Rijām*^{m}*, Herrn von Šaṣar[*^{m}*]*, (4) *diese Statue zum Danke dafür*, (5) *daß er ihn beglückt hat mit Drusch* (6) *in Fülle [von der] Ernte* (?) (7), *die er gedroschen, und damit sie*

beglücke (8) *Ta'lab mit reichem Besitz* (9) *und mit der Gunst ihres Gebieters und* (10) *ihres Stammes, und damit er demütige* (11) *ihre [Fein]de und ihnen vermehre,* (12) *was gefallen hat und gefallen möge.* (13) *Mit T[a']la[b] Rijām*^{m}*!*

Auch die neue Abschrift klärt die zweifelhaften Stellen nicht ganz auf, namentlich nicht Z. 5ff.

(Z. 1.) Der erste Name scheint eher ב]ק[ל]ם (auch CI 146) zu sein als אל[ק]ד]ם, wie die Herausgeber des CI ergänzen. Auch י[ק]ד]ם wäre denkbar.

(Z. 5.) Für מעלץ dürfte die Bedeutung *Drusch* feststehen, s. zu MM 163. In der folgenden Zeile las Glaser דרפת für חׄרפת. Die Lesung RW ist vorzuziehen. In gleichem Zusammenhang scheint das Wort noch einmal CI 284 = Gl. 261$_7$ vorzukommen: ...וי | משךּ | חׄרפת, aber seine spezielle Bedeutung läßt sich daraus nicht gewinnen. In den in beiden Abschriften unsicher überlieferten Zeichen zwischen צדקם und רפת ? dürfte בן oder כל stecken.

(Z. 10f.) ist an ול | וצׄע | שׄנאהמו kaum zu zweifeln.

(Z. 11.) vermißten die Herausgeber des CI das zweite Objekt zu וספהמו, das sonst nicht fehlt, wie נעמתם | ווּפים oder בּרי | אדֿנם | ומקמם oder ähnlich, sowie das Objekt zu נעמת | ותנעמן. Es liegt vielmehr die oben zu MM 24 Z. 9ff. beobachtete Konstruktion vor: zweites Objekt zu וספהמ]ו[ist der mit דֿת | נעמת eingeleitete Satz. Damit entfällt die Notwendigkeit vor דֿת noch ל zu ergänzen.

85.

RW 115. 0.35 × 0.35 = CI 181 (= Gl. 165, ohne wesentliche Varianten).

RW

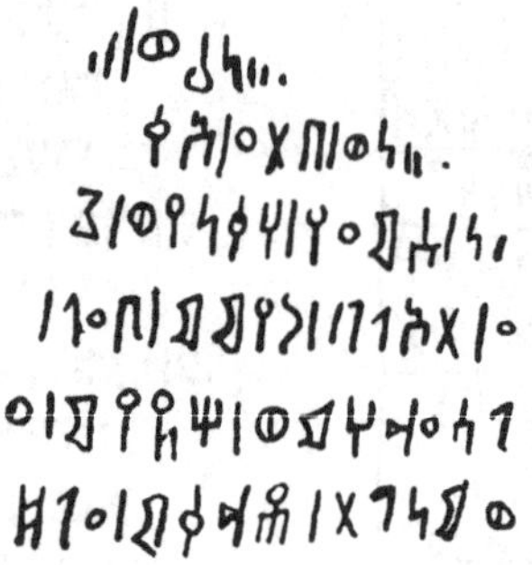

Gl.

1 .... ? בן | ובנ]יה

2 מו] | בנו | בתע | אק]ול | שׄע

3 בן | שׄמעי | הקניו | שׄ]ימהמ

4 ו | תאלב | רימם | בעל |]שׄצרם |

5 לשׄעדהמו | חטׄים | ונע]מתם |

6 ומנלת | צדקם | ולדֿ]נת | נע

7 מת [ו] ת]ת]נע]מ]ן | לבני | בתע

(1) ..... *ban und [ihre] S[öhne]*, (2) *banū Bata'*, *Qai[le des Stam]* (3) *mes Sum'aj, haben (dies) dargebracht [ihrem Schutzpa]tron* (4) *Ta'lab Rijām*^{m}, *Herrn von [Šaṣar*^{m}*]*, (5) *damit er sie beglücke mit Gunst und Wohl[ergehen]* (6) *und reichem Besitz, und weil es [gut]* (7) *ergangen ist, und damit es [gu]t ergehen möge [den banū Bata']*.

86.

RW 129. 0.65 × 0.30; Dicke des Steines 0.25 = C I 195 (= Gl. 179).

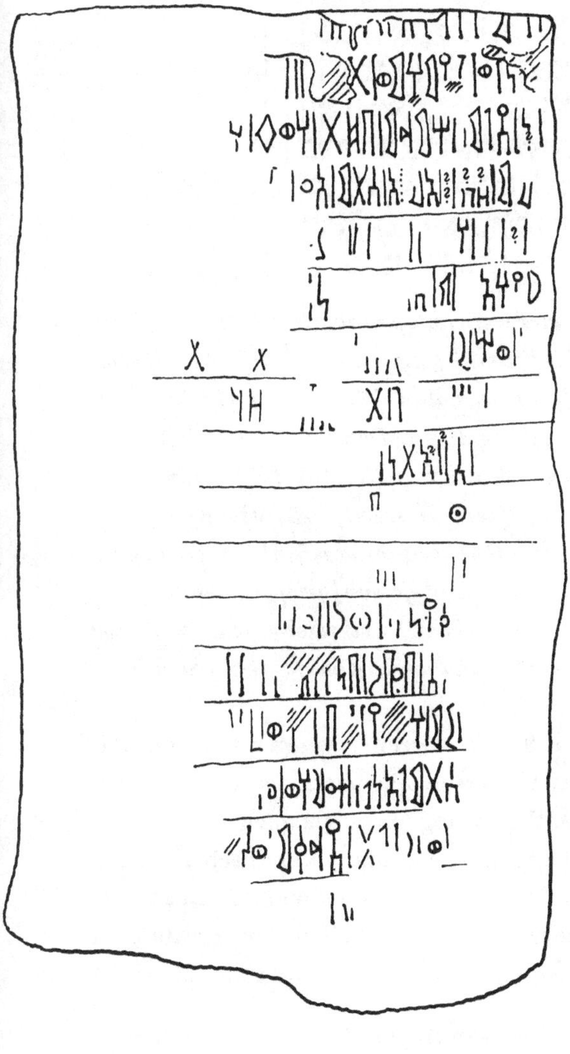

RW

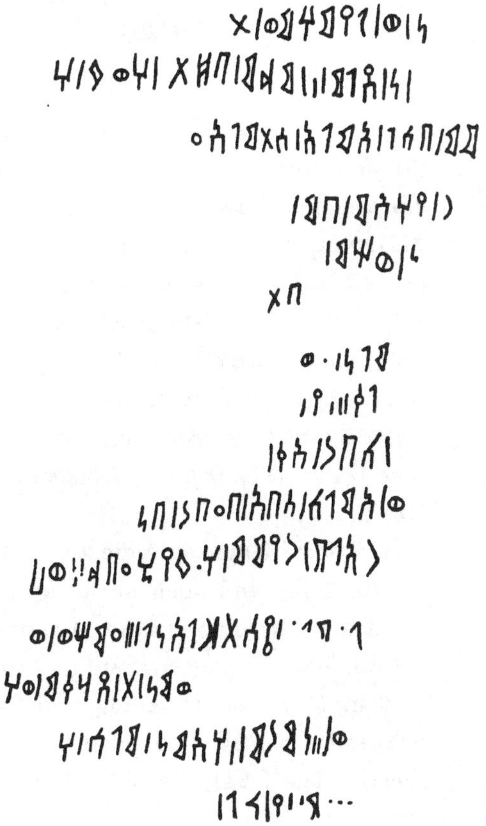

Gl.

1 ‏. . . מ ? ? ? ? ? ? . . . .
2 ‏| הק]ניו | שימהמו | ת]אל]ב | [רימם |
3 ‏ד̄]ן | צלמ[ן] | חמדם | בד̄ת | הופ[י]ה[מו | תאלב |
4 ‏רי]מם | בכל | אמלא | שתמלאו | [בעמהו
5 ‏. . ? ? ? | ה . . . ? . . . ? ? . ש . . . . [| אנמ
6 ‏ר]ם | יהאמ[ן] | מ[לך | שבא |] . . נ . . . . .
7 ‏. . . א | וחמד]ם | בד̄]ת | . . . . ת . . ת
8 ‏. . . . . ? ? . . . בת [אולן | בופים | בן |
9 ‏[הית] | שבאתן | . . . .
10 ‏ח]מלן | . ו . . . . ?
11 ‏לקבלי | . . . .
12 ‏| כבר | אקינם | ור ? ע | ? [. . | אמראהמ
13 ‏ו | אמלך | שבא | בעבר | בני | ? . . [ו ול |
14 ‏וזא |] תאלב | רימם | הופי[ן] | עבדהו | ?
15 ‏בכל | א]מל[א] | ישתמלאנן | בעמהו | ו[ל |
16 ‏שעדהמו | נעמתם] | ומנלת | צדקם | וח[ט̇י |
17 ‏מראהמ]ו | אנמרם | יהאמן | מלך | [שבא. . .
18 ‏. . . . . מ ? ? | כל | . . . .

(1) ...... (2) *[haben dargeb]racht ihrem Schutzpatron Ta[ʾla]b [Rijām^m]* (3) *diese Statue zum Danke dafür, daß s[ie] wohl bewahrt hat [Taʾlab* (4) *Rijā]m^m durch alle Weisungen, die sie [von ihm] erbeten haben [*(5) ..... *[Anmā* (6) *r]^m Juhaʾmin, Kö[nig von Saba]* ..... (7) .... *und zum Dan[ke dafür], daß* ..... (8) *mit heiler Rückkehr aus* (9) *[diesem] Feldzug* .... (10) *[Ḥ]umlān* ..... (11) *weil* ...... (12) *Kabīr Aqjān^m* .... *[ihre Herren],* (13) *die Könige von Saba, um der banū* ... *willen* ..... *[und daß* (14) *fortfahren möge] Taʾlab Rijām^m zu bewah[ren] seinen Knecht* ... (15) *[durch alle W]eisun[gen], die sie von ihm erbitten, und [daß er* (16) *sie beglücke mit Wohlergehen] und reichlichem Besitz und [der Gunst* (17) *ih]res [Gebieters] Anmār^m Juhaʾmin, Königs von [Saba* ...*]* (18) ......

In Glasers Kopie sind die Zeilen 1, 5 u. 9 weggelassen. Dagegen fehlt bei RW die 18. Zeile, und auch im übrigen weist Glasers Kopie mehrfach ein Plus auf. Auch so ist eine zusammenhängende Ergänzung nicht möglich.

Im C I wird angenommen, daß in dem zerstörten Anfang der Inschrift der in Z. 6 u. 17 erwähnte König von Saba als Stifter des Denkmals genannt war. Schwerlich richtig. Es handelt sich vielmehr wohl um die Weihung eines Bataʿiden, ebenso wie C I 244 = MM 120 (aus Bait Ġufr), wo derselbe König genannt wird.[1])

[1]) Diesen Sachverhalt hat auch schon M. Hartmann *Ar. Fr.* S. 138 und 239 erkannt. Er fand auch die richtige Ergänzung von Z. 17.

Z. 9 beziehen sich die Worte .... הית | שבאתן auf einen schon vorher erwähnten Kriegszug des Stifters, auf dem er dem König Heeresfolge geleistet haben wird. In welchem Zusammenhang Z. 10 der Stamm Ḥumlān und Z. 12 der *Kabīr Aqjān*ᵐ erwähnt sind, ist nicht zu erklären. Über den König Anmārᵐ Juha'min s. zu MM 120.

87.

RW 103. Länge 0.75; Buchstabenhöhe 0.06.

1 ???? .... [לופי | ב]
2 יתהמו | ושעבהמו | ו[ל] | שעדהמו | תאלב | רימ[ם | אולדם | אדכ]
3 רם | הנאם | ונאד | דתא | וקיט | וצרב | ואתמר | וא[פקל | צדקם | ע
4 די | כ[ל] | א[ר]צהמו | ואשררהמו | ומשימתהמו | ול ....
5 .... ; .... ?? | ב ....

Anscheinend an allen vier Seiten abgebrochen, doch fehlen zwischen den einzelnen Zeilen nur 11—12 Zeichen. Der Anfang, mindestens zwei Zeilen, ist verloren gegangen. Er enthielt die Namen der Stifter, den Gegenstand der Stiftung und den Namen des Gottes Ta'lab Rijām, dem sie geweiht war. Vom Schluß der Inschrift sind nur die Reste weniger Zeichen erhalten.

(1) *[...... zum Heile] ih* (2) *res [H]auses und Stammes und [auf daß] Ta'lab Rijām*ᵐ *sie beglücke* (3) *mit gesunden männli[chen Kindern] und mit ? im Frühling, Sommer und Spätherbst und mit reichlichen Früchten und E[rnten]* (4) *auf al[len] ihren Lä[nd]ereien und Feldern und Gütern und* ...... (5) .....

Die Ergänzung des Endes von Z. 2 nach C I 87_8. Z. 3 u. 4 kehren fast wörtlich wieder in einer andern Inschrift von Ḥāz, C I 174 Z. 1ff.:

ודתא | ואושעם | ומלים | ונאד | אתמרם | [ואפ
קל]ם | עדי | כל | ארצת | ואשרר | ומשימת | אב[נית
ה]מו | ואשעבהמו | בקיט | ודתא | ו[צ]רב | ומלים | [ו]מ
...... רם |

Über diese Inschrift und die darin vorkommenden Bezeichnungen der Jahreszeiten ist *ZDMG* XLVI S. 322, im C I und von Rhodokanakis *KT* I S. 81

Anm. 8 gehandelt worden. Anderwärts — C I 2, 12, 27, 28, 333_{10}f., 334_{27}; Berlin VA 3825 — erscheinen nur zwei Jahreszeiten דת̄א | וח̇רף *Frühling und Herbst*, ebenso in der ḥimjarischen Glosse bei Plinius XII 60 *(tus) carfiathum et dathiathum*, das er als die Herbstlese *(autumno legitur)* und Frühlingslese *(secunda vindemia vere)* erklärt (*ZDMG* XXX S. 324). Grohmann und Rhodokanakis erkannten darin die beiden Regenperioden des südarabischen Jahres, s. *KT* II S. 53. Daneben bedeutet ח̇רף *Jahr*. Daß der Name einer Jahreszeit die Bedeutung *Jahr* erhält, ist eine Erscheinung, der wir in den verschiedensten Sprachen begegnen; vgl. beispielsweise das deutsche *Lenz*. Von צרב, ח̇רף, קיט̇ und דת̄א werden Monatsnamen mit ד̄ abgeleitet. — דת̄א | נאד ebenso Berlin VA 3852 Z. 2: ... | ואת̄מר | ודת̄א | ח̇רף | נאד ....; vgl. außerdem | [אתֿמ]רם | נ]אד] C I 180 = MM 75 Z. 4, אפקלם | נאדם C I 343_4 und אפקלם | נ]אדם | ואת̄מר | צדקם C I 99_2. Nach dem *Qāmūs* ist نأد wie سعد die aus dem Boden tretende *Feuchtigkeit* = نزّ, نأد *feucht sein* von der Erde, يقال نأدت الارض اذا نزّت. Die übrigen Lexika scheinen diese Bedeutung nicht zu kennen; sie fehlt im *Lisān*. Im Ausāndialekt kommt der theophore EN אלנאד vor. Lidzbarski *Ephem.* II S. 383 erkennt in dem zweiten Teile dieses Namens das äth. ነአደ *hochpreisen*, und es wäre zu erwägen, ob diese Bedeutung nicht auch auf die Verbindung אפקלם | נאדם bezw. נאד | את̄מרם und נאד | דת̄א paßt. Immerhin wird eine konkretere Bedeutung den Vorzug verdienen.

88.

RW 131. In einem engen Torbogen; 0.30 × 0.25; Buchstabenhöhe 0.04. Zeichnung im Verhältnis zur Höhe zu schmal, da weiter geschrieben.

1 ...... אכ[י]ף | ובניהו | בנו | ????ם |

2 חמדם] | בדת | הופי | תאלב | עבדה[ו | ...

3 ול | ו]פ[י ו] בניהו | מרתדם | ואחה[ו ....

4 ... ולשעדהמו | חטי | ורצו | מ[ראהמו

5 ול | חמ]רדהמו | אתמר | צדקם | .....

6 עדי | ארצהמו | ואשררהמ]ו | ומ[ש]י[מתהמו

R. und l. abgebrochen, oben und unten, abgesehen von teilweisen Beschädigungen der ersten und letzten Zeile, vollständig.

(1) ..... *Ak[ja]f und seine Söhne, banū .... [.... haben dargebracht dem Ta'lab Rijām^{m}, ihrem Schutzpatrone, die Statue* (2) *zum Danke] dafür, daß Ta'lab bewahrt hat seinen Knecht* .... (3) *[und zum Hei]le seines Sohnes Martad^{m} und seines Bruders* .... (4) ... *und damit er sie beglücke mit der Gunst und Huld ihres Ge[bieters* ..... (5) *und damit er] ihnen schenke reichliche Frucht* .... (6) *[von ihren Ländereien, Tälern und] Gütern*.......

Zum Eigennamen אכיף siehe zu MM 26 Z. 1. — בניהו ist in Zeile 1 sicher Plural, während es in Zeile 3 als Singular zu fassen ist. Denn die Wendung: *zum Heile seiner Söhne Martad^{m} und dessen Bruders* wäre im Sabäischen ungewöhnlich.

89.

RW 106. 0.20 × 0.50 = C I 178 (= Gl. 162); an allen Seiten abgebrochen.

RW

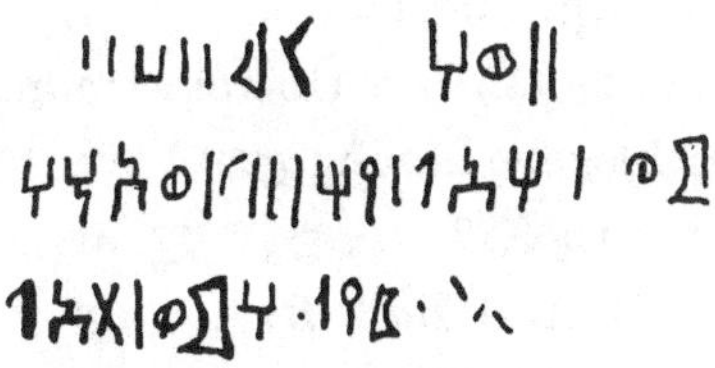

Gl.

(Z. 1.) Man erkennt nur den EN וה[ב]שמשם. Die Ergänzung der zweiten Zeile zu אמראה]מו | [דר]חאל | יחצל | ואחה[ו scheint sicher, s. zu MM 46. In der dritten Zeile ist שימהמו | תאל[ב deutlich.

90.

RW 9. An einem Torbogen, rötlich gelber Sandstein; 0.30 × 0.60 = C I 179 (= Gl. 163).

RW

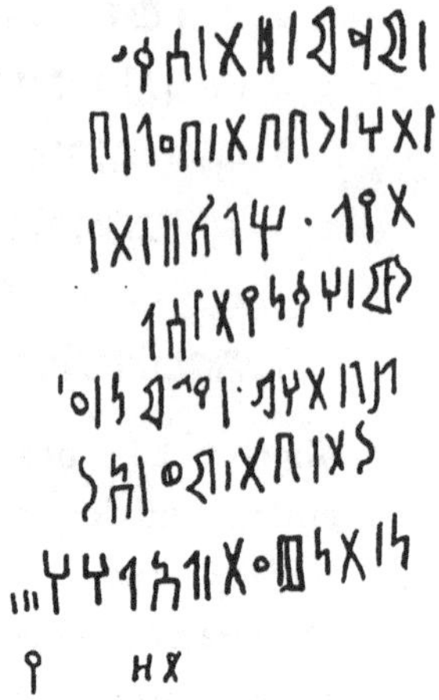

Gl.

Anscheinend nur links abgebrochen, doch sind die Zeilenanfänge beschädigt und von der 8. Zeile nur wenige Zeichen erhalten. Zum Schluß fehlt mindestens eine Zeile.

Nach dem, was zu MM 30 über die Bezeichnung der doppelten Sippenangehörigkeit verheirateter Frauen gesagt ist, läßt sich die Vermutung nicht abweisen, daß zu Anfang eine Zeile mit dem Namen der Hauptstifterin und dem Zusatze בנת verloren gegangen ist, so daß Z. 1 in חמדם der Vaters- bezw. der Sippenname (vgl. חמדם männl. EN C I 255 aus Bait Ġufr, qatabānisch Jaussen *himy.* 96) zu suchen wäre. Statt ד̄ת | [א]ק[י]נם, wie die Herausgeber des C I am Ende der Zeile ergänzen, dürfte mit M. Hartmann *Ar. Fr.* S. 299 ד̄ת | שק[ר]ן zu lesen sein; vgl. zu MM 49.

(Z. 2—4.) Die Übereinstimmung beider Abschriften verbietet die im C I vorgeschlagene Lesung בעלת | בית | ד̄אחלך | ד̄ת | ירם. Vielmehr empfiehlt es sich, zunächst Z. 2 . . . ב | בעל als مضاف zu רבבת = ربيبة zu fassen, also: *Pflegling des* (Gottes) *Baʿl B*. . . (vgl. zu MM 45)[1]) Das Ganze wäre dann Apposition zu בתה *ihre Tochter*, und zwar entweder appellativ oder voller EN der Tochter. Die Kurzform רבבת begegnet uns C I 544 Z. 8 und Glaser B. 1027.

(Z. 3.) Mit dieser Zeile ist nicht viel anzufangen. Man erwartet eine Apposition zu den vorhergehenden Eigennamen, vielleicht אמ[ת]י, Dual von אמת *Dienerin*, mit einem folgenden Eigennamen, der durch ד̄ת | . . . רם | näher bestimmt wird; s. die Bemerkung zum Schlusse.

[1]) Nach der Glaserschen Lesung von Z. 5 ist man geneigt, zum Schluß בעל | בתהמו zu ergänzen, aber das überschreitet die Zahl der fehlenden Zeichen. בעל | בקרם ist Beiname des ד̄שמוי, der auch sonst von Frauen verehrt wird (man vergleiche C I 532, 533, 568). Ein Ortsname בקלם ist durch MM 129 und 157 belegt.

(Z. 5.) ergibt

Glasers Kopie: בע]ל | בתהמו | צלמן |

die Zeichnung von RW: ... | בתה | וצלמן |

also entweder: *(ihrem Gotte), dem Herrn ihres Hauses, die Statue* oder: *(ihrem Gotte) ..... ihre Tochter und die Statue*[1]). Die zweite Deutung hätte eventuell ihr Analogon in der Personendedikation MM 162.

Außer der vorliegenden Inschrift kommt בעל | ביתהמו als Bezeichnung der Gottheit ohne den Namen der Gottheit bisher nur einmal, C I 565, vor, hingegen nicht an den beiden dort zitierten Stellen. Denn C I 566 (= Hal. 141) beruht בעל | ביתהמו auf einer verfehlten Konjektur (s. zu MM 1), und das weitere im C I angeführte Beispiel, C I 194 = MM 30, kommt nicht in Betracht, da dieser Ausdruck dort Apposition zu מנצׂחהמו ist.

(Z. 6.) ארהקם ist C I 74 Name eines Heiligtums des Almaqah. Sicher ist die Ergänzung natürlich nicht.

Danach ergibt sich für unseren Text folgende recht unsichere Lesung und Deutung:

] .... | . בנת |[

1 ? מדם | דׄת | שׂק]רן | ו

2 בתה | רבבת | בעל | ב . . .

3 אמ]תי [|]. חלך | דׄת |]חז

4 פ]רם | הקנית | אלה]ה | קינן |

5 בע]ל | בתהמו | צלמן | ע]די |

6 . . רת | בתהמו | אר]הקם

7 בכ]ן | תנטעת | לאלהה |]קי

8 . . . . . . אלה]ה |]ק[י]נן

[......... Tochter des] (1) *[Ḥ]-m-d*^{m} (?) *von Saq[rān* (?) *und]* (2) *ihre Tochter Rabībat Baʿl B...*, (3) *beides [Diener]innen der* . *ḥlk von [Ḥiz* (4) *fa]r*^{m}, *hat dargebracht [ihrem] Gotte [Qainān,* (5) *dem He]rrn ihres Hauses, die Statue b[ei der]* (6) ? *ihres Hauses Ar[haq*^{m} (?), (7) *inde]m sie sich demütigte vor ihrem Gotte [Qainān* (?) (8) .... *ihr [Gott Qa]i[nān* (?)*]*.

Die Inschrift erinnert an die kurze Dedikation C I 560:

אמתׄון | אמ 2 ת | בן | חזפר 3 ם | הקנית | אל 4 הו | קינן | בעל 5 אותן | לופיהמ 6 ו

Ama[t]ṯawān, Dienerin des b. Ḥizfar^{m}, *hat (dies) dargebracht seinem* (so!) *Gotte Qainān, dem Herrn von Autān, zu ihrem* (Plural) *Heile.*

---

1) Die Schreibung בת für בית ist recht selten. C I 6_3 und Musée Borély (*Rev. d'Assyr.* XXIV S. 142ff.) V Z. 3 steht sie durch die Photographien fest, MM 116 Z. 2 durch die Übereinstimmung der beiden Abschriften. Man wird sie daher auch C I 26 (Glaser) und C I 368 (= Hal. 596) zulassen. Auffällig ist, daß MM 116 die volle und die defektive Schreibung nebeneinander vorkommen.

Diesem Texte sind die Ergänzung ד̄ת | [חופ]רם Z. 3/4 und der Gott Qainān Z. 7 und 8 entnommen.

M. Hartmann *Ar. Fr.* S. 315 hat sich ebenfalls mit unserem Texte beschäftigt, aber nur die Namen von drei sabäischen Baronessen herausgelesen!

91.

RW 27. Gelbbrauner Sandstein; 0.80 × 0.30; eingegrabene Schrift = C I 205 (= Gl. 189); Abschrift von Ḥabšūš in Glasers Sammlung Nr. 65 (im CI nicht berücksichtigt). Links abgebrochen; rechts scheinen nur 2—3 Zeichen zerstört. Es liegt nur der kleinere Teil der Inschrift vor.

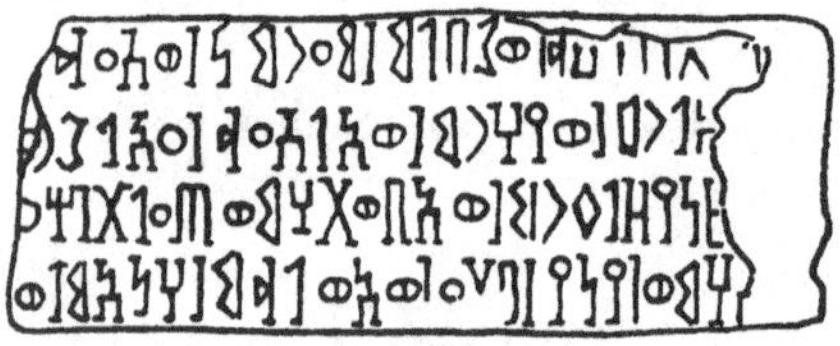

RW

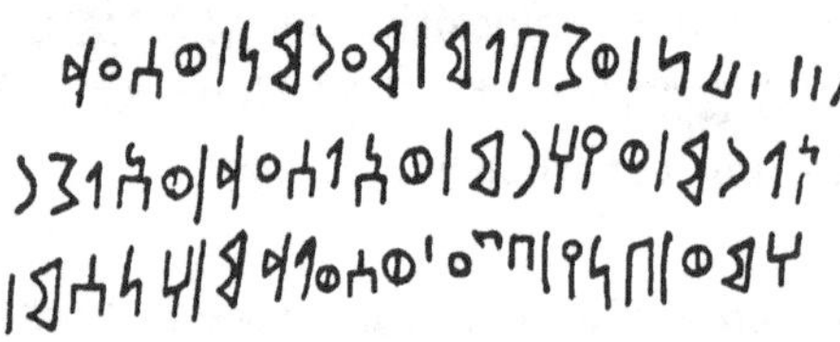

Gl.

1 .. ? ת | [יח]מד | ושׂבלם | מערמן | ושׂעד .... [ובניהמו
2 ... אגרם | ויהרם | ואלשׂעד | ואלשׂ[רח | .... לופיהמו | ולופי | ...
3 ... בני | ע̇פרם | ואבותהמו | בעלת | חו .... [רצ̇ו
4 אמר]אהמו | בני | בתע | ואולדם | הנאם | ו .....

In Glasers Abschrift fehlt die 3. Zeile, in der von Ḥabšūš die 4. Zeile.

(1) *....t [Jaḥ]mad und Šibl^m M-ʿ-r-m-n und Saʿd..... [und ihre Söhne]* (2) *... Aǧr^m und Jahar^m und Īlsaʿd und Īlša[raḥ.... haben .... zu ihrem Heile und zum Heile...]* (3) *... der banū Ġ-f-r^m und ihrer Parentel, der Herrin von Ḥ-w,.. [und auf daß die Gottheit sie beglücke mit der Gunst]* (4) *ihrer [Gebie]ter, der banū Bataʿ, und mit gesunden Kindern und ....*

(Z. 1.) Der erste EN, von dem nur der Schlußbuchstabe erhalten ist, läßt sich nicht mit Sicherheit ergänzen. Es kann, wie im C I angenommen ist, ein mit עתת zusammengesetzter Name gewesen sein. Ebenso zweifelhaft ist es, welcher von den vielen mit שׂעד zusammengesetzten theophoren EN am Ende der Zeile zu ergänzen ist, wenn nicht gar nur שׂעד[ם dagestanden hat. Zur Ergänzung שׂעד[תאלב | יה̄תב (C I) liegt kein Grund vor. — Der Name שׂבלם begegnet uns auch noch C I 594. Die Herausgeber verweisen auf شبل bei b. Duraid *Kitāb al-ištiqāq* S. 304. — מערמן dürfte Ortsname sein (ebenso C I); vgl. die Bemerkung zu לקטן MM 150a Z. 1. Der Name hängt wohl zusammen mit ערם *Damm*, das aus der südarabischen Sage (سَيْل العَرِم) bekannt ist und in den Inschriften wiederholt vorkommt.

(Z. 2.) Über אגרם siehe zu MM 14. — Der EN יהרם ist auch sonst als Personen- und Stammesname bezeugt (Hal. 615_{28}, C I 140, 287, 331, 348) und auch den südarabischen Philologen bekannt (ذو يَهَرٍ bei Nešwān *Šams* Name eines ḥimjarischen Qails oder Königs).

(Z. 3.) [Die Sippe עׄפרם erscheint auch in der Inschrift C I 663 aus ʿAmrān]. — אבותהמו kommt außer an unserer Stelle nur noch in der von Rhodokanakis *Grundsatz* S. 24ff. behandelten Inschrift Gl. 1548/1549 Z. 2 vor: כל | אבותהמו | ושעבהמו *ihre ubūwat und ihr Stamm insgesamt.* אבות, أُبُوَّة, ist eine Kollektivbildung wie عمومة und خلولة von عمّ und خال = آباء, s. *Lisān* XVIII S. 8 Z. 8 v. u. ff.

92.

RW 81. 0.10 × 0.15.

Mit diesen kümmerlichen Resten ist nichts anzufangen.

93.

RW 107. An dem gleichen Hause wie MM 89; 0.12 × 0.25.

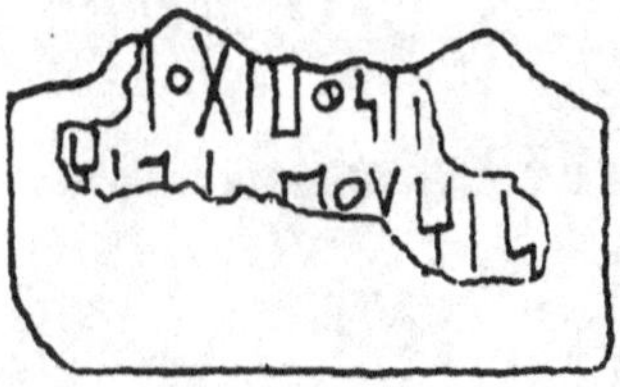

Man erkennt nur Z. 1 | בנו | בתע |

94.

RW 18. Schwarzer löcheriger Eruptivstein; rohe eingegrabene Schrift; 0.20 × 0.30 = C I 157 (= Gl. 140).

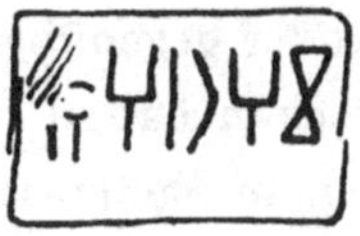

זהר | הקני

Ein EN זהרם ist wiederholt belegt. Hier aber läßt die fehlende Mimation darauf schließen, daß die Elativform א]זהר oder die Imperfektform י]זהר vorliegt.

94 a.

RW — Reliefstele in Ḥāz gekauft, 0.20 × 0.31; jetzt Berlin VA 8943.

Das Relief 0.15 × 0.115 stellt zwei einander gegenübersitzende Frauen en face dar, die in der einen Hand einen Spinnrocken halten, während die andere auf dem Knie liegt; der eine Fuß ruht auf einem Fußpolster.

Darüber Inschrift:

נצב | ·]מית | [ו]אחתהו | בתי | .....

[Stele der ...]mjat [und] der Uḫtuhū, beides Töchter [des] ......

Uḫtuhū *Seine Schwester* hier zuerst, gehört wie אחת אמהו *Schwester seiner Mutter* CI 389 zu den „Verwandtschaftsnamen als Personennamen", für die Nöldeke, *Beitr. z. Sem. Sprachw.*, Straßburg 1904, S. 90ff. zahlreiche Beispiele aus dem Westsemitischen gesammelt hat. Aus dem Akkadischen wäre zu vergleichen Aḫāt-abiša *Sister of her father* (Tallqvist *Assyrian Personal Names*, Helsingfors 1914, S. 14) und für unsern Namen besonders A-ḫa-zu-nu *Their Sister* (Ranke *Early Babylonian Names*, Philadelphia 1905, S. 181).

Bait Ġufr.

95—96.

95.

RW 148. 0.20 × 0.50 = C I 242 (= Gl. 221); ohne wesentliche Varianten.

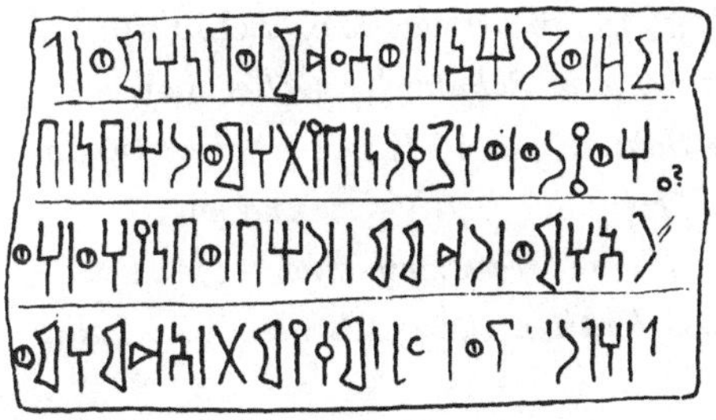

RW

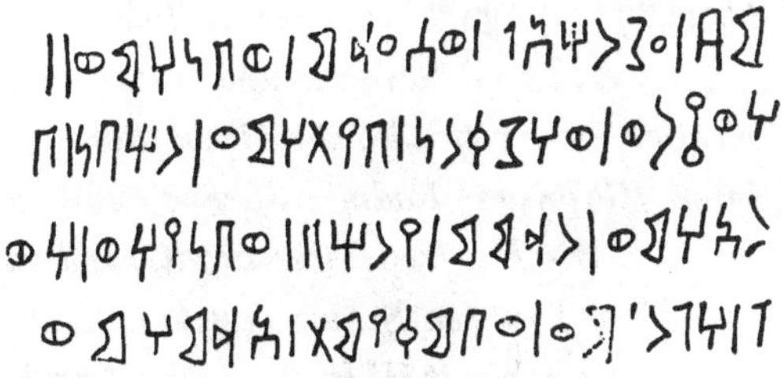

Gl.

1 ....?מ? | ושרחאל | ושעדם | ובנהמו | ל....

2 .....הותרו | והשקרן | ביתהמו | רחבן | ב....

3 וב | רדא | א]מראהמו | רדמם | ירחב | ובניהו | הו[פעתת |

4 ....אבע]ל | הגרהמו | ובמקימת | אדמהמו....

Von einem Duplikat dieser Inschrift fand sich in Bait Ġufr noch folgendes Fragment:

96.

RW 142. 0.25 × 0.70 = C I 252 (= Gl. 231).

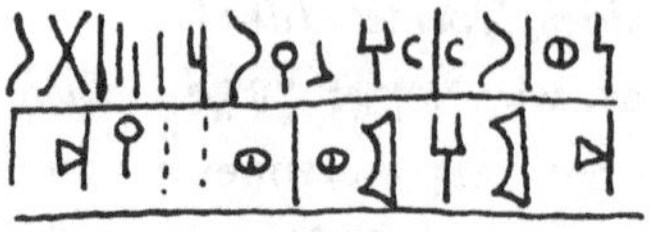

RW

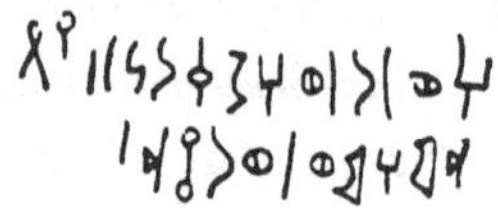

Gl.

1 הו[תֿ]רו | והשקרן | ביתה]מו

2 א]דמהמו | ורתֿד[ו

MM 95 ist anscheinend oben und unten vollständig, aber die Lücken zwischen den einzelnen Zeilen sind größer als die Herausgeber des C I annehmen.

Die zu Anfang der Inschrift erhaltenen Namen sind entweder die der Stifter oder die der Brüder des Hauptstifters, dessen Namen verloren wäre. In diesem Falle hätten wir außer dem Namen und Beinamen noch ואחֿיהו zu ergänzen, also zusammen mindestens 15 Zeichen. Am Ende der ersten Zeile stand noch ein Eigenname, etwa ל]חיעתֿת, worauf die Bezeichnung der Sippenzugehörigkeit ..... בנו folgte. In der Lücke zwischen der zweiten und dritten Zeile ist die Anrufung des Gottes oder der Götter verloren gegangen. Sie ist an dieser Stelle nicht zu entbehren. Ende der 3. Zeile sind nach בניהו ein oder mehrere Eigennamen zu ergänzen, ferner die Sippenbezeichnung der Gebieter, wahrscheinlich בני | בתע. Z. 4 endlich folgte, wie sich aus dem Duplikat und aus C I 228 (s. unten zu Z. 4) ergibt, auf אדמהמו die feierliche Schlußformel ורתֿדו | ביתהמו '' *und sie stellten ihr Haus in den Schutz der Götter* usw.

(1) ..... *und Šaraḥ'īl und Sa'dm und ihr Sohn L* ..... (2) ... *haben fundamentiert und vollendet ihr Haus Raḥbān mit [Hilfe* .... (3) ... *und mit Hilfe] ihrer [Ge]bieter Radmm Jarḥub und seiner Söhne Hauf['att und* ...., (4) ..., *der Her]ren ihrer Stadt, und mit den Kräften ihrer Klienten und haben [ihr Haus] in den Schutz gestellt* .....

(Z. 1.) Auch mit Hilfe der neuen Abschrift ist eine sichere Ergänzung des ersten Namens nicht möglich. אלע]מד (so C I) dürfte indes ausgeschlossen sein. Das ist ein minäischer Name. Eher käme יח]מד in Betracht.

(Z. 2.) הותֿרו steht wohl an erster Stelle ohne vorhergehendes בנין oder בראן, die sonst in Bauinschriften die Reihe der Verben zu eröffnen pflegen. Ebenso nur noch C I 29_2 und 264_2.

רחבן ist der Name eines Ortes mit einem Heiligtum des Ta'lab (מחרמן | דר' C I 351_3), der daher בעל | ר' heißt C I 350 Z. 19f. Dasselbe Heiligtum ist wohl gemeint in den Ta'labinschriften C I 338 = Prid. III 8 (wo רחבל überliefert ist) und 360. C I 351 soll aus Šwāba stammen (Lage unbekannt), C I 338 und 360 aus Rijām. Hamdānī (*Ǧazīrat*, daher Bekrī) kennt رُحبان Ruḥbān bei Ṣaʿda, (s. die Bemerkungen *Sab. Denkm.* S. 42), das aber von dem Fundort der Taʾlab-inschriften weit abliegt. Ebensowenig kommt das qatabānische רחבן, wo die Šams ein Heiligtum hatte, in Betracht.

(Z. 3.) רדמם als EN ist sonst nicht nachzuweisen.

(Z. 4.) Die Stifter der Inschrift C I 172 (aus Ḥāz) nennen sich: | בני | בתע | אבעל . . . Danach darf man vermuten, daß in unserer Inschrift die gleiche Wendung vorliegt und sich auf die vorher genannten Gebieter der Stifter der Inschrift bezog. Die Herausgeber des C I ergänzen nur den Singular בעל, was nach dem vorangehenden Plural nicht angängig ist. Die Bezeichnung *Herr(en) der (ihrer) Stadt* kommt sonst nicht vor, wohl aber werden die banū Bataʿ in andern Inschriften von Ḥāz (MM 36 Z. 1 und C I 173_2) *Herren des Hauses,* אבעל | ביתן, genannt. Über die Wendung במקימת | אדמהמו ist oben zu MM 68 das Nötige beigebracht. Die dort angeführte zweite Zeile von C I 228 (Abschrift von Ḥabšūš, wahrscheinlich ein Cento aus verschiedenen Texten wie C I 229) könnte von einem Triplikat unserer Inschrift herrühren.

97.

RW 143. = C I 256 (= Gl. 235).

RW

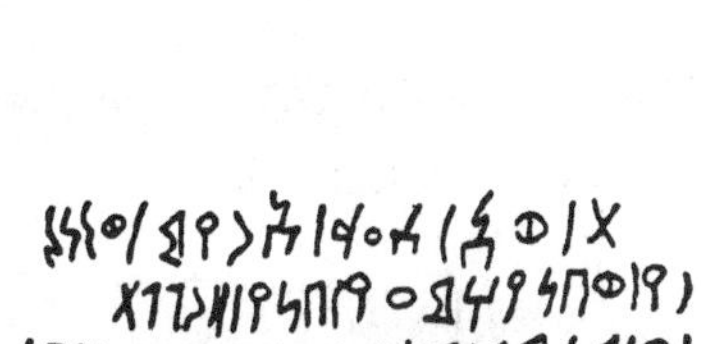

Gl.

Links und oben vollständig; rechts sind nur wenige Zeichen (2—3 Buchstaben) weggebrochen. Dagegen fehlt der Schluß, wahrscheinlich mehrere Zeilen.

1 . . . ע]ת̄[ת | ואלשׂעד | ארים | ואחׄ
2 יה]מי | ובניהמ‹ו›י | בני | ד̄רגלת
3 ד̄פ]רע | מרמל | בראו | והות̄רן | והשׂק
4 רן | בי]תהם | יפען | ד̄כהגרן | ערן |

(1) ... *ʿa[t̲]t und Īlsaʿd Arjam und beider Brü* (2) *der und Söhne, banū d̲ū Riǧlat,* (3) *[von Fa]raʿ Murammal, haben gebaut, fundamentiert und voll* (4) *[endet] ihr [Hau]s Jafʿān, das in der Stadt ʿIrrān ......*

Ohne wesentliche Abweichungen von Glasers Kopie.

(Z. 2.) בני, das beide Abschriften haben, ist wohl ein Steinmetzfehler für בנו.

(Z. 3.) Zu Anfang las Glaser רן, was im CI zu חו[רן ergänzt wurde; ohne Wahrscheinlichkeit. Das von uns vorgeschlagene דפ[רע ist nicht viel sicherer.

Zu מרמל haben die Herausgeber des CI bereits auf Sprenger *AGA* § 291 verwiesen. Hamdānī *Ǧazīrat* S. 241 u. 278 hat مَرْمَل in Versen; Jāqūt IV S. 503_1:

مَرْمَل مخلاف باليمن منه خرجت النار التى احرقت الجنّة التى ذكرها الله فى كتابه

b. Muǧāwir bei Sprenger *RR* S. 155 berichtet von Murammal: *hier wohnten die Tubbaʿ, die Städte sind von Stein und Gips erbaut, und jeder Baustein mißt 10 Ellen oder mehr, aber nicht weniger. Jetzt liegen alle Gebäude in Ruinen.* b. Muǧāwir setzt Murammal drei *farsaḫ* nordwestlich von Ṣanʿā auf der alten Straße nach Ṣaʿda an. v. Kremer *SS* S. 14 erkannte darin das *Murannimal* des Plinius.

(Z. 4.) Beide Abschriften lesen ביתהם; das ו des Suffix המו fehlt also wohl auch auf dem Stein. Weitere Beispiele für diese Schreibung sind zu MM 171 D Z. 4 angeführt. יפען begegnet als Name von Baulichkeiten auch sonst (MM 124; CI 422), besonders häufig aber in den minäischen Inschriften.

Die Stadt ʿIrrān wird sonst inschriftlich nicht erwähnt. Es ist wohl das heutige el-ʿIrrēn damit gemeint, s. oben S. 60f. Eine Ortschaft عران القصر bei Ḏamarmar nennt Ḥāǧǧi Rāšid, Bd. I S. 82.

98.

RW 145 = CI 257 (= Gl. 236), ohne wesentliche Varianten; 0.25 × 0.30. Oben und unten vollständig.

RW

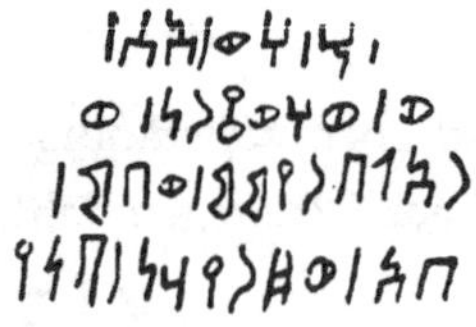

Gl.

1 .... | וא]ח[י]הו | אשד]ם | יענם | ובניהמו | שרחם | יהחמד |
2 בנו | בתע | ברא]ו | והותרן | ו[השקרן | ביתהמו | עילן |
3 ברדא | שימהמו |] תאלברימם | ובמ]קם | מראיהמו | אלשרח | יחצב
4 ויאזל | בין | מלכי | ש]בא | והרידן | בני [] פרעם | ינהב | מלך | שבא |

(1) .... *und sein [B]ru[d]er Asad[^{m} Jaǵnum und ihr Sohn Šarḥ^{m} Juhaḥmid,* (2) *banū Bata', haben erbau]t, fundamentiert und [vollendet ihr Haus Ġailān ......* (3) *mit Hilfe ihres Schutzpatrons] Ta'lab Rijām^{m} und mit der Ma[cht ihrer beiden Gebieter, des Īlšaraḥ Jaḥḍib* (4) *und Ja'zil Baijin, der Könige von Sa]ba und von ḏū Raidān, Söhne [des Fāri'^{m} Janhub, Königs von Saba].*

Die Ergänzungen beruhen auf der Inschrift C I 172 + 241 aus Ḥāz-Bait Ġufr (siehe oben S. 60), die wie ein Duplikat unseres Fragmentes aussieht.

Der Beiname יענם des Asad^{m} Z. 1 ist auch sonst belegt (C I 153, 224, 234, 300, 302, 340, 361).

99.

RW 153. 0.30 × 1.00.

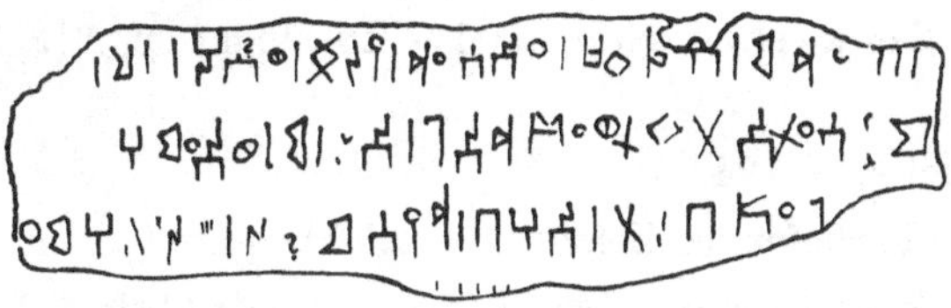

1 שׂעדם | ???? | ואשׂעד | י[ר]ם | ואה[יה]מני
2 מ???א?? | ועבדאל | א[..]ם | ואעמ[מ]ה[מו
3 | [ו]ה[ב]ל[ת | א?? [| ו]ישמ[עאל] | ו[בנ]המו
4 ....

Eingang eines längeren Textes; anscheinend nur unten abgebrochen.

(1) *Sa'd^{m} J ... und As'ad Ja[rī]ś und [beider] Br[üder]* (2) *M .... A ... und 'Abd'īl A...m und [ihre] O[h]eime* (3) *Wa[h]b[l]āt A.. und Jasma['īl] und ihr [Sohn ......].*

Von den Eigennamen und ihren Beinamen sind nur שׂעדם, אשׂעד und עבדאל sicher. Über עבדאל s. zu MM 18.

Der Anführung der Oheime als Stifter eines Baues oder Denkmals begegnen wir hier zum ersten Male in einer sabäischen Inschrift, im minäischen Gebiete findet sie sich recht häufig. Das Wort, wie hier im Plural, ist im Sabäischen durch C I 37 Z. 6 belegt; Prideaux VIII 2 ist zweifelhaft. Nach Rhodokanakis *KT* I S. 66 dient der Ausdruck אעמם dazu, die ältere Generation zu bezeichnen.

ירם ist hier und in der Inschrift von Ḥiṣn Ġurāb Z. 3 Personenname, sonst ebenso wie תרם (s. oben zu MM 32) Ortsname, MM 116, 153$_{3}$, *Sab. Denkm.* S. 29. Glaser *Mitteil.* S. 79 (zitiert im C I zu Nr. 224) verweist zu תרם auf die Stadt تريس in Ḥaḍramaut und bemerkt passend, daß dieses Tarīs sich zu sabäischem Jarīs wie ḥaḍr. Terīm zu jemenischem Jerīm verhalte.

100.

RW 144. 0.30 × 0.30 = C I 253 (= Gl. 232).

RW

1 נש]אכרב | ארס]ל . .
2 אושך | ואב]כרב
3 וקמ | ד̄ב . . .

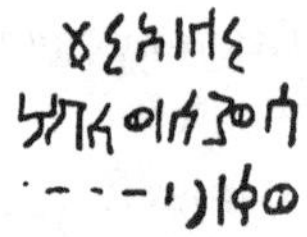

Gl.

(Z. 1.) lesen die Herausgeber des C I עמכרב | אשוע.

Die Ergänzung des zweiten Namens ist unsicher; ארסל findet sich noch C I 352 Z. 2[1]).

(Z. 2.) אושך auch C I 134.

(Z. 3.) Mit den überlieferten Zeichen ist nichts anzufangen.

Dieses Bruchstück und ein anderer Text aus Bait Ġufr C I 255 (= Gl. 234) gehören zu jenen unerfreulichen Inschriften in gedrängter Reliefschrift aus recht später Zeit, die selbst mit Hilfe von mechanischen Reproduktionen schwer zu entziffern sind.

101.

RW 152. 0.30 × 1.00.

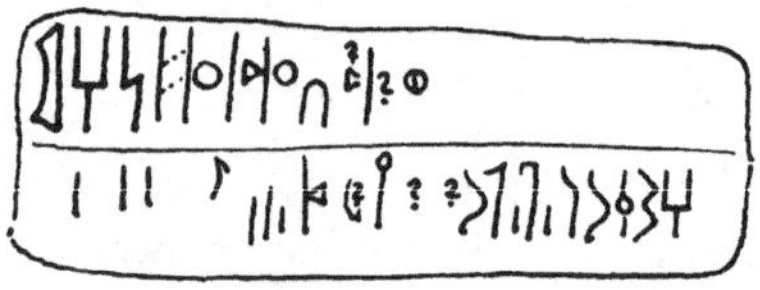

. . . . ן ? ? שעד |]וב[נהמ]ו |
. . . . | ו]השקרן |]ה[גר . . ר ? ? ? ? ? ? ?

---

[1]) Die Herausgeber verglichen damit den ḏū Arsāl des Kommentars zur Ḥimjarischen Qaṣīda bei v. Kremer *SS* S. 104, und M. Hartmann *Ar. Fr.* S. 320 hat diese Gleichung übernommen. Mit Unrecht; denn der Text der Qaṣīda vs. 124 hat dafür *ḏū Ausān* sowohl in der editio princeps v. Kremers wie in der revidierten Ausgabe von W. F. Prideaux *(The Lay of the Himyarites* Sehore 1879), und ḏū Arsāl ist nur eine schlechte Lesart der Handschriften oder des Kommentators.

Außer den wenigen Worten zu Ende der ersten und zu Anfang der zweiten Zeile ist nichts Sicheres zu erkennen.

(1) ... *und .. sa'd und ihr [S]ohn* ... (2) *[haben .... und] vollendet [ihre] S[ta]dt* ...

Der Name in Z. 1 kann Īlsa'd oder As'ad sein. הגר als Objekt zu השקר fällt auf, ist aber nicht ohne Beispiel, vgl. C I 284_2 und 300_2.

102.

RW 51. 0.30 × 1.20.

...רזחן | ותבעאל | וב....

... *Razḥān und Tubba''īl und* ...

Fragment vom Eingang einer Inschrift.

Über den ersten Namen siehe die Bemerkungen zu MM 5 Z. 1.

תבעאל sonst nur noch C I 5 (= MM 152), 286 und Gl. B. 885. Das ist nur ein weiteres Beispiel für diesen EN; denn in diesen drei Inschriften bezeichnet er ein und dieselbe Person, siehe zu MM 152.

103.

RW 140. = C I 237 (= Gl. 216).

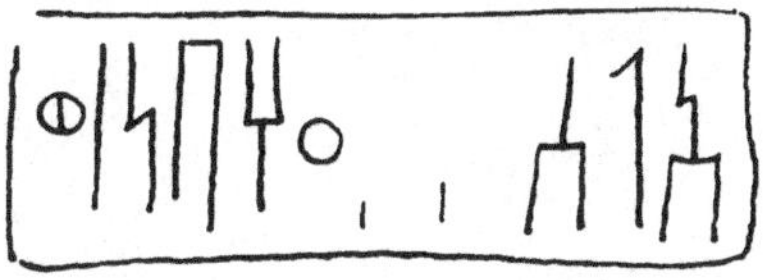

RW

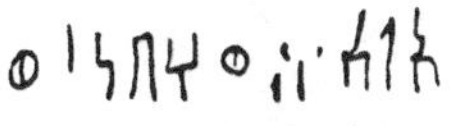

Gl.

אלש[ע]ד | והבן | ו....

Ilsa['d] Wahbān und ....

Der erste Name ist auch sonst belegt: Hal. 195 (minäisch), 661 (sabäisch).

104.

a) RW 138.
b) RW 137. 0.25 × 1.00.

b)

a)

ובד̄ת | בעד⁝נם | ובשׁימהמו | תאלב | רימם

..... *und mit der Ḏāt Ba'dān*^{m} *und mit ihrem Schutzpatron Ta'lab Rijām*^{m}.
Zwei zusammengehörige Bruchstücke vom Ende einer Bauinschrift.

105.

RW 46. 0.20 × 0.50, Reliefbuchstaben, = C I 248 (= Gl. 227).

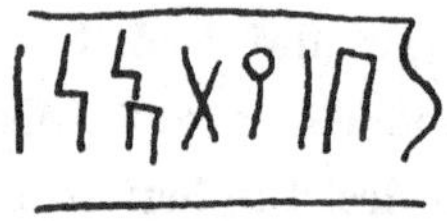

נשׁאכ]רב | יזאן | ...

RW Gl.

Fragment vom Anfang einer Inschrift. C I 187 = Gl. 171, aus Ḥāz, ist eine Weihung des Naša'karib Jaz'an und [seines Bruders ....] Juha'min, | בני | בתע | ר̄חמלן | ת̄לת̄ן | שׁמעי | שׁעבן | אקול, an Ta'lab Rijām^{m}, den Herrn von שׁצרם; C I 154 = Gl. 137 und MM 83, beide ebenfalls aus Ḥāz (s. auch MM 125, aus Ḥuqqa), wird er als בן | בתע, Chef der Bata'iden, angerufen.

106.

RW 44. Reliefbuchstaben.

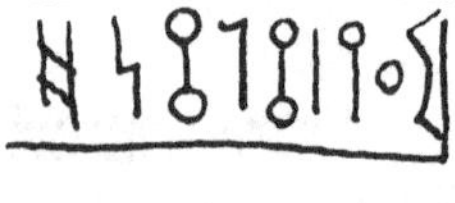

... אקול | שׁעבן | שׁ]מעי | ת̄לת̄ן [|] ר̄]חמלן | ...

Gleicher Text wie die folgende Nr.:

107.

RW 45. Gelber Kalkstein = C I 243 (= Gl. 222).

RW

Gl.

..... אקול | שעבן | שמע]י | תלתן | דחמלן ....

[..... Qaile des Stammes Sum'a]j, Drittel ḏū Ḥumlān ....

108.

RW 47. Reliefbuchstaben.

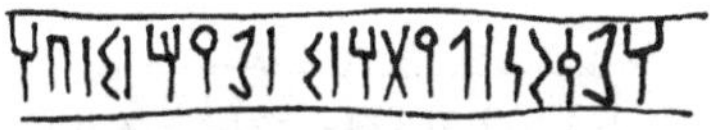

.... בניו | והותרן | וה]שקרן | ביתהמ[ו] | ש]צר[ם | בה]גרן ....

[... haben erbaut, fundamentiert und vo]llendet ihr Haus Ša[ṣa]r^{m} in der St[adt (?) .....].

109.

RW 48. Gelber Kalkstein, Reliefbuchstaben = C I 245 (= Gl. 224).

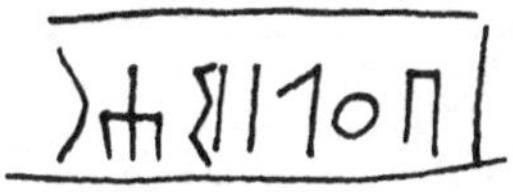

RW

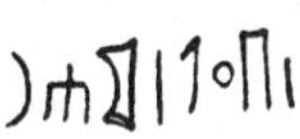

Gl.

..... שימהמו | תאלב | רימם |] בעל | שצר]ם | ....

110.

RW 42. An einem Hause, gelber Kalkstein = C I 260 (= Gl. 239).

אלשרח | י]חצב | מלך [| שבא | ודרידן |

Vgl. zu MM 24_6 und die Vorbemerkungen S. 64.

111.

RW 50. 0.20 × 0.50. Reliefbuchstaben, rohe Abschrift.

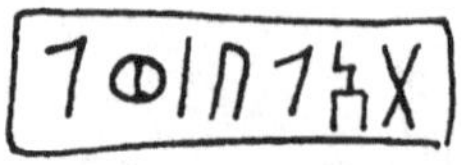

תאלב | ול

In תאלב steckt wohl der zweite Teil eines mit diesem Gottesnamen zusammengesetzten EN, und ל ist dann der erste Buchstabe eines zweiten EN, z. B. ל]חיעת̄ת.

112.

RW 139. 0.30 × 1.00.

.... ם | במנ[צח]המו | ? ....

113.

RW 146. Rechts und links vermauert; gut ausgeführte Reliefbuchstaben.

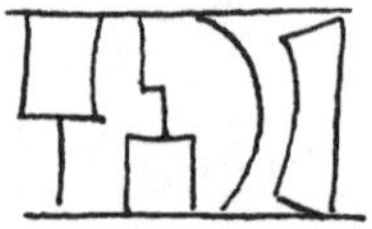

וברדא . .]מראה[מו

114.

RW 35. 0.20 × 0.40 = C I 254 (= Gl. 233).

RW

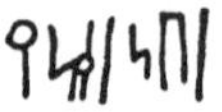

Gl.

בן | קנת̄ (Gl. בן | קני), womit nichts anzufangen ist.

115.

RW 49. Vulkanisches Gestein.

Enthält nur die beiden eingegrabenen Buchstaben:

. . . פמ . . . .

116.

RW 136. 0.20 × 0.60 = C I 259 (= Gl. 238).

RW

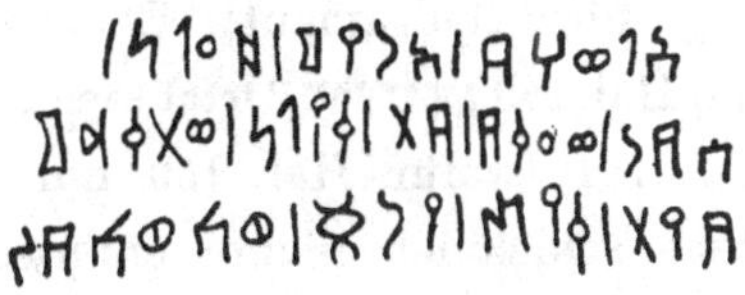

Gl.

1 אלוהב | ארים | ד̄עלן |
2 כבר |ועקב | בת | קילן | ותקדם
3 בית | קילן | ירס | וכוכבן

(1) *Īlwahab Arjam von ʿAlan* (2) *war kabīr und ʿāqib über das Haus des Qail und hat vorgestanden* (3) *dem Qail-Hause Jarīś und Kaukabān.*

(Z. 2.) ועקב | כבר sind, wie das daran schließende ותקדם zeigt, Verba finita. כבר kommt als Verbum vor:

a) in der sabäischen Ta'lab-Inschrift unsicherer Herkunft C I 343 Z. 11: שמורתן | כבר, was bisher noch nicht befriedigend erklärt ist.

b) in den Aufschriften der Libationsaltäre aus Kamna Hal. 273, *Sab. Denkm.* 23 und 25 und J. et H. Derenbourg *Etudes* I S. 43ff.:

Hal. 273: ע[לי]ן | וכבר | [ע]ל[י]ן | וכבר | נס]ר
Sab. Denkm. 23: עלי [| וכבר | נסר | עלי
Sab. Denkm. 25: ע[ל]י | וכבר . . . . . .
Etudes I S. 43f.: עלי | וכבר | נ]סר | . . .

Hier ist כבר von den früheren Herausgebern als Verbum aufgefaßt worden. Rhodokanakis sah darin ein Substantiv, das er als *Kaper (capparis)* erklärt (*St.* I S. 10f.). Die ältere Auffassung scheint den Vorzug zu verdienen; den beiden Verben עלי | וכבר ging wohl יום voraus.

c) in den beiden Inschriften von Harim:

Hal. 151 Z. 7ff.: יום | כבר | שׂקית | חׄרפם || III || ושׂבקל | ת̄מרן | תפדם || LXIII || וכבר | חצׄרמות

Hal. 150,7f.: יום | כבר | עררהת || III ||

d) in der ḥaḍramautischen Inschrift Mayer Lambert *Bombay* 31/3 Z. 3f.:

ול | ינת . . ר | יכבר | מי[פע]ת |

e) im qatabānischen Text Gl. 1601 (bei Rhodokanakis *KT* I S. 7ff.) Z. 2:

כברם | ביכבר | וחרג | שׂעבן | כחד

und Z. 6: פיכבר | כחד | ד̄דתנת |

Der ḥaḍramautische Text und Gl. 1601, ferner כבר | חצׄרמות Hal. 151 ergeben als Bedeutung von כבר *Kabīr sein* (über Maifa'at, über den Stamm כחד, über Ḥaḍramaut). Ebenso dürften die Objekte zu כבר in Hal. 151 שׂקית und Hal. 150 עררהת Ortsbezeichnungen sein; der Zusatz || III || חׄרפם *drei Jahre* Hal. 151, wofür Hal. 150 nur die Ziffer gesetzt ist, paßt sehr gut dazu. Es steht schließlich nichts entgegen, dieselbe Bedeutung für C I 343 und die Inschriften der Altäre von Kamna, oben unter b), anzunehmen. Nachdem Rhodokanakis *KT* a. a. O. das Verbum כבר als Denominativ vom Substantiv *Kabīr* erkannt hat, würde sich diese Erörterung erübrigt haben, wenn nicht Mayer Lambert in seiner Übersetzung der Bombayer Inschrift כבר trotz der Bemerkung von D. H. Müller in den *Sab. Denkm.* S. 51 mit *agrandir* wiedergegeben hätte.

Das in unserer Inschrift mit כבר verbundene עקב dürfte in derselben Bedeutungssphäre zu suchen sein. Da bietet sich im äthiopischen ዐቀበ፡ *custodire* das Gewünschte. Gl. 481 bei Rhodokanakis *St.* II S. 15f.[1]):

יום | הוצתהו | יכרבמלךְ | ותר | ויעקב | בכבתן | בעלי | שׂבא | ואשׂעבן | חׄמשׁת | חׄרפן |

als ihn Jakrubmalik Watār beauftragte und er in Kabatān die Wache hielt über Saba und die Stämme, fünf Jahre,

---

[1]) In der 12. Druckzeile dieser Inschrift hat die Arnaudsche Kopie בכלחׄרפי | הרשׁ statt בכל | הרשׁ. Fehlt חׄרפי in Glasers Kopie oder im Abdrucke? Nach Rhodokanakis' Übersetzung scheint das erste der Fall zu sein. Freilich fehlt eine dahingehende Bemerkung von ihm.

Hal. 154 = C I 516 Z. 4ff.:

יום | הקדמהו | יד̄מרמלךְ | צ̇בא | אושן | וצ̇בא | גבר̄ | ד̄הב | נשן | ועקב |
בנשן | ח̇רפם || II || עד | עתבהמו | כרבאל | נשן | ות̄ברה |

als Jadmurmalik ihn zum Anführer des Heeres der Ausān machte und des Heeres, das das dahab von Našān verwüstete, und er Wache hielt in Našān 2 Jahre, bis Kariba'īl ihnen Našān wegnahm (?) und es zerstörte. [Vgl. jetzt Rhodokanakis *WZKM* XXXVII S. 136.]

Ein von עקב abgeleitetes Substantiv liegt C I 57 Z. 8f. vor:

שרחאל | ... פאו | עקבהו d. i. شرحيل او عاقِبُهُ

Šaraḥ'īl oder sein ʿāqib, wofür C I 74 (ʿAmrāntafel) Z. 14 gesagt wird | בן מרת̄דם | פאו | ד̄יקהן *b. Martadm oder wer (an seiner Stelle) gebietet.*

Dasselbe Wort lesen wir auch in der Inschrift Cantineau Nr. V Z. 2ff.: בי(ו)ם | כון | עקבם | בבת | בן | ת̄ארן |, *als er ʿāqib wurde im Hause des b. Ta'rān usw.*

בת | קילן bezw. בית | קילן, wie Z. 3 geschrieben wird, ist *das Haus des Qail* (C I) nicht etwa *das Haus Qailān*: das müßte ביתן | קילן lauten. Über die defektive Schreibung בת für בית s. zu MM 90 Z. 5.

תקדם. Neben den Stellen, an denen für dieses Verbum die Bedeutung *in den Kampf ziehen* oder ähnlich angenommen wird, liegen Stellen vor, die eine andere Bedeutung verlangen (C I 338, 359, 439). Diese Texte sind sogenannte Personendedikationen (mit הקני oder רת̄ד eingeleitet), an die sich — abhängig von יום | תקדם „als er *taqaddama*" — die Erwähnung von Kultstätten und Kultgeräten schließt. Hier hat man die Bedeutung *darbringen, weihen* angenommen, und das קדם | ב, das C I 309 dafür gebraucht wird, schien diese Annahme zu bestätigen (vgl. ar. اتى ب, جاء ب). Auch bei der qatabānischen Wendung תקדם | וש[ע]שק | ד̄ן | שטרן | (Gl. 1602 bei Rhodokanakis *KT* I S. 57ff.) könnte man an *er brachte dar und errichtete diese Inschrift* denken.

Das Verbum ist aber überall mit *vorstehen, leiten* oder ähnlich wiederzugeben. Entscheidend hierfür ist der Vergleich mit den Inschriften von Katīlm, in denen jedoch zum Unterschied von den angeführten Inschriften die Dedikation der Personen kein symbolischer Akt ist, sondern die dedizierten Personen dem Tempeldienste geweiht werden. Als Anlaß dazu wird C I 494 u. 496 angegeben:

יום | שימהו | ידעאב | בעלי | כתלם | ובעלי | מבני | בית | ד̄ת | חמים |

als (eigentlich: *am Tage, da*) *ihn Jadī''ab setzte über K. und über den Bau des Tempels der Dāt Ḥimajm.*

An diesen Parallelstellen wird das Vb. שים, dessen Bedeutung durch שים *Schutzpatron* und משם *Gebiet* feststeht, statt תקדם gebraucht[1]).

In der Inschrift Gl. Wien 1081 aus Harim, die von einem durch den Stamm עתתר | אהל ausgeführten Bau berichtet, wird von den Stiftern gesagt: וקתדמהמו | נשרם | בן | חמם, das ist offensichtlich: *es stand an ihrer Spitze N. b. Ḥ.* Hiermit wird auch der Sinn des Satzes C I 309 klar:

יום | קדם | שעבהו | ירשם | במבני | צבחם

*am Tage da er seinen Stamm Jarsum führte beim Bau von Ḍabḥ*ᵐ (C I: *die quo progressus est tribus ejus Yarsum ex aedibus Ḍabḥi*; richtig Mayer Lambert zu Bombay Nr. 45).

In den qatabānischen Inschriften wechselt קדם | מבני (Bombay 45, wie C I 309) mit תקדם | מבני (Gl. N. 1119, 1151) und קתדם | בשקי Bombay 51. Im Ḥaḍramautischen scheint bisher nur die VIII Form vorzuliegen: קתדם | מברא Naqb al-Ḥağar, קתדם | מבני ʿObne, קתדם | גנא Bombay 31 Z. 2f.

Es dürfte jetzt wohl allgemein zugegeben werden, daß überall, auch in den sabäischen Texten im engeren Sinne, קדם I, V und VIII die Bedeutung *an der Spitze stehen, führen, leiten* hat[2]), und es wäre zu untersuchen, ob nicht die gleiche Bedeutung auch für die zu Anfang erwähnten Stellen anzunehmen ist, wo man es seit Praetorius *ZDMG* XXVI S. 746 mit *in den Kampf ziehen* oder ähnlich zu übersetzen pflegt.

(Z. 3.) Über ירם s. oben zu MM 99; in unserer Inschrift ist es der Name des Qail-Hauses, nicht etwa des Qails. Das Qail-Haus erinnert an das بيت المقاول in Ẓafār, das Griffini *Riv. St. Or.* VII 1 S. 223 aus einem jemenischen Gedicht des VIII. Jhdts. H. anführt. — כוכבן auch noch C I 106, wo es Name eines Kultgebäudes ist.

Unsere Inschrift macht den Eindruck der Vollständigkeit. Sie verkündet, daß der Stifter *Kabīr* und Hüter des بيت القيل ist und daß er das Qail-Haus Jarīś und Kaukabān leitet. Das nimmt sich wie die Anzeige eines Amtsantritts an. Oder hat תקדם hier die besondere Bedeutung *leitete den Bau?* Jedenfalls bleibt die Verwendung der altertümlichen Verben כבר, עקב und תקדם in diesem verhältnismäßig jungen Texte auffällig.

---

[1]) [Gleichen Inhalts und Stils sind, wie Hommel erkannt hat, die Inschriften von Harim Hal. 144—146, 148, 150, 151, 153—156, 158, 159 (im C I nur teilweise unter Nr. 510—516 wiederholt). Meine abweichende Deutung, obgleich von den Herausgebern des C I gebilligt, gebe ich auf. J. H. M].

[2]) Das Wesentliche zur Bedeutungsbestimmung von תקדם, קתדם ist von Rhodokanakis *KT* I S. 39 u. 110 beigebracht worden.

117.

RW 43. In der Moschee von Bait Ġufr, gelber Kalksandstein; 0.40 × 0.30 = C I 251 (= Gl. 230).

RW

Gl.

1 שרחם | עׄילנ[ן | ו]אחׄ

2 יה]ו | בנו | בתע | [אקול |

3 שע[בן | שמע | תׄלת[ׄן | דׄחמלן |

(1) *Šarḥ*^{m} *Ġailā[n und] seine Brü*(2)*der, banū Bata*ʻ, *[Qaile* (3) *des Sta]mmes Sumʻa(j), Dri[ttel d̲ū Ḥumlān].*

Die Inschrift ist vollständig und enthielt nur die Namen der Stifter des Räucheraltars, wie C J 285; s. die Bemerkungen zu MM 171 unten S. 237.

Über die bildliche Darstellung hat Grohmann *Göttersymbole* S. 37ff. (Mondsichel und Scheibe) und S. 56ff. (Steinbock) gehandelt. Die Zeichnung von RW läßt jetzt die Identität der Darstellung mit dem bei Grohmann abgebildeten Altar im Stambuler Museum erkennen.

118.

RW 154. Erhabene Schrift; 0.20 × 0.75.

Die gleiche Darstellung wie auf dem Fragment MM 117 kehrt auch hier wieder.

Die wenigen Buchstaben entziehen sich einer sicheren Deutung. Es scheint ב[י]ת | [ש̇]מש... *H[au]s [der Š]ams* dazustehen, aber das täuscht vielleicht.

119.

RW 147. 0.25 × 1.00; an allen Seiten abgebrochen.

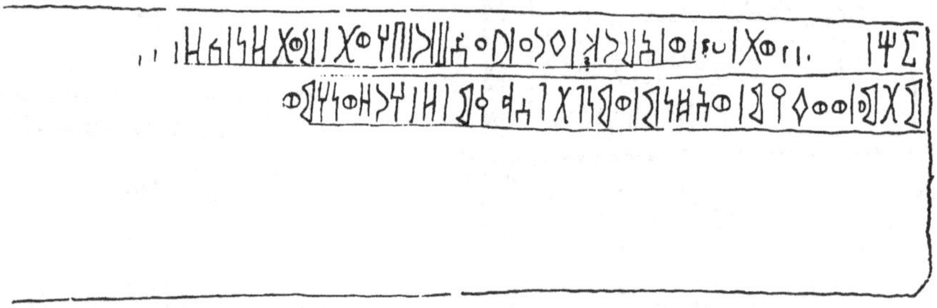

1 .. מח | ?... | ות???ו | א[ת̄]מרם | פרעם | ואטר | בהות | מות̣ד̄ן | כ??

2 נע[מ]תם | וופים | ואד̄נם | ומנלת | צדקם | ד̄[ו]הרצ̇ונהמו

(1) ... *und ...... gut geratene F[rü]chte und ? auf diesem ? [und auf daß .... sie beglücke* (2) *mit Wohl]ergehen und Heil und Ansehen und reichlichem Besitz, was sie zufrieden machen möge.*

Lesung und Deutung der ersten Zeile sind recht unsicher. את̄מרם | פרעם, wenn richtig ergänzt, entspricht dem sonst üblichen Ausdruck פרע | דת̄א | וח̣רף *guter (Ernte-)Ertrag des Frühlings und Herbstes,* in dem פרע Substantiv ist. Ähnlich wie hier dürfte C I 404 Z. 4 vollständig gelautet haben: את̄מרם | פ[רעם | וכל | ד̄הרצ̇והו... *gutgeratene Früchte und alles was ihn zufrieden gemacht hat.* Das Adjektiv kommt sonst nicht vor.

In der 2. Zeile fällt das einfache אד̄נם auf, wofür sonst in dieser Wendung ausnahmslos ברי | אד̄נם, bezw. ברי | אד̄נם | ומקמם steht.

Die Schlußworte sind eine feststehende Formel, vgl. C I 156, 333_{16}, 406, 500.

C I 28 lautet etwas abweichend: מנלת | צ[דקם | דיה[רצ̇ון | אלבבהמו *reichlicher Besitz, der ihre Herzen zufrieden mache,* denn so ist dort zu ergänzen, nicht מנלת | צ[דקם | ור[צ̇ון | אלבבהמו.

120.

RW 149. Gelblicher Stein, stark verwittert; 0.25 × 0.70 = C I 244 (= Gl. 223).

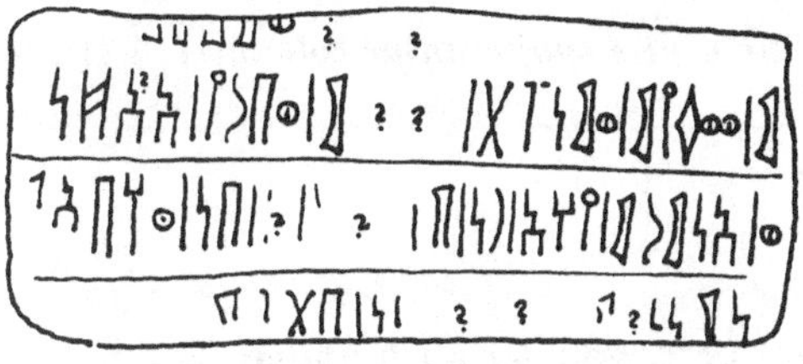

RW

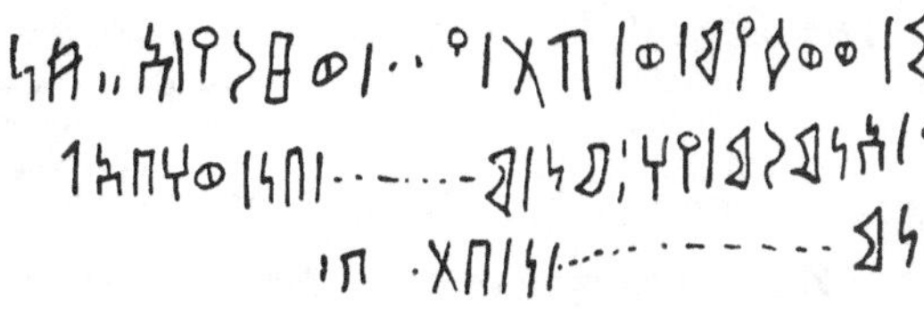

Gl.

. . . . . ?? ומ . . . .

1 . . . . נעמת]ם | ווּפים | ומנלת | [צדק]ם | וברי | אאדֿנ]ם | ומקימתם

2 | רצֿו | מראהמ]ו | אנמרם | יהאמן | מ]לך | שבא] | בן | והבאל [ן | יחז |

3 ולדֿת | נעמת | ות]נ[ע]מן | ל . . . . ?ן | בת]אל[ב | . .

An allen Seiten abgebrochen. Schluß einer längeren Weihinschrift. Im C I ganz abweichend ergänzt.

(1) *[. . . . möge ihnen die Gottheit bescheren Wohlerge]hen und Heil und reichlichen Besitz und Fülle von Anse[hen und Macht* (2) *und die Gunst ihres Gebieters] Anmār*^{m} *Juha'min, Kö[nigs von Saba], Sohnes des Wahb'il [Jaḥūz,* (3) *und weil es wohl ergangen ist und damit es wohl erge]hen möge den . . . . . . Mit Ta['la]b!*

Der in Z. 3 genannte König von Saba war bereits aus der Weihinschrift C I 195 (aus Ḥāz) = MM 86 bekannt, wozu jetzt die Erwähnung in der Inschrift von al-Ġirās oben MM 26 gekommen ist. Nach Rhodokanakis *KT* II S. 66 kommt er auch noch in einer Reliefinschrift aus No'ḍ (Gl. 1197) vor. Der Beiname des Vaters ergibt sich aus C I 1 und 517 sowie Miles V [= C I 642]. Beide, Vater und Sohn, gehören, wie sich schon aus der Form ihrer Namen und Beinamen ergibt, der letzten sabäischen Königszeit an[1]).

121.

RW 150. Eingegrabene Schrift, Buchstabenhöhe 0.04 = C I 247 (= Gl. 226).

RW

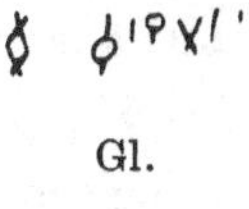

Gl.

[1]) Das hat auch M. Hartmann *Ar. Fr.* S. 138 u. 239 erkannt. Er fand auch die richtige Ergänzung des Anfangs der 2. Zeile.

Auf der Zeichnung von RW erkennt man über der Bustrophedon-Inschrift Reste einer Zahnleiste, wie sie auch sonst öfter auf älteren Steininschriften und besonders auf Bronzetafeln vorkommen. Nach Glaser Bruchstück einer Säule: *etenim super scripturam aliquot lineae etiamnunc oculis subjiciuntur columnis* [? ?] *peculiares* (C I).

1 ← ראבת | . . ? בי

2 . . ? הקנית | ? פ →

Z. 1 erkennt man einen EN von der Wurzel ראב, von der auch andere Eigennamen abgeleitet sind. Wenn הקנית in der 2. Zeile Zeitwort ist, läge ein weiblicher EN vor. Jedenfalls gestattet die Übereinstimmung der beiden Abschriften nicht, wie im C I vorgeschlagen wird, dafür נצב *Grabstele* zu lesen. Wir haben vielmehr den Anfang eines Proskynems vor uns: *Ru'bat* ...... *hat dargebracht* [dem (Gotte) ... *sich* .....]. Die Steininschriften dieser Art sind öfter mit der Zahnleiste verziert: C I 37, 307, 309, [678]. — [Der EN ראבת jetzt auch noch C I 841].

122.

RW 151. 0.30 × 30 = C I 246 (= Gl. 225).

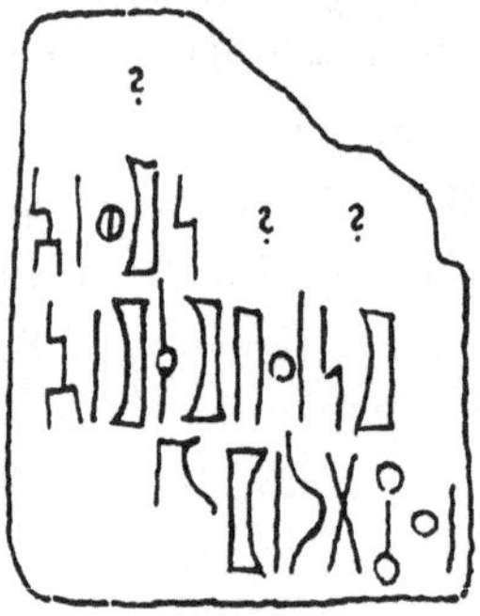

RW

1 . . . . ובני]המו | א . . . . .

2 . . מן | וברקם | א . . . . .

3 | עת̄תר | שרקן

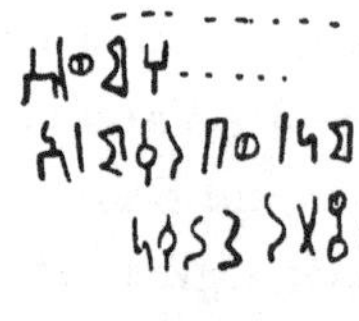

Gl.

(1) *[und] ihre [Söhne]* '..... (2) .. *mān und Bāriq*ᵐ '...... (3) ... *'Attar Šāriqān* .....

Glasers Abschrift ist besser und wird durch die Zeichnung von RW gegen die Konjekturen des C I geschützt. Überhaupt ist die Ergänzung des C I recht gewagt. Als Belege hierfür werden C I 214, 269, 281 Z. 4 und 282 angeführt. Von diesen kommen C I 214 und 269 überhaupt nicht in Betracht: es sind Fragmente, deren Lesung und Ergänzung zweifelhaft sind. C I 214 ist oben zu

MM 46 berichtigt worden. C I 281[1]) und 282 sind nur als Belege für den Namen ברקם zu verwenden, der aber auch sonst belegt ist. Näher hätte es gelegen, das von Hamdānī aufbewahrte Musnad aus Raida (woher auch C I 281 und 282 stammen) heranzuziehen, das die Herausgeber unter Nr. 283 wiedergeben, um danach den verstümmelten Namen am Anfang von Z. 2 zu על[מן zu ergänzen. Aber auch das ist nicht sicher. ...מן kann ebensogut der Rest von | יהא[מן, שלמן usw. sein [1]).

Ḥuqqa.

„Das Dorf Ḥuqqa liegt 25 km nördlich von Ṣanʿā am Westrande der nord-südlich gestreckten Talebene von Ṣanʿā, die hier in westöstlicher Richtung etwa 25 km breit ist. Die Siedlung liegt am Südostrand eines jungen vulkanischen Ergußgebietes, einer sogenannten ‚Ḥarra', die die Landschaft Arḥab und einen Teil der Landschaft Hamdān umfaßt, und die aus einer Anhäufung von jungen Vulkankegeln besteht, aus deren Kratern überall mächtige Lavaströme geflossen sind. Ein ganz junger Lavastrom, der wahrscheinlich erst in historischer Zeit entstanden ist und vielleicht die Ursache für die Zerstörung der alten Siedlung Ḥuqqa war, fließt wenige Meter an dem Nordrande des Dorfes vorbei. Das Dorf selbst liegt auf dem Rücken eines etwas älteren Lavastromes, dessen Westflanke mit einem Steilrand abbricht. An diesem Steilrand befinden sich die unter MM 138—145 behandelten Graffiti von Ḥuqqa, und zwar in der Nähe der Ruinen.

Der Ruinenhügel, den wir auf Wunsch des Imām ausgruben, lag etwas südlich des Dorfes. Das Ergebnis dieser Grabung wird im zweiten Bande dieses Werkes beschrieben werden. Der Grundriß des ausgegrabenen Gebäudes — eines

---

[1]) Übrigens ist Ta'lab Rijām^{m}, dessen Namen die Herausgeber in Z. 3 in der Lücke nach שימהמו ergänzen, nicht am Platze. Denn Ta'lab ist der Schutzpatron der Sippen Bataʿ und Hamdān, während Raida den Bakīl gehörte, wie aus C I 282 hervorgeht. Es war vielmehr שמע einzusetzen, der Lokalgott von Raida, dem auch die Bronzetafel C I 282 geweiht ist.

[1]) Das Musnad des Hamdānī ist mit Vorsicht zu verwenden. Es ist, was bisher nicht beachtet worden ist, aus zwei nicht zusammengehörigen Originalen kontaminiert. Die ersten Worte نمران وعلمان وسوران stammen aus einem ähnlichen Texte wie C I 282, die Schlußworte الاهه همدان, die auch in einem andern Musnad bei D. H. Müller a. a. O. S. 30 wiederkehren, gehen auf die Inschrift *Sab. Denkm.* Nr. 17 zurück. Damit erledigen sich die weitschweifigen Spekulationen, die M. Hartmann *Ar. Fr.* S. 261f. an dieses Musnad geknüpft hat. Den bei Hamdānī überlieferten Namen ʿAlmān in ʿAlhān zu verwandeln, lag kein Grund vor. Er ist keineswegs ein *nomen inauditum*; s. zu MM 74.

Tempels der Ḏāt Ba'dān, wie aus dem MM 137 dargestellten Fundstück mit Inschrift zu schließen ist — ist in groben Umrissen aus dem hier beigehefteten Plan zu entnehmen. Von den Inschriftensteinen von Ḥuqqa sind nur wenige in dem Schutt des Ruinenfeldes gefunden worden, die meisten waren in den Mauern der modernen Häuser des Dorfes eingebaut. Auf dem Gelände des neuen Dorfes scheint eine alte Siedlung gelegen zu haben, wie aus alten Mauerresten daselbst und vielen Zisternen aus vorislamitischer Zeit zu schließen ist.

Die heutigen Bewohner von Ḥuqqa gehören ebenso wie die Einwohner von Ḥāz und Bait Ġufr zu den Benī Hamdān, einem rauhen, kriegerischen Stamme, der sowohl der türkischen Verwaltung wie den Imāmen dauernd Schwierigkeiten gemacht hat.

Im Plan des Dorfes sind die Stellen, an denen Inschriftensteine oder andere Reste aus vorislamischer Zeit eingebaut oder herumliegend gefunden wurden, mit Zahlen vermerkt. Diese Nummern sind, soweit sie sich auf Inschriften beziehen, bei der Inschrift jeweils mit dem Zeichen P versehen."

(Rathjens-v. Wissmann.)

123.

RW 102. Aus dem Weiler el-Beled in der Gemeinde el-Ǧāhilīje, 4 km östlich von Ḥuqqa; über einer Haustür; einzige Inschrift in diesem Orte.

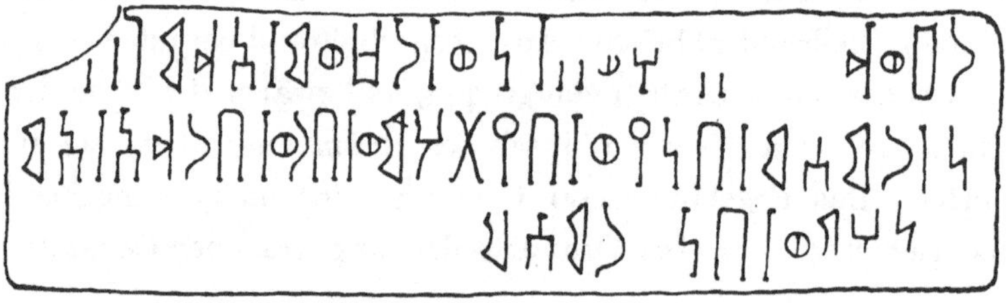

1 רבוד[ם | ובני]הו | בנו | רצ̇ום | אדם [| ב

2 ן | רמש̇ם | בניו | ביתהמו | ברו | ברדא | אמ

3 ר]אהמו | בנ[י |] רמש̇ם

Anscheinend vollständig.

(1) *Rabbwadd[ᵐ und] seine [Söhne], banū Raḍwᵐ, Klienten des b.* (2) *Ramsᵐ, haben ihr Haus Barw erbaut mit Hilfe ihrer Ge-* (3) *bie[ter], der ban[ū] Ramsᵐ.*

(Z. 1.) Der EN רבודם begegnet hier zum ersten Male. Er ist gebildet wie רבאל, רבאום, רבנשרם, רבשמשם.

Ebenso kommen die banū רצ̇ום bisher sonst nicht vor. Im Qatabānischen findet sich רצ̇ום Jaussen *himy*. Nr. 185 als männlicher, רצ̇ן ebenda Nr. 6

(vgl. 110) als weiblicher EN. Dagegen ist das Gebietergeschlecht der banū Rams aus C I 341 (= *Sab. Denkm.* Nr. 10) bekannt. Die Herkunft dieses Steines, der sich im Stambuler Museum befindet, war bisher nicht festzustellen. Er dürfte nach unserer Inschrift aus Ḥuqqa oder aus der Nachbarschaft von Ḥuqqa stammen. Ebenda ist die Weihgabe MM 137 ausgegraben, die die banū Rams gemeinsam mit den banū Sumai' gestiftet haben. ברן als Name einer Örtlichkeit oder eines größeren Baues ist neu.

124.

a) RW 86. P 17. Höhe 0.20; sehr undeutlich. b) RW 89. P 7. Länge 0.65.

b)

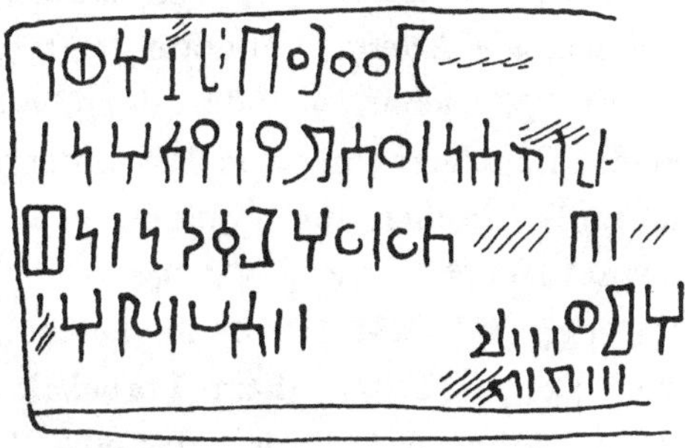

a)

Zwei zusammenhängende Fragmente.

RW 89	RW 86	
[מר]תֿדם | יזאן | ושלמת | א	......אש[ו]ע] | וב[ני]הו |	1
ושעדתאלב | יהתב | בנו | שמיע	.. ? | ? שן | [ו]שמי | יכהן |	2
עתהמו | יפען | במ[קי]מת | אמרא	ם] | ב[רא]ו | והשקרן | נט	3
ו | באנן | ירשם | וחמלן | ומא	המו | ? מ .... ? שה | ? ה?	4
	?? ם | מ...	5

(1) *[.... Aš]wa[ʿ] und seine [Söhne, Mar]ṯad^m Jaz'an und Salamat A...* (2) ...... *und .... J-k-h-n und Saʿdta'lab Juhaṯīb, banū Sumai'* (3) *[^{m}], haben ge[bau]t und vollendet ihre naṭʿat Jafʿān mit der M[acht] ihrer Gebieter* (4) .... *und der .... Jarsum und Ḥumlān und Ma'* (5) *[din^m ......].*

(Z. 1.) אשוע und מרתדם dürften sicher sein. Der zweite Name ist bekannt als der Name der herrschenden Familie des großen Bakīlstammes; seltener wird er von einzelnen Personen geführt. — מרתדם | יזאן erscheint auch weiter unten MM 129; [Salamat findet sich sonst noch C I 692].

(Z. 2.) Die ersten Namen sind nicht zu erkennen. יכהן von der im Sabäischen bisher nicht nachgewiesenen Wurzel כהן ist wenig wahrscheinlich. Es ist wohl verlesen für יכהל von der Wurzel כהל, die im Sabäischen auch noch in anderen Namen erscheint; vgl. *Sab. Denkm.* S. 94. — שעדתאלב | יהתב ist uns schon wiederholt in den Inschriften von Ḥāz begegnet, s. zu MM 33. — Die banū Sumai'^{m} erscheinen auch unten MM 137 und waren schon aus den Votivinschriften C I 19 und 343 bekannt. C I 19 stammt aus Ṣan'ā, C I 343 ist ohne Angabe der Herkunft ins Stambuler Museum gelangt, sie dürften beide aus Ḥuqqa verschleppt sein. Denn die banū Sumai'^{m} werden dort ansässig gewesen sein, wo laut unserer Inschrift die Angehörigen der Sippe gemeinschaftlich einen größeren Bau errichtet haben. Nach C I 343 waren die banū Sumai'^{m} Klienten der banū Bata'.

(Z. 3.) Über *naṭ'at* s. zu MM 25 Z. 7.

(Z. 4.) Die nach אמראהמו erhaltenen Zeichen können zu | א]מ[לכן ergänzt werden, *die Könige*. Hierauf folgt ein zweites Substantiv, von dem nur das Suffix המו sicher ist und zu dem die anschließenden Worte '' באנן Apposition sind. Der Zeichnung von RW entspräche am besten [א]ה[לת]המו, aber אהל ist im Sabäischen nur durch C I 392$_{7}$ (אבעל | אהלהמו | ובערהמו) und Cantineau VB (לופי | — אהלהו | וארצהמו) zu belegen. Man könnte auch an אחיהמו (vgl. MM 128 Z. 2) denken. — Ebenso schwierig ist die Erklärung von באנן. Unter allem Vorbehalt sei die Vermutung ausgesprochen, daß dafür לבאנן zu lesen ist, dasselbe Wort, das wir C I 312 = Gl. B. 865 Z. 5 lesen: | לבאינהן | בחלף | נע]מ[ן *gegen die beiden* לבא *in der Nähe von Na'mān.* Das Wort ist vielleicht auch in der ersten Zeile des Fragments C I 299: תלת | לבאן *Drittel des* לבא zu erkennen wie sonst תלת | שעבן *Drittel des Stammes.* Im Glossar zu den *Himj. Inschr. u. Altert.* ist die Lesung גבאינהן mit anlautendem ג vorgezogen (ebenso Hommel *Chrestom.* § 66), und es fragt sich, ob nicht letzten Endes auch die אהל | גבאן der minäischen Inschriften (vgl. sabäisch דגבאנם Os. 35 l. Z.) heranzuziehen sind. — Der Stamm Jarsum wird in den Inschriften von Ḥāz (C I 220), Ḥadaqān (C I 37) und Rijām (C I 309 = Gl. B. 873), ferner C I 24 (von Glaser in Ṣan'ā kopiert) und SE 8 (bei Rhodokanakis *KT* II S. 69 Anm.; Fundort nicht angegeben) genannt. Er war dem Stamm Sum'aj affiliert, dem wir in den Inschriften von al-Ġirās, Ḥāz und Bait Ġufr wiederholt begegnet sind. Die Qaile des Drittelstammes Sum'aj ḏū Hagar^{m} nennen SE 8 die Jarsum ihren Stamm, und in der Inschrift von Ḥadaqān Z. 5f. verkauft ein Qail von Jarsum Grundbesitz an den König von Sum'aj.

Über den Stamm Ḥumlān s. die Vorbemerkungen oben S. 63.

Die Ergänzung מאדנם am Ende der Zeile ist nicht unbedenklich, da ein Stamm M. bisher nicht nachzuweisen ist. An den Stellen, wo der Name in den Inschriften vorkommt (s. zu MM 77), bezeichnet er vielmehr eine Landschaft oder ein Volk.

125.

RW 95. An einer kleinen Moschee, ¼ Stunde westlich von Ḥuqqa; 0.33 hoch. Die beiden oberen Zeilen Relief, die untere eingraviert.

1 . . . . ב י ת ה מ] ו | נ ע מ
2 [ן | ב מ ק ם | ש י מ ה מ ו | ת] א [ל] ב | ר
3 ימם | בעל | שצרם | וב |] רדא | מראהמו | נשאכרב

(1) *[. . . . . haben errichtet ih]r [Haus] Na'mā* (2) *[n mit der Macht ihres Schutzpatrons T]a'[l]ab Ri*(3)*[jām^m, Herrn von Šaṣar^m, und mit] Hilfe ihres Gebieters Naša'karib.*

Nach der Zeichnung von RW ist der Stein nur rechts abgebrochen. Anscheinend reichte der Raum nicht mehr aus, so daß der Steinmetz sich genötigt sah, in der dritten Zeile die weniger weitläufige eingegrabene Schrift zu wählen und den Schluß wegzulassen. Der verloren gegangene Eingang der Inschrift enthielt die Namen der Stifter und ein oder mehrere Verben, von denen ביתהמ]ו abhängt.

Die Ergänzungen ergeben sich aus der Inschrift C I 154 = Gl. 137 aus Ḥāz, die wie ein Duplikat unseres Fragments aussieht. Sie lautet[1]):

...עם | והען | ושעדשמשם | וכרבעתת | בנו | סנ]חן . . . .
...ביתהמו | נעמן | במקם | שימהמו | תאלב | רימם [| . . . . וב | רדא |
מרא]המו | נשאכרב | יזאן | בן | בתע

Der Bata'ide Naša'karib Jaz'an erscheint wiederholt in den Inschriften von Ḥāz und Bait Ġufr, s. zu MM 105 und oben S. 63 Anm. 3.

1) Den Herausgebern des CI hat anscheinend die Originalkopie Glasers nicht vorgelegen. Sie geben den Text in Typen, und da erscheint als Name des *bait* in der 2. Zeile נעמן, was in der Umschrift mit נעמין und in der Übersetzung mit *(castellum) Na'amense* wiedergegeben wird. Die Inschrift ist von Glaser in seinen *Mitteil.* S. 29 veröffentlicht worden, dort steht נעמן, und ebenso lautet der Name in der Abschrift von der Reinschrift seiner Sammlung.

126.

RW 87. P 12. Länge ca. 1.25. Der Stein war mit der Oberseite unten eingebaut. Außer der Zeichnung liegt auch noch ein Photo RW vor.

1 שׁופם | יהתף | ושׁלמן | ובנהמי | שׁעדשׁמשׁם | ו . . . . .
2 קרן | ביתהמו | יגראל | ברדא | שׁימהמו | תאלב | רנימם |

Links abgebrochen, sonst vollständig.

Daran schließt mit einer Lücke von ± 20 Zeichen:

127.

RW 82. P 10. Rechts abgebrochen, sonst vollständig.

1 . . . . ם | בן | ⟨בן |⟩ בתע | ושׁקרן | בניו | והשׁ
2 וב | רדא | אמ]ראהמו | ושׁעבהמו | קרעמתן

Aus einer Bemerkung zur Zeichnung ist zu schließen, daß das doppelte בן in Z. 1 auf einer Dittographie der Abschrift beruht. — Das erste erhaltene Zeichen ist zweifellos zu אדם zu ergänzen.

(1) [126] *Šauf*^{m} *Jahtuf und Salmān und beider Söhne, Sa'dšams*^{m} *und* . . . . ., [127] *[banū* . . . . . ., *Klien]ten des b. Bata' waSaqrān, haben erbaut und voll-* (2)

[126] *endet ihr Haus Jağūr'īl mit Hilfe ihres Schutzpatrons, des Ta'lab Ri[jām^m, des Herrn von Šaṣar^m,* [127] *und mit Hilfe] ihrer [Geb]ieter und ihres Stammes Qir'amatān.*

(Z. 1.) [126] Die Eigennamen שופם und יהתף kommen sonst nicht vor. Die Wurzel שוף ist in der Bedeutung *beschützen* öfter belegt. — שלמן ist nicht selten: C I 387, 432, 446, MM 80 (sabäisch); Jaussen-Savignac min. 157 (nordminäisch). — [127] בן | בתע | ושקרן d. i. Chef der Sippe Bata'-Saqrān, ist wie בן | בתע | והמדן, Plur. בנו | ב' | וה' (C I 2 Z. 12, *Sab. Denkm.* 15, C I 295, 353) aufzufassen. Die beiden Ausdrücke bezeichnen die Zugehörigkeit zur Sippe Bata', Zweig Saqrān bezw. Hamdān, בן | בתע | ושקרן und בן | בתע | והמדן in Verbindung namentlich mit אדם den Saqrān- bezw. Hamdān-Bata'iden κατ' ἐξοχήν d. h. den Chef dieser Sippen. Über die Sippe שקרן s. zu MM. 49.

(Z. 2.) [126] יגראל kommt als Name einer Baulichkeit auch in der qatabānischen Inschrift Berlin VA 7821 vor und ist mit ישפאל MM 6 sowie mit den alttestamentlichen Ortsnamen יבנאל, יזרעאל, יפתחאל, יקבצאל, יקתאל, ירפאל zu vergleichen. MM 169 scheint es EN zu sein. Die Kurzform יגר ist Hal. 462 Name eines *bait* in Jaṯīl, Hal. 534_9 dürfte es Sippenname sein. — [127] קרעמתן war schon aus C I 342, einer Votivinschrift des Bata'iden Naša'karib Autar für den Ta'lab im Tempel Qadmān von Damhān, bekannt. Unsere Stelle ist entscheidend dafür, daß Ḍar'^{m} und Qira'matān (צרעם | דארץ | קרעמתן) in der angeführten Inschrift nicht Appellativa, sondern Ortsnamen sind. Sie macht es ferner wahrscheinlich, daß der Stein, der jetzt im Stambuler Museum steht, aus dem Bezirke Ḥāz-Ḥuqqa stammt, was auch noch durch das Vorkommen der Sippe von Damhān in Ḥāz (MM 83) bestätigt wird.

128.

RW 83. P 8, 9.

Das links verkehrt angesetzte Bruchstück bildet wohl die Fortsetzung des großen Bruchstücks.

1 ... בתא]לב | רימם | ובמנצחה ⁞ מ]ו | ושמשהמו | ...
2 ...... | ו]בניהמו | בני | בתע | ו ⁞ באחיה [מו | שעבן | ...

(1) *[... mit Ta']lab Rijām^{m} und mit ihr[em] Manḍaḥ [und ihrer Šams .....*
(2) *... und] ihren Söhnen, den banū Bata', und mit ihren [Stammes]brüdern...*

Zu Anfang der 2. Zeile ging wohl במקם | אמראהמו voraus, und daran würde sich passend die Erwähnung „ihres Stammes" anschließen. Daraus ergibt sich unter Vergleich von C I 339_4 die in die Umschrift aufgenommene Ergänzung. Sonst kommt diese Wendung nicht vor.

129.

RW 4 = RW 101. Bei den Ausgrabungen in Ḥuqqa gefunden; jetzt beim Imām in Ṣan'ā; r. abgebrochen, sonst vollständig.

1 ..... מרת̄ד]ם | יזאן | ורמ
2 .... יח]צ̇ר | לביתן | בקלם

(1) *[Martad]^{m} Jaz'an und Ram* (2) *[ḥān (?).... haben erbaut... Jaḥ]ḍur für das Haus Bāqil^{m}.*

Der Eigenname am Anfang der ersten Zeile ist nach MM 124 ergänzt. Es handelt sich gewiß um dieselbe Person.

Das *Haus Bāqil^{m}* Z. 2 wird auch noch in der vermutlich aus Ḥuqqa verschleppten Inschrift MM 157 erwähnt. In den Randbemerkungen aus Lord Lindsays Codex der Marāṣid (Jāqūt, ed. Wüstenfeld, V S. 14_8) kommt باقل als Name eines Dorfes im Jemen vor. Als Sippenname erscheint בקלם C I 357 = MM 164, als individueller Personenname in den beiden identischen Inschriften C I 122 und 146[1]); b. Duraid *k.al-ištiqāq* S. 296 kennt die بنو باقل.

[1]) Die beiden Steine finden sich in Šibām Aqjān. Die zweite Zeile ist nach C I 141 zu ergänzen אכברואקינם] | ובנו | מרת̄דם, ebenso C I 98 (aus 'Amrān): כבר | אק[ינ]ם] | ובן ... ל | בני | מרת̄ד]ם d.i. *NN* — vielleicht der spätere König Īlšaraḥ Jaḥḍib wie C I 141 —, *kabīr Aqjān und b. Martad^{m}, hat gebaut.....*

Bei dem Bau, auf den sich unsere Inschrift bezieht, wird es sich um einen Nebenbau zum *bait* handeln, wie ein מסוד, eine נטעת oder dgl. mit einem eigenen Namen, vermutlich יח[צר (vgl. das *bait* dieses Namens MM 55—57).

130.

RW 88. P 25.

1 . . . . . . אמראהמ[ו . . . . .

2 . . . . בנ]יהמו | הק . . . . .

Nach בנ]יהמו erwartet man einen EN. הקמאל Hal. $148_{2/3}$ (Harim) ist der einzige bisher bekannte Name, der mit הק anlautet. Ihn hier zu ergänzen erscheint bedenklich. הקמאל gehört wohl zu יקמאל Fr. LII (sab.) und שהריקם Mayer Lambert *Bombay* 42 (qatab.). Andere Ableitungen von הקם = أقام sind יהקם = يقيم Hal. 151, 354_3, *ZDMG* XXXIII S. 495 Nr. XV + XVI, Gl. 438 bei Rhodokanakis *St.* II S. 149 und מהקמם = مُقيم C I 578 und MM 158.

131.

RW 111. P 21.

1 . . . . שׁרן | ו ? . . . .

2 . . . וב | דֿת |] בעדנם [| וב | . . .

Mit Z. 1 ist nichts anzufangen; in den erhaltenen Zeichen stecken wohl die Reste von Eigennamen. Keinesfalls darf man sie zu בן | שא[רן | ומ]חילם ergänzen, wie der Name eines bekannten Geschlechts von Raida lautet (C I 281—283 und Mayer Lambert *Bombay* 30). Denn Raida gehörte den Bakīliern, und in Ḥuqqa befinden wir uns im Gebiet der Bataʿiden.

132—136.

RW 84, 85, 110, 112a, 112b und 113; sechs kleinere Bruchstücke. — 112a und 112b lagen nahe beieinander.

132.

RW 112a. P. 19.

. . . . שרח (Monogramm)

RW 112b. P. 20.

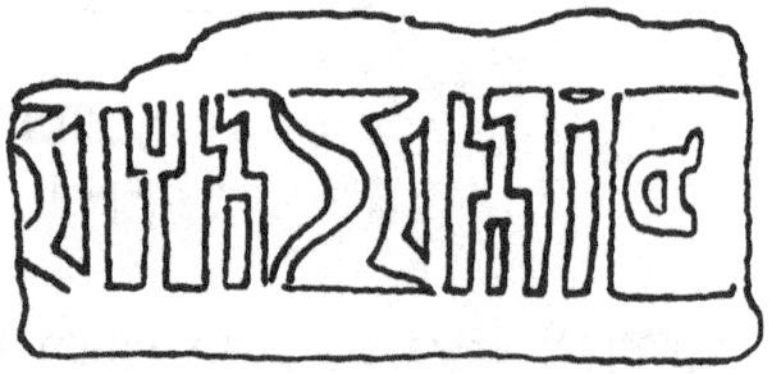

. . . | ובאמראהמ[ו . . .

Das Monogramm kann בחרם oder חרבם gelesen werden. Daneben ist auch שרחם möglich, dann wäre der folgende EN zu שרחם zu ergänzen.

133.

RW 110. P 23.

(Monogramm) | חלפן

חלפן, sonst nur noch als Name einer Gottheit von Harim bezeugt, ist hier wohl ein Personenname. Das Monogramm besteht aus den Buchstaben נדי. Es scheint vollständig zu sein.

134.

RW 113. P 10.

..... בדׄת | חמי]ם | וב | דׄת | בע[דנם ....

Ende einer Inschrift mit der Anrufung der Schutzgötter.

135.

RW 84. P. 1.

.... וב | דׄת | בעדנ]ם | ובשׁ[משהמו | ומנצׄחהמו ...

136.

RW 85. P 5.

...... ויהען | וב[ניהמו ....

Bruchstück vom Anfang einer Inschrift.

Die Nummern 132—136 sind vielleicht die zusammengehörigen Fragmente von einer einzigen Inschrift: (132 a) *Š-r-ḥ* .... *[und]* (133) *Ḥalfān* ... (136) *und Juha'īn und ihre Söhne [haben erbaut* .... *mit* .... *und* (134) *mit der Ḏāt Ḥimaj]*^{m} *und mit der Ḏāt Ba'[dān]* (135)^{m} *und mit ihrer Sonne [und ihrem Manḍaḥ]* (132 b) *und mit ihren Gebietern* ...

137.

RW 38. Kupfergefäß, bei den Ausgrabungen gefunden.

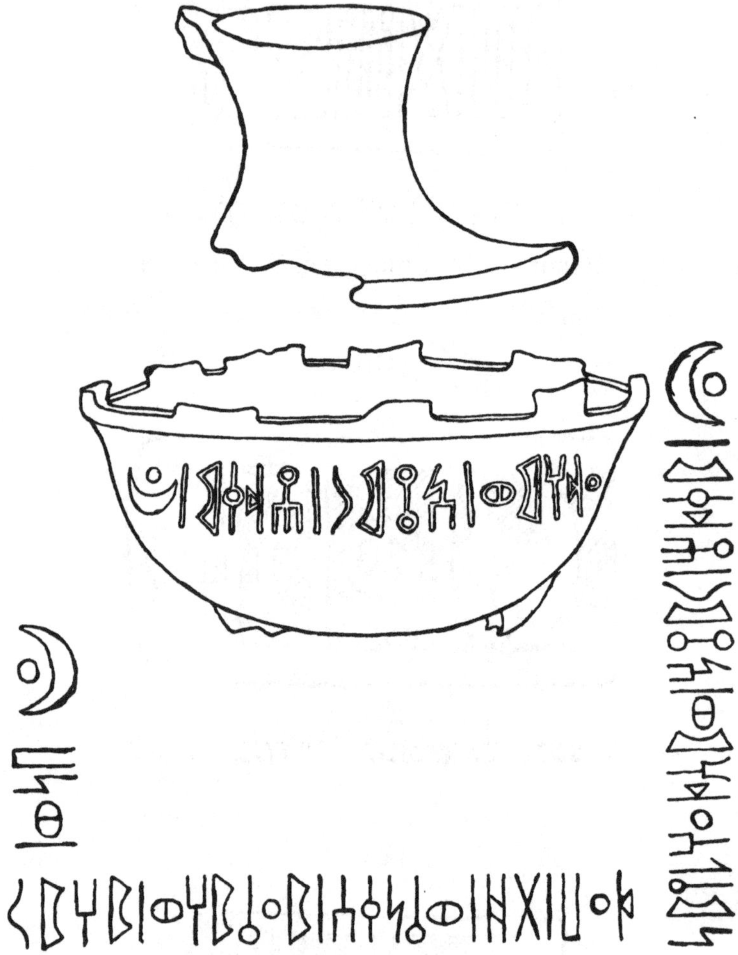

בנו | רמשם | ושמיעם | הקניו | דת | בעדנם | לשעדהמו | אתמר | צדקם |

Die banū Rams^{m} *und Sumaiʿ*^{m} *haben (dies) dargebracht der Ḏāt Baʿdān*^{m}*, damit sie sie beglücke mit reichlichen Früchten.*

Angehörigen dieser beiden Familien begegnen wir in Ḥuqqa in den Inschriften MM 123 und 124, sowie in verschiedenen Texten unbestimmter Herkunft, C I 19, 341 und 343, die aus demselben Gebiete stammen dürften.

Laut unserer Inschrift haben sich die Häupter beider Familien vereinigt, um der Sonnengöttin das offenbar kostbare Gefäß zu stiften.

So häufig auch Ḏāt Baʿdān mit andern Gottheiten zusammen angerufen wird, so selten sind die Weihungen an sie. Bisher waren nur drei zutage gekommen: der Votivstein C I 504, das Bronzepferdchen im Stambuler Museum C I 504 bis und die Basis aus Alabaster zu einer Plastik, die einen Löwen darstellte, im Louvre C I 594. Sie stammen wohl sämtlich wie unser Bronzekessel aus dem Heiligtum der Ḏāt Baʿdān in Ḥuqqa und seinem Tempelschatze.

Ein Tempel, *bait*, der Ḏāt Baʿdān in Ḥanān wird in dem alten Texte Gl. 418/9 (bei Rhodokanakis *Altsab. T.* I S. 7) erwähnt.

Graffiti (MM 138—145).

„Die von uns in Ḥuqqa kopierten Graffiti befanden sich alle an dem westlichen Steilrand des Lavastromes, auf dem das Dorf Ḥuqqa gelegen ist, und zwar an dem Teil dieses Steilrandes, der direkt unter dem ausgegrabenen Ruinenhügel und südlich davon lag (siehe den zu Seite 144 beigelegten Plan). Die Inschriften sind teilweise von Zeichnungen begleitet, die aus primitiven Tier- und Menschendarstellungen sowie grundrißähnlichen Gebilden bestehen. Häufig sind die alten Inschriften und Zeichnungen von jüngeren Zeichnungen überdeckt, so daß es den Eindruck macht, als wenn die Vertreter einer neueren Kultur die Reste und Zeugen der älteren Kultur zu zerstören versucht hätten. Das relative Alter der einzelnen Zeichnungen aus verschiedenen Zeitperioden ist aus dem Stadium der Verkrustung, der chemischen Veränderung der Gesteinsoberfläche in wüstenhaftem Klima, sowie dem Erhaltungszustand der eingeritzten Schriftzeichen und Zeichnungen im Verhältnis zu der Verkrustung der Gesteinsoberfläche vor der Einritzung annähernd festzustellen. Diejenigen Schriftzeichen und Zeichnungen, die aus der ältesten, vorislamischen Zeit stammen, haben in ihrer Verkrustung bereits die Farbe der ehemaligen Schutzrinde des Steins angenommen. Man kann drei Hauptperioden der Bearbeitung annehmen, wie besonders gut auf dem Seite 160 abgebildeten Stein MM 143 ersichtlich ist. Die in Verbindung mit den Graffiti stehenden Zeichnungen werden im 2. Bande dieses Werkes behandelt werden" (Rathjens-v. Wissmann).

Neben den sorgfältig ausgeführten Inschriften auf Steindenkmälern, Bronzetafeln und Kultgeräten liegen uns in der südarabischen Epigraphik mehrere Gruppen von Inschriften vor, die von flüchtiger und ungeübter Hand, vielfach auch gewiß mit ungeeigneten Werkzeugen in den gewachsenen Felsen eingegraben sind, sogenannte Graffiti. Was Halévy *Rapport* S. 69 von den Felsinschriften in der Nähe von Širāʿ sagt *(les caractères sont négligemment taillés dans le roc, manquent de symétrie et contiennent une multitude de signes incompréhensibles)*, gilt mehr oder minder von allen Inschriften dieser Art. Sie sind ebenso schwer abzuschreiben wie zu lesen und zu deuten.[1])

Immerhin sind wir imstande, Sinn und Zweck dieser Inschriften zu erfassen. Die meisten von ihnen bestehen nur aus Eigennamen, manche mit dem Zusatze *martad (geweiht, dem Schutze empfohlen)* mit folgendem Gottesnamen. In andern wird hinzugefügt, daß der Schreiber sich, seine Kinder und sein Gesinde der Gottheit dargebracht hat (s. zu MM 140). Sie charakterisieren sich dadurch als Proskyneme, und wir dürfen vermuten, daß sich in der Nähe ein besuchter Wallfahrtsort befand, an dem sie von Pilgern zur Erinnerung an den Besuch des Heiligtums angebracht worden sind, wie dies für Ḥuqqa durch die Grabungen von Rathjens und v. Wissmann festgestellt ist. Andere, längere Inschriften haben profanen Inhalt: sie berichten von allerlei Bauten (Hal. 74, 84, 140), deren Charakter nicht klar ist, in einigen (Hal. 85 + 86 = C I 576 und Hal. 141 = C I 566) ist wie in MM 138 von Wasserbauten die Rede. Auf die Anlage eines Weges beziehen sich C I 287 = Gl. 265 und die viel erörterte Inschrift vom Ǧebel Ǧiḥāf [jetzt C I 608], auf die Arbeiten in einem Steinbruche die nordminäische Felsinschrift bei Jaussen-Savignac II S. 301 ff. Nr. 31.

Das sind nicht monumentale „Bauprotokolle", und sie rühren nicht von den Bauherren, sondern von den „Arbeitnehmern" her. Sie verhalten sich zu den ersten wie die Proskynemen-Graffiti zu den Votivinschriften der Steindenkmäler.

Eine besondere Erwähnung verdienen die Graffiti, die sich augenscheinlich auf Ereignisse in ihrer Umgegend beziehen. Da ist in erster Linie die große historische Inschrift von Ḥiṣn Ġurāb zu nennen, ferner die lange Inschrift Hal. 615, in der nach 13 Zeilen mit lauter Eigennamen der Vermerk folgt:

(14) וכון | דֿן | שטרן | ינום .... (15) רן | רעֿעט ... (16) אשֿעבן | אמרם | ביתֿל

(14) *und diese Inschrift entstand am Tage, da* (15) .... (16) *die Stämme Amīr*^{m} *in Jaṯīl.*

Eine zweite daran anschließende Namensliste Z. 17—38 erhält den Zusatz יום | הרג *am Tage, da tötete* .... Offensichtlich ist hier die Rede von kriegerischen Begebenheiten und zwar, wie die Erwähnung der Stadt Jaṯīl Z. 16 und des Makrab Sumhuʿalī, Sohnes des Kariba'il, Z. 34 f. zeigt, aus der ältesten Periode des Sabäischen Reiches.

---

[1]) Hal. 76—86 (Grotte bei Širāʿ; Nr. 87 = Derenbourg *Marseille* IX gehört nicht dazu); 88—112 (bei al-Medīd); 113—142 (Ǧebel Šaiḫān); 143 (el-Ferda); 607—623 (Ǧebel Silyām); Gl. 87—100 = C I 108—121 (Ġail el-Kāt bei Kaukabān). Dazu die *Dipinti* in einer Grotte am *Jebal Aaledma* bei Ḥammām und in einer andern Grotte bei *Nakhal Mayuk* an der Südküste von Ḥaḍramaut, in der Nähe von *Hassan Ghorāb, Journ. R. As. Soc.* 1838 (vol. V) S. 91—101. Unter den Inschriften vom Ġail al-Kāt finden sich zwei *Dipinti* C I 112 und 113.

138.

RW 90. Großer Block mit unregelmäßiger Fläche, unter den Trümmern westlich neben dem Tempel, vielleicht ursprünglich zu den Grundmauern des Tempels gehörend.

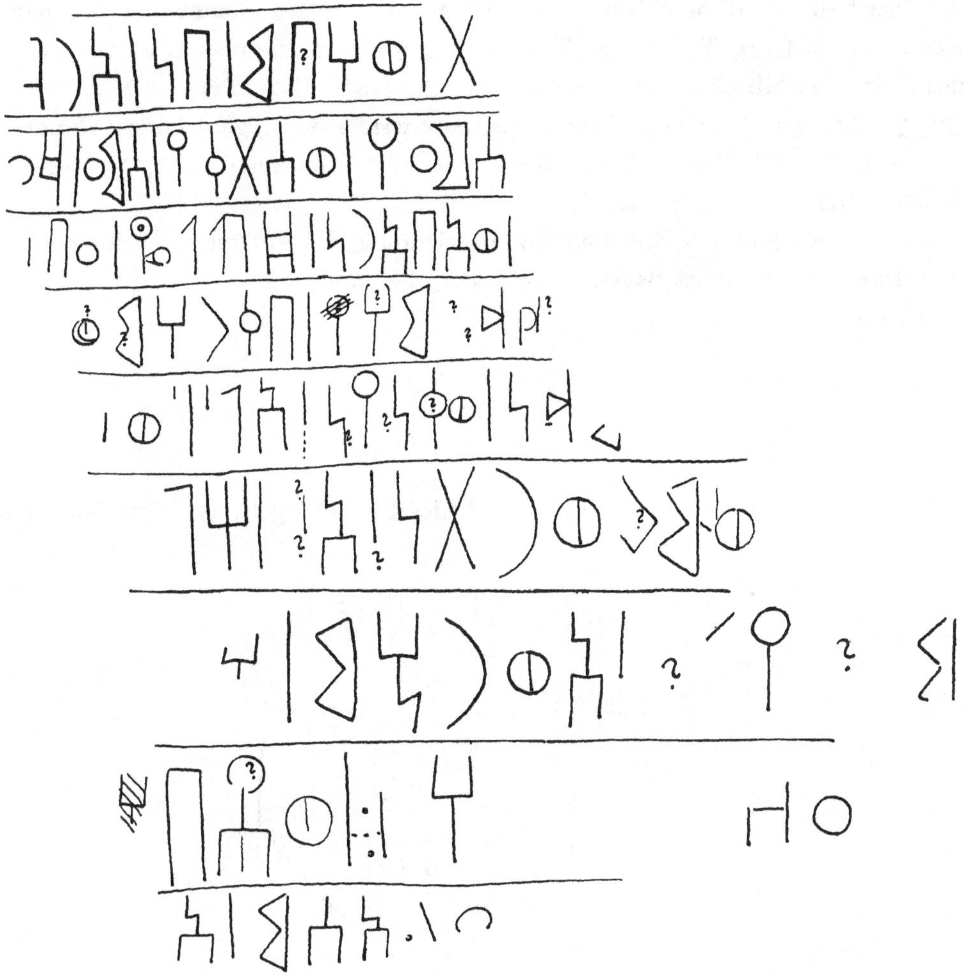

× והכם | בן | אר ? 1
שׂמעי | ושׂתקי | שׂמע | ד̄ע 2
| ואבארן | ד̄עׂלט | עב ? 3
? ד . . מהי | בקרהמו 4
מדן | וקנין | אל ? | ? 5
ומ ? ורתן | א ? | חל 6
מ . . . . ? | אורחׂם | ? 7
ע̄ד ה ? | וצב ? 8
? ? אשׂם | א 9

Abweichend von den sonstigen Felsinschriften enthält diese Inschrift keine Personaldedikation, sondern, soweit aus den Ausdrücken שׂתקי Z.2, אבארן | ד̄עלט Z. 3[1]) und מורתן Z. 6 zu schließen ist, den Bericht über die Vollendung einer Bewässerungsanlage für das Gebiet von שמעי (Z.2). Vielleicht ist שלחת] | אורחם Z. 7 — diese Ergänzung ergibt sich aus den überlieferten Resten[2]) — die Angabe der Zeit, die diese Arbeit gedauert hat. Außerdem erkennt man Z. 1 den Namen des Stifters, *Wahb*^{m}, und Z. 4 בקרהמו[3]) *ihre Rinder* (das Wort sonst nur noch in den altsabäischen Inschriften Gl. 418/9 Z. 2 und 1000 A Z. 19 אאבלם | ובקרם *Kamele und Rinder* und dann wieder in den ganz jungen Dammbauinschriften Gl. 554 Z. 43 und 618 Z. 124; daher qatabānisch בקר *pflügen*, Rhodokanakis *KT* II S. 32).

Das liegende Kreuz × Z. 1 dient zur Bezeichnung des Anfangs oder des Endes einer Inschrift oder eines Satzes; s. MM 139, 140 und 143.

139.

RW 91. Auf anstehendem Fels am Ende des Tempelhügels, am Westabhange.

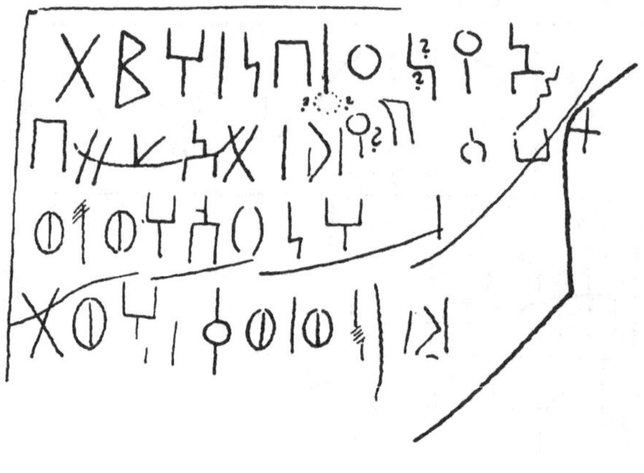

Gleicher Text in:

[1]) ד̄עלט ist nicht appellativ, sondern Name der Brunnen; vgl. ארצהמו | ד̄עלט in der Inschrift C I 11 Z. 3 (s. zu MM 171 D Z. 4).

[2]) שלחת | אורחם, ein Vierteljahr, arbeiten auch 120 *usd*-Mannschaften an der Sperrmauer von ʿObne (s. die Inschrift von ʿObne bei Rhodokanakis *St.* II S. 48ff). Man ist versucht, eine ähnliche Angabe zum Schluß unserer Inschrift zu vermuten und in אשם Z. 9 das bekannte sabäische Wort für *Mensch* zu finden.

[3]) Oder ist etwa בערהמו *ihre Kamele*, zu lesen?

140.

RW 92. An demselben Steine wie 139.

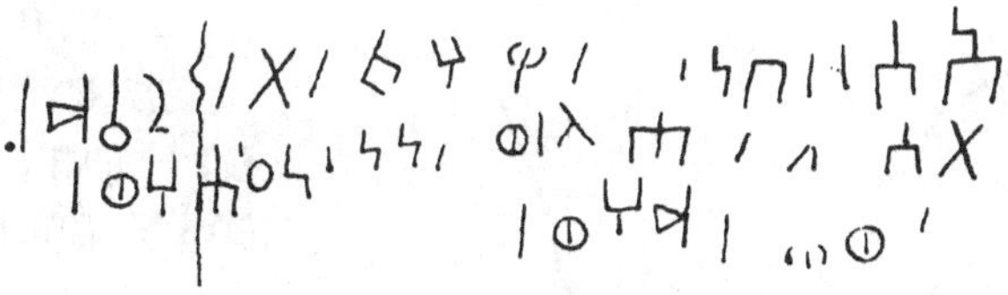

1 א[צנע] | בן | [המת]ע[תֿ]ת | מ[ר]תֿד |
2 ת[אלב |] ×ו | [הק]נו[י] | נפ[שׁ]הו |
3 וו[ל]דהו | [וקניהו

1 א[צ]נע | בן | המת
2 × עתֿ[ת |] מ[ר]תֿ[ד] | תא[ל]ב
3 | [הקני |] נפשׁהו | ו
4 ול[דהו | וק[ני]הו ×

Aṣnaʿ, Sohn des Himmetʿat̲t, geweiht dem Taʾlab; *und er brachte dar sich und seine Kinder und sein Gesinde.*

Die Bedeutung von מרתֿד mit folgendem Gottesnamen ist zuerst *WZKM* X S. 150ff. richtig gedeutet. Es finden sich folgende Verbindungen:

מרתֿד | תאלב Hal. 89 (= C I 319) und 94 (= C I 574);
מרתֿד | שׁמשׁם Hal. 91 und 100;
מרתֿד | עתֿתר | שׁרקן C I 446;
מרתֿד | דת | צהרן C I 109—111, 116, 119 mit den Nachträgen.

Die Formel „hat dargebracht sich, seine Kinder und sein Gesinde“ wird ebenso stereotyp gebraucht in den Graffiti von Ġail al-Kāt C I 109—121. Sie war schon aus den sogenannten Personendedikationen bekannt.

Der Name המתעתֿת auch C I 37 Z. 4, 356 [und 656].

141.

RW 96.

. . . .
1 שׁמר[ם] | בן . . .
2 [מרתֿד | תאלב | עד | יעד | הקני |
3 נפ[שׁהו |] ו[ולד]הו | ו
4 ק]נידהו . . . .
. . . .

Scheint identisch zu sein mit dem nachfolgenden Proskynem, das bei den Ausgrabungen in Ḥuqqa gefunden wurde:

142.

RW 97. Doppellinig eingekratzt.

1 שמרם [| בן | ...
2 מרתו]ד | תאלב
3 עדי]עד | הקני | נפ
4 שׁ]הו | וולדהו | וקני
5 הוו

(1) *Šāmir*^{m} *[b. . . .]*, (2) *geweih[t dem Ta'lab]* (3) *bei* (dem Tempel) *Ja['ūd, hat dargebracht si* (4) *ch und seine Kinder und] sein [Gesin* (5) *de]*.

Der Zusatz עד | יעד findet sich auch in den Proskynemen Hal. 89 (= C I 319) und 94 (= C I 574). Ähnlich schließt die Felsinschrift Hal. 85 + 86 = C I 576 mit den Worten: ורתד | אבכרב | תאלב | ביהרם *und Abūkarib weihte (sich) dem Ta'lab in Jahar*^{m}.

יעד kommt wiederholt als Bezeichnung von baulichen Anlagen, als Name eines בית C I 37_2 und Berlin VA 7821 vor; vgl. auch oben S. 9.

143.

RW 93. Abgesprengter Stein, hinter der Ruine, drei Perioden der Bearbeitung.

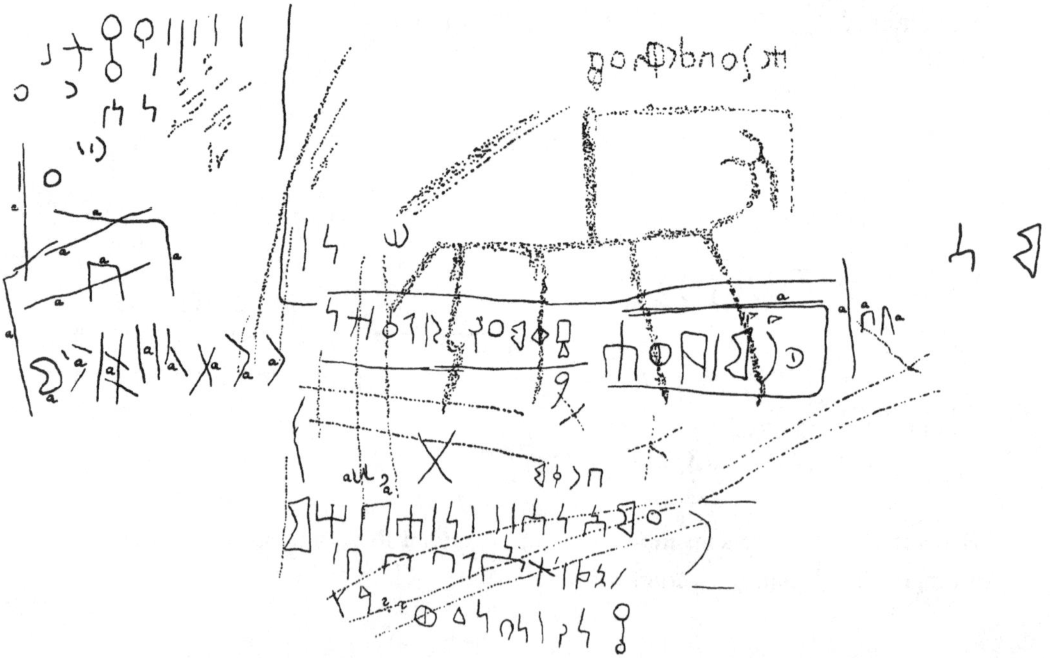

Es ist nur die untere Inschrift lesbar:

ברקם ×

1 עמאנש | בן | צבחם

2 מ]רת̄ד | תאלב ? ב ?

3 הק]ני | נפשהו [| וו]ל ×

4 דהו]

(1) *'Ammī'anas, Sohn des Ṣabāḥ^{m}*, (2) *[gew]eiht dem Ta'lab* ... (3) *hat [darge] bracht sich [und seine K]in* (4) *[der ......]*.

Darüber der Name *Bāriq^{m}*, der eine andere Einzeichnung darstellt.

144.

RW 94. Auf dem Felsen hinter dem Tempel.

Man erkennt nur einige Eigennamen:

Z. 1: | ד̄שמים[צ]בחם | מע[ד]כרב

Z. 2: יהחמד ..... | ? ? ד̄

145.

RW 97b. Hinter dem Tempel; Zeichnung und Inschrift eingeklopft.

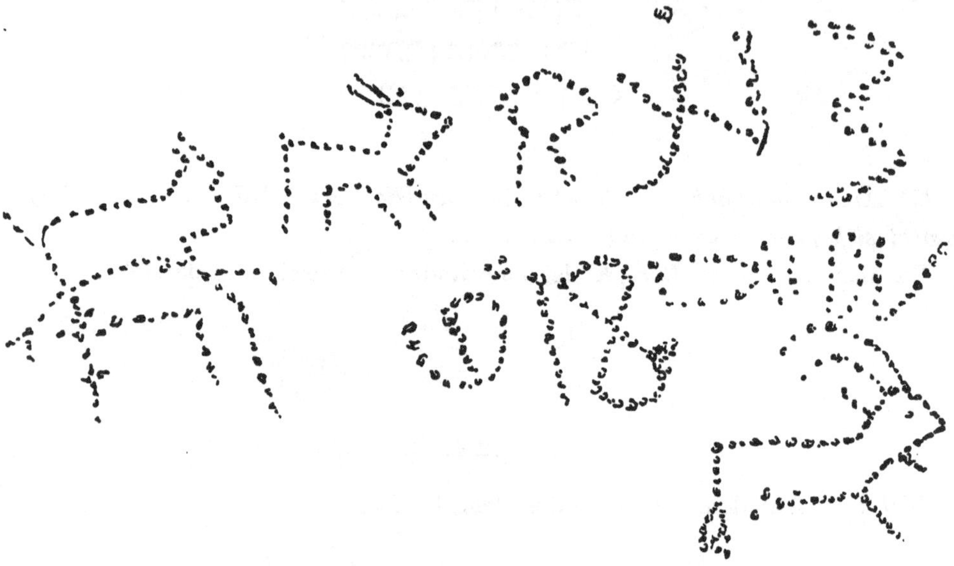

שׂ[מ]ר[ם]

החדת | ו

(1) *Šā[mi]r[m]* (2) *hat erneuert und.....*

Es dürfte sich um denselben Mann handeln wie in MM 141 und 142.

Vgl. das Graffito Hal. 138: יום | החדת | ..... | דאין״ *am Tage, da Da'jān erneuerte und .....*

IV.

Wādī Ḍahr, Ḏamār, Hakir, Ġaimān.

Wādī Ḍahr.

Die in diesem Kapitel vereinigten Inschriften beruhen auf photographischen Aufnahmen Burchardts. Von diesen stammen MM 146—148 aus „Dagbān" bzw. „el-Haumān" (so Burchardt), 3—4 Stunden nördlich von Ṣan'ā. Über diese Fundorte lagen bisher sonst keine näheren Angaben vor, auch nicht — wenn uns nichts entgangen ist — bei Glaser, der die Inschrift MM 146 kopiert haben muß, da er wiederholt einzelne Wörter aus ihr anführt, allerdings stets ohne Angabe des Fundorts. Den Herren Rathjens und v. Wissmann verdanken wir folgende Bemerkung: „7½ km nördlich von Ṣan'ā, zwischen dieser Stadt und dem Wādī Ḍahr, liegen die Dörfer Ṯagbān und Ḍahbān, deren eines hier gemeint ist. el-Haumān muß im Wādī Ḍahr selbst liegen." Hamdānī erwähnt das Wādī Ḍahr wiederholt in der *Ǧazīrat*. Es gehörte zum Miḫlāf Ma'ḏin (106_{21}, 107_{16}) und war einer der fruchtbarsten Distrikte des Jemen (76_{22}f., 107_{16}). Die Zitadelle von Ḍahr, قلعة ضهر, wird zu den bekannteren befestigten Burgen, حصون, محافد, des Landes gerechnet (125_{26}, 203_{15}). Sehr ausführlich wird das Wādī Ḍahr, seine auserlesenen Fruchtsorten, sein Weinbau und seine Bewässerungsanlagen, namentlich aber Dūrim, die Veste von Ḍahr, und ihre Einrichtung, die sich aus der Ḥīmjarenzeit erhalten hatte, im *Iklīl* beschrieben (übersetzt bei Sprenger *AGA* § 295, D. H. Müller *Burgen und Schlösser* I S. 26ff., Glaser *Altjem. Nachr.* S. 145f.; der arabische Text bei D. H. Müller a. a. O. S. 60ff.). In der altsabäischen Inschrift Gl. 1000 A bei Rhodokanakis *Altsab. T.* I S. 19ff. werden Z. 18 חר | שבא | וצהר | דאמנת | כרבאל *die Freien von Saba und Ḍahr unter dem Schutze des Kariba'īl* genannt, und in der recht späten Inschrift C I 353 (Fundort unbekannt) ist von wiederholten Kämpfen um die (befestigte) Stadt Ḍahr, הגרן | צהר, die Rede. Damit ist wohl die *qal'at Ḍahr* des Hamdānī gemeint.

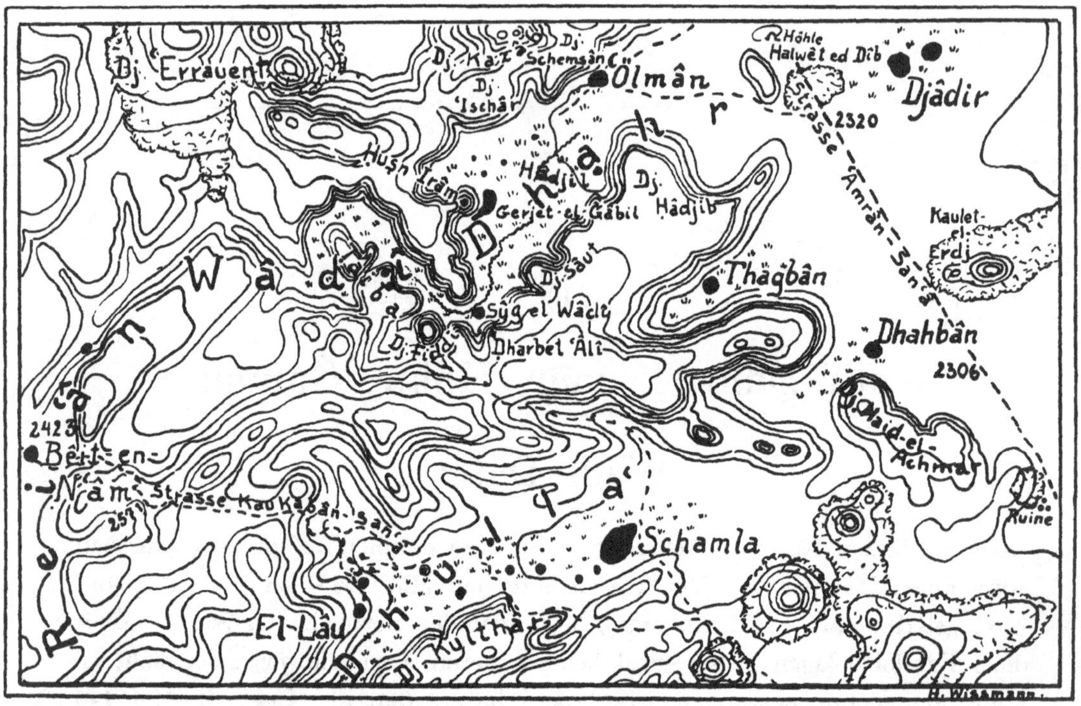

Ständig bewässerte Gärten — Jungvulkanisches Gelände. Abstand der Formlinien je 25 m.

Kartenskizze von Wādī Ḍahr und Umgebung.

Maßstab 1 : 90 000.

nach den Routen von E. Glaser und Rathjens-Wissmann und Photographien von H. Burchardt.

Ṯaqbān wird von Hamdānī im *Iklīl* erwähnt, da wo er die alte Sage vom Tubbaʿ Asʿad und seinem Sohne Ḥassān erzählt, S. 68f. bei D. H. Müller a. a. O. Auf dem Ǧebel Janūr eine Stunde von Ṣanʿā zwischen Ṣanʿā und Ḍahr hauste eine dem Tubbaʿ ergebene Fee. Zu ihr sandte der Tubbaʿ seinen Sohn. Dieser trat ein in den Bergspalt von Janūr شقّ ينور. Das ist eine tiefe Schlucht am Berge Janūr, der von نقبان bis Karwa reicht. Am Fuße dieses *šiqq* ist der Bach von Karwa nahe bei Ḍahr غيل كروة ممّا يلي ضهر, und der Bach von نقبان, in dem Kranke und Besessene Heilung suchen. Für نقبان ist beidemal sicher ثقبان Ṯaqbān zu lesen. Das konnte D. H. Müller aus dem ihm zugänglichen Material noch nicht erschließen.

Inhaltlich und stilistisch unterscheiden sich die wenigen Texte aus „Dagbān-el Haumān“ wesentlich von den in den vorhergehenden Kapiteln behandelten Inschriften. Sie gehören politisch und kulturell einem andern Kreise an. In Ḥāz herrschen die Bataʿiden, die Qaile von Sumʿaj-Ḥumlān, und ihr Schutzpatron Taʾlab Rijām m; in „Dagbān-el Haumān“ werden an Stelle der Bataʿiden die

Könige von Saba und die Qaile vom Stamm Ma'ḏin, als Schutzpatron der Gott Wadd und neben ihm ʿAṯtar angerufen. Almaqah, Hobas, Šams als Ḏāt Ḥimaj und Ḏāt Baʿdān erscheinen nur gelegentlich in der altsabäischen Anrufungsformel (MM 146, 148). Man gewinnt den Eindruck, daß die Inschriften von „Dagbān-el Haumān" in eine frühere Periode als die von Ḥāz fallen.

146 a.

Bu. Ṣanʿā 1909 Jemen II Nr. 382 *Inschrift in Dagban 3 ½ St. nördlich von Ṣanʿā* = Burchardt Nr. 14 nach M. Hartmanns Zählung [= C I 660]. Der Stein ist auch von Glaser kopiert worden, wie sich aus dem Zitat in seinen *Altjem. Nachr.* S. 143 ergibt, wo einzelne Worte aus Z. 3f. angeführt werden. Die Inschrift führt bei Glaser die Nr. 1500. Der Fundort ist weder dort, noch in dem Verzeichnis ebenda, Anhang, S. 12 A angegeben.[1])

1 שׁכרודם | אחטר | בן | עמית̄ע | בן | עמית̄ע | ובנהמו | שׁעדאל | ורבבשׁמע | בנו | עמי
2 ת̄ע | בניו | וברא | מהטׁללם | לביתהמו | עׂילם | וחטׁוו | חטׁיהמו | וצללו | בנותהמו | מוגל
3 ם | וצללו | מות̄בהמו | עׂילן | וקדמהו | עשׁמים | ומחצׂרתן | למכנת | מות̄בן | מוגלם | ושׁרע
4 ו | כל | מד̄קן | אביתהמו | עׂילם | וצנען | והגרהמו | צׂעטם | ורמת | הור | שׁדוהמו | ד̄הבם

Die Inschrift ist vollständig, soweit sie auf dem vorliegendem Steine angebracht war. Auch am Ende von Z. 3 u. 4, wo anscheinend ein Stück des Steines abgebrochen ist, fehlt, wie die noch erkennbaren Spuren der Randleiste zeigen, nichts von der Schrift, und tatsächlich schließt Z. 3 ohne Lücke an Z. 4 an. Andererseits vermißt man am Schlusse der Inschrift die übliche Erwähnung der Gottheiten und der Gebieter, mit deren Hilfe der Bau zustande gekommen ist, und die Anrufung der Gottheiten, in deren Schutz die verschiedenen Anlagen gestellt werden. Dieser Schluß war vermutlich auf einem zweiten Steine eingegraben, der neben

[1]) Auf diesem Zitate Glasers beruhen die Bemerkungen zu Z. 3f. unserer Inschrift bei D. H. Müller in seiner Publikation der Wiener Sammlung S. 7, bei Hommel *Aufs.* S. 224 und Rhodokanakis *Altsab. T.* I S. 12.

dem ersten über dem Eingange des Hauptbaues angebracht war, etwa in folgender Art:

Der vermißte zweite Teil ist uns in C I 587 = Burchardt 18 (ohne Ortsangabe) erhalten. Das ist den Herausgebern des C I und M. Hartmann entgangen. Von diesem Steine liegt uns die Photographie Burchardt Ṣanʿā 1909 Jemen II unter Nr. 414 und 417 vor mit dem Lemma *el Haumān, 3—4 St. nördl. von Ṣanʿā* bezw. *el Haumān ganz nahe von Gariet el kabili* [so!] *3—4 St. nördl. von Ṣanʿā.*[1])

Äußerlich entspricht dieser Stein nicht ganz dem erwarteten Pendant zu Burchardt 14: es fehlen, soweit auf der Photographie zu erkennen ist, die Randleisten, und die rechte untere Ecke des Steines ist nicht eingezogen. Ferner enthält die Inschrift nicht vier, sondern nur drei Zeilen. Trotzdem dürfte die Zusammengehörigkeit beider Stücke nicht zu bezweifeln sein.[2]) Abgesehen von den offensichtlich gleichen Dimensionen und der Übereinstimmung im Schriftcharakter spricht dafür der Inhalt von Burchardt 18.

146 b.

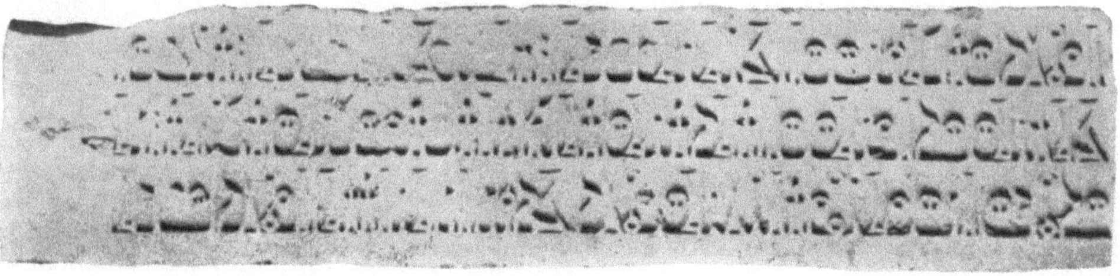

1 בעתתר | ואלמקהו | וב | שימהמו | ודם | דשמען | ושעובן | ו]ודם | דאיפע | וב

2 שמשהמו | ורבעהמו | וב | אמראהמו | אמלך | שבא | ואקולהמו | אלי | מאדנם

3 ורתדו | בנו | עמיתע | אביתהמו | עתתר | שרקן | בן | מהבאשם | בעתתר | וודם

146a. (1) *Š-k-rwadd*^{m} *Aḫṯar b. ʿAmmījaṯaʿ b. ʿAmmījaṯaʿ und ihre Söhne, Saʿdʾīl und Rabībsāmiʿ, banū ʿAmmīja* (2) *ṯaʿ, haben erbaut und errichtet eine bedeckte Halle für ihr Haus Ġail*^{m} *und* ? ? *und mit Fliesen gedeckt ihre Filiale Mauǧil* (3)^{m} *und mit Fliesen gedeckt ihr mauṯab Ġailān und den Vorbau davon* ? *und den Vorhof zur makānat des mauṯab Mauǧil*^{m} *und mit Wasser versorgt*

[1]) Nach RW liegt „Qarjet el-Qābil im Wādī Ḍahr, 14 km nordwestlich von Ṣanʿā (heute Sommerresidenz des Imām)."

[2]) „Die beiden Orte liegen in der Tat dicht bei einander." RW.

(4) *alle madqanat ihrer Häuser Ġail*^m^ *und Ṣan'ān und ihre Stadt ? und die rāmat des Teiches ihres šadw Ḏahab*^m^

146b. (1) *mit 'Aṯtar und Almaqahū und mit ihrem Schutzpatron Wadd*^m^ *von Sam'ān und Ša'[bān und] Wadd*^m^ *von Aifa' und mit* (2) *ihrer Šams und ihrem Mondgott und mit ihren Gebietern, den Königen von Saba, und ihren Qailen von Ma'ḏin*^m^. (3) *Und es stellten die banū 'Ammījaṯa' ihre Häuser unter den Schutz des 'Aṯtar Šāriqān vor (jedem) Bösewicht. Mit 'Aṯtar und Wadd!*

146a. (Z. 1.) Der EN שכרודם begegnet uns hier zum ersten Male. Ein mit dem Verbum שכר zusammengesetzter EN ist ישכראל, der aber im Sabäischen nicht nachzuweisen ist. Er begegnet uns im Minäischen (Hal. 388 und ME XXV Z. 4), Ḥaḍramautischen ('Obne Z. 1 bei Rhodokanakis *Altsab. T.* I S. 69 Anm. 1) und Nabatäischen (Lidzbarski *Ephem.* II S. 261); vgl. auch Σαχρῆλος (= *شكر ايل) Lebas Wadd. 2233. Von der Wurzel שכר liegen im Sabäischen die Verbalformen תשכרן = تشاكروا oder تشكّروا C I 308_{18} und שכר = شاكر oder شكّر Mayer Lambert *Bombay* 30_3 vor und zwar in der Bedeutung *vergelten*, aus der sich dann — je nach Auffassung in bonam oder in malam partem — die Bedeutung *belohnen* (so C I 308) oder *strafen* (so Bombay 30, wo es in Verbindung mit תבר | וצרען *zerbrechen und demütigen* vorkommt) entwickelt[1]).

Das nordarabische شكر bezeichnet sowohl das Verhältnis des Menschen zu Gott als auch Gottes zum Menschen. Im ersten Falle ist es *danken*, im letzten *lohnen*. Man vergleiche die ausführlichen Erörterungen der einheimischen Lexikographen über diesen Gebrauch des Wortes und den Unterschied zwischen شكر und حمد[2]).

Der islamische EN شكر الله ist wohl als *Danksagung an Gott* wie حمد الله *Lob, Preis Gottes* gedacht. Sabäisch שכרודם dürfte eher als *Lohn des Wadd* zu deuten sein, wie Σαχρῆλος *Lohn des Īl*.

Der Beiname אחטר sonst noch C I 457, wo die Herausgeber auf خطير verweisen.

עמיתע | בן | עמיתע | בן schwerlich Dittographie, da es sich auch MM 147 findet. Die beiden 'Ammījaṯa' sind wohl Vater und Großvater des Š-k-rwadd^m^ und führen den gleichen Namen wie die Familie bezw. der Stamm der banū 'Ammījaṯa', dem sie angehören. Der Fall, daß Vater und Sohn denselben Namen führen, kommt, wenn auch selten, in den Inschriften vor, so z. B. C I 382 = יחמאל | בן | יחמאל[3]). Der Name עמיתע ist als Individual-EN im Sabäischen,

---

[1]) Über die hier angezogene Stelle vgl. noch Glaser *Altjem. St.* S. 109f. und Rhodokanakis *KT* II S. 72.

[2]) Ähnlich der Bedeutungsunterschied bei שוב - تاب a) vom Menschen: *Buße tun*, b) von Gott: *verzeihen*.

[3]) Analog dem muslimischen und jüdischen Brauche wird wohl auch in diesen Fällen anzunehmen sein, daß der Vater vor der Geburt des Sohnes gestorben ist. — Freilich wird בן manchmal in solchem Zusammenhang nicht den leiblichen *Sohn*, sondern die *Abstammung*, die *Sippenzugehörigkeit* bezeichnen.

Minäischen und Qatabānischen wiederholt belegt, vgl. אביתע (Inschr. von ʿObne). Die Wurzel יתע erscheint nur in Eigennamen[1]).

Das Pluralsuffix von בנהמו bezieht sich auf die vorher genannten drei Namen. Mit *ihren Söhnen* sind die Söhne nicht nur des Š-k-rwadd^m^, sondern auch die seines Vaters und evtl. andere Seitenverwandte gemeint.

Der EN שעדאל ist im Minäischen häufig, seltener im Sabäischen. Er kommt sonst noch Hal. 43, CI 102, 446, Bibl. Nat. 12 und MM 168 vor.

רבבשמע *Pflegling des* (Gottes) *Sāmiʿ*, begegnet uns hier zum ersten Male, ein Eigenname wie רבבאל, רבבשמשם, s. zu MM 45.

Der Gott שמע ist zuerst aus der ihm gewidmeten Bronzetafel CI 282 bekannt geworden, die aus seinem Heiligtum in Raida stammen dürfte, sonst kommt er noch in den Inschriften CI 493, 494, 496 aus dem Tempel der Ḏāt Ḥimaj^m^ in Kharibet-Seʿoud vor, wo er neben ʿAṯtar, Almaqah und den Sonnengottheiten angerufen wird.

(Z. 2.) מהטללם = مُظَلّ wohl eine Art *gedeckte Halle, Veranda*; vgl. | מטללת ביתהמו | נעמן *ZDMG* XXXIX S. 227 ff. Nr. 1 [= CI 648] Z. 3, das arabischem مَظَلّات بيتهم نعمان entspräche. In derselben Inschrift Z. 4 das Verbum הטל = اظلّ in denominativer Bedeutung neben חטי (in unserer Inschrift חטן):

פעדבו | והטל | והצרוח || וחטין | תחטית | ונכל | כל | צרקם

CI 287 Z. 1 dasselbe Verbum:

אשר | הטלו | וזברן | דמהרזן | עדי | נכל | סרתן |

die usd, die bedachten und festigten ? bei dem n-k-l von Ś-r-t-n (es folgen darauf die Namen der *usd*)[2]).

Minäisch ist טלת Bezeichnung einer Baulichkeit: Gl. C. 283 (= Hal. 238), 305, 386; sabäisch: *Grabstele* Gl. Wien 1079 (wohl auch *Sab. Denkm.* 38); das Verbum: Hal. 192 + 199 = Gl. 1150 (Rhodokanakis *St.* 2, 54 ff.). — עילם = غَيل Name des *bait*, während Z. 3 עילן = غيلان Name des מותב ist. CI 172 + 241 (s. Vorbemerkungen zu Kap. III S. 60) ist עילן Name eines *bait*, Berlin VA 5324 Name eines Staubeckens, מאחד. CI 207 enthält nur das Wort עילם, das nicht in תאלב | רימם zu ändern ist. Wir haben hier, wo es sich um die Bezeichnung zusammengehöriger Baulichkeiten handelt, den gleichen Wechsel der Formen فَعل und فعلان desselben Stammes vor uns, den wir oben zu MM 7 Z. 1 bei Namen von engen Verwandten beobachtet haben. Ähnlich heißen Hal.

---

[1]) עמיתע | עילן ist der Name eines Königs von Ausān, Jaussen *himy.* 71 und 77. In unserer Inschrift errichten banū ʿAmmījaṯaʿ Baulichkeiten, die sie Ġail^m^ und Ġailān nennen. עילם und דעילם sind auch qatabānische Ortsbezeichnungen, s. Rhodokanakis *K T* I S. 55, II S. 88. Das ist wohl zufälliges Zusammentreffen.

[2]) Die Deutung Hommels, die im CI mitgeteilt wird, darf man wohl auf sich beruhen lassen. Das Richtige fand Rhodokanakis in der *Festschrift* für Sachau S. 296 ff.

520 Z. 13 zwei *ṣ-ḥ-f-t* in der Mauer von Jaṯil תשׁבם und שׁבמת und zwei מחפד in der Sperrmauer von ʿObne יזאן und יזתאן.

חטׄוו | חטׄיהמו | wie חטׄין | תחטׄית in der zuvor angeführten Inschrift [C I 648]; C I 149 Z. 1 חטׄוו | כל || נכל (so zu lesen, s. zu MM 1 Z. 2). תחטׄית auch noch C I 40 Z. 3: כל | נכל | וצוף | וצלל | ותחטׄית | שקף | כון | בהית | נטעתן

Was für Bauteile man unter חטׄי und תחטׄית und welche Art Bautätigkeit man unter חטׄן bezw. חטׄי zu verstehen hat, ist vorläufig nicht festzustellen. Dasselbe gilt von צללן; das Subst. צללם begegnet uns außer an der aus C I 40 angeführten Stelle im Fragment Hal. 40 = C I 62 und qatabānisch Gl. 1600 bei Nielsen *NKT* Z. 3 צלל | מנקלן | מבלקת | *er ? den Passweg Mablaqat*. Rhodokanakis deutete צללם als *Steinplatten*. Diese Bedeutung paßt namentlich gut an der zuletzt angeführten Stelle.[1])

בנותהמו | מוגלם. Nach Analogie von אבות *Väterschaft* (s. zu MM 91_3) und אחות *Brüderschaft* wäre בנות von בן = اِبن abzuleiten, nicht von בני = بَنَى. Aber nach dem Zusammenhang erwartet man die Bezeichnung einer Baulichkeit. — מוגלם wird der Name der בנות sein, wie Z. 3 des מות̄ב (ebenso Rhodokanakis *Altsab. T.* I S. 12 Anm. 5). Hommel *Aufs.* S. 224 wollte es apellativ als *Wasserbehälter* = مأجل fassen, aber مأجل wird an den zwei Stellen, wo es bisher inschriftlich vorkommt, מאגל geschrieben. מוגלם kommt, worauf uns H. Schlobies aufmerksam macht, in appellativer Bedeutung in der großen Bauinschrift C I 325 Z. 1 vor. Eine andere Form des Wortes, מוגלן, findet sich in dem qatabānischen Bruchstück Berlin VA 7810.

(Z. 3.) Die Belege für מות̄ב und מכנת hat zuletzt Glaser in seinen *Altjem. St.* S. 31 ff. ausführlich erörtert, vgl. dazu Rhodokanakis *St.* I S. 5, II S. 36 und *Altsab. T.* I S. 12[2]). Von der Wurzel ות̄ב liegt noch in dem Bruchstück Fr. XXIII = Gl. 538 das Substantiv הות̄בת, eine Bildung wie הקנית, vor. Ḥimjarisches وثب entspricht in der Lautverschiebung und Bedeutung hebräischem ישׁב. Daher die bekannte Anekdote von dem Könige von Ẓafār, der einen nordarabischen Gesandten mit dem Worte ثِبْ zum Sitzen einlud, worauf der also Angeredete von der Höhe, auf der die Audienz stattfand, in die Tiefe

[1]) חטׄן neben חטׄי wie רצׄן (subst.) neben רצׄי und הרצׄן neben הרצׄי. — Über die verschiedenen Ausdrücke טׄלל und חטׄי mit ihren Derivaten und צללם s. Rhodokanakis *St.* II S. 31, 34, 35, 63.

[2]) Glaser führt für מות̄ב an: C I 308, 365; Gl. 1083 Z. 4 (= Hal. 188 Z. 1); 1500, 1545, 1644. Gl. 1083 scheidet aus, s. Rhodokanakis *St.* II S. 37; Gl. 1500 ist unsere Inschrift; von Gl. 1545 und 1644 werden nur die Nummern angegeben, doch soll nach dem Hommelschen Verzeichnis 1545 aus Ṣirwāḥ stammen. Hinzuzufügen sind: C I 396 Z. 4 (sabäisch) und Hal. 353 = Gl. 1144 bei Rhodokanakis *St.* II S. 29 (minäisch). Den Belegen für מכנת: Hal. 485 (minäisch), Gl. 1405 = SE 94 bei Rhodokanakis *Timna* S. 33 ff. (qatabānisch), Gl. 1190, 1321 (sabäisch) sind hinzuzufügen: *ZDMG* XXXIII S. 494 Nr. XII und Berlin VA 7815.

sprang und das Genick brach[1]). Von وثب in dieser Bedeutung wird ferner der Beiname موثبان abgeleitet, den ein ḥimjarischer König der Sage führte, weil er nicht ins Feld zog, لقعوده فى الوثاب والوثاب الفراش[2]).

In dem inschriftlichen Worte sehen Glaser, Hommel und Rhodokanakis ein dem Kultus geweihtes Bauwerk *(Göttersitz* Rhodokanakis) und in מכנת ein Zubehör dazu (Glaser: *Kultgestühl*, ähnlich Hommel; Rhodokanakis: *Adyton*, vgl. hebräisch מְכוֹנָה), während D. H. Müller und Lidzbarski beides für Bezeichnungen von profanen Gebäuden hielten. Die bisher bekannt gewordenen Stellen, in denen die fraglichen Ausdrücke vorkommen, sind weder für die eine noch für die andere Auffassung entscheidend. Glaser selbst scheint später seiner Deutung nicht mehr ganz sicher gewesen zu sein, wie aus der nachträglichen Anmerkung *Altjem. St.* S. 31 hervorgeht. In den Wendungen בושטם | מותבהמו CI 396 und בחלף | מותבהמו | מרחבם | CI 365 Z. 9f. dürfte מותב nichts anderes als *Wohnsitz*, hebr. מושב, bedeuten, und wir möchten mit den Herausgebern des CI bei dieser Deutung verbleiben. — Für מכנת als Kultgebäude spricht der Umstand, daß in der Votivinschrift Berlin VA 7815 dem Nasr eine Statue geweiht wird: במכנתן | בדקרצן *in der makānat in ḏū Qaraḍān.*

קדמהו | עשמים. Das Suffix bezieht sich auf מותבן, vgl. MM 161_2 und CI 276 Z. 2. Was für einen Bau oder Bauteil קדם bezeichnet, ist nicht zu sagen. Ebenso dunkel ist uns vorläufig das folgende Wort מחצרתן, wohl dasselbe Wort wie in dem alten Texte Gl. 418/419 Z. 5: הורי | חלף | מחצרן | דדהבם (Rhodokanakis *Altsab. T.* I S. 7 „*die zwei Becken am Tor des Vorhofs im (Tempel) D-h-b*^{m}").

(Z. 3/4.) Das Verbum שרע sonst nur noch in der sogenannten Vertragsstele Gl. W 1082 Z. 8 = Gl. B 830_6 = CI 308_9: ושרע | קשמתן | ואהדרהו; ebenda Gl. B 830: משתקין | ומשתרען, wofür die Duplikate כל | אנהר | ובקלת | עדי | שרעת | אעמדן bieten. שרעת auch CI 11 Z. 2. Die Bedeutung *bewässern* für das Verbum, *Tränke* für משתרע bezw. שרעת dürfte allgemein angenommen sein.

---

[1]) Die im Text erwähnte Anekdote hat zuerst der alte Pocock aus dem *Qāmūs*, aus dem *Muzhir* des Sujūṭī c. 9 [I S. 125] und Maidānī [II S. 675 Freytag = II S. 233 der Ausg. Kairo 1342] ausgegraben, *Specimen Hist. Ar.* ed. White S. 156f., 335. Er verglich auch bereits وثب mit hebr. ישב. Fresnel, *Recherches sur les Inscr. Himy.*, Paris 1845, S. 69, wies dann das Wort im ḥaḍramautischen Dialekt von Dauʿan nach. Die verschiedenen Versionen der Anekdote bei Hamdānī *Iklīl*, Nešwān *Šams*, Jāqūt (nach al-Aṣmaʿī) und al-Bakrī (nach b. al-Kalbī) teilte D. H. Müller in *Langers Reiseberichten* S. 66ff. mit. Landberg, *Études sur les dialectes de l'Ar. méridionale* I S. 340f. vermehrte die literarischen Zitate durch Hinweis auf das كتاب الاضداد ed. Houtsma S. 59 und Maqrīzī *De valle Hadhramaut* ed. Noskowijj S. 29 sowie das sprachliche Material durch weitere Beispiele aus dem ḥaḍramautischen Dialekt.

[2]) b. Qutaiba *kitāb al-maʿārif* S. 309 und Nešwān *Šams* s. v. وثب. Ein sabäisches وثاب ist dargestellt auf dem Grabrelief CI 419.

(Z. 4.) Über מׄדקן s. zu MM 32 Z. 2, zu צנען vgl. die Bemerkungen zu צנע, Name einer Grabanlage, MM 161.

צׄעטם las auch Glaser. Obwohl das erste und dritte Zeichen beschädigt sind, ist die Lesung sicher. Glaser vermutete נעטם ناعط, Name der bekannten sabäischen Stadt (s. *Sab. Denkm.* S. 4, 68 und die Auszüge aus dem *Iklīl* des Hamdānī bei D. H. Müller *Südar. Alt.* S. 80ff.). Vielleicht liegt ein Steinmetzfehler vor, und die Beschädigung des ersten Zeichens ist ein Versuch, den Fehler zu berichtigen.

רמת ist als Ortsname aus der Sippen- bzw. Stammesbezeichnung בנו | ד̄רמת C I 339, 339bis, 340, im Sing. בן | ד̄י C I 349 (vgl. ב״ | ד̄נעמן, בנו | ד̄עׄימן und andere) zu erschließen. Hier aber kann es nur appellative Bedeutung haben. Es dürfte eine Ableitung der Wurzel רים sein, die im Sabäischen in verschiedenen Formen vertreten ist. Die Bedeutung von רמת (wohl رامة auszusprechen) ist nicht festzustellen. Über den Ortsnamen siehe Glaser *Altjem. Nachr.* S. 150 Anm. 2, der רמת mit ريمة Rīmat (Jāqūt II S. 890 Name einer *nāḥije* im Jemen) vergleicht.

(Z. 4.) Die Schlußworte הור | שׄדוהמו | ד̄הבם werden eine *crux interpretum* bleiben, solange wir über die Bedeutung jedes einzelnen dieser drei Wörter im Dunkeln sind.

In dem altsab. Texte Gl. 418/9 Z. 4f. treffen wir הור und ד̄הבם in einem und demselben Satze: יום | בני | הור | ד̄הבם | בית | ד̄ת | בעדן | בחנן, was Rhodokanakis *Altsab. T.* I S. 7 übersetzt: „*und da er herstellte das Becken von Ḏhb*^{m}, *dem Tempel der ḏāt Bʿdn in Ḥnn*„. Unmittelbar daran schließt der Satz

ויום | בני | עדמן | והורי | חׄלף | מחצׄרן | בד̄הבם

„*und ʿdmn (das ʿdm?) baute und die zwei Becken am Tor des Vorhofs im (Tempel) Ḏhb*^{m}“ (Rhod.).

C I 40 Z. 2 (sie bauten):

נטעתהמו | תלפם | ד̄ת | בפנו | הור | מחפדהמו |

ihre naṭʿat Talfum, die da ist bei dem Kanal des h-w-r ihres Turmes.

הור | מחפדהמו an dieser Stelle entspricht dem הור | שׄדוהמו in unserem Texte. In der sog. Dammbauinschrift Gl. 554 = C I 540 lesen wir Z. 17: הורהו | עׄילן u. Z. 19: נמרין | והור | מפללם

Zu הור gehören auch הורתן C I 434 und 421$_5$, das die Herausgeber für den Singular von הור ansehen, und מהורן, Name eines *bait* C I 41 Z. 2.

Minäisch ist ד̄הור Hal. 192 + 199 = Gl. 1150 (Rhodokanakis *St.* II S. 54ff.)

לעל | משׄרת | ד̄הור | ומשׄקית | מחׄץ | ד̄גנד

und שׄהור Hal. 532$_2$ (wenn nicht verlesen, Saphel vom Verbum; vgl. sabäische Formen wie הרוח und הקוח), sowie מהורת Hal. 253$_4$.

Bleiben wir zunächst beim sabäischen הור, so ergibt ein Vergleich der angeführten Stellen, daß wir überall ein Substantivum vor uns haben. Namentlich spricht dafür der Dual Gl. 418/9 Z. 5. Was die Bedeutung anbelangt, so ist zu beachten, daß das Wort in unserer Inschrift, ferner Gl. 418/9 (Rhodokanakis *Altsab. T.* I S. 5ff.) Z. 4, C I 40, in der Dammbauinschrift und in der minäischen Inschrift Hal. 532_2 im Zusammenhange mit wasserbautechnischen Ausdrücken erscheint. Es mag also bei der von Rhodokanakis angenommenen Bedeutung *Teich, Wasserbecken* sein Bewenden haben, und es ist nicht abzusehen, weshalb diese Bedeutung nicht auch C I 434 für הורתן anzunehmen ist. C I 421 ist so fragmentarisch, daß aus den erhaltenen Resten kein sicherer Schluß zu ziehen ist. هور, Pl. اهوار kennen *Qāmūs* und *Līsān* in der Bedeutung eines Teiches (بحيرة), der von kleinen Wasserläufen gespeist wird (Rhod.).[1])

שדן bisher ἅπ· λεγ. In der qatabānischen Inschrift Berlin VA 7821 scheint dasselbe Wort vorzukommen in dem Satze:

..... ושדו | שררן | בן | צרן | עלו | בן ....

147.

Bu. Ṣanʿā 1909 Jemen II 415 *al Haumān*. Über einem Portal als Türsturz verkehrt eingemauert [= C I 854].

עמיתע | בן | עמיתע

ʿAmmījaṯaʿ b. ʿAmmījaṯaʿ.

Siehe oben MM 146a.

148.

[1]) Über הור und הורתן siehe ferner Praetorius *ZDMG* LIII S. 9 und Rhodokanakis *St.* II S. 37, 45, 170, *Altsab. T.* I S. 12. Von הור durchaus zu trennen sind מורת und תורת.

Bu. Ṣanʿā 1909 Jemen II Nr. 270 *Inschrift aus El Garass* = ebenda Nr. 281 mit der Bezeichnung: *Inschrift in al-Haumān 3—4 Stunden nördlich von Ṣanʿā.* Die Inschrift ist als Burchardt 15 im C I unter Nr. 585 nach einem von M. Hartmann mitgeteilten Abzuge der Burchardtschen Photographie veröffentlicht worden. Nach Hartmanns Angabe hatte Burchardt sie im J. 1909 in Ṣanʿā in der Mesğid el-Medrese photographiert. Ein anderer Abzug gelangte in die Hände von ع. سنى, ʿAbd al-Ġanī Sunnī, der eine Wiedergabe von ihr seinem aus Ṣanʿā vom 26. Teschrīn I 325 datierten Aufsatze مأرب شهر قديمى im Almanach der Zeitschrift *Serweti funūn* (سالنامهٔ ثروت فنون) auf das Finanzjahr 1327 (begann 14. März 1911) S. 153—158 beigefügt hat. Nach der Beischrift sollte sie sich in Ṣanʿā in der Mauer einer Medrese (صنعاده بر مدرسه ديوارنده) befinden. Bei der großen Übereinstimmung mit MM 146b ist kein Zweifel, daß sie aus dem gleichen Fundorte stammt, und daß die Angabe bei M. Hartmann und dem türkischen Autor auf einem Mißverständnis beruht. Sollte sie wirklich in Ṣanʿā sein, so ist sie nachträglich dahin verschleppt worden.

1 מחמים | ועשׂם | ור[בנשׂ]רם | ובנהמו | בנו | והבם | בנו [| . . . ו
2 הותרן | והשקרן | ביתיהמו | נעמן | ורחבן | מ[ס]ודי [| . . . עתתר | והו
3 בשׂ | ואלמקהו | ובמלא | שׂימהמו | ודם | דשׂמען | ושׂעב[ן | . . . .
4 עבל | ובדת | חמים | ובדת [| בע]דנם | וב | אמראהמו | [אמלך | שׂבא

Links abgebrochen, sonst vollständig. Der Umfang des fehlenden Stückes läßt sich auch nicht annähernd bestimmen.

(1) *Maḥmīj*^{m} *und ʿ-š-m und Ra[bbnas]r*^{m} *und ihre Söhne, banū Wahb*^{m}*, banū ..... [haben erbaut],* (2) *fundamentiert und vollendet ihre beiden Häuser Naʿmān und Raḥbān, die beiden ma[ś]wad .... [mit Hilfe des ʿAṯtar und Hau]* (3) *bas und Almaqahū und auf Weisung ihres Schutzpatrons, des Wadd*^{m} *von Samʿān und Šaʿb[ān .....]* (4) *ʿ-b-l und mit der Ḏāt Ḥimaj*^{m} *und mit der Ḏāt [Baʿ]dān*^{m} *und mit ihren Gebietern, [den Königen von Saba].*

(Z. 1.) Das erhaltene Schlußwort בנו darf nicht als Versehen des Steinmetzen für בניו erklärt werden, weil alsdann die Lücke zwischen der ersten und zweiten Zeile nicht ausgefüllt wird. Es liegt vielmehr eine doppelte Angabe des Geschlechtsverbandes vor, wofür sonst die Form בנו...ו üblich ist, z. B. | בנו בתע | והמדן. Ein zweites Beispiel bietet Jaussen *himy.* 130:

לחיעתת | ואלעז | בני | ידכראל | בני | תמד |

Liḥaijʿatt und Īlʿazz, beides Söhne des Jadkurʾīl, beides Söhne von Ṯamūd. Möglicherweise bezeichnet aber der Name nach dem ersten בנו den leiblichen Vater, der nach dem zweiten die Sippe.

Die EN מחמים = محمّى und עשׂם (wohl von عشّ *mager und hager sein,* daher رجل عشّ) sind ἅπαξ λεγόμενα. Im C I wird zu עשׂם Reh. II (vielmehr III) Z. 5

[...ת | ושהרל | עשם | בנ ?] zitiert. Allein die Lesung der vorhergehenden Worte ist zu unsicher, um daraus auf die Bedeutung von עשם Schlüsse zu ziehen.

(Z. 2.) Über מסוד siehe zu MM 3.

(Z. 3.) במלא | שימהמו | ודם, wie sonst ברדא *mit Hilfe*, auch noch C I 315 Z. 11f.: במלא | ומעד | וושען | שימהמו | תאלב | רימם, ferner C I 339: במלא | ומקם | תאלב | רימם, 339 bis ebenso, nur umgekehrt, במקם | ומלא. Zu C I 315 wird bemerkt: *hic et ubique* מלא *„beneficium" vertendum esse censet Mayer Lambert.* Dem dürfte dahin beizustimmen sein, daß die bisherige Übersetzung des Wortes, namentlich in der Formel באמלא | שתמלא | בעמהו mit „Erfüllungen, die ... von ihm (dem Gott) erbeten hat" aufzugeben ist. Das ar. مَلَأَ *opitulari, adjuvare* führt auf die Übersetzung *Hilfe* (vgl. hebr. Job 16_{10} יַחַד עָלַי יִתְמַלָּאוּן). Daneben kann man auch auf Grund des Arabischen an *consilium, Rat, Weisung* (durch Orakelspruch) denken.

Über שימהמו siehe zu MM 163 Z. 3.

(Z. 4.) עבל ἅπ. λεγ. wohl Rest eines Ortsnamens.

Ḍamār.

149.

Bu. Ṣanʿā 1909 III Jemen.

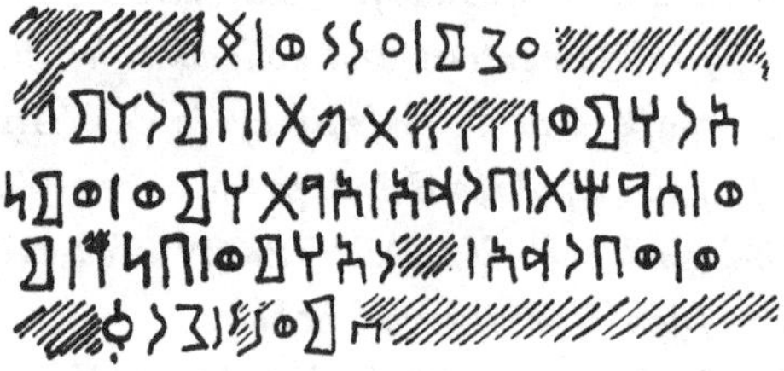

Die Photographie eignet sich nicht zur mechanischen Reproduktion. Das, was einigermaßen lesbar ist, will die obenstehende Handzeichnung möglichst genau wiedergeben. Darüber sind noch zwei Zeilen vorhanden; die in ihnen erkennbaren Spuren von Schrift lassen keine Lesung auch nur einzelner Zeichen zu. Sonst scheint die Inschrift vollständig zu sein.

Aus Ḍamār sind bisher nur wenige Texte bekannt geworden: C I 569 nach einer Abschrift von Beneyton, wie Mayer Lambert herausgefunden hat, = Gl. 807 bezw. 1044, [C I 662] und die beiden Fragmente Gl. 801 und 804, die Grohmann *Göttersymbole* S. 38 in Faksimile veröffentlicht hat. Es ist anzunehmen, daß Glaser dort noch andere Inschriften kopiert hat, die sich vorläufig noch unter den ohne Angabe der Herkunft aufgezählten Texten seiner Sammlung im Anhange zu den *Altjem. Nachr.* verbergen.

(Z. 1.) ערדן scheint ziemlich sicher zu sein, vgl. den EN יערר MM 25 Z. 18. Das Objekt dazu steckt wohl in ב]ארדהמן zu Anfang der zweiten Zeile.

Z. 3 und 4 sind besser erhalten. שלחת ist als EN aufzufassen. Der folgenden Wörter glauben wir sicher zu sein. Die Gottheit אלת الت war sonst nur aus עתתר | אלת, dem Gotte עזזלת C I 557 und den mit אלת, abgekürzt לת, zusammengesetzten Eigennamen (s. zu MM 50) bekannt. Dem oder den *manḍaḥ* begegnen wir auch in der andern Inschrift von Ḏamār C I 569.

Z. 5 ist wieder schwer lesbar; שרק]ן a. E. ist zweifelhaft.

Hakir.

150.

Bu. Jemen 1901 III 37. Nach der Burchardtschen Aufnahme zuerst von Lidzbarski *Ephem.* II S. 93ff. und dann im C I unter Nr. 448 veröffentlicht. Die Inschrift ist auf der Photographie stark verkleinert und schwer lesbar. Die Platte hat an der rechten Seite gelitten und eignet sich nicht zu einer mechanischen Reproduktion. Die Herausgeber des C I haben daher mit Recht vorgezogen, eine genaue Abzeichnung der Photographie in bequem lesbarer Größe zu geben, die wir hier übernommen haben.

Auf dem uns vorliegenden Abzuge der B.schen Photographie ist auf der rechten Seite weniger zu erkennen, als Lidzbarski und Mayer Lambert gelesen haben. Die von uns nicht gelesenen Zeichen sind in der Umschrift mit einem darüber gesetzten Punkte kenntlich gemacht.

Die Inschrift ist, wie die Herausgeber des C I herausgefunden haben, auch von Glaser kopiert worden und trägt in seiner Sammlung die Nr. 379 (im Verzeichnis seiner Sammlung *Altjem. Nachr. Anhang* S. 2A: *6 größere Zeilen mit Monogramm*, ohne Angabe des Fundorts!).

Der Fundort der Inschrift, Hakir هكر (nicht Ḥaqīr), liegt nach Burchardt östlich von Jerīm. Hamdānī berichtet von ihm im VIII. Buch des *Iklīl* (D. H. Müller *Burgen* I S. 44f. und II S. 7ff.). Er rechnet Hakir zum Beled ʿAns. In der Nähe lagen al-Ahǧur und Aḏraʿa, Lustschlösser der ḥimjarischen Könige. Sie waren, wie die von Hamdānī angeführten Dichterstellen beweisen, zu seiner Zeit sämtlich verfallen. In der *Ǧazīrat* wird Hakir neben Marib, Nāʿiṭ und andern alten Ruinen wiederholt erwähnt, und es wird dabei auf die angeführten Stellen des *Iklīl* verwiesen. Auf Hamdānī gehen die

Stellen bei Bekrī zurück. Neŝwān nennt Ḣakir wiederholt als altes königliches Schloß und einmal auch dessen Herrn, den ذو هكر (vgl. *Ḥimjarische Qaṣīda* vs. 119 und den Kommentar dazu bei v. Kremer *SS* S. 102 sowie die Stellen aus dem *Šams* in den von ʿAẓīm eddīn Aḥmed herausgegebenen Auszügen S. 17 und 108ff.).

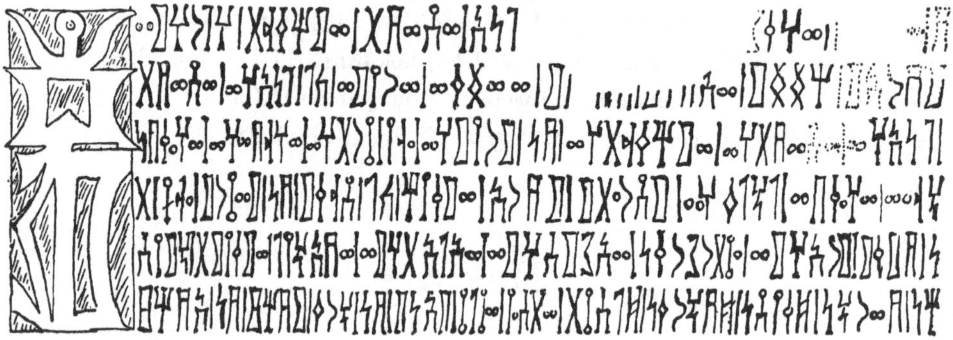

1 ב | ו . . . ר | והקשׂ[ב] . . . . גנא | וצובת | ומחפדת | הגרהמו

2 מבראם | חסרם | ואבנם | . . . . ם | ווספו | ורימו | כל | גנאהו | וצובת

3 גנאהו | וצובתהו | ומחפדתהו | בן | מרימהו | עדי | תרתהו | והדבוהו | והעקבן

4 חדעו | והעקבו | לחלפהו | מצרעתם | מברא | ומקיח | כל | צדקם | בן | מותרם | עדי | ת

5 ן | במקם | מראהמו | עתתרשרקן | ואשמשהמו | ואלאלתהמו | ובאחיל | ומקימת | חמיש

6 חן | בורחן | דקיטן | דבחרפן | דלשתת | ותשעי | ותלת | מאנם | בן | חרף | מבחץ | בן | אבחץ

Links im Monogramm: שמר יהרעשׂ.

Rechts fehlt ein großer Teil des Steines. Außerdem ist Z. 1 u. 2 die Schrift durch Beschädigung teilweise zerstört worden.

(Z. 1.) In den erhaltenen Resten zu Anfang stecken, wie schon Lidzbarski erkannt hat, drei Verben mit der Bedeutung *erbauen*, *wiederherstellen* o. ä., von denen die folgenden Ausdrücke גנא | וצובת bis ואבנם | . . . . ם Z. 2 abhängen.

Von dem ersten Zeitwort ist nur der Schlußradikal ב erhalten, der von Lidzbarski zu העק[ב], von Mayer Lambert wohl besser zu עד[ב] ergänzt wird. Von dem folgenden Verbum ist der letzte Buchstabe ר zu erkennen. Das ergibt הות[ר], woran sich dann passend הקשׂ[ב] schließt; vgl. C I 295: הקשבו | והותרן.

Die folgende Lücke, ungefähr 14 Zeichen, enthielt weitere synonyme Verben, vielleicht auch noch von ihnen abhängige Objekte. Die Substantive גנא

Ringmauer, צובת (sonst nur noch C I 40, Deutung unsicher) und מחפדת (Pl. von מחפד *Turm)* bezeichnen einzelne Wehrbauten.

(Z. 2.) Das Wort אבנם *Stein*, das auch Mayer Lambert erkannt hat, weist darauf hin, daß zu Anfang der Zeile analog ähnlichen Bauinschriften das Material der Bauten angegeben war. Aber die Lesung der vorhergehenden Worte ist unsicher. Wenn מבראם richtig gelesen ist, so wäre מבראן in der großen Dammbauinschrift Gl. 554 = C I 540 Z. 11, 24, 25, 63, מברא in den Inschriften von ʿObne und Naqb al-Ḥaǧar[1]) und מבראם in dem Fragmente Mayer Lambert *Nouveau Supplément* Nr. 3 [= C 1 612] heranzuziehen, ohne daß für die Deutung etwas gewonnen würde.

Statt חסרם las Lidzbarski חזום, Mayer Lambert חססם. Die Wurzel liegt vor in פרע | חסרן | כבר Fr. XLVI und ... מר | חסרן Gl. 1571 Z. 1, nach Rhodokanakis *St.* II S. 150, *K T* I S. 75 und *Altsab. T.* I S. 104 *Steuereinnehmer*, womit hier nichts anzufangen ist.

Von dem folgenden Worte ist nur das Schlußzeichen ם sicher, von den übrigen Buchstaben sind nur die unteren Hasten erhalten.

גנאהו | כל | ורימו | ווספו *sie erweiterten und führten in die Höhe die ganze Ringmauer* (Lidzbarski, ebenso Rhodokanakis *Altsab. T.* I S. 99).

(Z. 3.) ת̄רת, sonst nur noch in der Felsinschrift vom Ǧebel Ǧiḥāf Z. 1 [jetzt C I 608], wird von ות̄ר abgeleitet und als *Niederung* gedeutet. Das folgende הדבוהו, ἅπ. λεγ., ist noch nicht erklärt. Die ganze Zeile ist schwer verständlich. Es muß sich, da die Arbeiten an der Mauer *von ihrer Spitze bis zu ihren Fundamenten* vorgenommen werden, um Ausbesserungen handeln, die in der Richtung von oben nach unten verliefen.

(Z. 4.) Die Anfangsworte וחֹדען bis מצרעתם übersetzte Rhodokanakis *St.* I. S. 70: *sie doppelten (überzogen) zum Ersatz (neuerdings) für sein Tor Torflügel.* Das Verbum חֹדע kommt noch Gl. 551 in der Wendung | ת̄בר מאחֹדן | הות | וחֹדען vor (Rhodokanakis, *St.* II S. 114 A. 4), ferner Gl. 1548/9 (Rhodokanakis *Grundsatz* S. 25ff.) Z. 5 und im qatabānischen Texte Gl. 1396 = Gl. 1610 = SE 83 (Rhodokanakis *KT* II S. 5ff.) in der IV Form. Rhodokanakis nimmt an diesen drei Stellen die Bedeutung *versagen* (transitiv und intransitiv) an. Mayer Lambert übersetzt unsere Stelle *cameras fecerunt et muniverunt regionem ejus Maṣraʿatum*, indem er مَخْدَع heranzieht, was die Lexikographen mit خِزَانَة *Vorratskammer* glossieren.

[1]) Nach Hommels Lesung des Landbergschen Abklatsches. Rhodokanakis (*St.* I S. 69) gibt dafür מבני. Die älteren Abschriften und die Übereinstimmung der beiden Inschriften in den Wendungen מראשו | בית | מברא (ʿObne) und געל | בית | מברא (Naqb al-Ḥaǧar) sprechen für Hommels Lesung. Wie soll man sich aber in Rhodokanakis' Wiedergabe der Inschrift die andern recht auffälligen Abweichungen von Hommels Lesungen erklären?

Zu העקב vergleicht Rhodokanakis a. a. O. Reh. IV + I + V = C I 570 Z. 2: ארבע | אמן | ושלת | שוחט | — דקיץ | והעקב | אלעז *vier Ellen und drei šawāḥiṭ, — die als Gegenwert und Ersatz gegeben hat Īl'azz* (*St.* II S. 77). Mayer Lambert übersetzt dagegen: *quatuor cubiti et tres spithamae quae delineaverunt et muro circumdederunt etc.*

חלף erscheint in den Bauinschriften von 'Obne (Rhodokanakis *St.* II S. 48 ff.) und Naqb al-Ḥağar (ebenda I S. 69 f.) neben andern Wehrbauten (גנא, מחפד, עקב). Da nun מצרע als *Torflügel* durch die bekannte Inschrift von Ṣan'ā C I 1 gesichert ist, dürfte Rhodokanakis' Deutung von חלף als *Tor* das Richtige treffen; vgl. auch noch weitere Belege in seinen *KT* I S. 129. Andererseits aber ist wohl dem C I darin beizustimmen, daß העקב und חדע bautechnische Ausdrücke sind, die sich auf die Sicherung des Tores durch besondere Werke beziehen. העקב mag Denominativ von עקב *(Warte?)* sein und חדע mit خدع zusammenhängen.

מקיחת | כל | צדקם übersetzt Lidzbarski: *ausgezeichnet an Bauarbeit*, C I: *areis subdialibus convenientibus*. Beide verweisen auf Prideaux V, C I 28 und 137.

מקח, pl. מקיחת begegnet uns in zwiefacher Bedeutung:

1. als bautechnischer Ausdruck hier, Ryckmans 5 (מעשא | ומקח | מאחדהמו), in der Dammbauinschrift Gl. 618 = C I 541 Z. 131 und wohl auch C I 28_2, 304_2 [1]).

Das entsprechende Verbum liegt vor Hal. 141_2f. (מאחדן | קחו, vgl. die eben angeführte Inschrift Ryckmans 5), C I 653_2 (כרפהמו | הקחו), Hal. 171_2 (עד | דבני | והקח ...) und in הקוח C I 40 (בראו | והותר | והקוח | ושקרן | נטעתהמו).

2. zur Bezeichnung von Kriegsbeute oder einer kriegerischen Leistung C I 137_1: ... ם | במקיחת | צדקם | בצבאת | .... und Gl. B. 869 = C I 332_3: ה[ו]שע | עבדיהו | לחיעתת | וינעם | במקיח[ו]ת | צדקם *[weil Ta'lab] seine beiden Knechte L. und J. auszeichnete mit [reichlichen] maqājiḥat* und zwar, wie der Zusammenhang erweist, auf Kriegszügen[2]).

Prid. V (Kopie einer echten Votivinschrift auf einer falschen Bronzetafel) Z. 1 f.:

... מקח | צדקם | בכן | תקדמו ....

... *reichliches maqāḥ, indem sie vorangingen* (anführten) ....

---

[1]) In der Übersetzung seiner Inschrift Nr. 618 gab auch Glaser das Wort mit *Bauarbeit* wieder. C I 28_2 (... בדת | שתופי | מקח | ונכ[ל...) ist es synonymisch verbunden mit נכל, das zu MM 161 behandelt wird. C I 304_2 dürfte ..... | ומקיחתהמו | וכל | דקני | וי[קנין | zu ergänzen sein.

[2]) Gl. B. 869_1 ist in den *Himj. Inschr. u. Altert.* zu מקי[מת ergänzt worden. Auf dem Abklatsch ist der auf das י folgende, nur teilweise erhaltene Buchstabe als ח zu erkennen, nicht מ, wie die Herausgeber des C I lesen. מקימת ist in solchem Zusammenhange ein unpassender Ausdruck. Auffällig ist, daß C I 137, eine Bauinschrift in Reliefbuchstaben, einen solchen Passus enthält, den man sonst nur in Votivinschriften antrifft. Aber ohne Beispiel ist das nicht, vgl. MM 33 + 34 und C I 68.

Die drei Inschriften ergänzen einander. In gleichartigen Texten werden statt der *maqājihat* צדקם | מהרגת, *reichliche Tötungen*, und Beute an Kriegsgefangenen erwähnt.

In Verbindung mit *ma'ḫaḏ Reservoir* und כרף كريف *Zisterne* wird das Verbum קח die Bedeutung *graben*, *aushauen* haben. Ein semasiologisches Analogon bietet die Wurzel מחץ mit ihren beiden Bedeutungen 1. bautechnisch: *aushauen*, *durchstechen* (Rhodokanakis *St.* II S. 98), 2. im übertragenen Sinne: *einen Feind schlagen*, *vernichten* (derselbe, *Altsab. T.* I S. 72). Aus dem Wortschatz der verwandten Sprachen ist für die Erklärung von קח und seinen Ableitungen nichts zu gewinnen.

בן | מותרם | עדי | תופרעם. Die Ergänzung תופרעם ist schon von Lidzbarski gefunden, die Bedeutung des Ausdrucks ist von Rhodokanakis *Altsab. T.* I S. 79f. festgestellt worden.

(Z. 5.) Über מרא als Titel des ʿAṯtar s. zu MM 33 + 34 Z. 1, über אלאלת zu MM 59[1]).—חמיש wird von Lidzbarski als scriptio plena = خميس, von Mayer Lambert als Plural = خامس gefaßt. Das erste ist wohl möglich, vgl. כריפם, חריפם, בכילם in der inhaltlich verwandten Inschrift C I 40 = بكيل, خريف und كريف. Gegen خامس spricht, daß der Plural von חמש wiederholt in der Form אחמש belegt ist. Übrigens könnte man auch an einen Dual חמישןוחמו oder חמישננהן denken. Über die Bedeutung von חמש haben M. Hartmann *Ar. Fr.* S. 369f. und 388 sowie Rhodokanakis *St.* II S. 10 und *K T* I S. 40, II S. 44 gehandelt.

Als חמש werden Saba und Ḥimjar *Sab. Denkm.* 5 = C I 347 Z. 5 und Gl. B. 825 = C I 334 Z. 3 bezeichnet. C I 315 Z. 4ff. ist die Rede von den Kriegen, die „im ganzen Lande ausgebrochen waren", „zwischen den Königen von Saba, von ḏū Raidān, von Ḥaḍramaut und Qatabān und ihren אחמש und אשעב", ebenso C I 155 von einem Kriege, den die verbündeten Könige von Saba und Ḥaḍramaut und beider חמש gegen die Ḥimjaren geführt haben. Hal. 478 werden angerufen „alle Götter von Maʿīn und Jaṯīl und alle Götter der אחמש und אשעב und alle Götter des Meeres und Landes und Westens und Ostens". חמש ist also wie תלת, רבע und ar. عشيرة die Bezeichnung eines Stammesverbandes und zwar einer größeren Einheit. Man mag es daher immerhin mit *Volk* übersetzen. Das ar. خميس und das Vorkommen des Wortes in Texten, in denen von Kriegen die Rede ist, bewogen schon D. H. Müller, חמש als die *waffenfähige Mannschaft des Stammes* zu deuten (s. *Sab. Denkm.* S. 24), und M. Hartmann und Rhodokanakis haben sich dieser Auffassung mit einigen Modifikationen angeschlossen.

---

[1]) Das zweite ל in אלאלתהמו ist in der Zeichnung des CI versehentlich fortgelassen, aber auf dem uns vorliegenden Photo Bu. zu erkennen.

Dagegen spricht der Ausdruck ואשעבם | ד̄אחמשם | אלאלת | כל in der angeführten Inschrift Hal. 468 und der Ausdruck | ד̄בקרן | רבען | בחמשן Fr. XL = Gl. Wien 1064 = C I 435, der nach Analogie des Ausdruckes ד̄' | רבען ..... | שעבן bezw. ד̄' | ת̄לת̄ן .... | ש' (die Beispiele s. *Sab. Denkm.* a. a. O.) *der Stamm, Viertelstamm d̲ū Baqarān* zu übersetzen ist (anders Rhodokanakis *St.* II S. 154: *im vierten Fünftel von d̲ū D̲-q-r-ān).* [1])

(Z. 6.) Den Monatsnamen im Datum lesen Lidzbarski und Mayer Lambert ד̄קיצן. Nach dem uns vorliegenden Abzuge der Burchardtschen Photographie ist diese Lesung nicht sicher, und man kann auch ד̄קיט̇ן lesen. Gl. 158 = C I 174 Z. 3 hat die Glasersche Kopie קיט̇ן, in Gl. B. 868 = C I 323 Z. 9 steht auf dem Stein deutlich קיט̇ן; ebenso hat Cantineau V B. Z. 4 קיט̇ם. In der Dammbauinschrift Gl. 618 = C I 541 Z. 26 fehlt der Buchstabe in Glasers Abschrift.

Im folgenden ד̄בח̇רפן sind auf unserem Abzuge nur einzelne Zeichen deutlich zu erkennen.

מאנם statt מאחם las schon Mayer Lambert, der dazu C I 353_{13} und ח̇מש | מאם Gl. 1000 B (bei Rhodokanakis *Altsab. T.* I S. 20ff.) Z. 13 anführt; Lidzbarski las מאתם.

Die Bezeichnung der dem Datum zugrunde liegenden Ära „vom Jahr des (Eponym) Mabāḥiḍ b. Abḥaḍ"[2]) findet sich, wie Lidzbarski erkannt hat, ebenso in der Inschrift C I 46, die vom Jahr 385 = 270/1 n. Chr. datiert ist. C I 46 gehört in die Zeit der beiden Könige von Saba und von d̲ū Raidān, Jāsir^{m} Juhan'im und seines Sohnes Šammir Juhar'iš. Unsere 11 Jahre später datierte Inschrift rührt, wie das Monogramm mit dem Namen Šammir Juhar'iš zeigt und durch den Stil der Inschrift bestätigt wird, von diesem Könige oder wenn, wie Lidzbarski vermutet, noch ein zweites Monogramm vorhanden war, von beiden Königen her[3]).

Der König Šammir Juhar'iš und sein Vater Jāsir^{m} Juhan'im interessieren uns deshalb, weil auch die arabischen Geschichtsschreiber sie kennen. C I 353

---

[1]) Die Photographien zeigen ein deutliches ב, kein ד̄.

[2]) Lidzbarski gibt den ersten Namen mit Mabḥūḍ wieder, schwerlich richtig, da die Eigennamen der Form مفعل, soweit sie mit einiger Wahrscheinlichkeit zu erkennen sind wie z. B. משעדם = مسعود, die Mimation haben. Vielmehr dürfte מבחץ, wie in unserer Umschrift angenommen, eine Form *mafā'ilᵘ* sein. Die gleiche Bildung liegt in dem bekannten Namen *Ma'āfir* vor und wohl auch in den Eigennamen מחמר C I 420, מעהר C I 541_{82}, 658 und in מעקר ? מעת̇ר ?, s. zu MM 33 Z. 1.

[3]) Lidzbarski bemerkt sehr richtig über die Urheber der Inschrift, deren Namen in dem erhaltenen Teile der Inschrift nicht vorkommen: es können höhere Beamte oder Qaile, aber auch der regierende König und seine Söhne gewesen sein. Letztes ist deshalb wahrscheinlicher, weil zwischen der Nennung der Götter und des Kriegsvolkes in Z. 5 nicht auch die Herrscher genannt sind.

erscheint neben Šammir ein anderer Mitregent und zwar an erster Stelle. Sein nicht vollständig erhaltener Name wird mit Wahrscheinlichkeit zu Malikī[karib] ergänzt. Auch er ist der südarabischen Sage bekannt. Jünger sind die Inschriften, in denen Šammir allein als Herrscher von Saba und von ḏū Raidān genannt wird, C I 407, 430 und Ryckmans 3 (= Gl. 542). Noch viel jünger ist die Inschrift C I 431 + 438, die wir in der Anmerkung vollständig geben, da die Zusammengehörrigkeit der beiden Fragmente bisher nicht erkannt worden ist. In ihr führt Šammir den Titel König von Saba und von ḏū Raidān, von Ḥaḍramaut und von Jamanat[1]).

Unsere Inschrift übersetzen wir im Anschluß an die ersten Herausgeber wie folgt: (1) *[.... vollendeten und ....] und erneu[erten ......] Mauer und ? und Türme ihrer Stadt* (2) .... *in ? und ? Stein; und sie erweiterten und erhöhten ihre ganze Mauer und ihre ?* (3) ..... *ihre Mauer, ihre ? und Türme von ihrer Spitze bis zu ihren Fundamenten, und versahen sie mit ? und Warten* (4) *[.... und] versahen Tore zu ihrem Eingange mit Kammern und Warten, Bau und Graben* (?) *von ganzer Güte vom Fundament bis in die [Höhe]* (5) ..... *mit der Macht ihres Herrn ʿAṯtar Šāriqān und ihrer Sonnen und ihrer Götter und mit den Kräften und Mächten [der? ihrer?] Völker* (6) ...... *im Monat ḏū Qaiẓān im Jahre Dreihundertsechsundneunzig* (gerechnet) *vom Jahre des Mabāḥiḍ b. Abḥaḍ.*

---

[1]) C I 431 ist die linke Fortsetzung von C I 438 und hat zu Anfang eine Zeile mehr. Der vollständige Text lautet danach:

(438_1) .... שׂע] (431_1) בהמו | שבא | ו... (438_2) [הג]רן | וקרן | והג (431_2) [ר]ן |
שׂבם | ושׂ.... (438_3) [ול | ו]זא | חׂמרה[מ (431_3) ו] | מראהמו | ע[תׂתר (438_4) | דׂ[ר]בן
בעל בחר ח[ט (431_4) ב]ם | ארמהו | בנ[י | ... (438_5) ומקרם | נעמת[ם | (431_5) ו]פים | ואארחׂ |
(438_6) [צדקם |] וחטׂי | ור[צו |] (431_6) מראהמו | שמר [| (438_7) יהרעש] | מלך | שב[א | (431_7) ו]דׂרידן |
וחצׂר[מ (438_8) ות |] וימנת | בן | י[שׂ] (431_8) רם | יהנעם | מל[ך | (438_9 | שבא] | ודׂרידן | ו[ל]
(431_9) הופינהמו | מ[רא (438_{10}) המו | ע]תׂתר | דׂדׂבן | (431_{10}) | בעל בחר חטב[ם | ....

Z. 1 ist der Ausdruck שעבהמו | שבא auffällig, aber die Ergänzung wird gestützt durch die schon von D. H. Müller angeführte Stelle C I 397 שעבן | שבא | וערבן. M. Hartmann *Ar. Fr.* S. 386 behauptet, „daß nie von שעבן | שבא die Rede ist in der sabäischen Zeit, während in der minäischen Periode noch die ‚beiden Stämme Saba und Chaulān' genannt werden". Er übersah die angeführten Stellen und Gl. 542 = Ryckmans 3. In der minäischen Inschrift Hal. 535, die er im Auge hat, werden שבא | וחולן genannt, aber ohne den Zusatz *die beiden Stämme,* dagegen Z. 21 שעבהשם | מען | ודׂיתל *ihre beiden Stämme Maʿīn und ḏū Jaṯīl* — Z. 2 ist וקרן unsicher, eher וארן — In Z. 3 ist der Stein vor מראהמו | verletzt; das Zeichen, das dort gestanden hat, wird nach den erhaltenen Spuren von den Herausgebern als ם gelesen, es kann aber auch ein ו sein. — Die Wendung חׂמרהמו — ארמהו, wobei das Suffix von חׂמר wieder aufgenommen wird, *möge (ʿAṯtar) ihnen schenken, seinen Knechten,* ist nicht ohne Beispiel: vgl. C I 351,7f.: ול | חׂרינהו | עבדהו *und damit er ihn errette, seinen Knecht* [dagegen: Rhodokanakis *WZKM* XXXVII S. 136]. — Durch Vorstehendes erledigen sich M. Hartmanns Spekulationen *(Ar. Fr.* S. 156f.) über C I 431.

Stadtmauer von Ġaimān.

Ġaimān.

Die alte Stadt Ġaimān wird in der *Ǧazīrat* des Hamdānī wiederholt erwähnt (3_{13}, 203_{15}, 221_{10}). Eine ausführliche Beschreibung lesen wir im *Iklīl* (bei D. H. Müller *Burgen* I S. 33ff. und 67ff.). Danach befand sich in Ġaimān das Mausoleum der Könige. Der große Tubbaʿ Asʿad Kāmil soll dort residiert haben und beigesetzt sein (v. Kremer *SS* S. XI und 84ff.; Nešwān *Šams* S. 81). In der Ḥimjarischen Qaṣīda Vs. 120 wird der ذو غيمان, der *Herr von Ġaimān*, neben andern اذواء angeführt; seine Genealogie steht im Kommentar der Qaṣīda (bei v. Kremer a. a. O. S. 100 und 102). Halévy hat die fünf Stunden südöstlich von Ṣanʿā belegene Stadt wieder aufgefunden und als erster Europäer besucht, s. seinen *Voyage au Nedjrān* im *Bull. Soc. de Géogr.* 6e sér., t. VI S. 31 und *Rapport sur une mission archéol. dans le Yémen* S. 12 und 66). Ġaimān gehörte zum Territorium des Ḫaulānstammes der benī Behlūl. Von den alten Befestigungen waren noch ein Schloß auf einem Hügel und Reste einer starken Umfassungsmauer erhalten; siehe obenstehende Photographie. Die epigraphische Ausbeute,

22 meist einzeilige Fragmente, war recht bescheiden[1]). Immerhin ist es mit ihrer Hilfe möglich, die Herkunft von einer Anzahl von Steinen, die von dort ohne Angabe des Fundorts verschleppt worden sind, festzustellen (C I 67, 69; MM 163 und vielleicht auch MM 152).

Nach Halévy hat auch Glaser Ġaimān besucht und dort Inschriften abgeschrieben. In Hommels Verzeichnis der Glaserschen Sammlung werden als aus Ġaimān stammend bezeichnet: Gl. 359—364 = Hal. 21—26, Gl. 366 = Hal. 38, Gl. 370 = Hal. 39 und Gl. 371 = Hal. 35. Außerdem mögen sich unter den Nummern, bei denen kein Fundort angegeben ist, noch andere Inschriften aus Ġaimān verstecken.

Die wenigen Inschriften, die wir bisher aus Ġaimān besitzen, gehören nach Schriftcharakter und Inhalt einer späteren Epoche an. Eigentümlich ist ihnen der Kult des קחמם | חגרם. Er wird in den kleineren Bruchstücken öfter angerufen, ihm ist auch die Votivinschrift C I 67 gewidmet. Es handelt sich wohl ursprünglich um einen als Fetisch verehrten Meteorstein, wie der schwarze Stein der Kaaba, der Elagabalus von Hemesa und der Dusaresstein von Petra.

Die Urheber der Inschriften bezeichnen sich, ihren Stamm und ihre Gebieter als ḏū Ġaimān. Auffällig sind ihre Beziehungen zu Ḥāz: die banū דעימן beteiligen sich mit den Suḫaim von al-Ġirās, dem ḏū Ḫaulān und andern Sippen an einem Votivdenkmal für Ta'lab Rijām in Ḥāz (C I 220). C I 68, eine Bauinschrift des ḏū Ġaimān und Nu'ās, stammt aus Ḥāz, und in Ḥāz und Šibām-Kaukabān wird die Sonnengottheit בעלת | עימן verehrt (C I 132 und 180).

Wenn in der Inschrift C I 67, die sicher aus Ġaimān stammt, der Name des Gebieters רבשמשם | אטלם richtig ergänzt und wenn der Träger des Namens identisch ist mit dem gleichnamigen Stifter der Inschriften C I 104 (Širā') und 276 (Ruine bei Kurbāt zwischen Ḥāz und 'Amrān), würde das Gebiet des ḏū Ġaimān noch weit über den engeren Stadtbezirk hinausgereicht haben. Der

[1]) Die von Halévy in Ġaimān kopierten Inschriften, Nr. 18—41 seiner Sammlung, sind mit Ausnahme von Nr. 31 (siehe die Anmerkung unten S. 191) im Corpus unter Nr. 49—66 wiederholt worden. Sie finden sich auch in der Sammlung des Rabbiners Jiḥje Ġāfe, von der Glaser Abschrift genommen hat (Nr. 29—49 seiner Sammlung). Schon ein flüchtiger Vergleich von Halévys Texten mit denen des Jiḥje Ġāfe zeigt, daß dieser nicht die Steine, sondern die Halévyschen Abschriften kopiert hat. Es erübrigte sich daher, die Varianten dieser sekundären Kopien anzuführen. Die Art, wie dies im Corpus geschieht, muß bei dem Leser, der nicht die Einleitung zum Abschnitt Ġaimān beachtet, den Eindruck erwecken, daß Jiḥje Ġāfe und Glaser die von Halévy gefundenen Inschriften noch einmal von den Steinen abgeschrieben haben.

Fundort der Bronzetafel C I 30, deren Stifter, banū Ṣajad, sich Klienten des ḏū Ġaimān nennen, ist unbekannt[1]).

150 a.

Bu. Ṣan'ā 1909 Jemen II 315. [Der Stein ist auf die linke Schmalseite gestellt.]

(Monogramm)	אמרם | יחל | לקט̇ן | בני | והו̄תר | והש	(Monogramm)	1
לקט̇ן	קר | מחפדן | נגרן | בן | עסבתהו | במקם	אמרם	2
	מראהו | נשאכרב | . . נ . | [ד̄]עׄי[מ]ן		3

(1) *Amīr*^{m} *Jaḥūl Laqaẓān hat gebaut, fundamentiert und voll* (2) *endet den Turm Nağrān von seinen 'aśabāt mit der Macht* (3) *seines Gebieters Naša'karib ..... [ḏū] Ġai[mā]n.*

(Z. 1.) Der Hauptname des Stifters ist als Personennamen sonst nicht zu belegen. Der Beiname יחל und לקט̇ן kommen hier zum ersten Male vor. לקט̇ן ist schwerlich zweiter Beiname des Amīr, sondern Stammes- oder Sippenbezeichnung und steht für ד̄לקט̇ן oder בן | לקט̇ן, so wie ענגן C I 349, 390, 600_8, 630_1, für בן | ע" C I 85_2, 332_2 und $_8$, 398_{17} [730], קלט̇ן C I 652 und יפען C I 692 für ד̄קלט̇ן bzw. ד̄יפען geschrieben ist. Eine Wurzel לקט̇ fehlt im Arabischen, ist aber wenigstens im Minäischen aus dem Sippennamen ילקט̇ Hal. 233 (= Gl. 1238ff. bei Hommel in der *Festschrift für Ebers* S. 25ff.) und 490 zu belegen.

(Z. 2.) Über נגרן s. zu MM 1 Z. 2. — Zur Erklärung von עסבתהו ist man auf die Votivinschrift C I 544 angewiesen, in der zum Schluß die Gottheit gebeten wird um אפקל | ותמר | צדקם | ועסבת | בערהמו *reichliche Ernte und Frucht und 'aśabat ihrer Kameele.* Außerdem kommt dasselbe Substantiv in den In-

[1]) Die Ausdrücke ד̄עׄימן, ד̄חולן und andere Zusammensetzungen dieser Art, ohne Beziehung auf einen vorhergehenden Eigennamen, entsprechen den zahlreichen mit ذو zusammengesetzten Eigennamen der südarabischen Sage. Ihre Träger hießen die اذواء (siehe die Hauptstelle darüber bei Nešwān *Šams* s. v.) und unter diesen wird, wie eingangs erwähnt, auch der ذو غيمان aufgeführt. Ein Titel oder Adelsprädikat ist ذو nie gewesen, ebensowenig wie ابن בן in den ganz ähnlichen Wendungen א" | ב" | בתע, אדם | בן | מרת̄דם *Klienten des b. Marṯad, des b. Bata'.*

schriften Hal. 344 = C I 603b Z. 5/6, 403 = C I 320 Z. 2 und Ryckmans 3 Z. 5 in den Formen עסבהו und עסבן vor. Die angeführten drei Inschriften enthalten Vorschriften über Kauf und Verkauf von Rindvieh, Kamelen und Sklaven. Zur Erklärung hat man das äthiopische ዐስብ: *merces, praemium* herangezogen. Das arabische Lexikon bietet عسب in der speziellen Bedeutung الكراء الذى يؤخذ على ضراب الفحل (Ǧauharī) *the hire that is taken for a stallion's covering* (Lane). Daneben hat عسب aber auch die Bedeutung *a stallions covering* und weiter *the offspring*. Danach möchte man die Worte עסבת | בערהמו in der Inschrift C I 544 mit *Nachwuchs ihrer Kamele* übersetzen. In unserer Inschrift könnte wohl עסבתהו abgekürzte Ausdrucksweise dafür sein.

(Z. 3.) Der Beiname des Naša'karib ist auf der Photographie nicht zu erkennen. In andern Inschriften von Ġaimān werden als Gebieter genannt: C I 67 Z. 8f. und Z. 20f. רבשמשם | א[טל]ם | רעימן, C I 69 דומן | יאזם | רעימן und in der folgenden Inschrift ..חיו | ובנהמו | יאזם | והופעתת | אדרח | ינעם[1].

150 b.

Außer der vorstehenden Inschrift photographierte Burchardt in Ġaimān die drei kleinen Bruchstücke Hal. 22, 23, 24 = C I 59, 54, 49. Sie sind nahe beieinander in dem oben S. 182 abgebildeten Teil der Stadtmauer eingelassen und werden hier in Vergrößerung wiedergegeben. Sie rühren von einer langen einzeiligen Bauinschrift in ca. 0.20 m hohen schönen Reliefbuchstaben her.

a

b

[1]) [Die vorstehend behandelte Inschrift findet sich jetzt auch auf Grund derselben Burchardtschen Photographie, aber mit abweichenden Lesungen (Z. 1 אגרם statt אמרם, Z. 2 צרון statt נגרן und ..בתהו statt עסבתהו) im C I unter Nr. 661].

c

a ... בד̄ת | חמים | ו]בד̄ת | בעדנם | ושימהמו | חגרם | קחמם | ו

b באמראהמו | ינעם | אד̄רח | וה c ופעת̆ת | יאזם | ובנהמו | חי[ו..

(a) *[... mit der D̲āt Ḥimaj*^{m} *und] mit der D̲āt Ba'dān*^{m} *und ihrem Schutzpatron Ḥağar*^{m} *Qāḥim*^{m} *und* (b) *mit ihren Gebietern Jan'im Ad̲raḥ und Ha* (c) *uf'at̲t̲ Ja'zim und ihres Sohnes Ḥajā[u .....].*

Die Burchardtsche Photographie bestätigt Halévys Lesung des Beinamens קחמם im Bruchstück a sowie in den Inschriften C I 49 und 50 gegen קהמם, wie der Stein C I 67 hat. Was das Richtige ist, läßt sich nicht entscheiden. In dem Votivstein Berlin VA 7820 erscheint der Gott Ḥağar ohne seinen Beinamen.

V.

Ṣanʿā.

Von den rund 25 Inschriften, die von Europäern in Ṣanʿā *in situ* gefunden worden sind[1]), dürften nur wenige dort ihren ursprünglichen Standort gehabt haben. Die Stadt ist erst in der letzten Epoche der vorislamischen Zeit, unter den Abessiniern und Persern, an die Stelle von Marib und Ẓafār, den Metropolen der Sabäer und Ḥimjaren, getreten und zur Hauptstadt des Jemen geworden. Dies wird dadurch bestätigt, daß, soweit bekannt, Ruinen von sabäischen Bauten dort nicht vorhanden und auch kleinere Denkmäler, wie Inschriftensteine, Skulpturen u. dgl., mit Ausnahme des Grabsteins C I 24, innerhalb Ṣanʿā nicht ausgegraben worden sind. Der Name der Stadt kommt bisher nur einmal in der Inschrift C I 314 Z. 13 und zwar in der Form צנען vor. Diese Inschrift stammt angeblich aus Marib und gehört in die Zeiten des Niederganges des Sabäischen Reiches, als die streitenden Stämme bereits die Abessinier ins Land gerufen hatten. In den Inschriften aus Ṣanʿā selbst findet sich der Name nicht. Von Inschriften, die Königsnamen erwähnen, sind bisher nur zwei, C I 1 u. 10, dort zutage gekommen.

So darf man vermuten, daß die meisten Inschriftensteine, die sich in Ṣanʿā befinden, erst nach der Erhebung der Stadt zur Hauptstadt mit andern Baumaterialien dorthin verschleppt worden sind[2]). Mit Sicherheit läßt sich, abgesehen von dem bereits erwähnten Grabsteine, kein einziges Denkmal für Ṣanʿā in Anspruch nehmen, nicht einmal die bekannten beiden Bronze-Türflügel C I 1,

---

[1]) C I 1, 4—12, 15—19, 24—29, 31, 33, 335 *bis*. MM 157, 159, 161, 164. Die Nummern C I 2, 3, 13, 14, 20—23, 30, 32, 34 sowie die von Burchardt und RW. dort gefundenen Inschriften MM 158, 160, 162, 163, 165—171, 174 sind erst in neuester Zeit durch Antiquitätenhändler nach Ṣanʿā gelangt.

[2]) Das bezeugt Hamdānī ausdrücklich von zwei Inschriften aus Nāʿiṭ und Ḥadaqān, die er in Ṣanʿā kopiert hat, s. die Stellen bei D. H. Müller *Südar. St.* S. 22, 23. Hamdānī weiß auch von Musnad-Steinen, die aus Nāʿiṭ und den قصور الجاهلية nach Raida und Ḫaiwān verschleppt waren (D. H. Müller a. a. O. S. 28 u. 31).

die wir hier nach einer neuen Aufnahme von Herrn Muḥammad Ṣalāḥ ed-Dīn en-Naggār wiedergeben können.

151.

Bu. Jemen 1907, 32; *an einem Hause des Stadtteils Maftūn* = C I 4 (nach Halévy und Glaser). Es liegt auch eine Kopie des Ḥaijīm Ḥabšūš vor, Nr. 73 in Glasers Sammlung.

Links abgebrochen, sonst vollständig.

1 והבאום | ובניהו | בנוו | .... בר

2 או | והשקרן | ביתהמו | י ....

Das auf der Photographie ganz deutliche י am Ende von Z. 2 fehlt in den Abschriften von Halévy und Glaser.

(1) *Wahb'aum und seine Söhne, ban[ū ...... haben er- (2)] baut und vollendet ihr Haus J......*

Über das Totschlägersymbol am Anfang der Inschrift vgl. Grohmann *Göttersymbole* S. 14b.

152—155.

Von den fünf Inschriftensteinen C I 5--8, die nebeneinander und untereinander eingemauert sind, besitzen wir eine Gesamtaufnahme von Burchardt: Jemen 1907 Nr. 33 mit dem Lemma: *an einer Mauer im Stadtteil Daoud* [so!]. Einzelne von ihnen liegen uns in Abschriften und Photographien von RW vor. Den Herausgebern des C I stand außer den Abschriften von Cruttenden, Arnaud, Halévy und Glaser auch eine photographische Aufnahme Glasers zur Verfügung, die im Tafelbande in Vergrößerung wiedergegeben ist.

Die genauesten Angaben über ihren Standort macht Glaser:

Nr. 5—9 in den Mauerresten einer alten Moschee nächst der Gubbet et Ṭalḥa (die alten Moscheen nennt man in Ṣanʿā Ğawāmiʿ el-mensījāt), auf der Südfront; die Inschriften zum Teil mit Kalk bedeckt; 5, 7 und 9 umgekehrt eingemauert.

Eine weitere Angabe lautet:

Nr. 5—9, 12 u. 13 [C I 11 u. 12] *befinden sich im alten Stadtviertel Dubulchane, das sich zwischen der großen Moschee, der Ṭalḥa Moschee und der Ǧāmiʿa Maʿād ausdehnt*[1]).

Die in diesen Angaben genannten Moscheen und Stadtviertel sind auf dem Stadtplan von Ṣanʿā in Renzo Manzonis Reisewerk *El Yèmen*, Roma 1884, sowie auf dem von Rathjens-v. Wissmann in der *Zeitschr. d. Ges. f. Erdkunde in Berlin* 1929 nach genauen Aufnahmen veröffentlichten Plan eingezeichnet.

152.

Zwei zusammengehörige Bruchstücke = C I 5.

Oben und unten vollständig.

1 .... | ונשאכרב | ותבעאל | ודדכרב | ובנהמו | ו]הבם | .. תאלב | רימם |
2 בעל | תר]עת | ומרבצן | ועתתר | דראש | ערן | דמדרם .....

Die Zusammengehörigkeit und richtige Zusammensetzung dieser zwei Stücke ist *ZDMG* XLIV S. 195 aufgezeigt worden.

(1) ..... *und Našaʾkarib und Tubbaʿʾīl und Dādīkarib und ihre Söhne, Wa[hb*^{m} ... *haben erbaut ihr Haus* ... *mit der Hilfe des Taʾlab Rijām*^{m}, (2) *Herrn von Tur]ʿat und von Marbaḏān, und des ʿAṯtar von Raʾs ʿIrrān ḏū Madar*^{m}.....

C I 286 (= Gl. 263) aus Ǧerʿān = Bait Sinān, 1 St. südlich von Ṣirwāḥ-Arḥab, lautet:

והכם | אטלם | ורבבם | יזאן | ובנהמו
| נשאכרב | ותבעאל | ודדכרב | בנ
ו | עצבם | בניו | מקברהמו | רבחם

Gl. B. 885 (angeblich aus Šwāba, Lage unbekannt) [= C.I 650]:

| ו . . . כ]רב | ובנהמו | נשאכרב | ותבעא]ל | ודדכרב | .....
בני]ו | והותרן | והשקרן | ביתהמו [| ....
אמראה]מו | שרחם | אימן | בן | המדן | ובני]הו ....

Daß in Gl. B. 885 der Name Dādīkarib zu ergänzen und die drei „Söhne" Našaʾkarib, Tubbaʿʾīl und Dādīkarib in diesen drei Inschriften dieselben Personen bezeichnen, ist nicht zu bezweifeln.

C I 286 erscheinen sie als „Söhne" von Wahb^{m} Aẕlam und Rabīb^{m} Jazʾan; Gl. B. 885 ist anscheinend noch ein dritter „Vater" dazugekommen, vielleicht Jaṯīʿkarib (s. die Anm. 1 auf der nächsten Seite).

---

[1]) [Diese beiden Angaben wurden mir vor langen Jahren von Glaser selbst mitgeteilt. Die erste findet sich auch im C I, aber Glasers Worte sind mißverständlich wiedergegeben. Das Dubulchane erscheint übrigens daselbst auf dem Croquis S. 5 als Doubou el-Khané. Das ist natürlich طبلخانه, wohl ein Andenken an die erste türkische Besetzung des Jemen im 16. und 17. Jhdt. JHM.]

Die Vermutung liegt nahe, daß Gl. B. 885 mit den drei „Vätern" (wohl Brüder) die älteste Inschrift ist; C I 286 wurde später gesetzt, nachdem inzwischen [Jaṯīʿ]karib das Zeitliche gesegnet hatte, und in unserer Inschrift erscheinen dann die drei „Söhne" als selbständige Bauherren und mit einem oder mehreren Söhnen.

In C I 286 ist die Rede von dem Grabmal, das die Väter und die drei Söhne erbaut haben. Wir dürfen annehmen, daß die Familie Ġaḍab m, der sie angehörten, am Fundorte ihren Wohnsitz hatte und dort auch die Profanbauten errichtet hat, zu denen unsere Inschrift und Gl. B. 885 gehören.

Die Ergänzung der Lücke zwischen der ersten und zweiten Zeile ergibt sich aus den Glaserschen Inschriften 1230—1233, die nach seiner Umschrift in hebräischen Lettern im C I unter den Nummern 339, 339 bis und 340 wiederholt sind (s. die Addenda zu Band I des Corpus, S. 450). In diesen werden die beiden Gottheiten Ta'lab Rijām, Herr von Turʿat und von Marbaḍān, und ʿAṯtar ד̄ראש | מדרם (C I 339) bezw. ד̄ער | מדרם (339 bis) genannt. Die Stifter von C I 340 sind banū Ġaḍab m (so, nicht Ġanam m ist Z. 2 zu ergänzen), wie oben Gl. B. 885. In dieser Inschrift wie auch in 339 bis rufen die Stifter als Gebieter, מרא, den Hamdāniden Šarḥ m Aiman an, denselben, dem wir Gl. B. 885 begegnet sind. Wir dürfen daraus schließen, daß C I 339—340 nicht nur aus der gleichen Zeit, sondern auch aus dem gleichen Fundorte bezw. Fundgebiete stammen wie C I 5, 286 und Gl. B. 885. Solange die Herkunft der Glaserschen Inschriften nicht bekannt gegeben wird, muß man sich weiterer Vermutungen enthalten[1]).

Soviel aber dürfte feststehen, daß auch die hier behandelte Inschrift ihren ursprünglichen Standort nicht in Ṣanʿā hatte, sondern dorthin verschleppt worden ist.

---

[1]) In Ġaimān kopierte Halévy ein kleines Bruchstück, Nr. 31 seiner Sammlung, das nur die Worte אש | ערן enthält, die offenbar zu עת̄תר | ד̄ר]אש | ערן |] ד̄מדרם zu ergänzen sind. Das gibt vielleicht einen Fingerzeig für die Herkunft der hier behandelten Inschriften; so schon *Sab. Denkm.* S. 3. Keinesfalls ist Hal. 31 eine zweite Abschrift von C I 5, wie die Herausgeber des C I meinen. Wie soll Halévy dazu gekommen sein, die unvollständige Kopie einer Inschrift von Ṣanʿā, die er vollständig abgeschrieben hatte, unter die Inschriften von Ġaimān zu versetzen? Daß die falsche Bronzetafel *ZDMG* XXIV S. 201 Taf. VI = Hal. 685 eine teilweise Kopie von unserer Inschrift ist, scheint bisher noch nicht bemerkt zu sein. Sie enthält nur die Worte אל | ודדכרב | ובנהמו | ו = Hal. 2 Z. 1. Die falsche Bronze ebenda Tafel VII = Hal. 684 ist ebenfalls Kopie einer echten Inschrift, aber die Vorlage entgeht uns. Man erkennt nur die ersten Worte: יה̄עכרב | ודדכ[רב] | ובנהמו. Sie gehört vielleicht zu dem Kreis der hier besprochenen Inschriften, in dem allein bisher der Name דדכרב vorkommt. Vgl. zu diesen Falsifikaten die Vorbemerkungen zu MM 175.

153.

RW 1. In einer Mauer in der Nähe der Mesğid el kebīr, rötlicher Kalkstein. — Bu. Jemen 1907 Nr. 33 (s. oben S. 189) = C I 6.

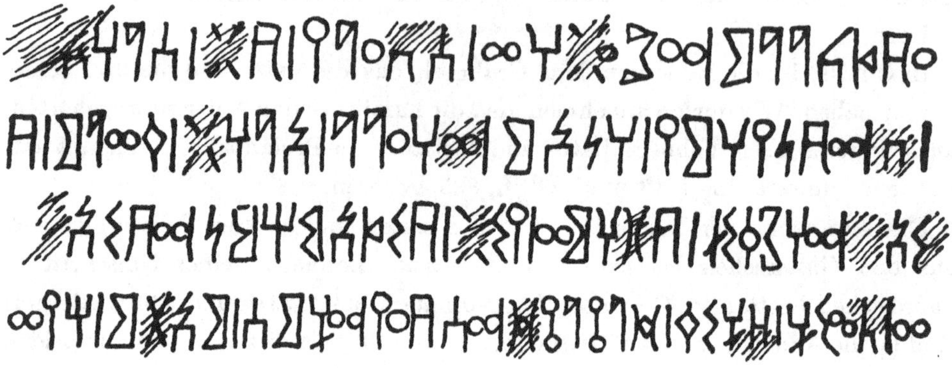

RW

1 עבדכללם | ושעתהו | אבעלי | בת | אלה[ן | . .
2 ב . | ובניהמי | הנאם | והעלל | אלהת | פולם | ב
3 ראו | והשקרן | בתהמו | ירם | בררא | רחמנן | וברא
4 ו | בורח | דחרף | דלתלתת | ושבעי | וחמש | מאתם | חיו

(1) *'Abdkulāl^{m} und seine Gattin, 'Abī'alī, Tochter des Alhā[n von ..* (2) *b., und beider Söhne, Hāni'^{m} und Ha'lal, die von Q-w-l-m, haben* (3) *erbaut und vollendet ihr Haus Jarīś mit Hilfe des Barmherzigen, und sie haben (es) erbaut* (4) *im Monat ḏū Ḫarīf (des Jahres) Fünfhundertunddreiundsiebenzig. Lebet wohl!*

(Z. 1.) Bei dem Namen עבדכללם haben schon Rödiger, der erste Erklärer unserer Inschrift, und v. Kremer an den Namen عبد كلال erinnert, den nach der arabischen Tradition zwei Herrscher der späteren Tubba'-Dynastie geführt haben, عبد كلال ابن ذى الاعواد und عبد كلال ابن مثوّب. 'Abdkulāl b. Muṯawwib bekannte sich heimlich zum Christentum, und seine Söhne wechselten mit dem Propheten Briefe und Gesandtschaften (vgl. Wellhausen *Skizzen und Vorarbeiten* IV S. 191 [= Ibn Saad *Biographien Muhammeds usw.* I 2 S. 84] und M. Hartmann *Ar. Fr.* S. 486, 492). Nachdem der Beginn der einheimischen Ära und damit das Datum unserer Inschrift — 458 n. Chr. — festgestellt und רחמנן als الرحمن erkannt war, ergab sich von selbst, daß zwischen dem 'Abdkulāl der literarischen Quellen und dem 'Abdkulāl der Inschrift ein näherer Zusammenhang bestanden haben muß, wie dies M. Hartmann a. a. O. zuerst ausgesprochen hat. Wenn es zwei 'Abdkulāl gegeben hat, käme nur der ältere, der Sohn des ḏu l-A'wād, für die Identifikation mit dem inschriftlichen 'Abdkulāl in Betracht, und 'Abdkulāl II könnte dann etwa sein Enkel gewesen sein, der sich zu demselben Glauben wie seine Vorfahren bekannt hätte.

Im Anschluß an Hartmann hat dann Griffini in seinem Aufsatze über die Qaṣīda des Qudam b. Qādim (*Rivista St. Or.* Vol. VII 1, S. 293—363) es höchst wahrscheinlich gemacht, daß der ʿAbdkulāl der arabischen Überlieferung identisch ist mit dem angeblichen Verfasser dieses Gedichtes[1]).

Der Name ʿAbdkulāl wird als speziell südarabisch bezeichnet (Goldziher *Moh. St.* I S. 200f.). Die Bedeutung des zweiten Teiles des Compositums ist nicht klar.

שעת eigentlich „Gefährtin" (Halévy: *compagne*) = شاعة, ἅπ. λεγ.; das gewöhnliche Wort für Ehefrau ist אנתת bezw. אתת.

In der Lücke zwischen אלה Z. 1 und ובניהמי | Z. 2 kann nur der Schluß des Namens des Vaters der Abīʿalī und ein mit ד beginnender Familienname gestanden haben. Der Raum reicht nur für sieben Zeichen. Für | אלה|תבע mit Zusatz ...ד (*ZDMG* XXXIX S. 236) genügt das nicht, noch weniger für | מלכן | אדם | אלה|ן, wie die Herausgeber des C I ergänzen, ganz abgesehen davon, daß מלכן | אדם gar nicht am Platze ist. Aber | אלה]ן] dürfte richtig sein, obwohl dieses sonst als Personenname aus denInschriften nicht zu belegen ist.

(Z. 2.) Statt קולם, wie man bisher las, führt die Phot. Bu. und die Abschrift RW eher auf פולם, das aber sonst als EN nicht vorkommt. Dagegen dürfte *Sab. Denkm.* 17_3 [= C I 645_3] קול]ם] zu lesen und sicher Eigenname sein. Die Stellen Miles V_3 und Hal. 85 (= Gl. 1436 = C I 576), an denen man den EN קיל gefunden zu haben glaubte, sind zu streichen; beide Male ist קיל appellativ zu fassen: *der Qail.*

(Z. 3.) Der Name des Hauses, das ʿAbdkulāl und seine Angehörigen erbaut haben, wurde bisher ירת, Jarūt, gelesen. Das dritte Zeichen ist teilweise zerstört, und ist nach der Abschrift von RW vielmehr ein ם, also ירם. Über diesen Ortsnamen s. oben zu MM 99.

(Z. 4.) Über die ḥimjarische Ära und ihren vermutlichen Beginn im Jahre 115 v. Chr. siehe zu MM 150, über דל = ذو ل, womit das Jahresdatum an die Monatsbezeichnung angeschlossen wird (ar. لِسَنَة), Praetorius *ZDMG* LIII S. 11 und Rhodokanakis in den *Göttinger Gel. Anz.* 1914 S. 29.

In dem Schlußworte חין sah Fresnel *Recherches sur les inscriptions himyariques*, Paris 1845, S. 47 den Imperativ حيّوا *valeatis!* Halévy *Et. Sab.* S. 205 faßte es als Eigennamen des Baumeisters auf. Ihm haben sich die Herausgeber des C I

[1]) S. oben S. 28 Anm. 1. — Weder Qudam noch Qādim noch Qidām sind inschriftlich als Eigennamen belegt, wohl aber erscheint die Wurzel in den zusammengesetzten Personennamen אלקדם und יקדמאל. Qadumān ist der Name eines Heiligtums des Taʾlab. Die von Griffini a. a. O. S. 327 vergeblich gesuchte Stelle des Nešwān, an der diese Ortschaft erwähnt und die Lesung قَدْمان vorgeschrieben wird, findet sich tatsächlich nicht im großen *Šams*, sondern in der gekürzten Ausgabe, [aus der ich sie s. Z. nach der Handschrift des India Office in den *Sab. Denkm.* mitgeteilt habe. JHM.].

angeschlossen. Hiergegen spricht vor allem, daß der EN חין im Sabäischen durchweg mit der Mimation geschrieben wird. Wir sind daher zur Fresnelschen Auffassung zurückgekehrt. Der Zuruf: *lebet wohl* erinnert an ähnliche Formeln der griechischen Epigraphik (εὐτυχεῖτε, χαίρετε). Das חין unserer Inschrift ergibt den Ursprung des Wortes تحيّة, der den arabischen Lexikographen entgangen ist. Sie kennen nur die *taḥīja* der Könige von Ḥimjar, die angeblich أَبَيْتَ اللعن وانعم صباحا lautete, und bemerken, daß der Prophet für die Bekenner seiner Lehre den nordarabischen Salām — vgl. das nabatäische שלם — eingeführt habe[1]). Das חין unserer Inschrift entspricht dem والسلام am Ende islamischer Schriftstücke. Es ist nicht ausgeschlossen, daß חין am Schluß von einigen liḥjānischen Graffiti (Jaussen-Savignac Nr. 190, 278, 290, 332, 337), wo man es als EN aufzufassen pflegt, ebenfalls appellativ zu verstehen ist als Gruß an die Leser, wie auch wohl והנית ebenda Nr. 312 = وهَنِئْتَ.

154.

Bu. Jemen 1907 Nr. 33 (s. oben S. 189) = CI 7 (Zeichnung Cruttenden, Photographie und Zeichnung Glasers).

Der Stein ist so eingemauert, daß die Schrift auf dem Kopfe steht. Durch Glasers Angabe, daß der Stein *recte stetit*, verleitet, haben die Herausgeber des CI die Glasersche Zeichnung in verkehrter Stellung abgebildet und die Deutung der Monogramme verfehlt. Cruttenden hat, obwohl er von ḥimjarischer Schrift nicht viel verstand, doch das Richtige gesehen und seine Zeichnung demgemäß wiedergegeben.

Das Monogramm rechts enthält den Namen שׁחִימם derart, daß die gegeneinander gestellten beiden ם die Basis bilden, auf der חִ und י stehen, das י mit dem linken obern Vertikalstrich des חִ verbunden. Das שׁ wird durch den unteren Vertikalstrich des חִ gebildet, die beiden ם sind rechts und links an die beiden unteren Vertikalstriche des שׁ angehängt.

Das zweite Monogramm ergibt מרתֹדם. In der Inschrift Derenbourg *Bibl. Nat.* 3 = *ZDMG* XXX S. 293 Nr. 14 ist derselbe Name in einem Monogramm dargestellt, aber das Monogramm ist etwas anders angeordnet.

155.

RW 2 (gleicher Standort wie 154); Bu. Jemen 1907 Nr. 33 (s. oben S. 189) = CI 8 (nach Halévy und Glaser).

---

[1]) Die Angaben der Lexika gehen wohl alle auf b. Qutaiba, *k. al-ma'ārif* S. 14 und 315 zurück. Sie sind zuerst gesammelt von Pocock *Specimen*, ed. White S. 56f., vgl. auch noch *Lisān* XVIII 236f. und Lane s. v.

1 ע]מכרב | אשוע | ובנהו | אובכרב . . . . | במק
2 ם | אלהמו | קינן | אלה | ח̇שאם . . . . [וב | רדא | מראהמו | . . .
3 עם | בן | ש̇ח̇ימם | ורת̇דו | מוקברהמו | עת̄תר | ש̇רקן | . . . . .

Links abgebrochen, sonst vollständig; von einer vierten Zeile, die Halévy als unleserlich *(méconnaissable)* bezeichnet, ist auf den Photographien keine Spur zu erkennen.

(1) *[ʿA]mmīkarib Ašwaʿ und sein Sohn A[būkarib(?) .... [haben gebaut ... mit der* (2) *Ma]cht ihres Gottes Qainān, des Gottes von Ḫasaʾm, ... [und mit der Hilfe ihres Gebieters] ...* (3) *ʿm b. Suḥaimm, und sie stellten ihr M[ausoleum] in den Schutz [des ʿAṯtar Šāriqān ....].*

Die Ergänzung und Deutung dieser Inschrift im C I als Votivinschrift ist abzulehnen, es ist vielmehr die Inschrift einer Grabanlage und Duplikat zu C I 20, wo als Erbauer der Grabanlage ʿAmmīkarib Ašwaʿ und seine Söhne Abūkarib und Īlkarib erscheinen. Sie dürften identisch sein mit den in unserer Inschrift Z. 1 genannten Personen. Danach ist C I 20 Z. 3f. אגרם | יגער | בן] | ש̇ח̇ימ]ם zu ergänzen.

(Z. 1.) Der letzte erhaltene Buchstabe ist noch als א zu erkennen.

(Z. 2.) אלהמו steht auf dem Stein. Das ist nicht אל mit Suffix, sondern abgekürzte Schreibung für אלההמו, wie in den Inschriften aus al-Ġirās. Ebenso wird gelegentlich וקהו, וקהמו für וקההו, וקההמו geschrieben.

(Z. 3.) M. Hartmann *Ar. Fr.* S. 300 glaubte auf der Burchardtschen Photographie zu Anfang der Zeile *deutlich* דם *d. i.* אדם *zu erkennen, das übrigens nach dem Stile dieser Denkmäler zu konjizieren nahe lag.* Etwas Verfehlteres zu konjizieren ist kaum möglich. Hartmann hat eine zufällige Verletzung des Steines für einen Vertikalstrich und das ע für das Dreieck des sabäischen Zeichens für ד angesehen. Die Abschriften und Photographien geben עם. Darin steckt das Ende des Namens des b. Suḥaim. Man kann ihn zu הופעם (s. zu MM 33), יפעם, יתעם, פרעם oder sonstwie ergänzen.

Der Stein dürfte aus al-Ġirās verschleppt sein, s. die Bemerkungen zu MM 7.

156.

Bu. Jemen 1907 Nr. 285. *An der Mauer der Mesǧid Maʿāt* [مسجد معاذ] = C I 17.

Der Stein ist über 3,50 m über dem Erdboden verkehrt eingemauert (Halévy: *quatre lignes très-frustes. Pierre transposée et renversée;* Glaser: *auf der Djāmʿa Maʿād umgekehrt eingemauert und verdorben).*

Den Herausgebern des C I lagen außer einer Photographie Glasers noch dessen Abschrift und die älteren Abschriften von Cruttenden und Halévy vor. Von den

Abschriften ist die Glasersche weitaus die beste. Die beiden Photographien sind eigentlich nur mit Hilfe der Abschriften und auch dann nur teilweise zu entziffern, und es ist daher nicht zu billigen, daß im C I die Varianten der Abschriften nicht verzeichnet sind.

Zu den drei Abschriften von Cruttenden, Halévy und Glaser ist noch eine vierte hinzugekommen, die im II. Jhg. des Almanach *(sālnāme)* des Wilājet Ṣanʿā auf das J. 1304 H. (beg. 30. IX. 1886) auf der vierten Tafel vor S. ٧٣ in Lithographie wiedergegeben ist. Sie ist den Bearbeitern des C I entgangen, wenigstens nicht in den Addenda berücksichtigt. Da die *sālnāme* von Jemen zu den bibliographischen Seltenheiten gehören und diese vierte Abschrift zur Ergänzung des kritischen Apparates dient, lassen wir sie in genauer Wiedergabe der Originaltafel folgen. Als Standort wird angegeben: Stein in der Mauer der Mesǵid al-Qāsimī.[1])

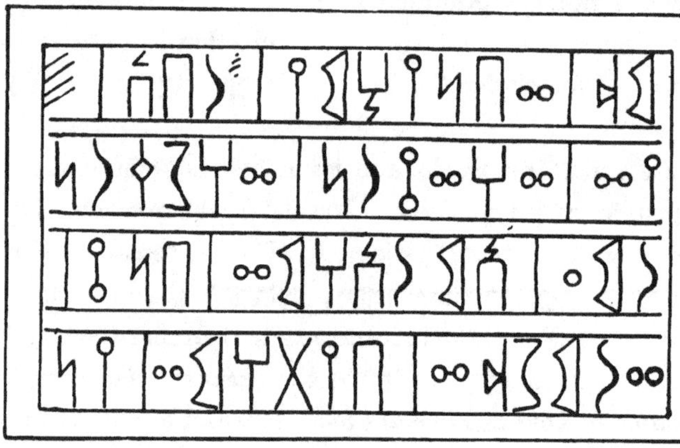

r. und l. abgebrochen.

1 .... מד | ובניהמי | רבאל [| ......
2 ... בנ]יו | והות̄רן | והשקרן .....
3 ..... ב]רבע | אמראהמו | בני | [שח̇ימם
4 ..... [| ורת̄דו | ביתהמו | יפ]ען ...

---

[1]) Außer dieser Inschrift enthält das Sālnāme noch: C I 1, 3 und 10. Die Abschriften sind verhältnismäßig gut. Die Abschriften von C I 1 und 3 sind entbehrlich, da sie in mechanischen Reproduktionen vorliegen. Die Bronzetafel C I 3 sah Glaser bei einem Griechen in Ṣanʿā, Ende 1888 tauchte sie in Stambul auf, wo sie zum Kauf angeboten wurde. Sie scheint seitdem verschollen zu sein. C I 10 kopierte Halévy über dem Stadttor Bāb Ṣabāḥ, Glaser über der Pforte des Konaks des Wālī in Bīr ʿAzab. Im J. 1880 wurde der Stein zum Kauf angeboten, ist aber an Ort und Stelle geblieben. Wenigstens gibt die Abschrift im Sālnāme als Standort i. J. 1886/7 noch immer den Konak des Wālī an.

(1) *[. . . . und Juhaḥ]mid und beider Söhne Rabb'il [und . . .* (2) *haben er]baut und fundamentiert und vollendet [ihr Haus Jaf'ān. . . .* (3) *. . . . mit] der Hilfe(?) ihrer Gebieter, der banū [Suḫaim^m] . . . .* (4) *. . . . und sie stellten ihr Haus Jaf['ān] unter den Schutz . . . . . .*

(Z. 1.) Im C I wird das zweite Zeichen auf Grund der Glaserschen Photographie als ו gelesen und das verstümmelte Wort zu אחיה[מי ergänzt. Aber auf der Reproduktion der Photographie und auf der Burchardtschen Photographie ist nur ein Vertikalstrich zu erkennen, gerade so wie in den Kopien von Cruttenden, Halévy und Glaser. Die Variante מד der Sālnāme-Kopie ergibt das Ende eines Eigennamens, z. B. יהח[מד und verdient aus folgendem Grunde den Vorzug.

Wenn, wie im C I angenommen wird, zu Anfang X und Y und beider Brüder genannt wären, würde man בניהמו *ihre Söhne* (mit Plural-, nicht mit Dual-Suffix) erwarten, wie es beispielsweise C I 77 heißt:

תורם | ואשידם | ואחיהמי | ובנהמו | בנו | ארפט |

Ṯaur^m und Usaid^m und beider Brüder und ihr Sohn, banū Arfaṭ

(Z. 2.) Zu Anfang geben die Abschriften Glasers und des Sālnāme und die Burchardtsche Photographie ין, Halévy ן, bei Cruttenden fehlt die ganze Zeile. Jedenfalls ist בנ[ין zu ergänzen.

(Z. 3.) Die ersten Zeichen lasen Cruttenden רע, Halévy מע (das ע zweifelhaft), Glaser רבע, Sālnāme רמע. Auf unserer Photographie ist nur רבע zu erkennen. Die Herausgeber des C I entnahmen der Glaserschen Photographie die Lesung רצׄן.

Nach Analogie der sonstigen Bauinschriften erwartet man an dieser Stelle die übliche Angabe, daß der Bau ausgeführt ist *mit Hilfe ihrer Gebieter*, בראדא | אמראהמו. Aber ראדא steht gewiß nicht da, und mit רבע oder רמע ist nichts anzufangen. רצׄן, wie das C I gegen die drei Abschriften und die Burchardtsche Photographie liest, ist in dieser Wendung im Sabäischen ungewöhnlich. So lange wir von dem Steine keine brauchbaren Abschriften und mechanischen Reproduktionen (Abklatsch, Photographie) haben oder Paralleltexte uns nicht zu Hilfe kommen, müssen wir uns mit einem *non liquet* bescheiden[1]).

---

[1]) ב[רצׄו | אמראהמו wäre nur durch eine einzige und dazu recht späte und in der Lesung unsichere Parallelstelle zu stützen, C I 537 Z. 7: (sie errichteten den Bau) ברצׄ[ו | רחמנן. Auch könnte man noch C I 357 = MM 164 Z. 21 ff. heranziehen, wo רצׄן nur auf die Gottheit bezogen werden kann. Keinesfalls aber ist es angängig, mit den Herausgebern des C I in diesen Worten die den Votivinschriften geläufige Bitte um Gewährung der Gunst der Gebieter zu suchen. So etwas kommt in den Bauinschriften nicht vor.

Die Ergänzung des Namens der Gebieter am Ende der Zeile macht natürlich keinen Anspruch auf Sicherheit. Sie beruht auf der Vermutung, daß dieser Stein wie so manche andere aus al-Ġirās verschleppt ist, vgl. auch noch zu Z. 4.

(Z. 4.) ורת̄דן lasen Cruttenden und Halévy, allerdings hat Cruttenden nur den unteren Teil des ת̄ und Halévy bezeichnet den Buchstaben als zweifelhaft. Glaser hat dafür ein שׁ, das Sālnāme משׁ (d. i. Doppelschreibung des שׁ), und auch auf der Burchardtschen Photographie sieht das Zeichen fast wie ein שׁ aus. Auf der Glaserschen Photographie ist nichts zu erkennen. Trotzdem wird es wohl bei רת̄דן bleiben müssen.

Das verstümmelte Wort am Schluß der Zeile las Cruttenden יר (das ר nur schwach angedeutet), Halévy י, Glaser יפ, das C I nach der Glaserschen Photographie יר, das Sālnāme ינ. Die Burchardtsche Photographie hat eher יפ als יר. Wenn, wie oben Seite 30 vermutet, unsere Inschrift ein Duplikat zu MM 9 ist, wäre יפ]ען zu ergänzen.

157.

RW 3. An einem Brunnen nahe der *Ǧāmiʿ al Ǧemaʿ*; gelber Kalkstein. Wir reproduzieren eine Photographie, die H. Schlobies uns zur Verfügung gestellt hat. Der Stein ist neuerdings nach Djibuti gelangt. Sein weiterer Verbleib entgeht uns.

.... | בי]תהמו | בקלם | במק]ם | 1

וב | רדא | אמראהמ]ו | נמרם | יפד | ובנ]יהו | 2

...... | ורת̄דו | בי]תהמו | בקלם | עת̄ת]ור | שרק]ן | ו 3

.... | בעת̄]תר | ונשׂרם | ובו]דם 4

Rechts und links abgebrochen; rechts fehlt ein größeres Stück, etwa zwei Drittel des ganzen Steines.

(1) *[....... haben erbaut] ihr [Hau]s Bāqil*ᵐ *mit der Mach[t* .... (2) *und mit der Hilfe ihrer Gebieter] Nimr*ᵐ *Jafid und [seines] Sohnes* ...... (3) *[...... und sie stellten] ihr [Hau]s Bāqil*ᵐ *in den Schutz des ʿAṯta[r Šāriqān* .... (4) *Mit ʿAṯ]tar und Nasr*ᵐ *und mit Wa[dd*ᵐ*]!*

Der Stein ist sicher aus Ḥuqqa verschleppt, s. oben zu MM 129.

158.

Bu. Ṣanʿā 1909 Jemen II 222 = CI 577 (Burchardt 12) + CI 586 (Burchardt 17). — Bustrophedon.

Burchardt 12 ist nach M. Hartmanns Angabe von Burchardt in Ṣanʿā photographiert worden, nach der Beischrift zur Photographie dagegen in al-Ġirās. Burchardt 17 fehlt in der hiesigen Sammlung seiner photographischen Aufnahmen. Ein Abzug der Photographie gelangte durch M. Hartmann an die Herausgeber des CI mit der Angabe, daß ein Qabyle *(Arabs nomas)* den in zwei Stücke zerschlagenen Stein Burchardt gebracht habe.

Sowohl M. Hartmann wie die Herausgeber des CI haben die Zusammengehörigkeit der beiden Steine verkannt infolge der völlig abwegigen Ergänzung der ersten Zeile von CI 577 durch M. Hartmann.

Rechter Teil = CI 577

Linker Teil = C I 586

C I 586: C I 577:

1 ← . . . | בנו [| ||||| נצ̇רן | החדת̄ו | ה ||||||| : ||||||||||||| קנית | אבהמו | מ

2 . . . | לאע]די | בו | סימחתד̄ | בו | הק : מלא | בו | רתת̄עב | סמקה →

Die Inschrift ist links, oben und unten vollständig, rechts fehlt viel mehr als die Herausgeber annehmen. In dem Zwischenraum, der Z. 1 das Wort הקנית in zwei Teile trennt, stand keine Schrift, sondern eine profilierte Skulptur, eine ebensolche wahrscheinlich auch noch vor dem Worte נצ̇רן, ähnlich wie auf dem sogenannten Altar von Abjan C I 439 und dem Altar aus Kamna *Sab. Denkm.* Nr. 23.

(1) *[. . . . . . banū] Naḍrān, haben erneuert das Weihgeschenk ihres Vaters Mu-* (2) *haqīm*^{m} *mit ʿAṯtar und mit Almaqah und mit der Ḏāt Ḥimaj*^{m} *und mit Jadī[ʿʾil] . . . . .*

Wir besitzen bereits zwei Texte ähnlichen Inhalts:

1. O M. Nr. 13 des *Cat. sommaire* = *ZDMG* XXXIII S. 494 Nr. 10 [= C I 677] (links vollständig; nach Abklatsch):

← . . . . | ובניה]ו | בנו | שׁפקם |

→ . . . . .תין נקה | ות̄רחה

[. . . . . und sei]ne [Söhne] banū Šafīq^{m}*, haben erneuert das Weih[geschenk . . . . .].*

Der Zufall hat uns vielleicht das erneuerte Weihgeschenk oder eines der erneuerten Weihgeschenke erhalten in dem merkwürdigen Bildwerk, das zu gleicher Zeit wie OM 13 auftauchte und in den Louvre gelangte, C I 467 mit der Inschrift:

← חמעת̄ת | בן | שׁפקם

→ סדו ינקה

Der Schriftcharakter ist der gleiche wie von OM 13, beide Inschriften sind bustrophedon, und der Name שפקם kommt sonst nicht vor.

2. C I 433:

נשאכרב | יהאמן | מלך | שבא
בן | דמרעלי | דרח | החדת | ו
הגבאן | אצלם | והקני | עתתר | דדבן

Naša'karib Juha'min, König von Saba, Sohn des Ḏamar'alī Ḏirrīḥ, hat erneuert und wiederhergestellt die Statuen und Weihgeschenke des 'Aṯtar von Ḏībān.

Im Einzelnen ist zu unserer Inschrift Folgendes zu bemerken:

(Z. 1.) Der EN נצרן auch qatabānisch SE 80 (bei Rhodokanakis *Timna* S. 15f.) Z. 20: מעדאל | דני. — Dem Namen מהקמם und vielleicht der gleichen Person begegnen wir C I 578. Im Palmyrenischen und in den griechischen Inschriften von Syrien erscheint er sehr häufig in der Form מקימו, Mocimus Μοκεῖμος. Aus dem Sabäischen ist er sonst nicht zu belegen, wohl aber gibt es andere Namen, die mit הקם = اقام gebildet sind; s. zu MM 130.

(Z. 2.) Die Anrufung zum Schlusse ist offensichtlich die gleiche wie in den sogenannten Katīl-Inschriften, wie schon M. Hartmann erkannt hat, der ידעאל | וב | כתלם ergänzte. Entsprechend dem, was am Anfange der ersten Zeile verloren gegangen ist, muß mehr fehlen. Nach dem ersten Namen ידעאל ist mindestens noch וב | יתעאמר |, wahrscheinlich aber außerdem noch וב | ידעאב zu ergänzen.

Zweifellos stammen Burchardt 12 und 17 aus Kharibet Sé'oud, wo die übrigen sogenannten Katīl-Inschriften von Halévy entdeckt worden sind. Seit Halévys Reise sind die dortigen Ruinen von den einheimischen Antiquitätenjägern für den Export fleißig ausgebeutet worden. Charakteristisch für diese Inschriften sind graphisch die Bustrophedon-Schrift und inhaltlich der Kult der Ḏāt Ḥimaj^{m} und die Personendedikationen.

159.

Bu. Jemen 1907 Nr. 57 *an einem Hause im Suk el bagger* [سوق البقر] = C I 353bis (Burchardt 11; nach einem von M. Hartmann mitgeteilten Abzuge der Burchardtschen Photographie).

Der Stein ist arg zugerichtet. Die obere Kante ist größtenteils abgeschlagen und von der Schrift in Z. 1 u. 2 nur ein kümmerlicher Rest übrig geblieben. Ebenso hat von Z. 7 ab die Oberfläche des Steines stark gelitten, so daß von der Schrift nur wenig zu erkennen ist. Die Seitenkanten sind von Z. 3 an abgestoßen mit einem Verlust von 4—5 Zeichen zwischen den einzelnen Zeilen. Unten scheint der Stein vollständig zu sein. Der Raum reicht noch für eine Zeile, aber von der Schrift sind kaum Spuren zu erkennen.

1 שׂעדאום ....
2 תׂק ....]| הקניו |
3 שׂ]ימהמו | תאלב | רימם | [בעל
4 |] חדתׂנן | דׂוערן | צלמן | ..
5 .. | חמדו | מקם | תאלב[ו]כדׂת |
6 ה]ופיהמו | בכל | אמלא [| שׂתמ
7 לא]ו | בעמ[הו | ולדׂ]ת | י[זאן |
8 תא]לב | שׂעדהמו [| אולדם
9 | הנאם | [ול |] שׂע[דהמו | נעמתם
10 |ו] ופים | ? . . . [| ול | חׂרינה]מו |
11 |] בן | באשׂתם [| ונכיתם |

Bu.

(1) *Sa'd'aum* .... (2) *ṯ-q* .... *[haben dargebracht]* (3) *ihrem [Sch]utzpatron Ta'lab Rijām*[m], *[dem Herrn]* (4) *von Ḥ-d-ṯ-n-n ḏū Wa'rān die Statue* ... (5) *sie priesen die Macht des Ta'lab, [weil er]* (6) *sie erhalten durch alle Weisungen, die sie* (7) *von [ihm erbeten, und auf da]ß fo[rtfahre* (8) *Ta']lab sie zu beglücken [mit Kindern,]* (9) *gesunden, [und daß er sie beg]lücke [mit Wonne* (10) *und] Wohlsein, ... [und auf daß er] sie [behüte]* (11) *vor Schaden [und Nachstellung ......]*

(Z. 2) lasen die Herausgeber des C I: תׂקׂ | בני | ק[רי]שׂ. Hiervon sind nur die ersten beiden Zeichen sicher, alles übrige ist zweifelhaft, namentlich der Name קריש.

(Z. 3f.) Der Ta'lab, Herr von חדת̄נן, kommt sonst nur noch C I 352 u. 353 vor. Der Zusatz ד̄וערן ist neu, er gehört als Apposition zu חדת̄נן, nicht zu תאלב | רימם. In חדת̄נן sehen die Herausgeber des C I zu 352 Z. 3f. einen Ortsnamen, in dem zweiten Nūn den sabäischen Artikel. Sie hätten sich für diese Erklärung auf Hal. 374 (= 401) Z. 2 (ית̄עכרב | ד̄חדת̄ |) und Hal. 481 Z. 2, wo der .... עת̄תר | בעל | חדת̄ angerufen wird, stützen können, aber beide Texte gehören dem minäischen Gebiete an. Man vergleiche auch noch בעלת̄ | חדת̄ ... MM 171 A Z. 3.

Der Ausdruck בעל | חדת̄נן | ד̄וערן erinnert an Hal. 174 = C I 399 Z. 1: ית̄עכרב | כבר אקינם | בכלן | ד̄נשק und ebenda Z. 4: ..... | אלמקה | בא[מר | בעל | בכלנן. Man hat in בכלנן Z. 4 den *pluralis sanus* von בכלן Z. 1 sehen wollen und beides als Ableitung von בכלם, Bakīlī, bezw. Bakīlījūn, gedeutet[1]). Doch dürfte בכלנן vielmehr die determinierte Form von בכלן sein und appellative Bedeutung haben. Dasselbe möchten wir für חדת̄נן annehmen. Für die Auffassung als Appellativ spricht die Bezeichnung des Almaqah als בעל | אועל | צרוח, womit בעל | אועלן wechselt (C I 397, 398 und Gl. 1572 bei Grohmann *Göttersymbole)*. Allerdings sind wir noch nicht im Stande, die Bedeutung von אועלן, בכלנן und חדת̄נן mit Sicherheit festzustellen[2]).

Die Lesung von Z. 9 und die Ergänzung der Lücken in Z. 8—10 sind unsicher.

(Z. 11.) Die Herausgeber des C I lassen die Inschrift mit בן | באשתם schließen. Nach den Parallelstellen folgte noch ונכיתם und in der völlig zerstörten 12. Zeile die Anrufung der Gottheit.

160.

RW 157. Verschleppter, d. h. von früheren Reisenden wegen Transportschwierigkeiten stehen gelassener Stein im Hofe eines dem Imām gehörigen Hauses in Bīr eš Šems in Ṣanʿā; 0.20 × 0.45.

---

[1]) D. H. Müller *Burgen* II S. 53, J. et H. Derenbourg *Études* I S. 19 und Glaser *Altjem. Nachr.* S. 41. Dagegen: Hartmann *Ar. Fr.* S. 357 und Rhodokanakis *St.* II S. 129. Vom äußeren Plural ist im Sabäischen bisher nur e i n Beispiel sicher: בנן = بنين C I 544 Z. 3. מון, das D. H. Müller noch daneben anführte (*Zur vergl. Semitischen Sprachforschung*, SA aus Bd. II_1 der *Travaux* des Leidener Orientalistenkongresses, 1884, S. 10), ist vielmehr Singular = الماء *das Wasser*.

[2]) Den appellativen Wert von בכלן, das er mit *Vogtei* übersetzt, hat zuerst Rhodokanakis a. a. O. erkannt, dagegen faßt er das בכלנהן des qatabānischen Textes SE 80 (*Timna* S. 14) als Stammesnamen *die beiden B-k-l*. Vgl. ד̄עהרנהן C I 37 Z. 8 neben עהרו | פישן *die Vornehmen des Stammes Faišān* Hal. 51_3 (Rhodokanakis *Grundsatz* S. 19); בעל | אועל | צרוח bedeutet nach Grohmann a. a. O. S. 63 *Herr der Steinböcke von Ṣirwāḥ*. — Vielleicht ist besser an eine Bedeutung zu denken, die dem äthiopischen ወዓል: *satelles, miles* entspricht.

1 .... [| ובנהמו | בנו | נעמ]ן | ......

2 .... | ד̄מליחם | בראו | והשקרן | בת

3 ..... ת | והבהמו | אמראהמו | בנו | שׂ

4 .. ר]דא | אמראהמו | וברדא | תאלב

5 . ו]ב | שמשׂהמו | ומצׂחהמו | ורת̄דו | בי

6 .... תאלב | בן | נכי]ם | ומ]הבאשׂם

Nach der Zeichnung links und oben vollständig, auch unten scheint nichts zu fehlen, höchstens eine Zeile. Der Umfang der verloren gegangenen Hälfte läßt sich nur annähernd durch die einigermaßen sichere Ergänzung von Z. 6 auf etwa 25 Zeichen schätzen.

(1) .... *und ihr Sohn, banū Na'mā[n],* (2) .... *ḏū Mulaiḥ*^{m} *haben erbaut und vollendet [ihr] Haus* (3) *[und die ....], die ihnen gegeben haben ihre Gebieter, die banū S*(4)*[uḫaim*^{m}, ... *mit der Hil]fe ihrer Gebieter und mit der Hilfe des Ta'lab* .... (5) *[.... und] mit ihrer Sonnengottheit und ihrem Manḍaḥ; und sie stellten [ihr] Hau[s]* .... *in den Schutz* (6) *[des 'Aṯtar Šāriqān und] des Ta'lab vor Schädig[er und Bö]sewicht.*

Der Stein ist wahrscheinlich aus al-Ġirāš verschleppt, wo die Sippe ד̄מליחם ihren Sitz hatte, s. oben MM 26.

(Z. 2.) Vor ד̄מליחם ist vielleicht אדם | בן zu ergänzen.

(Z. 3.) Die Parallelstellen sind Hal. 49 = Gl. 890 = C I 376 (bearbeitet von Rhodokanakis *Grundsatz* S. 6ff.) Z. 7ff. | אלמקה | והב | וד̄ודת | ועברת | ארץ̇ | ויהפרע | אבעלי *Boden, Ländereien und Herden(?), welche Almaqah der Abī'alī und dem Juhafri' gegeben* (Rhod.) und C I 37 Z. 6: | אבההו | והבו | במוהבת

"ואעממהו" *mit den Gaben, die seine Väter und Oheime gaben*, ebenso Z. 7f. מוהבת -- והבהו. Welches Substantiv vor והבהמו zu ergänzen ist, läßt sich nicht sagen. Rhodokanakis a. a. O. weist darauf hin, daß והב an den angeführten Stellen die Bedeutung *belehnen* hat.

161.

Bu. Jemen 1907 Nr. 288.

Der Stein ist links abgebrochen, sonst vollständig, die rechte Kante abgestoßen. Die erste Zeile ist anscheinend schon in alter Zeit getilgt worden, um einer andern Platz zu machen, ähnlich wie in der Grabinschrift Berlin VA 7814.

1 ...... | א]שׁוע | ואלוהב | וב]ניהמו | ....

2 החד]ת̄ו | כל | נכל | קדם | ד̄קן | מ]קברהמו ...... ורת̄דו |

3 מ]קברהמו | צנע | עת̄תר | שׁרקן | ....

(1) *[.....A]šwaʿ und Īlwahab und [ihre] S[öhne.....haben .... und* (2) *erneu] ert alles n-k-l des q-d-m des ḏ-q-n [ihrer] Gr[abanlage ..... und stellten]* (3) *ihre Grabanlage Ṣ-n-ʿ [unter den Schutz] des ʿAṯtar Šāriqān.....*

Neben den Inschriften von Einzelgräbern sind eine Reihe von Inschriften von größeren Grabanlagen erhalten, die für die Angehörigen einer Familie reserviert waren (C I 8 [= MM 155], 20, 21, 46, 286, 330, 369, 391, 449, 468, [618, 642]; Gl. 509; Derenbourg *NTY* IV; MM 8). In der von Rhodokanakis *St.* I S. 68 treffend erläuterten Inschrift Gl. 509 wird ausdrücklich verfügt, daß niemand außer den Erbauern und deren Sippenangehörigen den

Anspruch erhebe, beigesetzt zu werden: במקברהמו | אחרם | ובקבר | בדֿקנהו *in ihrem Mausoleum Aḥram und im Grabe* [wohl eher Plural قبور *in den Gräbern]* *in seinem ḏqn* (Rhodokanakis). Ein gleiches Verbot enthält die Inschrift C I 449, doch entzieht sich der betreffende Satz einer zusammenhängenden Übersetzung[1]).

Wie die Häuser (אבית) der Sippen, die Türme (محافد מחפד) der Stadtmauern, die Wasserbauanlagen und ähnliche größere Bauten führen auch die Mausoleen eigene Namen. In unserer Inschrift heißt der Bau צנע (vgl. die gleichnamige qatabänische Stadt Gl. 1693 Z. 8 bei Rhodokanakis *KT* II S. 41ff., das Haus צנען MM 146 Z. 4 und den Namen der jetzigen Landeshauptstadt صنعاء, inschriftlich צנעו C I 314_{13}). Sonstige Benennungen sind: אחטר [C I 642], אחרם Gl. 509 *(Gl.* 1606_8 *heißt so ein Tempel des ʿAmm* Rhod.), מֿרבם [C I 618], יפעת Derenbourg *NTY* IV, לאימן (?) C I 46, סותם C I 449 (Fem. von סום, wie C I 314_{14} eine Stadt, הגר, heißt), סנח C I 369, רבחֿם C I 20, 286 und 468, מרבחֿם C I 21, תעֿל C I 330 (s. zu MM 7); מ..ךֿ MM 8 ist nicht zu ergänzen[2]).

Ebenso wie die Einzelgräber (vgl. C I 441—445, 447; Berlin VA 7814) werden die Familienmausoleen dem Schutz des ʿAṯtar Šāriqān empfohlen.

Um zu unserer Inschrift zurückzukehren, so liegt die Vermutung nahe, daß sie in Zusammenhang steht mit den beiden Inschriften von Mausoleen C I 8 = oben MM 155 und C I 20, die, wie ihr Inhalt wahrscheinlich macht, nach al-Ġirās gehören. In C I 20 wird nun unter den Erbauern der Grabanlage an zweiter oder dritter Stelle ein ʿAmmīkarib (ohne Beinamen) genannt. C I 8 nennt als Erbauer ʿAmmīkarib Ašwaʿ und seine Söhne, unsere Inschrift ... Aš]waʿ und Īlwahab (wohl Brüder). Sollte da nicht vor Ašwaʿ als Hauptname ʿAmmīkarib gestanden haben?

(Z. 2.) Man erkennt zu Anfang | תֿו.., das תֿ ist sicher, das ו hinreichend deutlich.

Die Stellen, an denen das Wort נכל sonst noch vorkommt, genügen nicht, um seine Bedeutung zu bestimmen:

In der großen Bauinschrift aus der Nähe von Taʿizz *ZDMG* XXXIX S. 227ff. [= C I 648] heißt es nach der Anführung anderer Bauten:

פעֿדבו | והטֿל | וצר .. וחטֿין | תחטית | ונכל | כל | צדקם

---

[1]) Die Herausgeber des C I deuten die Inschrift als die eines *sacellum et saepimentum clivi ejus.* Wie auch die Schlußformel zeigt, liegt eine Grabinschrift vor.

[2]) Die Herausgeber des C I haben gegen D. H. Müller den Ausdrücken רבחֿם und מרבחֿם appellative Bedeutung *sedes quietis* beigelegt, sicher mit Unrecht. Die gleiche phantasielose Homonymität beobachten wir bei den immer wiederkehrenden Ortsbezeichnungen יפען, ירם, ירם (daneben auch תרם, תרם), נעמן und andern. Man denke nur an die vielen gleichnamigen Straßen einer modernen Großstadt!

In diesem Satze sind eigentlich nur das einleitende Verbum *und so vollendeten sie* und die Schlußworte *von aller Vortrefflichkeit* verständlich[1]).

Ebenso geht es uns mit andern Parallelstellen. Gl. 799 (*ZDMG* XLIII S. 660ff.) = C I 46 Z. 4 heißt es (das Verbum fehlt):

..... המ[ן] | וכל | נכלהו | ותח[ט]תהו | .....

..... *ihr* .... *und all sein nakl und taḥẓāt*.....;

C I 40 handelt vom Bau einer נטעת und Dependenzen, unter denen Z. 3 erwähnt werden:

כל | נכ[ל] | וצוף | וצלל | ותחטת | שקף | כון | בהית | נטעתן |

alles nakl und ṣauf und ṣalal und taḥẓāt des Daches, das sich in dieser naṭʿat befand[2]).

Außer dem ersten Worte כל und den Schlußworten sowie der Copula enthält auch dieser Satz nur unbekannte Größen. Aber der vorhergehende Satz schließt mit dem Worte כרפם, dessen Bedeutung *Zisterne* feststeht, und das führt auf die Stellen, in denen נכל und das Verbum הנכל in Verbindung mit wasserbautechnischen Ausdrücken vorkommt.

Es sind dies:

C I 230 Z. 2: והנכלו | ארבעת | כרפם | ובאר | ובקל ...

und sie ließen ? vier Zisternen und den Brunnen und die Gemüsegärten ....

הנכלו steckt gewiß auch in dem ננכלורן Z. 3 des Graffito Hal. 140; in dem darauffolgenden Graffito Hal. 141 ist die Rede von der Anlage eines Wasserbassins.

C I 329_2: [3]) בראו | ו[תו]בן | כל | נכל | שלף | ואנמר | ופנו | בע ..

sie bauten [und bes]serten aus alles nakl der salf und Dämme und Kanäle ....

Was שלף bedeutet, wissen wir nicht; über אנמר und פנן s. zu MM 1.

Hierher gehört vielleicht noch C I 28 (Votivinschrift) Z. 2ff. (nach den Ergänzungen des C I):

(2) ובדת | שתופי | מק[ח] | ונכ[ל] | .... ה (3) מו[ן] | ינ[ע]ם | ומכנתהו | ''

weil er vollbrachte das maq[āḥ] und nakl [ihres bait? mauṯab?] Jan[ʿi]m und seiner makānat usw.

---

[1]) Die obenstehende Wiedergabe berichtigt die Lesungen der ersten Veröffentlichung. Etwas mehr übersetzt Rhodokanakis *St.* II S. 34.

[2]) Die im *Literaturblatt f. Or. Phil.* I S. 431 vorgeschlagene Verbesserung נכל statt des vom ersten Herausgeber gelesenen נכם ist von den Herausgebern des C I gebilligt (s. zu C I 230) und schließlich auch von D. H. Müller (s. dessen Anmerkung zur Inschrift 19 des Hofmuseums) angenommen worden.

[3]) Die Ergänzung der Verba zu Anf. der 2. Zeile ist den Herausgebern entgangen.

An diesen vier Stellen wird נכל synonymisch mit קח, מקח gebraucht, das wir oben zu MM 150_4 in der Verbindung mit כרף und מאחד und in der Bedeutung *aushöhlen* oder ähnlich kennen lernten[1]).

Aus den angeführten Stellen ergibt sich, daß נכל eine Anlage oder die Herstellung einer Anlage bedeutet, die sich besonders bei Wasserbauten und Mausoleen, aber auch bei andern Profanbauten findet. D. H. Müller (zuletzt zu Hofmus. 19 = CI 329), Hommel und Rhodokanakis (a. a. O) erklärten das Wort mit Hilfe des Assyrischen als *kunstvolle Arbeit*. Aber mit Rücksicht namentlich auf CI 230 verlangt man eine konkretere Bedeutung: die Herausgeber des CI dürften das Richtige getroffen haben, wenn sie das Wort mit *effodere, fossa* übersetzen. Es bezieht sich auf das Ausheben des Bodens zur Herstellung von Brunnen, Zisternen, Grabkammern und Gräben, die anderen Zwecken — beispielsweise zu Befestigungen — dienen.

Von all diesen Ausdrücken gilt noch immer, was Lidzbarski *Ephem.* II S. 95 ausgesprochen hat: mit der Bestimmung der bautechnischen Ausdrücke wird man solange im Dunkeln tasten, bis die Reste der alten Bauten Jemens einmal von einem sachkundigen Architekten oder Genieoffizier, der auch über die erforderlichen sprachlichen Kenntnisse verfügt, untersucht werden. Denn diese Termini und viele andere technische Ausdrücke der Jemenier lassen sich, wie es ebenda S. 382 sehr richtig heißt, nicht aus der nordarabischen Literatursprache erklären. Es ist reiner Zufall, wenn das arabische Lexikon eine einwandfreie Bedeutung bietet. Im übrigen ist man darauf angewiesen, den Sinn aus der Vergleichung mit den Parallelstellen zu erschließen oder zu erraten.

Bezüglich des Ausdrucks דקן müssen wir uns damit bescheiden, festzustellen, daß er auch in der zu Anfang zitierten Inschrift Gl. 509 in Verbindung mit einer Grabanlage erscheint. Die beiden Stellen genügen nicht, um seine Bedeutung zu erschließen, und die Wörterbücher des Arabischen und der verwandten Sprachen versagen.

162.

Bu. Jemen 1907 Nr. 290; jetzt in Bombay; Nr. 50 bei Mayer Lambert *Rev. d'Assyr.* XX (1923) S. 73ff. [jetzt auch CI 960]. Nach Mayer Lambert nur rechts abgebrochen.

---

[1]) נכל kommt noch CI 373 (= Gl. 482/3 bei Rhodokanakis *St.* II S. 25f.) und CI 287 Z. 1 vor.

1 .... תנרין | הקני | אלמ
2 קה | בניה]ו | הופעת̄ת | ובחתן

(1) .... *der Tanūrī hat dargebracht dem Alma* (2) *[qah sei]nen [Sohn] Hauf‘at̲t und die bāḥat.*

Die kleine Inschrift zeigt eine auffällige Ähnlichkeit mit der qatabānischen Inschrift Ryckmans 8:

עקרבם | גרבין | עבד (2) אבאנש | בן | עסבם שק(3)ני | עם | ריען | בחתן
(4) ול | ירדאש | בנעמתם

‘Aqrab^{m} der Ğarbite, Knecht des Abī’anas b. ‘Aśab^{m}, hat dargebracht dem ‘Amm Rai‘ān die bāḥat. Und möge er ihm helfen mit Wohlergehen!

Das nicht übersetzte בחת (im st. emph. בחתן) läßt sich aus dem Altsabäischen, Minäischen und Qatabānischen belegen.

Altsabäisch ist C I 423 (bustrophedon):

.... הקניו | אלמקה | רא]שהמו | ות̄מני | בח (2) תם | ד̄הבם |
בעת̄תר (3) וב | אלמקה | וב | ד̄ת (4) חמים | וב | ידעאל

[.... haben dargebracht dem Almaqah] ihre [Häu]pter und acht bāḥat Gold. Mit ‘At̲tar und mit Almaqah und mit D̲āt Ḥimaj^{m} und mit Jadī‘’īl!

Die Ergänzung רא]שהמו ist von den Herausgebern des C I gefunden, die für den Gebrauch dieses Ausdrucks auf C I 371 und 379 verweisen, wozu jetzt die Inschrift bei Cantineau *Rev. d'Assyr.* XXIV S. 135 kommt.

Minäisch ist Hal. 353 (= Gl. 1144 bei Rhodokanakis *St.* II S. 29ff.) Z. 4: שבע | בח[ת]ם (so ist wohl zu lesen; Halévy bietet בחזם, der Glasersche, allerdings sehr undeutliche Abklatsch hat nach Rhodokanakis בחזב).

Qatabānisch sind außer Ryckmans 8 noch Gl. 1405 (bei Rhodokanakis *Timna* S. 33ff.) Z. 5: בחת | בלקן *die bāḥat von Marmor*; Jaussen *himy.* 142 (enthält nur die Worte . . . משן | בחתן | ושמש, wofür Ryckmans ח]משן | בחתן | ו[ח]משן[ן | . . *die fünf* בחת *und die fünf* . . . . liest); *RÉS* 856: תשען | בחתן. Rhodokanakis a. a. O. S. 38 Anm. sah in בחת eine Gewichtsbezeichnung. Wir möchten uns Ryckmans anschließen, der zusammenfassend sagt: *le mot* בחת *est en relation avec l'or et le marbre; il désigne des objets offerts en nombre (huit, neuf, peut-être cinq) à la divinité:* בחת *(féminin d'après l'accord avec les noms de nombre) doit faire partie du mobilier du culte.*

Auf den ersten Blick wäre man geneigt, in unserer Inschrift nach dem vorangehenden Hauf'aṯt auch בחתן als Eigennamen anzusehen, zumal der *Qāmūs* بخت als solchen kennt. Aber die angeführten Parallelstellen, besonders Ryckmans 8 und C I 423, sind entscheidend für die appellative Bedeutung.

Sollten nicht unter *bāḥat* einfach Statuen zu verstehen sein, die bestimmt waren, die symbolische Personendedikation durch das Bild der geweihten Personen zu veranschaulichen? Ähnlich, wenn auch nicht gleich, liegt der Fall für das synonyme צלם, צלמת, wenn in den Votivinschriften C I 544, 558 und Berlin VA 7815 der Gottheit für das Wohlergehen von Kindern und Angehörigen der Dedikanten Statuen errichtet werden. Die Verwendung des femininen צלמת C I 588 und in der Berliner Inschrift, in denen der Gottheit für die Errettung von weiblichen Personen gedankt wird, läßt vermuten, daß die Statuen diese letzten darstellten, so wie das bekanntlich bei dem Gebrauch von צלמת im Palmyrenischen der Fall ist. In der Inschrift C I 544 heißt es ausdrücklich, daß die Dedikanten, ein Elternpaar, für ihre vier Kinder, einen Sohn und drei Töchter, vier goldene Statuen weihen. Ob aber diese Deutung auf alle die Fälle auszudehnen ist, wo in den Inschriften von männlichen oder weiblichen Statuen die Rede ist, wie es M. Hartmann *ZA* XXI S. 11ff. wollte, bleibt zu untersuchen.

Bei der großen Ähnlichkeit mit Ryckmans 8 könnte man auf die Vermutung kommen, daß auch unsere Inschrift aus dem qatabānischen Gebiete stamme. Dem widerspricht aber הקני, das im qatabānischen Dialekte שקני lautet, und die Dedikation an Almaqah, die auf sabäischen Ursprung hinweist. Almaqah kommt in qatabānischen Texten nicht vor. Auch der Ausdruck בחת ist nicht entscheidend, er findet sich bereits in der angeführten frühsabäischen Inschrift C I 423 in gleichem Zusammenhange.

תנרין ist *nisbe* von תנר = تنور, das ein Orts- oder Stammesname ist, von der Wurzel נור, die allerdings im Sabäischen bisher fehlt. Aber der sagenhafte Berg Janūr (s. oben S. 164) wird seinen Namen schon in der sabäischen Zeit getragen haben. Janūr verhält sich zu dem aus תנרין zu erschließenden Tanūr wie Jarīm, Jarīś zu Tarīm, Tarīś; vgl. die Bemerkung zu MM 99.

„Personendedikationen“ (Proskyneme) an Almaqah sind nicht allzu selten. Aus Marib stammt Bu. 16 = C I 578:

← ..... אלמקה | צבחם | ומהקמ
..... הקמלא | בו | רתתׄעב | ם →

(1) *[.... NN hat dargebracht] dem Almaqah den Ṣabāḥ*^{m} *und Muhaqīm* (2) ^{m}. *Mit ʿAṯtar und mit Almaqah....!*

Man vergleiche hiermit die Inschrift, die Jaussen in Aden beim *dux* Younghusband abschrieb, C I 582bis:

← ישׁט | בן | תבעכרב | ה
רחׄבא | הקמלא | ינק →

Jašūṭ b. Tubbaʿkarib hat dargebracht dem Almaqah die Abīḫurr[1]) und C I 379, 383, 386 (= Hal. 636), 387[2]), 388 sowie die von Cantineau in der *Rev. d'Assyr.* XXIV (1927) S. 135ff. unter I und II veröffentlichten zwei Inschriften.

C I 386 kopierte Halévy in Kharibet Séʿoud; die Cantineauschen Inschriften und C I 578 dürften aus Marib stammen. Die übrigen angeführten Steine befinden sich jetzt als *incerta* in europäischen Sammlungen. Aber C I 379, 383, 388 sind, wie die in ihnen wiederkehrenden Eigennamen צבחם, צבחהמו, עלהמו beweisen, eng verwandt mit C I 578 und Cantineau II und III, die die gleichen Namen aufweisen, und die wahrscheinlich aus Marib stammen. Es liegen in ihnen wohl Proskyneme derselben Familie vor, und wir dürfen für sie daher die gleiche Herkunft aus Marib annehmen.

Sämtliche Inschriften mit Ausnahme von C I 388 und Cantineau I sind bustrophedon, aber auch diese beiden zeigen den gleichen altertümlichen Schriftcharakter.

Sie gehören wie die Proskyneme von Katīl^m zu den ältesten Denkmälern der sabäischen Epigraphik.

163.

Bu. Jemen 1907 Nr. 289 = C I 408 (nach der gleichen Aufnahme Burchardts). Erste Bearbeitung durch M. Hartmann in den *Mélanges Hartwig Derenbourg* S. 167—173. Das Original jetzt in Berlin VA 3489; 0.15 × 0.32.

---

1) Die Erklärung dieser beiden Texte im C I trifft nicht zu. C I 578 wird אלמקה als Subjekt gefaßt und davor ein Verbum mit der Bdtg. *servavit* ergänzt. Das fällt aus dem Stil der Inschriften heraus. C I 582bis soll אבחׄר appellativ *tura* bedeuten. Es liegt gewiß einer der vielen mit אב zusammengesetzten weiblichen Eigennamen vor.

2) Der kleine Text lautet:

← .... בן | היתׄעא]ל | הקני |
הק]מלאב |]מלש [| הקמלא →

.... b. Haiṯaʿʾī[l hat dargebracht dem Almaqah] den Salmān. Mit Alma[qah]!

שלמן ist sicher EN und nicht zu מ]שלמן zu ergänzen, wie die Herausgeber des C I wollen.

1 ש̇עדלת | אוכן | וש̇רחם
2 ורבבם | וכלבם | בנו
3 תזאד | הקניו | ש̇ימהמו
4 אלמקה | ת̄הון | בעל | ר
5 ת̄ון ד̄ן | ת̄ורן | ומעלצ
6 הו | לד̄ת | ח̇מרהמו | ח
7 ט̇י | מראיהמ<י>ו | ש̇ער[ם |
8 אות̄ר | וחיועת̄[ת]ר | יצ̇ע
9 מלכי | ש̇בא | וד̄[ריד]ן | ו
10 בד̄ת | ח̇מר | עבדהו | ש̇רח
11 ם | היהר | ופרע | במעלצ
12 תן | במוצ̇נהמו | ע̇ימ
13 ן | וח̇מרהמו [| בר]י | אאד̄נ
14 המו | ו[ג]יבהמו | בן | <ב>[נ]צ̇ע ו
15 ש̇צי | ש̇נאם | ב]אלמק(ה) | בעל | רת̄ו[ן

Die Schrift des Steines wird zum Schluß nachlässig und unregelmäßig. Steinmetzfehler finden sich Z. 7, 13, 14 u. 15.

Varianten des C I:

Z. 4/5. רת̄ון steht deutlich da (ebenso Hartmann), nicht רת̄וי, wie das C I liest. — Z. 7 hat der Stein מראיהמיו |. Der Steinmetz hatte zuerst מראיהמי eingegraben. Als er den Fehler bemerkte, ließ er das unrichtige י stehen und setzte daneben das ו. — Z. 8 liest das C I ימע statt יצ̇ע. — Z. 12 hat der Stein מוצ̇נהמו. — Z. 13. Der Steinmetz hatte das ר in ח̇מרהמו vergessen; er schob es nachträglich ein. — Z. 14. Das ג in גיבהמו ist nicht deutlich; Hartmann las ע̇יבהמו. Die Schreibung mit ג wird durch die Parallelstellen C I 86_8 174_4, 327_2 gesichert. In der ʿAmrāntafel C I 87_9 steht allerdings כיבהמו. Das dürfte ein Fehler des Graveurs sein. — Der Schluß der Zeile ist vom Steinmetz verschrieben und der Anfang der 14. Zeile abgebrochen, aber die auch von M. Hartmann vorgeschlagene Wiederherstellung dürfte zutreffen.

Die ersten beiden Zeilenanfänge sind ein wenig eingerückt, ohne daß etwas fehlt. Vermutlich stand an dieser Stelle das Symbol des Almaqah, der sogenannte Totschläger. Aber die obere Ecke ist gerade hier abgestoßen, so daß sichere Spuren des Symbols nicht zu erkennen sind.

Auf der oberen Kante des Steines sind mehrere Dübellöcher vorhanden, doch erlaubt ihre Form und Verteilung keine Schlüsse auf die Gestalt der Bildwerke, die darin befestigt waren.

(1) *Saʿdlāt Aukan und Šarḥ*^{m} (2) *und Rabīb*^{m} *und Kalb*^{m}*, banū* (3) *Taẓʾad, haben dargebracht ihrem Schutzpatron* (4) *Almaqah Ṯahwān, Herrn von Ra*(5)*ṯwān,*

diesen Stier samt seinem Treiber, (6) *auf daß er ihnen beschere die* (7) *Gunst ihrer beiden Gebieter Šā'ir^m* (8) *Autar und Ḥajāu'aṯtar Jaḏa',* (9) *der beiden Könige von Saba und von ḏū [Raidā]n, und* (10) *weil er seinem Knechte Šarḥ^m beschert hat* (11) *Gedeihen und Ertrag auf dem Fel*(12)*de in ihrem Wohnsitze Ġaimā*(13)*n und ihnen beschert hat [Fül]le ihrer Be*(14)*sitztümer und sie beschützt hat vor Anschlag und* (15) *[Nachstellung von Feinden. Mit] Almaqah, dem Herrn von Raṯwān!*

Aus Z. 12 ist zu ersehen, daß die Stifter des Denkmals ihren Wohnsitz in Ġaimān hatten, und wir dürfen daher annehmen, daß der Stein von dort nach Ṣan'ā verschleppt ist.

(Z. 1.) Der Name שעדלת sonst nur noch C I 445, ḥaḍramautisch תעדלת Langer XIV. Die Aussprache ergibt sich aus der griechischen Wiedergabe mit Σαδιλάθου (Genitiv) in der Ḥaurān-Inschrift bei Lidzbarski *Ephem.* II S. 326. Über die mit לת = لات zusammengesetzten Eigennamen siehe zu MM 50. — Über den Namen אוכן s. zu MM. 25_2. — Die beiden folgenden Namen Šarḥ^m und Rabīb^m sind häufig.

(Z. 2.) כלבם = كُلَيْب sabäisch sonst noch C I 287_5, 391 und Gl. Wien 1079; in Harim: C I 510, 511, 515 und Gl. C. 338. Bekannt ist der Herr von Ma'āfir Χόλαιβος, der im Periplus erwähnt wird.[1]) Dies Diminutivum findet sich in der qatabānischen Inschrift Jaussen *himy.* 193 (כליבם) und noch einmal in der nordminäischen Inschrift ME Nr. L (כליב, ohne Mimation). כלב C I 69, ohne Mimation, ist wahrscheinlich weiblicher EN. Ableitungen von כלב sind כלבן *ZDMG* XXXIII S. 491 Nr. VIII und כלבת C I 91.

(Z. 3.) תואד auch Berlin VA 5343, aber an letzter Stelle Personen-, nicht Sippenname. Die Wurzel זאד زأد liegt vor in der Verbalform שתזאדן C I 291_4, in זאדם | פאו | [ע]ויר | זאדם ebenda Z. 10 und in den Eigennamen זאדם *Sab. Denkm.* 15, אזאד C I 1, 24, 329, 335, 404 [723], MM 25, אבזאד *Sab. Denkm.* 4_7, [אלזאד C I 695] und קילזאד C I 504. Dem EN זאדם entspricht bei Hamdānī *(Iklīl,* angeführt *Sab. Denkm.* S. 64f.) زود, nach Hamdānī wäre زود Zūd die ḥimjarische Form von زيد. Dagegen ist *Sab. Denkm.* a. a. O. eingewendet worden, daß der EN زيد auch in den Inschriften זידם [vgl. auch יזד C I 398_{17} = يزيد] geschrieben wird. Dieser Einwand ist nicht ganz stichhaltig. زاد und زأد können im Sabäischen miteinander gewechselt haben, wie ראב mit ריב in den Eigennamen ראבם neben ריבם und مأرب aus مريب, lat. *Mariba,*

---

[1]) *ZDMG* XXVII S. 306 hat Blau darauf hingewiesen, daß sich eine Erinnerung an diesen historischen Χόλαιβος bei b. Muǧāwir erhalten hat, der ihn freilich mit dem Kulaib Wā'il des Basūs-Krieges verwechselt. Nach der von Johannsen im Auszuge übersetzten Stadtgeschichte von Zabīd des b. al-Daiba' (= *An Arabic history of Gujarat* . . . by 'Abdallah Muḥammad bin 'Omar al-Makkí ed. E. Denison Ross S. 88) war das in der Nähe gelegene Zabīd das *ḥimā* von Kulaib und Muhalhil.

neben מריב der Inschriften = Μάριαβα der griechischen Autoren (s. *ZDMG* XXX S. 322 f.). תואר kann also sehr wohl = تنخ sein[1]), das b. Qutaiba S. 54, b. Ḥabīb S. 9 und b. Duraid S. 314 Z. 9 (danach die Lexika) als Stammesnamen kennen.

(Z. 3ff.) אלמקה | ת̄הון ist erst aus neueren Inschriftenfunden bekannt geworden. In den Bronzetafeln von ʿAmrān, die mit einer Ausnahme dem Almaqah geweiht sind, kommt der Beiname ת̄הון nicht vor. Er wird mit Hommel *Aufs.* S. 139 als appellatives Epitheton zu fassen sein, wie שהרן und שרקן in den Verbindungen ודם | שהרן und עת̄תר | שרקן, nicht als Ortsname. So wie שרקן wiederholt und שהרן in der nordminäischen Inschrift Jaussen-Savignac II S. 274 ohne עת̄תר bezw. ודם vorkommen, wird auch ת̄הון in der gleich zu erwähnenden Inschrift C I 132 ohne אלמקה zur Bezeichnung dieser Gottheit verwendet.

Die Inschriften, in denen der Almaqah Ṯahwān genannt wird, sind im C I unter den Nummern 407—411 zusammengestellt. Ihre Zahl hat sich seitdem vermehrt.

In den Inschriften CI 407, 410 und 411, sowie in der noch unveröffentlichten Berliner Inschrift VA 5311 wird er als Herr von Awwām, בעל | אום, bezeichnet. Das Heiligtum Awwām, מחרמן | אום, ist als Kultstätte des Almaqah besonders aus der Inschrift C I 126 (Šibām) bekannt und בעל | אום eine häufige Bezeichnung des A., vgl. C I 389—396 und die Vorbemerkungen der Herausgeber S. 45. Den im C I angeführten Belegen ist C I 396 hinzuzufügen, wo Z. 1: [אלמקה] ת̄הו[ן בעל אום und demgemäß Z. 6f.: ח̄[יל]| ומקם | אלמקה ת̄הון ב]על אום zu ergänzen ist, was dem ersten Herausgeber Halévy und den Bearbeitern des C I entgangen ist.

C I 155 (aus Ḥāz), 409 und 581 erscheinen Almaqah Ṯahwān und der rätselhafte ת̄ור | בעלם zusammen als die beiden Herren von Ḥarwān, בעלי | חרונם.

Ohne weitere Epitheta erscheint Almaqah Ṯahwān auf dem Berliner Steine VA 3843.

Endlich hat Rhodokanakis *KT* I S. 105 unter den Anrufungen in dem unsicher überlieferten Texte C I 132 (aus Šibām) die Worte ברבעהמו | ת̄הון *bei ihrem Neumond Ṯahwān* erkannt, nachdem H. Winckler die Deutung von רבע aus C I 398 Z. 20, wo es neben שמש als Name einer Gottheit erscheint, erschlossen hatte. Almaqah Ṯahwān wäre also der *Neumond* neben der *Sonne*.

Zu bemerken ist der Titel שים, den Almaqah hier erhält. In den zahlreichen Inschriften, die ihm geweiht sind oder in denen er neben andern Göttern angerufen wird, ist er niemals als *Schutzpatron* (שים), *Herr* (מרא) oder *Gott* (אלה) seiner Anbeter bezeichnet. Mit zwei Ausnahmen: C I 73, wo er שימהמו, *ihr* (der Stifter)

---

[1]) Hartmann führt als weibliche Imperfektformen von Stammes- bezw. Sippennamen תצח [= تصيح ? vgl. צירון] aus C I 336, und den „islamischen" Stammnamen Tanūḫ an. Die Tanūḫ sind vorislamisch: Θανουῖται des Ptolemaeus, Θανουηνοί der Inschrift des Ǧaḏīmat al-Abraš, Lidzbarski *Ephem.* III S. 292.

Schutzpatron, heißt, und CI 397, wo dafür מראהמו, *ihr Herr*, erscheint. Der Titel שים kommt anscheinend den *di minorum gentium* und Lokalgöttern zu, wie dem Ta'lab (sehr häufig, fehlt fast nie), dem קחמם | חגרם, נכרח (Hal. 485_2, 528_1), רמן und שמע. Nur gelegentlich — MM 146b, 148 und CI 30 — führt auch Wadd diesen Titel. Daß zwischen שים und אלה ein Unterschied bestand, zeigen die Verbindungen:

Hal. 257_3: כל | אלאלת | אשעבם | ד̄אלם | ושימם
Hal. 50_2: כל | גום | ד̄אלם | ושימם
Hal. 485_7: כל | אלאלת | ושימיהי | . . . . . שבא
Hal. 192_2: אלהש | ושימהש

mit denen in den älteren sabäischen und minäischen Inschriften das Pantheon bezeichnet wird.

(Z. 5.) ד̄ן | ת̄ורן | ומעלצהו *diesen Stier und seinen* מעלץ, wie Gl. B. 863 = CI 306 die geweihte Plastik als ד̄ן | פר[ש]ן | ורכבהו *dieses Pferd und sein Reiter* beschrieben wird. Allerdings wird die letzte Stelle im CI mit *hunc equum et ejus ornatum* (رِكاب) übersetzt, *quod ad repraesentationem aptius convenit* als die in den *Himj. Inschr. u. Altert.* gegebene Übertragung *und seinen Reiter darauf*. Nun heißt رِكاب niemals *Schmuck*, sondern *Steigbügel*, und es ist nicht einzusehen, warum ein Steigbügel — immer vorausgesetzt, daß die Sabäer ihn kannten — repräsentativer wirken soll als die Figur des Reiters. Ebenso standen auf dem Votivstein *Sab. Denkm.* 1 zwei Kamele und zwischen ihnen der Treiber, s. *ZDMG* XXXVIII S. 143f. Es bleibt also bei Pferd und Reiter, und wir werden dementsprechend ת̄ורן | ומעלצהו in unserer Inschrift als الثورَ ومُعَلِّصَهُ *den Stier und seinen mu'alliṣ* aufzufassen haben (ebenso Praetorius *ZDMG* LXIV S. 484f.). M. Hartmann und das CI sehen dagegen in מעלצהו ein مَعْلَصَة und erklären es als *Kornfeld, ager frumentarius*. Wie man sich ein Kornfeld plastisch dargestellt denken soll, sagen sie nicht. Ebenso strittig wie die Form ist auch die Bedeutung von מעלץ, man wird aber das Wort nicht von מעלצתן Z. 11f. trennen dürfen, das sich nach dem Zusammenhang nur auf Erträge der Bodenkultur beziehen kann. Das gleiche gilt von מעלץ (Subst.) und עלץ (Verb.) MM 84 Z. 5ff. Dahingegen dürfte מעלצן in den 'Amrāntafeln CI 79, 82 und 93 sowie in CI 352 Ortsname sein, was durch den Artikel des Stephanus Byzantius Μαλσάνη· πόλις Εὐδαίμονος Ἀραβίας gestützt wird.

Die Herausgeber des CI haben in der Bestimmung der Bedeutung von מעלץ mehrfach geschwankt.

Zu CI 79 Z. 5 entschieden sie sich für מעלצן als Ortsnamen in den drei 'Amrāntafeln CI 79, 82 und 93. In der Inschrift CI 197 wollten sie es mit Hommel als *Festfreude* fassen (vgl. hebr. עלץ und babyl. ulṣu). Für CI 352 nahmen sie die Bedeutung *certamen* an und meinten, daß sie auch auf die übrigen

Stellen passe. Im Kommentar zu unserer Inschrift (C I 408) schließen sie sich Hartmanns Erklärung als *Kornfeld* an, nehmen sie auch statt der *Festfreude* für C I 197 an und kehren für C I 79, 82, 93 und 352 zur älteren Erklärung als Ortsname zurück.

Rhodokanakis (*Bodenwirtschaft* S. 16 Anm. 4)[1]) findet überall nur die Bedeutung *Kampf*. Was sollte aber in unserem Texte *der Stier und sein Kämpfer* (oder *sein Kampf*) bedeuten, und wie kommt jemand dazu, für Rettung aus Kampf und Gefahr einen Stier als Weihgabe darzubringen?

(Z. 6) לדת | חמרהמו. Man erwartet בדת, aber לדת mit folgendem Perfekt kommt auch sonst vor. Die Herausgeber des C I verweisen nur auf C I 82, die Beispiele lassen sich indes vermehren: C I 334_{23}, 343_5, 429_4, 531_6f. — לדת mit dem Imperfekt, optativisch, findet sich C I 67, 82_5, 315_{17}, 326_2, 335_4, 565_3f.. Wir haben also ebensoviele Beispiele für das Perfekt wie für das Imperfekt. Mit dem nunierten Perfekt kommt לדת nur an zwei Stellen vor: C I 102_8 (ולדת | חרין) und 289_{19} (ולדת | [הע]נן). In der Formel ולדת | נעמת | ותנעמן ist לדת sowohl mit dem Perfekt als auch mit dem Imperfekt verbunden.

(Z. 7/8.) Die von Hartmann verfehlte Lesung des zweiten Königsnamens ist von Mayer Lambert berichtigt worden, nur ist der Beiname nicht יטע, sondern יצע, wie Abklatsch und Photographie bieten. יצע wird überdies bestätigt durch das Vorkommen dieses Namens in der Inschrift MM 3[2]).

(Z. 11.) Zu היהר verglich bereits Hartmann C I 82 Z. 5: (Almaqah beschert seinem Knecht) היהרן | בתורהו *Erfolg mit seinem Rindvieh*. Die Deutung des C I *triticum et far* ist doch recht gewagt.

(Z. 12.) מוצנהמו ist für מוטנהמו geschrieben; vgl. die Anmerkung zu MM 24 Z. 3. Über die Bedeutung von מוטן s. zu MM 64.

(Z. 13.) ברי | אאדנהמו ebenso C I 315_{20}; sonst ברי | אדנם bezw. ב׳ | אאדנם.

* * *

---

[1]) Rhodokanakis zitiert für בחצרהו | דמעלצן die unedierten Glaserschen Inschriften Nr. 397 und 398, *die von königlichen 'dm-Leuten herstammen*. Gl. 397 ist nach Hommels Verzeichnis der Glaserschen Sammlung „eine Marmortafel ohne Inschrift" (vgl. Grohmann *Göttersymbole* S. 67f.); Gl. 398: „6 Zeilenreste und Monogramm". Mit Gl. 397 und 398 dürften die beiden ʿAmrāntafeln C I 79 und 82 gemeint sein.

[2]) [*WZKM* X (1895) S. 153f. hatte ich den bis dahin verkannten Namen חיועתתר aus Gl. 83 = C I 105 und Gl. 101 = 125 = C I 122 bezw. 146 sowie aus dem *Musnad* des Hamdānī nachgewiesen. C I 305 (*impressum mense Januario* 1900) ist das *Musnad* des Hamdānī als besondere Inschrift wiederholt worden, ohne Erwähnung meiner Bemerkungen dazu in der *WZKM*. Ebenso übersah sie M. Hartmann in seinen verschiedenen Bearbeitungen von Burchardt 6. Unter dem 4. XI. 1910 teilte ich ihm die richtige Lesung von Z. 8 mit. Er hat sie für sich behalten. Mayer Lambert hat dann selbständig und auf demselben Wege wie ich die Lesung der beiden Namen gefunden, scheint aber auch meinen Aufsatz in der *WZKM* übersehen zu haben J. H. M.]

שערם | אותר ist der aus einer Reihe von Inschriften bekannte Hamdānide aus dem Geschlecht der banū Bata‘, der nach seinem Vater ‘Alhān Nahfān über Saba und ḏū Raidān herrschte. In der sogenannten Vertragsinschrift CI 308 erscheint er zusammen mit Jarīm Aiman, seinem Bruder. Ḥajāu‘aṯtar Jaḍa‘, dem wir hier zum ersten Male begegnen, war wohl ein Sohn oder Vetter des Šā‘ir m Autar und sein Mitregent. Nach den Inschriften zu urteilen war Šā‘ir Autar ebenso wie sein Vater ‘Alhān Nahfān einer der mächtigsten oder der mächtigste Herrscher aus der Hamdānidendynastie.

Über das Aufkommen dieser Dynastie, ihr Verhältnis zu der alten Dynastie der Könige von Saba und die damit zusammenhängenden chronologischen Fragen ist aus Anlaß der Vertragsinschrift eine reiche Literatur entstanden, die in den Vorbemerkungen des CI zu Nr. 308 verzeichnet ist. Zuletzt hat sich Rhodokanakis in den *KT* II S. 69ff. mit diesem Probleme beschäftigt.

Die Angaben der Inschriften müssen auf den ersten Blick verwirrend wirken: die vielfach ungenügende Bezeichnung der in ihnen erwähnten Persönlichkeiten — Fehlen des *laqab*, schwankende Titulatur usw. — sind geeignet, namentlich, wenn es sich um Homonyme handelt, zu einer *confusio personarum* und andrerseits zu einer Trennung identischer Personen zu führen.

In der nachstehenden genealogischen Tafel ist der Versuch gewagt worden, die sich hieraus ergebenden scheinbaren Widersprüche der Inschriften zu lösen und Anhaltspunkte für die chronologische Folge der in Betracht kommenden Ereignisse zu gewinnen.

(1) Auslāt Rafšān

(2) Jarīm Aiman (I) (3) Barağ Juharḥib (4) ‘Alhān (5) Aḥṣan (6) Šāf‘aṯt Ašwa‘

(7) ‘Alhān Nahfān (8) Zaid m Aiman

(9) Šā‘ir m Autar (10) Jarīm Aiman (II)

(11) Ḥajāu‘aṯtar Jaḍa‘

(1) CI 315 Z. 12f.

(2) und (3) werden CI 315 Z. 1f. zusammen als Qaile des Stammes Sum‘aj, Drittel Ḥāšid, bezeichnet; ebenda Z. 12 mit (3) ohne Titel. Ebenda Z. 5 und 8f. wird (2) allein als Vermittler zwischen den Königen von Saba, den banū ḏū Raidān, Ḥaḍramaut und Qatabān genannt.

CI 353 Z. 9 werden „ihre beiden Gebieter מראיהמו Jarīm und Barağ, banū Bata‘ waHamdān“ erwähnt; dafür erscheinen ebenda Z. 11 Šāf‘aṯt Ašwa‘ (6) und Jarīm Aiman. In dieser Inschrift werden als Könige von Saba und von ḏū Raidān Malikīkarib und Šammar Juhar‘iš genannt.

CI 312: ‘Alhān Nahfān b. Hamdān, Sohn des Jarīm Aiman, Königs von Saba.

SE 8 (nach Rhodokanakis a. a. O.) werden Jarīm Aiman und Kariba'īl Watār als Könige von Saba erwähnt.

Auf diesen Jarīm Aiman werden auch wohl C I 401 und Gl. W. 652 zu beziehen sein.

(3) wird C I 315 und 353 zusammen mit (2) genannt, C I 326 = Gl. B. 826 Z. 1 zusammen mit Aḥṣan (5), ebenda Z. 2 und C I 333 = *Sab. Denkm.* 8_{19} ff. mit ʿAlhān. C I 333 wird ʿAlhān als Bruder des Barağ Juharḥib bezeichnet. Aḥṣan und ʿAlhān sind wohl dieselbe Person, Aḥṣan der Beiname des ʿAlhān. C I 326 Z. 4 wird als Herr der Stifter der König von Saba Kariba'īl Watār Juhanʿim genannt, gewiß derselbe, der SE 8 in Verbindung mit Jarīm Aiman (2) als König von Saba erscheint. Die Stifter von C I 333 bitten um die Gunst ihrer Gebieter, der Könige von Saba.

(4) und (5) wohl eine Person ʿAlhān Aḥṣan s. unter (3). Man darf die Frage aufwerfen, ob nicht mit diesem ʿAlhān identisch ist der C I 308 Z. 14 und 24 erwähnte ʿAlhān, König von Saba.

(6) C I 353 Z. 11 zusammen mit (2) genannt. — Fr. XLV werden er und sein Sohn Zaid^m Aiman als Schloßherren von Silḥīn und Naʿmān bezeichnet. In derselben Inschrift wird Z. 3 Šammar Juharʿiš, König von Saba und von d̠ū Raidān, Sohn des Jāsir^m Juhanʿim, genannt.

(7) C I 296 = Gl. B 888 u. C I 2 Z. 11 ohne Titel als b. Bataʿ waHamdān bezeichnet, C I 312 = Gl. B. 865: ʿAlhān Nahfān b. Hamdān, Sohn des Ja[rīm Aiman, Königs von Sab]a. In den Präskripten der Vertragsinschriften wird er an erster Stelle, aber ohne jeden Titel, genannt, während jeder seiner beiden Söhne Šāʿir Autar (9) und Jarīm Aiman (10) König von Saba heißt. Dahingegen wird er in den Inschriften, wo er als Vater des Šāʿir^m Autar genannt wird, als König von Saba bezeichnet (s. die Stellen unter (9).

(8) Zaid^m Aiman s. unter (6).

(9) Šāʿir^m Autar, König von Saba, in der Vertragsinschrift s. unter (7). Wohl später fallen die Inschriften, in denen er wie in unserer Inschrift den Titel König von Saba und von d̠ū Raidān führt: C I 334 = Gl. B. 826 Z. 1f. u. Z. 25f.; Berlin VA 5313, 7777, 7785. In diesen zuletzt angeführten drei Inschriften wird sein Vater ʿAlhān Nahfān nur König von Saba genannt. Hierher gehört auch das Fragment Gl. W. 652. Es ist bisher nur in hebräischer Umschrift bekannt geworden, seine Ergänzung bleibt, so lange Glasers Originalkopie nicht vorliegt, unsicher, und man sieht besser von seiner Verwertung ab[1]).

[1]) Die Inschrift [jetzt auch C I 693] lautet mit Glasers Ergänzungen:

(1) .... ובניהו (2) .... אותר | מלכי (3) [| שבא | ודרידן | בנ]י | ירם | אימן | מ

(4) [לך | שבא | ודריד]ן | שמו | תלתנהן | (5) ...... צלם | בעל ...

Da in der 2. Zeile mit Sicherheit der Name שערם zu ergänzen ist, kann in der vorher-

(10) C I 308 u. 308bis, s. unter (7).

Wenn, woran wohl kaum zu zweifeln ist, der Šāf'aṯt Ašwa' von Fr. XLV identisch ist mit seinem Namensvetter von C I 353, so können wir die durch (2) bis (6) vertretene Generation der Hamdāniden chronologisch festlegen. Der in Fr. XLV erwähnte König von Saba und von ḏū Raidān, Šammar Juhar'iš, Sohn des Jāsir Juhan'im, kommt u. a. noch in zwei datierten Inschriften C I 46 = Gl. 799 (vervollständigt *ZDMG* XLIII S. 460) und Gl. 379 = MM 150 vor. Jene ist vom J. 385 der ḥimjarischen Ära = 270 n. Chr. datiert, diese vom Jahre 396 = 281 n. Chr., „*während sein Vater Jāsir*^{m} *Juhan'im inschriftlich für die Jahre 270 und 274* [n. Chr.] *bezeugt ist*“ (Glaser bei Hartmann *Ar. Fr.* S. 156). Den Šammar Juhar'iš werden wir jetzt auch im Šammar von Raidān C I 314 Z. 13 u. 19 wiedererkennen. Die weiteren Folgerungen für die mit C I 353 zusammenhängenden Texte ergeben sich von selbst. Damit fällt aber auch auf andere Fragen der Geschichte des alten Jemen Licht. Wir werden z. B. das Ende der Qatabānen nicht mehr mit Hommel um 80 v. Chr. ansetzen, sondern ihnen noch einige weitere Jahrhunderte zugestehen, da sie C I 315 noch als selbständiges Volk neben Saba und Ḥaḍramaut genannt werden. Ebensowenig dürfen wir mit M. Hartmann das Emporkommen der Hamdāniden mit dem Zuge des Aelius Gallus in Verbindung bringen. Endlich begreift sich die Intervention der Abessinier in den Wirren der Hamdānidenzeit viel besser für das dritte nachchristliche Jahrhundert als für eine frühere Epoche[2]).

---

gehenden Zeile vor בניהו nur der Vater des Šā'ir^{m} Autar, 'Alhān Nahfān, gestanden haben. Daß die in Z. 2 genannten [Jarīm Aiman und Šā'ir^{m}] Autar und ihr (Groß)Vater Jarīm Aiman Könige von Saba und von ḏū Raidān genannt werden, ist recht auffällig. Das ist bisher nur für Šā'ir^{m} Autar erweislich, und schließlich beruht die Ergänzung dieses Titels in Z. 3 und 4 nur auf dem ן, das Z. 4 am Ende der Lücke vor שמן erhalten ist. Nach הלהנהן Z. 4 ist gewiß אצלמן | דדהבן zu ergänzen. Für .... צלם | בעל ... Z. 5 ist zu lesen: | לשימהמו | תאלבן | רימ[ם | בעל [| תרעת (vgl. die Wendung C I 389 שמתי | ותנן | לאלמקה; ebenso C I 382_1 und 404_2). Die Angabe, daß dem Ta'lab Rijām^{m} zusammen mit diesem Steine 30 Statuen gestiftet wurden, legt die Vermutung nahe, daß es sich um dieselben 30 Statuen handelt, die 'Alhān Nahfān und seine Söhne Ša'ir^{m} Autar und Jarīm Aiman mit der sogenannten Vertragsinschrift C I 308 demselben Ta'lab gestiftet haben, mit andern Worten, daß Gl. 652 ein weiteres Exemplar zu den bereits bekannten 14 Repliken von C I 308 ist. Von diesen verschiedenen Exemplaren haben nur zwei die Präskripten erhalten. Sie lauten: | עלהן | נהפן | ובניהו | שערם | אותר | מלך | שבא | וירם | אימן | מלך | שבא. Sie ließen sich auch in Gl. 652 wiederfinden, indem man die Lücken Z. 1f. wie folgt ausfüllt: עלהן | נהפן | [] ובניהו [] ירם | אימן | ושערם [] אותר | מלכי [] שבא. Die folgenden Worte | בנ[י | ירם | אימן | מ[לך | שבא "" finden sich nicht in den andern Exemplaren. Sie würden sich auf 'Alhān Nahfān (7) und auf seine Söhne, die Enkel des Jarīm Aiman, beziehen.

²) Der Beginn der einheimischen Ära, den man bisher ins J. 115 v. Chr. setzte, ist durch Mlakers Erörterungen *WZKM* XXXIV S. 57ff. wieder zweifelhaft geworden. Es handelt sich aber nur um eine Differenz von wenigen Jahren.

164.

Bu. Jemen 1907 Nr. 34 im Hofe eines Hauses = C I 357 (nach einem von M. Hartmann mitgeteilten Abzuge = Burchardt 3). Vollständig. Untersatz einer dem Ta'lab Rijām[m] בעל | ט̇בין geweihten Statue.

1 אלש̇]עד | ואח̇]הו | רב
2 בם | ובניהו | א]לש̇ר
3 ח | אחצן | ואבכ]רב |
4 בנו | בקלם | א]דם |
5 בני | ש̇ח̇ימם | הק]נ
6 יו | ש̇ימהמו | תאל
7 ב] | רימם | בעל | ט̇ב
8 י]ן | צלמן | חגן | ו
9 קההמו | במש̇אלה
10 ו | לחמדהו | בהר
11 אית | הראי | להמ
12 ו] | בתחרבן | בורח̇
13 | ד]ת̄א | ד̄ח̇רף | אלו
14 הב | בן | תבעכרב
15 בן | יהסחם | ול
16 ופיהמו | ווּפי |]א
17 בעל | ביתהמו |]וכ
18 ל | ד̄קניו | ול | ח̇]ור
19 ינהמ]ו | ב]ן | באש̇ת
20 ם | ונצ̇ע | וש̇צי | ש̇נ
21 א]ם | ולש̇עדהמו | ר
22 צ̇ו]ה[ו] | ורצ̇ו | אמר
23 אהמ]ו | בני | ש̇ח̇ימ
24 ם | בתא]לב | רימם

(1) *[Īls]a'd und [sein] Bruder [Rabī]* (2) *b*ᵐ *und seine Söhne Ī[lšara]* (3) *ḥ Aḥṣan und Abūka[rib]* (4), *banū Bāqil*ᵐ, *K[lienten]* (5) *der banū Suḫaim*ᵐ, *haben dargeb[ra]*(6)*cht ihrem Schutzpatron Ta'la* (7) *[b] Rijām*ᵐ, *Herrn von Ẓab* (8) *[jā]n, die Statue, wie* (9) *er ihnen geboten durch sein Orakel,* (10) *zu seinem Preise durch die Gesichte,* (11) *die er s[ie] schauen ließ* (12) *in ? im Monat* (13) *[Da]ṯa' des Jahres des Īlwa* (14) *hab b. Tubba'karib* (15) *b. Juhaśḥim, und zu* (16) *ihrem Heil und zum Heil [der H]*(17)*erren ihres Hauses und [al]* (18) *les dessen, was sie besitzen, und damit er sie be*(19)*[h]üte [vo]r Bosheit* (20) *und Anschlag und Feindschaft eines Fein-* (21) *[de]s und damit er sie beglücke mit* (22) *seiner G[unst] und mit der Gunst ihrer Gebie* (23) *[ter], der banū Suḫaim* (24) *[*ᵐ. *Mit Ta'Jlab Rijām*ᵐ!.

(Z. 1.) Den Namen des Bruders ergänzen die Herausgeber mit M. Hartmann zu ריבם. Das wäre möglich, aber in solchen Fällen ist ein weniger seltener Name wahrscheinlicher. Wir haben daher statt ריבם, das bisher nur zweimal vorkommt, רבבם vorgezogen.

(Z. 7.) Die Ergänzung טֿבין ist von M. Hartmann gefunden. Ẓabjān war als Kultstätte des Ta'lab bereits aus den beiden Inschriften C I 37 und 356, die aus Ḥadaqān stammen, bekannt. Auch in der großen Inschrift von Rijām, die bisher nur in einer Abschrift des Jiḥje Gāfe und verschiedenen Repliken auf gefälschten Bronzetafeln vorliegt, C I 338, wird statt des wiederholt vorkommenden יבין mit D. H. Müller *WZKM* I S. 93f. vielmehr טֿבין zu lesen sein.

(Z. 10.) Die Wendung לחמדהן kommt sonst nicht vor (C I). — Den Sinn der folgenden Worte dürfte M. Hartmann richtig erkannt haben: *durch Gesichte, die er sie hat sehen lassen.* Er verwies auch auf die Stelle auf der 'Amrāntafel C I 74 Z. 15ff.:

חג | עלם | כהו | תעלם | שעדלה | עלם | רא | במחרם | אלמקה | דֿנעמן

gemäß dem Zeichen, durch das Sa'dlāh gewiesen wurde, dem Zeichen, das er schaute im Heiligtum des Almaqah von Na'mān (anders Rhodokanakis *Grundsatz* S. 13).

Im Wortlaute näher kommt die Inschrift Berlin VA 5340:

(1) .... תֿם | אמת | ב ..... (2) .... דֿן | צלמן | דֿדֿהבן

(3) .... | חג | דֿת | וקההמו | עֿת (4) [תר |] במשאלם | ולף | הראית | הראי |

(5) בנע]מן | ואלם | לופי[| ב]נה | אלנצר

(1) ... *ṯ-m, Dienerin* .... (2) *[hat dargebracht] diese Statue aus Gold* ..... (3) *gemäß dem, was ihnen befohlen 'Aṯ* (4) *[tar] mit einem Orakel und inhaltlich des Gesichtes, das er (sie) hat sehen lassen* (5) *[in* (den Heiligtümern) *Na'] mān und Alam, für das Hei[l] ihres [So]hnes Īlnaṣar*[1]).

---

[1]) Diese Inschrift weist im Schriftcharakter und in der Diktion auffällige Ähnlichkeiten mit der 'Amrāntafel C I 73 auf.

Mit Hilfe dieser Inschrift können wir jetzt Z. 2 des Fragments C I 580 deuten:

(1) ..... צלמנהן | חמדם |[בֿדת | צד] (2) קהו | בהראי | [הראי] (3) במחר[מן |]
דֿאו]ם | ״

(NN hat dargebracht) *die beiden Statuen zum Danke [dafür, daß er ihn ges]egnet hat mit Gesichten, [die er (ihn) hat schauen lassen] im Heil[igtum] von Aww[ām].*[1])

In allen drei Fällen wird es sich um Incubationsorakel handeln.

(Z. 12.) בתחרבן ist nicht befriedigend zu erklären. In einem Texte, der sich auf das Heiligtum des ʿAṯtar auf dem Berge Ṯanīn bezieht, Gl. B. 862 = C I 290, liest man die Worte: בתחרבן | להית | חרמתן *im taḥrīb für dieses Heiligtum.* Der Stein soll aus Rijām stammen. Auf dem Ǧebel Ṯanīn selbst kopierte Glaser die lange Votivinschrift an den ʿAṯtar Baʿl Ṯanīn C I 289, in der das Wort wiederholt vorkommt, Z. 2 (..... בתחר]ב | ....) und Z. 19ff.:

ולדֿת | [הע]נן | ...... [בכ]ל | תחרבת | ואמלא | י[שתמלאנן | בעמהו

auf daß [ʿAṯtar ihnen] helfe [mit al]len taḥrībāt und Weisungen, [die sie von ihm erbitten].

Auf eine konkrete Bedeutung weist der Gebrauch in der Beischrift zu dem Reliefstein OM Nr. 76: מרתֿדם | ורתֿדם | בני | דֿיהרחב | שמו | תחרבת | לופיהם | *Marṯad^{m} und Raṯad^{m}, die beiden Söhne von ḏū Juharḥib, haben aufgestellt taḥrībāt zu ihrem Heil*, und in der Aufschrift des Bentschen Libationsaltares Ryckmans 4, wo תחרבהן (ḥadr. st. emphat. für תחרבן) zusammen mit משלם *Altar* den Gegenstand der Weihung bezeichnet.

Das Wort dürfte, wie auch Ryckmans annimmt, mit *Krieg (in bello* C I) schwerlich etwas zu tun haben, vielmehr eine kultische Handlung oder ein mit dem Kultus zusammenhängendes Objekt bezeichnen. Man denkt unwillkürlich an das islamische *miḥrāb.*

(Z. 13f.) Über diesen Eponymen siehe oben Seite 15 und zu MM 25 Z. 8ff.

(Z. 21.) Die Bitte um die Gunst der Gottheit ist, wie die Herausgeber des C I bemerken, ungewöhnlich, vgl. indes die Bemerkung zu MM 156 Z. 3.

165.

RW 155. Von einem Juden [aus Marib C I] nach Ṣanʿā gebracht. Zwei zusammenhängende Bruchstücke; 0.20 × 0.47. — Bu. Jemen 1907 Nr. 286 = C I 584 (Burchardt 4).

---

[1]) H. Derenbourg und die Herausgeber des C I haben etwas ganz anderes vom Stein abgelesen. Eine ähnliche Wendung steckt wohl in den schlecht erhaltenen Zeilen 5 und 6 der Bombayer Votivinschrift Ryckmans 36.

Bu.

RW

RW

1 לחיעתת | בן | מקרם | עשא | ו
2 בני | חרתהו | למשקת | נחלה
3 ו | מוטפתן | בעתתר | ואלמקה

(1) *Lihaij'att b. Maqār*[m] *hat gegraben und* (2) *gebaut seinen Kanal für die Bewässerung seiner Palmenpflanzung* (3) *Muwazzafatān. Mit 'Attar und Almaqah!*

Die Echtheit der Inschrift oder wenigstens ihrer rechten Hälfte ist von M. Hartmann bezweifelt worden, weil der Steinmetz das ע im Worte לחיעתת vergessen hatte und es erst nachträglich hinzugefügt hat[1]). Mit diesem Argument könnte man hunderte von unbequemen Inschriften für unecht erklären!

---

[1]) Der Verfasser der *Ar. Fr.* hat auch sonst Einfälle dieser Art. So werden u. a. S. 274 *Sab. Denkm.* 37, S. 279 das Relief *ZDMG* XXX S. 115, S. 288 C I 567, S. 487 Anm. C I 379

(Z. 1.) Die Sippe Maqār[m] مقار gehörte nach den südarabischen Archäologen zu den vornehmsten Geschlechtern der Vorzeit (s. die Stellen aus Nešwān und aus der Ḥimjarischen Qaṣīda bei D. H. Müller *ZDMG* XXIX S. 621ff. Ihnen ist Hamdānī *Ǧazīrat* 94_3 u. 117_{23} hinzuzufügen). In den Inschriften werden die banū Maqār[m] wiederholt erwähnt: Hal. 650 (Ṣirwāḥ), C I 431 + 438_5, Gl. 509 (bei Rhodokanakis *St.* I S. 68f.). — Über עשא siehe zu MM 1 Z. 1.

(Z. 2.) חרת ist als wasserbautechnischer Ausdruck aus zahlreichen Paralleltexten erschlossen, nach Rhodokanakis ein *Dammkanal*. Wie in vorliegender Inschrift heißt es Gl. 929 (897) + 1353 (Lidzbarski *Ephem.* II 393 = Glaser *Altjem. Nachr.* 254ff. = Rhodokanakis *St.* II S. 120): הותרי | ו[ש]קר | חרתן שבם | משקת | אנחלהמי *sie beide legten den Grund [und voll]endeten die ḥārat Šibam als masqāt der Palmenpflanzungen von ihnen beiden*; Ryckmans 9 wörtlich ebenso: עשאו | והותר | ושקר | חרתן | משקית | נחלהמו; Mayer Lambert *Bombay* 48: *Šaraḥ'il b. Raš[wān]* בני | ומלא | חרתהו | משקת | נחלהו | דזלם *hat gebaut und vollendet seine ḥārat als masqāt seiner Palmenpflanzung ḏū Z-l-m.* An diesen Stellen steht משקת als Apposition zum Worte חרת (Ryckmans); Rhodokanakis faßt es überall als Infinitiv. An unserer Stelle erscheint dafür למשקת *für die Bewässerung*; vgl. Conti Rossini 1 לשקים, Jaussen *himy.* 131 ל]ישקין | נחלהו[1]).

(Z. 2.) נחל scheint im Sabäischen ebenso wie im Arabischen bald als Feminin bald als Maskulin gebraucht zu werden, wie aus den Namen der Palmenhaine hervorgeht. Sie weisen mitunter wie hier (vgl. auch Hal. 176 = C I 414 Z. 2 נחלהו | דת | ברן) weibliche Formen auf, in der Mehrzahl aber männliche. Über den Gebrauch im Arabischen vgl. Baiḍāwīs Kommentar zu Sūre 54_{20} und 6_{142}.

---

mit verblüffender Sicherheit für falsch erklärt oder doch verdächtigt. Bezüglich des Reliefs *ZDMG* a. a. O. sei auf Conti Rossinis Richtigstellung *Rendiconti* 1925 S. 187ff. verwiesen.

1) Mit Hilfe von Glasers Angaben über die Repliken seiner Nummern 929 (897) + 1353 kann man jetzt auch das Fragment Reh. IX = Ryckmans 43 [= C I 641] ergänzen:

דחבב	.... די | חבב | הותר]י | ושקר | ח
(in Monogramm)	רתן | ..... | משקת | אנחלהמי[..... | ומטוחן

Nach Glaser sollen die Inschriften „aus der Gegend von Ḥabāb im bekannten Wādī Ḥabāb" stammen. Dieses „bekannte" Wādī ist in der Nähe von Ṣirwāḥ zu suchen, wo die ḏū Ḥabāb inschriftlich durch Hal. 48 bezeugt sind. Gl. 1095 mit demselben Monogramm stammt nach Grohmann *Göttersymbole* S. 24 aus Ṣirwāḥ. — משקית war bisher nur aus minäischen, משקת nur aus sabäischen Texten zu belegen. Durch das Vorkommen von משקית in der Inschrift Ryckmans 9 und משקיתם Conti Rossini I hat sich das als Zufall erwiesen. במשקי Ryckmans 5 Z. 4 braucht nicht zu משקי]ת ergänzt zu werden, vgl. Hal. 210_6: במשקי | נגו | דן | שטרן, was an משקי | נגו Fr. XI = Gl. 1000 B anklingt.

166.

RW 162. In Ṣan'ā erworben, jetzt Berlin VA 8973. Kalkstein; 0.20 × 0.30; Abschrift und Abklatsch.

1 ... שׁועב | ושׁוחי | ושׁופ]י | ...

2 ... רי | ושׁבאי | ישׁירן | ומי ...

3 ... שׁקם | וגמן | ולחם | רכ? ...

frei

4 ... | עיננהן | וארב | מכשׁת ...

5 ... להם | תוב | בקני | בעׂזת ...

6 ... יצל | עׂטם | ותמצת | בן | ...

Anscheinend an allen Seiten abgebrochen.

Ein sehr dunkler Text. Die Saf'alformen der ersten und zweiten Zeile und eine Reihe Wörter, die sich nur im Minäischen finden, zeigen, daß ein minäischer Text vorliegt.

(Z. 1ff.) שׁועב entspricht sabäischem הועבן *Sab. Denkm.* 31 = C I 325 und Gl. 554 = C I 540 Z. 30. Die in den *Sab. Denkm.* angenommene Bedeutung *vollenden* nach dem arabischen اوعب الامر فرغ منه scheint überall zu passen. שׁוחי = أَوْحَى könnte dann *beschleunigen* sein; שׁופ]י *voll machen*. Die Saf'alformen setzen sich in der zweiten Zeile fort: שׁב]רי | ושׁבאי, das Objekt dazu wäre in ... ומי | ישירן und in den Substantiven der dritten Zeilen zu suchen — sämtlich ἅπαξ λεγόμενα bis auf וגמן, das auch Hal. 169 Z. 2 (| משקית | וגמתן | בני | הקניש | דרפתן) in ebenso dunklem Zusammenhange vorzukommen scheint.

(Z. 4.) Man erkennt den Dual עיננהן. Die beiden folgenden Wörter ארב und מכשת sind ἅπαξ λεγόμενα und nicht zu erklären.

(Z. 5.) Der Anfang dürfte zu לה[ם | הם = hebräisch אִם לֹא zu ergänzen sein, das im Minäischen wiederholt in den Inschriften von el-ʿÖlā vorkommt, und zwar mit folgendem Perfekt. Altsabäisch entspricht הם | לם Hal. 152 Z. 5 mit Imperfekt.. In den qatabānischen Inschriften Berlin VA 3842 und 7809 erscheint dafür הם | אל. — ת̄וב ist wohl Verbalform = ثَوَّبَ in der Bedeutung *wiederherstellen*, wie öfter im Sabäischen. Im Minäischen ist sonst nur die IV Form zu belegen. Was בקני | בעֹזת hier bedeutet, läßt sich nicht sagen.

(Z. 6.) Zu יצל vgl. die Wendung ו̄דן | ביצל | עד | מעתק in der minäischen Inschrift Jaussen *himy.* 132 Z. 4, wo ו̄דן die in den *Beitr. z. Min. Ep.* S. 103 nachgewiesene Conjunction ist. — עטֹם findet sich auch sonst in minäischen Inschriften, s. *Beitr. z. Min. Ep.* a. a. O., תמצת kommt hier zum ersten Mal vor.

167.

RW 156. Ohne Maßangaben. Von einem Juden nach Ṣanʿā gebracht.

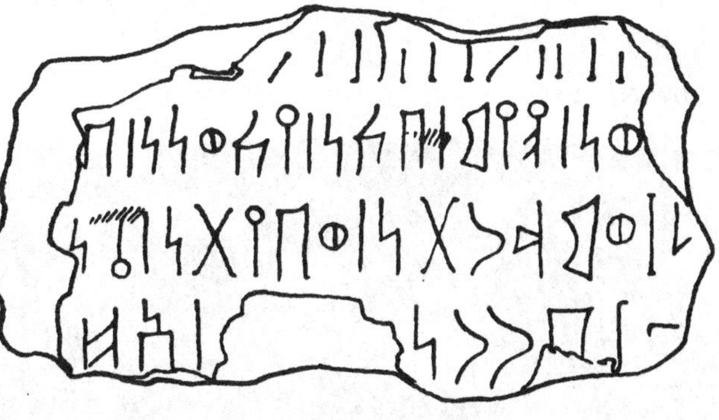

1 ..... ב]ן | כרכם | ??? ...

2 ..... ון | טֹים | בכן | יכונן | ב

3 ... ן | ומדרתן | וביתן | ת̄נ[ין |

4 ..... | בררן ...... | אר̄

Oben scheint, abgesehen von den abgestoßenen oberen Teilen der Buchstaben, nichts zu fehlen; rechts und links und auch wohl unten abgebrochen. Das Erhaltene gibt keinen Anhalt, um den Umfang der verlorenen Teile auch nur annähernd zu bestimmen.

Eine zusammenhängende Übersetzung ist nicht möglich; man kann indes aus den Wörtern ביתן | ת̄נ[ין Z. 3 und בררן Z. 4 schließen, daß die Inschrift ähnlichen Inhalts war wie *Sab. Denkm.* 19, in der sich dieselben Wörter finden und die einen gleichen Schriftduktus aufweist. Ebenso besteht eine gewisse Ähnlichkeit mit Gl. B. 862, wo auch von dem Heiligtum ת̄נין die Rede ist. Dieses wird sonst nicht erwähnt. Vermutlich handeln alle drei Texte von Kultvorschriften.

ברןן bezeichnet in der eben erwähnten Inschrift *Sab. Denkm.* 19 ein Heiligtum, vielleicht des ʿAṯtar, C I 594 ein Heiligtum der Ḏāt Baʿdān. In der Inschrift Jaussen *himy.* 118 ist die Rede von Kriegen des Īlšaraḥ Jaḥḏib und seines Bruders, wie sie ihre Feinde schlugen (Z. 4) und wie diese, Z. 5: | תאתמו ורתצ̇חן | בברן | ד̄חק . . . *sich mit ihnen vertrugen und um Entschuldigung baten in B-r-rān ḏū Ḥ-q*... Mit B-r-rān könnte das gleichnamige in C I 594 erwähnte Heiligtum der Ḏāt Baʿdān gemeint sein. Vielleicht ist es nicht allzu gewagt, in ...ד̄חק den alten Namen von Ḥuqqa zu suchen, wo ein Tempel der Ḏāt Baʿdān durch die Ausgrabungen der Herren Rathjens und v. Wissmann festgestellt worden ist (s. oben zu MM 137).

(Z. 1.) Die Lesung בן | כרבם ist unsicher. כרבם erscheint als Sippenname Hal. 51 Z. 21 und wahrscheinlich C I 90 Z. 2.

(Z. 2.) ט̇ים ist ἄπ. λεγόμενον und nicht zu deuten. Die Form יכונן auch C I 380 Z. 3 in dunklem Zusammenhange.

(Z. 3.) מדרתן ist wohl Name eines dritten Tempels. Das Maskulin מדרם kommt als Ortsname vor.

168.

Bu. Jemen 1907 Nr. 287.

ודאב | מדל

ודאב ist das Zauberwort, das in verschiedenen Varianten (ודאב, ודם | אבם bzw. umgekehrt אבוד, אבם | ודם) als exorcistisches oder glückbringendes Zeichen auf Amuletten erscheint, aber auch auf Steinen an öffentlichen Gebäuden angebracht wurde. In Ṣanʿā fand Glaser auf der Außenseite der Umfassungsmauer des Ordu eine Inschrift auf weißem Kalkstein, die in außerordentlich großen Buchstaben von ca. 12 cm Höhe das einzige Wort ודאב enthielt (Nr. 84 seiner Sammlung = CI 33). Das Wort war nach Glasers Zeichnung wie unsere Inschrift und die gleich zu erwähnende nordminäische Inschrift von einer Leiste umrahmt und zweifellos ebenfalls in Reliefbuchstaben ausgeführt. Ein Pendant dazu ist der Stein mit dem Worte ודאבם auf der rechten Seite des *Bāb al-aʿlā*-Tores von ʿAmrān, Gl. 80 = CI 97. Glasers Vermutung, daß auch der Stein CI 33 ursprünglich an einem der Stadttore von Ṣanʿā angebracht war, hat vieles für sich. Gleichen Charakter trägt die qatabānische Felsinschrift Gl. 1426 bei Grohmann *Göttersymbole* S. 40f. mit bildlichen Darstellungen (zwei gegenständige Stiere (?), dazwischen Mondsichel und Sonnenscheibe). Dafür erscheint CI 471 (aus Naǧrān, bei Grohmann nicht erwähnt) *un lion terrassant un taureau; au dessus, un serpent sinueux* (Halévy). Besonders merkwürdig sind zwei monumentale Steine, die die Herren Jaussen und Savignac in el-ʿÖlā entdeckten und die das Zauberwort, begleitet von allerlei Göttersymbolen, zeigen. Nach der sorgfältigen Bearbeitung und ihrer Größe zu urteilen, waren sie an einer in die Augen fallenden Stelle als Apotropäen angebracht, vielleicht am Stadttor. Weitere Beispiele für die Verbreitung dieses Gebrauches sind die Steininschriften CI 301 aus Nāʿiṭ, 470, 481, 483—486 aus Naǧrān und 106 (Fundort unbekannt). Ebenso zahlreich sind die Amulette aus verschiedenem Material (CI 472—478, 589, 590; Berlin Nr. 31 [= C I 806]).

Endlich findet sich das Wort auf dem Bauche eines Alabasterkruges neben einem Ziegenkopfe, Jaussen *himy*. 36. Der talismanische Gebrauch von ודאב erinnert an die Art, wie im Islam die Namen der Siebenschläfer, das koranische كهيعص, die Zahlbuchstaben بدوح und der Name des Dämons كبيكج zum Schutz gegen Feuer, Verlust und Beschädigung durch Würmerfraß usw. an Häusern, auf Briefumschlägen und in Büchern angebracht werden.

Eine befriedigende Erklärung des Wortes ist noch nicht gefunden worden. Als persönlicher Eigenname erscheint es in den Inschriften CI 482 und oben MM 79. Damit verglichen die Herausgeber des Corpus zu CI 33 den alttestamentlichen Eigennamen יוֹאָב. Andrerseits erinnert אבמודם an אבמעתתר, das in dem Ausdruck אהל | א׳ Hal. 148 Z. 4 einen Gottesnamen darzustellen scheint (s. zu MM 42). Mit אבמעתתר aber hat man schon längst den Namen des Joqṭāniden אבימאל aus Genesis Kap. 10 zusammengestellt (zuerst wohl Halévy *Mélanges de critique* S. 86, dann *ZDMG* XXXI S. 86). Zu beachten ist, daß auf den Steininschriften durchweg ודאב (einmal, C I 97, ודאבם) geschrieben wird, auf den Amuletten אבם | ודם oder אבוד.[1])

Die in unserer Inschrift auf ודאב folgenden Zeichen מך (in Monogramm) und ל vermögen wir nicht zu deuten.

169.

RW 41. Abschrift und Photographie; 0.30 × 0.70; angeblich 3—4 Stunden entfernt von Ṣanʿā gefunden.

(Monogramm) יגראל (Monogramm)

---

[1]) Die bis dahin bekannten Wadd'ab-Inschriften sind im C I unter den Nummern 470—486 und in den Vorbemerkungen dazu, sowie unter Nr. 589—593 zusammengestellt. Davon sind zu streichen: 480 (die Inschrift besteht nur aus den drei Buchstaben אעֹן), 482 (s. zu MM 79 Z. 3), 591 (s. zu MM 172—173), 592 (qatabänische Grabstatuette mit der

Über den EN ינראל s. zu MM 126.

Das Monogramm rechts enthält die Buchstaben ה̄, ח̇, א und ein als Basis auf die Seite gelegtes מ, dazu vielleicht auch noch נ und שׁ, das Monogramm links die Buchstaben א und ד̄. Eine Auflösung der Monogramme ist uns nicht gelungen.

170.

Bu. Jemen 1901 III Nr. 36, als Burchardt 1 herausgegeben von Lidzbarski *Ephem.* I S. 221f. Jetzt im Musée du Cinquanténaire in Brüssel (= Ryckmans 47 [= C I 829]).

Zahnleiste

אשמת | בן | עמרם | דעמי

ן | בן | אשרן

Reiter mit Lanze auf Kamel n. l.

---

fragmentarischen Inschrift חם . . .), und 593 (Siegelstein mit schlecht kopierter Legende). In Hommels Beschreibung von Glasers Inschriftensammlung Nr. 277—1811 werden folgende Nummern als W(add) A(b)-Inschriften bezeichnet: 335 (Holztäfelchen, wohl = C I 473), 651, 673 (Würfel, durchbohrt), 786, 806 = 1043, 1425 und 1590. Dem sind hinzuzufügen die von Grohmann a.a.O. beschriebenen Nummern 1424 und 1426. — Das von Jaussen-Savignac beschriebene Stück aus el-ʿÖlā ist auch deshalb merkwürdig, weil das darauf angebrachte ʿAṯtarmonogramm sich sonst nur auf Inschriften von Jaṯil findet. Das bestätigt die auch sonst (*Beitr. z. Min. Epigr.* S. IX) gemachte Beobachtung, daß die Minäer von el-ʿÖlā mit Jaṯil zusammenhängen.

Lidzbarski und Ryckmans haben die Inschrift ebenso gelesen. Lidzbarski übersetzte sie: *Usāma, Sohn des ʿĀmir^m, der Tischler, vom Stamme Asdān* oder *U., Sohn des ʿĀ., des Tischlers, Sohnes des A.*

Der Deutung von דעמין als *Tischler* hat schon M. Hartmann *Ar. Fr.* S. 233 mit Recht widersprochen. Ein friedlicher Handwerker wird sich schwerlich als lanzenschwingender Kamelreiter darstellen lassen. דעמין ist vielmehr Nisbe vom Stammesnamen דעמם = دُعام, der *Duʿāmite.* C I 335 wird dafür בן | דעמם gesagt.

Hamdānī *Ǧazīrat* kennt Arḥab b. ad-Duʿām als Stamm von Hamdān (201_{13}: ارحب بن الدعام من همدان); nach Nešwān *Šams* 77 sind die ʿIljān ein Hamdān-Stamm, حىّ من همدان, und Nachkommen des Arḥab b. al-Diʿām al-akbar. b. Duraid nennt 105_{9} die banū Diʿām einen Stamm, بطن, von Hamdān, und 256_{19} die banū Arḥab Nachkommen der b. Duʿām. Nach Nešwān a. a. O. S. 20 beherrschte die Familie āl Duʿām den oberen Ǧōf. Dasselbe berichtet b. Muǧāwir, s. Sprenger *RR* 154[1]).

Für die Erklärung des Ausdrucks אשדן entscheidend ist die von Lidzbarski übersehene Reliefstele Derenbourg *Marseille* VI [= C I 718] mit gleicher Darstellung und mit der Inschrift נצב | עלמן | בן | אשדן. Hier und in unserer Inschrift dürfte בן | אשדן appellativ zu fassen sein = مِن الأُسْد *von den Kriegern.* אשד ist in der Bedeutung *Krieger* im Sabäischen wiederholt belegt. Auf Grund der beiden Reliefs werden wir in den *usd* die Truppe der sabäischen Kamelreiter erkennen. Diese Erklärung wird bestätigt durch die Stellen, an denen von den Überfällen und Raubzügen der *usd* die Rede ist, wie C I 82, 84, 334, 350, 353, 398, 407. Sie operieren in kleineren Trupps von 120 bis 320 Mann (120: C I 350_{9}; 150 ebenda Z. 4; 200 ebenda Z. 2 und C I 334_{8}; 320: C I 353). C I 350 wird ihre Aktion mit dem Verbum הערן = أغاروا bezeichnet. C I 398_{10} plündern der böse ʿAbdʿaṯtar und seine *usd* das Heiligtum des Almaqah. C I 84 dankt

---

[1]) b. Muǧāwir, b. Ḥabīb und b. Duraid schreiben دعام, Hamdānī *Ǧazīrat* S. 111 u. 201 und Nešwān S. 26 الدعام. An einer andern Stelle, S. 37, hat Nešwān آل دعام, vgl. سوق آل دعام bei Ḥāǧǧi Rāšid *tārīḫi Jemen weŠanʿā* I S. 83. — Von דעמין ist kaum zu trennen דעמים in der alten Grabinschrift Gl. B. 867 = C I 311: נצ[ב | אבשמע | בן | קיחם | ד״. Zu Gl. B. 876 war auf دُعْمِىّ verwiesen, nach b. Duraid 196 ein ijāditischer EN. Dann hätte der Vater des Abīsāmiʿ zwei Namen getragen. Die Herausgeber des C I vermuten, daß דעמים ein Fehler des Steinmetzen für דעמין sei. — Für דעמם C I 335 möchte M. Hartmann *Ar. Fr.* S. 247 — gegen den Stein! — דומם lesen und bemängelt gleichzeitig die Heranziehung von בן | דרעם Hal. 404 Z. 1 wegen der fehlenden Mimation und weil בן wahrscheinlich nicht = ابْن, sondern = مِن sei. Allein Hal. 404 ist minäisch, das Fehlen der Mimation entspricht also der Regel. Ferner ist der Stein vor בן abgebrochen, so daß sich über den Wert von בן überhaupt nichts sagen läßt.

der Minäer Sarī'm dem Almaqah dafür, daß er ihn errettet hat, als *der Sabäer und die usd versuchten ihn aufzuheben*. C I 82 wird demselben Gotte gedankt, weil er den Stifter des *musnad* geheilt hat von einer Wunde, die er erhalten בקשה | אשדן *beim Einfall der usd*. C I 407_{25} rühmt sich der Stifter drei אשד zur Strecke gebracht zu haben, also nicht gewöhnliche Männer, Infanteristen, אשם, wie es manchmal in solchen Inschriften heißt, wenn von Kampf und Streit berichtet wird.

An den angeführten Stellen paßt die Bedeutung *Kamelreiter* ausgezeichnet, an andern wie C I 287 spricht nichts dagegen. Nirgends aber liegt ein zwingender Grund vor, darin mit Praetorius eine Art Pronomen relativum *wer auch immer* zu sehen[1]), weder in den minäischen und qatabānischen Texten Gl. C 282, 299, Hal. 228_2, 446 u. 447, 459_4, 520 Z. 20 = 521 + 523 Z. 1, Gl. 1606 (bei Rhodokanakis *Grundsatz* S. 33 ff.) Z. 23 noch in den sabäischen Texten Hal. 361_4, C I 69, 287, 356, Berlin VA 3847 Z. 4 und in der alten Inschrift Gl. 1000 A.

In den zuletzt angeführten Inschriften ist nicht von einer kriegerischen Betätigung der *usd* die Rede. In einigen Texten, deren Deutung allerdings noch nicht abgeschlossen ist, wie C I 69, Berlin VA 3847, Hal. 361, Gl. 1606 und 1000 A (Rhodokanakis *Altsab. T.* I S. 48 ff.) erscheinen sie im Zusammenhang mit bodenwirtschaftlichen Bestimmungen, und man darf vermuten, daß es sich da um die Belehnung bezw. Beschenkung mit Grund und Boden zum Entgelt für geleistete oder noch zu leistende Kriegsdienste handelt: also etwa ähnliche Verhältnisse wie bei den römischen Garnisonen an der Reichsgrenze oder bei den osmanischen Sipāhī und Timarioten. C I 356 werden sie mit den קשד koordiniert genannt, ebenso Gl. 1000 A Z. 12. Die קשד wiederum erscheinen Gl. 1210 und Hal. 51 neben den מסוד und Qailen wie eine besondere Beamtenkategorie oder Bevölkerungsklasse. In der Inschrift von 'Obne wird berichtet, daß an der Herstellung der großen Sperrmauer von 'Obne 120 *usd* während eines Vierteljahrs gearbeitet haben: das steht keineswegs im Widerspruch mit dem eigentlichen kriegerischen Berufe der *usd*. Sie waren gleichzeitig Kolonen und im Notfalle auch Pioniere.

Auf den Grabstelen sind wiederholt mit Lanzen bewehrte Kamelreiter abgebildet (Relief in Bombay, s. *Journal of the Bombay Branch of the R. As. Soc., Vol.* II, Bombay 1848, Pl. V [= C I 698]; drei im Louvre bei J. und H. Derenbourg *Nouv. Et.*

---

[1]) Gegen die Deutung von Praetorius sprach sich Lidzbarski *Ephem.* II S. 395 aus, während Rhodokanakis *St.* II S. 140, *KT* I S. 110 sie gebilligt hat, allerdings wohl nicht für alle Stellen, wo das Wort vorkommt. *Ephem.* I 235 hat Lidzbarski an den analogen Gebrauch von כפיר im AT erinnert, und im Anschluß an ihn hat dann Conti Rossini *ZA* XXIV S. 337 ff. auf das äthiopische *anbasā* hingewiesen, das in älteren Urkunden eine ähnliche Bedeutung wie das sabäische Wort hat.

in der *Rev. d'Assyr.* I Nr. 2, 4 und 9 = C I 445; zwei in Marseille, Derenbourg *Marseille* Nr. VI und VII). Neben den mahritischen Kamelen werden die Kamele der Arḥab besonders gerühmt (Hamdānī 201 und b. Duraid S. 256). Die Arḥab aber stammen, wie wir gesehen, von den banū Du'ām, zu denen der Kamelreiter unserer Inschrift gehörte.

Sein Name אשׂמת = أُسامة kommt inschriftlich sonst nicht vor, der Name seines Vaters bezw. seiner Sippe עמרם = عامِر (Lidzbarski) auch Hal. 92 und 96 und Jaussen *himy.* 60, 153, ebenda 16 ohne Mimation.

171.

Räucheraltar aus gelbem Sandstein, von Burchardt im Jemen erworben, jetzt in der Sammlung Dr. Max Ginsberg in Berlin. Höhe an der Kante der Vorderseite 0.18, an der Rückseite 0.15 (Basis 0.085, Aufsatz 0.095), Breite der Basis 0.12—0.08, des Aufsatzes 0.13.

MM 171 Gesamtansicht.

MM 171 Vorderseite.

Die Vorderseite des Aufsatzes zeigt in der Mitte Mondsichel und Sonnenscheibe, beide Symbole in roher Ausführung. Die Sonnenscheibe sieht wie ein Ring aus. Rechts und links Zahnleiste.

Darunter auf dem Untersatze: (A)

1 ד̄נמם | ד̄ת | ש̇

2 פקין | הקנית [|

3 בעלת | חדת̄ |

Die rechte Seite des Aufsatzes ist stufenförmig nach r. abgeschrägt und trägt die Inschrift: (B)

בנו | ש̇פקין |

וכרב | ד̄הכל

MM 171 rechte Seite.

Darunter auf dem Untersatz die Inschrift: (C)

1 ד̄ת | ט̇רבם |
2 לופיהמו | ווּפ[י
3 | בתהמו |

Die linke Seite des Aufsatzes ist ebenfalls nach l. abgeschrägt und glatt. Auf dem Untersatze die Inschrift: (D)

1 אנעם | ובני
2 המ[ו | אלוהב |
3 וא]בכרב | ווּפי [|
4 וי[נה]ם |

MM 171 linke Seite.

A und C und D scheinen zusammenzugehören:

A (1) *Ḏanam*^{m} *von* (der Sippe) *Sa* (2) *faqījān hat dargebracht* (den Altar) (3) *der Herrin von Ḥadaṯ*, C (1) *der von Ẓarab*^{m}, (2) *zum Heile von ihnen und zum Hei[le] der Tochter von ihnen* D (1), *An'am, und der Söhne* (2) *von [ihn]en, Īlwahab* (3) *[und A]būkarib, und zum Gedeihen* (4) *des Wei[nberges von ih]nen.*

Die auf der rechten Seite des Aufsatzes eingetragene Inschrift B *die banū Safaqījān und Karib von H-k-l* steht außer Zusammenhang mit A, C und D. Sie hat wie eine Etikette den Zweck, die beiden Sippen zu bezeichnen, denen die Benutzung des Altars vorbehalten war. Ganz ähnlich besteht die Inschrift auf dem Räucheraltar CI 285 nur aus den Worten *Sa'd*^{m} *und Sa'dšams*^{m} *und Rabb'īl, banū Baḥr*^{m}; ebenso oben MM 117.

Im Einzelnen:

A (Z. 1.) Das n. pr. fem. דנמם und der Sippenname שפקין kommen sonst nicht vor.

דׄנמם bedeutet wohl *Regen*, äthiopisch ዘነም:, das zu hebräischem זֶרֶם, assyrischem *zunnu* gehört. Wir erkennen jetzt dasselbe Wort an einer bisher nicht erklärten Stelle, C I 28 Z. 6f.:

ול | שעדהמ[ו |] דׄנמם | שפקם | בן | דתׄא | וחרף |

und auf daß (der Gott) *s[ie] beglücke mit mildem Regen im Frühling und Herbst*[1]). Ein weiteres Beispiel liegt wohl in דׄנמן *der Regen* oben MM 76_4 vor.

Bekannt ist der Name ماء السماء *Himmelswasser*, den u. a. die Mutter des Laḫmiden Mundir neben dem abgekürzten Namen Māwija führte (Nöldeke, *Gesch. der Perser u. Araber* S. 169).

שפקין ist eine Nisbeform. Über die Sippennamen in Nisbeformen siehe zu MM 30 Z. 1.

(Z. 3.) Mit der Herrin von Ḥadaṯ kann nur die Šams gemeint sein. Sie wird sonst als Herrin von Ġaimān, Maifaʿ und Ǧuḥfat verehrt. Das Epitheton, das sie hier führt, ist neu. Ta'lab wird wiederholt בעל | חדתׄנן genannt, einmal בׄ | חׄ | דׄוערן s. oben MM 159 Z. 3. Der Zusatz דׄוערן ist Apposition zu חדתׄנן, wie auch in dem Epitheton des Almaqah בעל | אום | דׄערן | אלן die beiden letzten Worte sich nicht auf die Gottheit, sondern auf das vorhergehende אום beziehen. So werden wir auch in unserer Inschrift דׄת | טׄרבם als Apposition zu חדתׄ zu fassen haben. Damit entfällt die Ergänzung חדתׄ[נן].

C (Z. 3.) בתהמו kann für ביתהמו oder, wie in der Übersetzung angenommen ist, für בנתהמו stehen. Der EN אנעם gibt keinen Anhalt dafür, sich für die eine oder andere Auffassung zu entscheiden, da er bisher weder als Orts- noch als Personenname zu belegen ist. Unter den arabischen Namen der nabatäischen Inschriften kommt אנעם, griechisch Ἄναμος, wiederholt vor, aber als männlicher EN. Sonst fehlt er in der arabischen Onomatologie. Sollte vielleicht אנעם die Verkürzung von انعم صباحًا darstellen, wie der zweite Teil der ḥimjarischen *taḥīja* lautet (s. zu MM 153 Z. 4)? Das wäre ein EN wie Gutentag, griechisch Καλημέρης, neuhebr. יום טוב, der vielleicht auch als Frauenname verwendet worden ist.

D (Z. 4.) Die Lesung und Ergänzung des Wortes וינהם dürfte nach den erhaltenen Resten sicher sein. Das Wort war bereits aus der Inschrift C I 11 Z. 4[2]),

---

[1]) Die Stelle erinnert lebhaft an Deut. 11_{14}: וְנָתַתִּי מְטַר־אַרְצְכֶם בְּעִתּוֹ יוֹרֶה וּמַלְקוֹשׁ *und ich werde den Regen eures Landes zu seiner Zeit geben, Frühregen* (Mitte Oktober bis Dezember) *und Spätregen* (März und April).

[2]) Im Kommentar und im *Epilogus* des C I zu dieser nicht uninteressanten Inschrift ist allerlei übersehen. Die Herausgeber erwähnen nur den Aufsatz von Hommel in der *ZDMG* XLIII S. 659ff., nicht aber die kurze Notiz ebenda XL S. 308ff., XLI S. 160, XLIV

einer Dedikation an die *Šams Ba'lat Ǧuḥfat*, und aus C I 440 bekannt. Das Fehlen des ו am Schlusse des Suffixes ist nicht ohne Beispiel (ביתהם MM 97 Z. 4; מקברהם C I 20 Z. 2; ופיהם C I 77 Z. 11 und OM 75; שעבהם C I 102 Z. 8; שעדהם C I 341 Z. 8; vgl. Mayer Lambert *Journ. As.* 1908 I S. 319).

Unser Altar zeigt die gleiche Form und die gleichen Dimensionen wie die Mehrzahl der sabäischen Räucheraltäre, eine abgestumpfte vierseitige Pyramide mit einem Würfel als Aufsatz, dessen Mitte vertieft ist; vgl. die Abbildungen bei Grohmann *Göttersymbole* S. 38ff. und in den Tafelbänden des Pariser Corpus zu C I 285, 354, 362, 422, 440, 453, 469, 560 sowie die Ausführungen von G. Niemann zu dem fragmentarischen Oberteil des Räucheraltars im Wiener Hofmuseum Nr. 28[1]). Die hier angeführten Stücke waren wohl in den Tempeln der darin genannten Gottheiten aufgestellt und ebenso wie die *madbaḥat*, die Altäre für Schlachtopfer, ihren Stiftern bezw. deren Sippen vorbehalten. Andere, kleinere und einfachere, nicht ornamentierte Räucheraltäre tragen nur die Namen von Aromaten, s. die Beschreibungen in den *Sab. Denkm.* S. 83ff. und bei D. H. Müller *Hofmus.* S. 48. [Die Aufschriften sind jetzt im C I unter den Nummern 681—691 gesammelt.]

172 und 173.

RW 5 und 6 (Abschriften und Photographien). Zwei Kalksteinplatten im Besitz des Prinzen Sidi Mohammed in Hodeida[2])].

S. 201. Wo zuerst die Cruttendensche Kopie veröffentlicht ist, erfährt der Leser nicht, auch nicht, daß Glaser die Inschrift zweimal kopiert hat und daß von seinen Kopien verschiedene Redaktionen im Umlauf sind. Die im C I in Vergrößerung wiedergegebenen Glasersche Photographie ist leider recht undeutlich ausgefallen. Immerhin wird sich aus ihr noch etwas mehr herauslesen lassen, z. B. das Verbum הקח am Ende der 1. Zeile (vgl. oben zu MM 150 Z. 4), Z. 2 דעלט und noch einiges andere.

1) In der Abbildung ist das Stück auf den Kopf gestellt. Was Niemann für die Füße des Altars ansah, sind vielmehr die überstehenden Spitzen der Eckrisaliten.

[2) Der Fundort dieser beiden Stücke wird nicht allzuweit von Hodeida zu suchen sein. In dieser Gegend, 12 Stunden östlich von Hodeida und nördlich von der Ortschaft el-Ǧāhil, fand der französische Konsul Lucciana i. J. 1881 in einem Heiligtume auf einem Berge die fünf im C I unter Nr. 859—863 veröffentlichten kurzen Inschriften, anscheinend nur Eigennamen auf Grabsteinen].

RW 5

RW 6

RW 5. Ovale Gesichtsmaske mit Stirnband; ohne Ohren; Augen und Mund oval; in flachem Relief. Darunter der Name הופעתת *Hauf'aṯt*;

RW 6 oben abgebrochen; sonst wie RW 5; Augen und Mund linear. Darunter der Name עמותר *'Ammīwatăr.*

Ganz ähnliche Denkmäler sind: Jaussen *himy.* 115 (rundes Gesicht; abgebildet Taf. XI 9); 116 (ebenda Taf. XI 7, ovales, unten spitzzulaufendes Gesicht ohne Ohren und Stirnband); 62 (ebenda Taf. XII 7, ovales Gesicht mit Halsansatz, das Stirnband sehr deutlich); Berlin VA 2578 (abgebildet in den *Himj. Inschr. u. Altert.* Taf. VII, oval-rundes Gesicht, Ohren und Stirnband); C I 591 (wie Jaussen *himy.* 116)[1]); Wien Hofmuseum Nr. 122 und Berlin VA 6 (Maske mit Ohren und Stirnband, der untere Teil mit der Inschrift fehlt); die von Conti Rossini in den *Rendiconti* a. a. O. S. 186 beschriebenen Steine des British Museum 103, 104 [= Gl. C 308] und 482 [= Ryckmans 28].

Die Gesichtsmaske wird gelegentlich durch eine eingegrabene Zeichnung von zwei Augen und der Nase ersetzt, so Gl. C. 296, Wien Hofmus. 118, Jaussen *himy.* 111, 112. Schließlich fällt auch die Nase fort, und es erscheinen nur noch zwei Augen, die bald kreisförmig, bald oval, bald viereckig gebildet sind: *Sab. Denkm.* Nr. 39; Gl. C. 303, 337, 338; C I 32, [853, 855—858]; Gl. B 304, 336; Wien Hofmus. 32—34. Ob diese drei Typen der Gesichtsmaske gleichzeitig sind, eventuell wie sie

---

[1]) C I 591 mit der Inschrift חמור wird von den Herausgebern als Amuletstein gedeutet, gewiß mit Unrecht.

sich zeitlich auseinander entwickelt haben und wie sie sich lokal unterscheiden, ist vorläufig nicht auszumachen. Sicher scheint, daß die sämtlichen in Rede stehenden Denkmäler Grabsteine sind und nicht Votivsteine, wie Conti Rossini annimmt, ferner daß die Gesichtsmaske mit ihren Abarten, wie schon Erman ausgesprochen hat, auf ägyptischen Einfluß zurückgeht.

Soweit Angaben über die Herkunft vorliegen, stammen — nach Glaser — Gl. C. 296 und Berlin 6 aus Ma'īn; Gl. B 336, C 337—339 aus Harim; Berlin 5 aus es-Saudā; Gl. C 303, B 304 aus Ḥadaqān; Berlin 2704 aus Marib. Gl. 1069 = Wien *Hofmus.* 32 ist von Halévy in es-Saudā kopiert worden (Hal. 378). Die von Jaussen veröffentlichten Stücke und unsere beiden Nummern dürften in südlicheren Gebieten (Qatabān) ihre Heimat haben[1]).

174.

RW 81b. In Ṣan'ā gekauft; jetzt Berlin VA 8961; 0.09—0.137 × 0.193.

[1]) Die älteren kunstgeschichtlichen Ausführungen über die Grabplatten mit Gesichtsmasken und Köpfen sind überholt durch die Beschreibung der Wiener Exemplare in Wien *Hofmus.* S. 59ff. Weitere Ergänzungen lieferte Conti Rossini in dem angeführten Aufsatze in den *Rendiconti.*

Der unter der Maske angebrachte Name kann כפיעתק gelesen werden, aber das erste und letzte Zeichen sind nicht ganz sicher.

Gegenüber den hinsichtlich der Echtheit des Stückes geäußerten Bedenken hält Rathjens eine Fälschung für ausgeschlossen. Jedenfalls kann der bloße Umstand, daß der Name sich nicht recht erklären läßt, keinen hinreichenden Verdacht begründen. Vielleicht ist der weibliche EN פישהל Jaussen *himy.* 150 zu vergleichen.

174 a.

Siegelstein aus Carneol (ʿaqīq), in der Längsachse durchbohrter Skarabaeoïd; 12 × 10 mm; Sammlung Dr. Georg Hahn in Berlin.

Oben und unten stilisierte Lotos-Blüten und -Blumen.

In der Mitte in archaischer Schrift: חֿמרן.

Das ist ein weiblicher EN, der auch in der Grabschrift C I 714 vorkommt.

Anhang.

Falsifikate.

Die ersten Fälschungen ḥimjarischer Inschriften tauchten Ende der 60er Jahre des 19. Jahrhunderts auf. Es sind dies die drei Bronzetafeln, die Halévy in Aden sah (Nr. 683—685 seiner Sammlung) und die Levy in der *ZDMG* XXIV S. 201ff. mit ihren Faksimile veröffentlicht hat. Sie befanden sich im Besitz des Rev. C. Kirk in Wrexham, der sie in Aden erworben hatte. Ihre Echtheit wurde gleich bei ihrem Erscheinen bezweifelt (s. W. Wrights Bemerkungen ebenda S. 639). Ihr weiterer Verbleib ist unbekannt geblieben. Hal. 685 ist eine Kopie von CI 5 Z. 1, Hal. 684 anscheinend Kopie einer noch nicht bekannten Inschrift (vgl. oben S. 191 Anm. 1), Hal. 683 ein unverständliches Gemenge von sabäischen Buchstaben, in dem nur das Wort רדמן zu erkennen ist.

Die Forschungsreise von Halévy gab Anlaß zu weiteren Fälschungen. Nach einer Angabe v. Maltzans sah ein jüdischer Kupferschmied in Ṣanʿā Halévys Abschriften und fertigte Reproduktionen davon auf bronzenen Tafeln an (*ZDMG* XXVI S. 427)[1]. Eine Anzahl von ihnen gelangte über Aden in europäische Sammlungen und ist an verschiedenen Stellen veröffentlicht worden, von Praetorius in der *ZDMG* XXVI S. 426ff. unter Nr. III—V und XII (= Ryckmans 33), von Rehatsek unter XII der von ihm veröffentlichten Bombayer Sammlung (bei Ryckmans unter Nr. 37), von D. H. Müller in der *ZDMG* XXX S. 677ff. als Miles IV, VII und VIII, und von H. Derenbourg

[1]) Etwas anders schildert den Hergang Halévy selbst *Et. Sab.* S. 237: *l'original du n°.* 157 [vielmehr 154] *de mes textes est un de ceux qui m'ont été soustraits par mon guide de Ṣanʿa, et qui ont servi a la fabrication des fragments que Mr. Praetorius a publiés* usw. — Wenn Glasers Angaben in seiner *Reise nach Mārib* S. 165 zutreffen, wäre der Maltzansche Kupferschmied identisch mit dem Führer und Begleiter Halévys auf dessen Reisen nach Neǧrān und nach dem Ǧōf, nämlich mit Ḥaijīm Ḥabšūš. Daß die falschen Bronzetafeln von Ḥabšūš herrühren, hatte schon vorher sein Landsmann, der Ṣanʿāner Antiquitätenhändler Arugas, ausgesagt *(Sab. Denkm.* S. 8). Wenn aber Glaser weiter behauptet, daß nicht Ḥabšūš die Kopien Halévys abgeschrieben, sondern umgekehrt Halévy die Abschriften von Ḥabšūš sich angeeignet habe, ohne diesen zu nennen, so wird ihm das wohl niemand im Ernst glauben.

Bibl. Nat. 25 (vgl. *ZDMG* XXX S. 295). Sie enthalten größere oder kleinere Teile folgender Inschriften:

Hal. 154 Z. 2 Mitte bis Z. 9 Anf. = Praetorius III u. V; Z. 19 bis Z. 24 Anf. = Praetorius IV;

Hal. 424 Z. 1—3 Mitte = Miles IV;

Hal. 465 Z. 1—3 Mitte = Miles VII; Z. 5—7 Anf. = Reh. XII = Ryckmans 37; Z. 7 Anf. bis Z. 9 = Miles VIII; Z. 13 u. 14 und die ersten drei Worte von 466 = *Bibl. Nat.* 25; die drei Schlußworte von 465 auch in Praetorius III Z. 5f.;

Hal. 477 Z. 1—3 = Praetorius III Z. 1—5[1]).

Eine dritte Emission von Bronzetafeln wird dargestellt durch die Inschriften Prid. I—III, V, Reh. X, XI, Miles II, III, V, VI und die beiden Tafeln *ZDMG* XXX S. 21ff. Als Vorlage für Prideaux I, III, Miles III, Reh. X, XI diente die Abschrift des Rabbiners Jiḥje Gāfe von einer echten Inschrift (s. den vollständigen Text C I 338). Von wem die Vorlagen der andern Tafeln herrühren, war nicht festzustellen.

Anscheinend hat der Kupferschmied von Ṣanʿā damit seine Tätigkeit eingestellt und ein Steinmetz das Geschäft übernommen. Denn jetzt beginnt eine neue Reihe von Fälschungen, zu denen als Material nicht mehr Bronze, sondern Stein verwendet wird. Einzelne Fälschungen dieser Art sind im Anhange zu den *Sab. Denkm.* unter Nr. III—VIII beschrieben worden. Andere finden sich in einer größeren Sammlung, die vor einigen 20 Jahren von der Vorderasiatischen Abteilung des Berliner Museums erworben wurde.

Von den falschen Steinen im Stambuler Museum (Nr. 150—152 der türkischen Ausgabe des Katalogs vom J. 1315 H.) ist einer, Nr. 151 = *Sab. Denkm.* S. 102 Nr. VII, die Kopie eines echten Steines, der später durch Glaser ins Wiener Hofmuseum gelangt ist (Wien *Hofmus.* Nr. 15—16). Das Original von Nr. 150

---

1) Von den ihm entwendeten Kopien, die in den Bronzetafeln reproduziert sind, sagt Halévy a. a. O.: *de quelques-uns des textes volés, je possède d'autres copies faites sur les lieux mêmes et en partie inférieures aux premières .... mais du nº. 157* [vielmehr 154] *il ne m'est resté qu'une transcription en caractères hébraïques, que j'ai faite entre autres pour mon usage personnel et au dessus de laquelle se trouvait le mot boustrophédon, que je croyais appartenir à ce numéro; voilà pourquoi je lui ai donné la direction alternante dans mon recueil imprimé. Il n'y a plus de doute que la direction primitive de ce texte était de droite à gauche, comme l'est celle des fragments que le falsificateur a imités, car cet homme ne savait pas lire le sabéen et n'avait aucun intérêt à changer la direction de l'écriture.*

Die Bronzetafeln bieten danach einen besseren Text als der Druck. Das trifft namentlich auf Hal. 154 = C I 516 zu, ist aber weder von den Herausgebern des C I noch von Rhodokanakis *Altsab. T.* I S. 53 beachtet worden. Abgesehen davon, daß diese Inschrift kein Bustrophedontext ist, hat die Bronzetafel Z. 6/7 statt הבד̄ das richtige נבד̄ und Z. 24 zwischen אלמקה und מתבנטין noch den Namen des Gottes Wadd, וודם.

hat Mayer Lambert in einem Stein des Louvre nachgewiesen, der im C I unter Nr. 527 veröffentlicht worden ist (s. *Journ. As.* CCVI S. 382)[1]. Die Vorlage des dritten Falsifikats entgeht uns vorläufig.

Sicher falsch, aber nach einem echten Steine angefertigt, ist die große 11zeilige Inschrift des British Museum, die Halévy in der *Rev. Sémit.* XVIII S. 97f. in hebräischer Umschrift veröffentlicht hat.

Dagegen liegt kein hinreichender Grund vor, die von H. Derenbourg im *Journ. As.* X Sér. Bd. 1 S. 162ff. unter der Überschrift *Faux et faussaires yéménites* besprochenen vier Stücke zu verdächtigen.

In neuester Zeit hat die Fabrikation von Altertümern einen bedrohlichen Umfang genommen, und man treibt in Ṣanʿā und Aden einen schwunghaften Handel mit ihren Produkten. Man begnügt sich nicht mehr mit Inschriften, sondern stattet die Falsifikate mit phantastischen Reliefs aus. Man ist ferner dazu übergegangen, die Inschriften gedruckten Werken zu entnehmen. So findet sich z. B. unter den Falsifikaten der Berliner Sammlung eine verwilderte Kopie der Bronzetafel Os. 1 = C I 73 und ein Stein mit dem Anfang der Dammbau-Inschrift des Abraha C I 541. Ebenso ist das Duplikat der Inschrift C I 373 in der Sammlung Muncherjee, Jaussen *himy.* 152, wohl nach der Arnaudschen Kopie angefertigt worden. Dagegen wird einem anderen Falsifikate in derselben Sammlung, Jaussen Nr. 160, der echte von Halévy in der *Rev. Sémit.* XVI S. 299 veröffentlichte Stein des British Museum als Vorlage gedient haben (s. oben Anm. zu MM 18).

Die folgenden Nummern können eine Vorstellung von der neuesten Serie von Fälschungen geben.

Es sind sämtlich Reliefs mit kurzen Inschriften, als Material wird gelber Sandstein (oder Alabaster) angegeben. Sie sind in Ṣanʿā in den Handel gebracht. Einer, MM 185, sollte aus Saba, d. i. Marib, im Ǧōf stammen.

Die Reliefs sind von erschreckender Roheit und Einförmigkeit. Dem Zuge der Zeit folgend, hat der Fälscher seine Erzeugnisse typisiert. Sein beliebtester Typ, der nur geringfügige Abweichungen aufweist, ist eine stehende männliche Figur en face, die Beine gespreizt, die Füße mit den Spitzen nach links gerichtet, die Arme vom Körper getrennt herabhängend, in der rechten Hand ein gekrümmtes Schwert emporhaltend, die Linke einen Eimer am Henkel tragend (MM 174—178). Dafür erscheinen in MM 182 zwei Männer in gleicher Haltung.

Einen zweiten Typ schuf der Fälscher, indem er dem Manne einen oder zwei

---

[1]) Es wirkt fast komisch, daß das Original das Mißgeschick gehabt hatte, bei seiner ersten Veröffentlichung von H. Derenbourg, M. Hartmann und Lidzbarski verdächtigt zu werden. So etwas kommt auch in der griechischen und römischen Epigraphik vor: *habent sua fata* nicht nur *libelli*, sondern auch *lapides*.

Vierfüßler beigesellte (MM 179—181). Eine Variante hiervon sind die drei Männer mit einem Tier (MM 185 und 186). Der Vierfüßler soll wohl einen Hund darstellen, die menschlichen Wesen sind Kopien des ersten Typs.

Einen dritten Typ bilden die beiden Tierreliefs MM 187 und 188. Unter den bisher bekannt gewordenen echten Reliefs findet sich, abgesehen etwa von dem liegenden Ziegenbock MM 187, nichts, was als Vorlage für die Fälschungen in Betracht kommen könnte.

Die Inschriften auf den Reliefs sind manchmal (z. B. MM 184 und 185) ganz gut nachgezeichnet, die meisten verraten jedoch die ungeübte Hand des Fälschers, der die ihm unbekannten Zeichen nachzuahmen versucht. Sein epigraphisches Répertoire ist recht beschränkt. Er arbeitet mit einem Satz von 5—6 Wörtergruppen, die er bald einzeln verwendet, bald mit andern zusammensetzt. Meist schreibt er rechtsläufig, seltener linksläufig. Die einzelnen Zeichen sind vielfach auf den Kopf gestellt oder auf die Seite gelegt.

Für einige der Inschriften lassen sich die Vorlagen in gedruckten Texten nachweisen. Andere scheinen von Originalen abgeschrieben zu sein, die uns noch unbekannt sind. Ein in jüngster Zeit im Handel aufgetauchtes Falsifikat von 27 Zeilen hat sich als Kopie einer noch unbekannten Inschrift aus Ṣirwāḥ erwiesen, die gleichen Inhalts ist wie Hal. Nr. 48. Möglicherweise rührt die Vorlage von einem der Glaserschen Emissäre her, die für ihn in Ṣirwāḥ tätig gewesen sind.

175.

RW 162c = Berlin VA 8969; 0.10 × 0.17; Mann en face, in der Rechten ein Schwert, darüber linksläufig:

176.

RW 162d, jetzt Berlin VA 8966; 0.10 × 0.135.
Gleiche Darstellung; Inschrift rechtsläufig.

177.

RW 162a. Jetzt Berlin VA 8962; 0.12 × 0.16.
Gleiche Darstellung; darüber Inschrift rechtsläufig:

178.

RW —. Jetzt Berlin VA 8968; 0.08 × 0.09.
Gleiche Darstellung, darüber Inschrift:

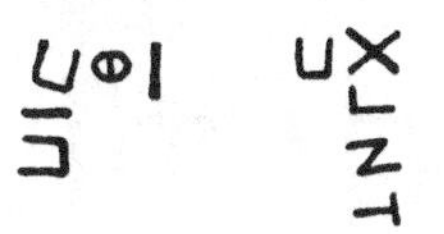

179.

RW —. Jetzt Berlin VA 8971; 0.13 × 0.095.

Zwei liegende Tiere übereinander; rechts stehender Mann wie 175; darüber und rechts Inschrift:

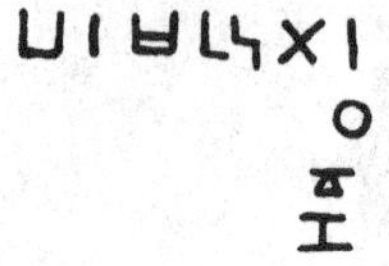

180.

RW 81d, jetzt Berlin VA 8963; 0.14 × 0.14.

Mann en face, die beiden Hände erhebend, auf einem Tiere. Darüber Inschrift:

181.

RW 162e. Jetzt Berlin VA 8964; 0.11 × 0.125.

Gleiche Darstellung wie MM. 180; der Mann hält in der Rechten ein gekrümmtes Schwert. Darüber Inschrift:

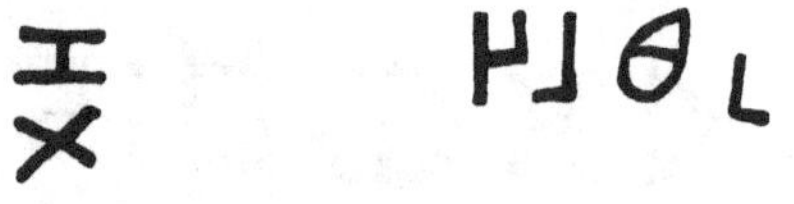

182.

RW 162f.

Zwei stehende Männer en face nebeneinander; der Mann l. wie in MM 176, der r. wie in MM 184; zwischen beiden hängt ein Gegenstand wie in MM 185. Darüber Inschrift rechtsläufig:

Die Inschriften der vorstehenden acht Falsifikate gehen auf dieselbe Vorlage zurück. Diese dürfte am genauesten in MM 175 wiedergegeben sein. Vielleicht steckt darin וב | דת | בעדן *und mit der Ḏāt Baʿdān.*

183.

RW 156b. Im Besitz des amerikanischen Ingenieurs K. S. Twitchell.

Stehende männliche Figur en face, in der rechten Hand einen viereckigen Gegenstand haltend. Darüber Inschrift linsläufig:

Die zwei Worte sind einer minäischen Inschrift entnommen. In den ersten vier Zeichen steckt der Schluß von מרתדתשם *ihre Weihgaben* Hal. 484 Z. 9, in מתע der Anfang von מתעית *Altäre,* das in den minäischen Texten öfter vorkommt.

184.

RW —. Jetzt Berlin VA 8965; 0.08 × 0.11.

Die Darstellung wie in MM 175; die rechtsläufige Inschrift kehrt in MM 186 wieder und ist danach zu וצרק | דבע zu ergänzen. Die Vorlage entgeht uns.

185.

RW 81a. Jetzt Berlin VA 8972; 0.34 × 0.175.

Links dasselbe Tier wie in MM 180 und 181; rechts davon drei stehende Männer en face, gleiche Haltung wie in MM 175ff., der erste mit Schwert, zwischen dem zweiten und dritten schwebt ein Gegenstand (Laterne ?). Darüber teils links-, teils rechtsläufige Inschrift:

נא | מריב | ברף | לאחרשנתהם |

Die ersten drei Worte sind identisch mit der Arnaudschen Kopie Fr. XLV von einem Bruchstücke am großen Damm von Marib, das auf Grund der von Glaser aufgefundenen Duplikate zu ג]נא | מריב | בשפ]ת | ומעד | עתתר *[hat mit einer M]auer umgeben Marjab auf Gehei[ß und mit Hilfe des ʿAṯtar]* zu ergänzen ist, s. Rhodokanakis *K T* I S. 42 und *Altsab. T.* I S. 11 u. 74.

In den folgenden Zeichen stecken die Namen אלשרח — eventuell שרחאל — und נהמת. Der erste könnte aus Fr. LV Z. 1 stammen. Woher der Fälscher das Schlußwort entnommen hat, läßt sich nicht sagen, vgl. den כבר | נהמת in der Bustrophedon-Inschrift *ZDMG* XXXIII S. 489 Nr. V.

186.

RW 158. Im Besitz von Mr. K. S. Twitchell.

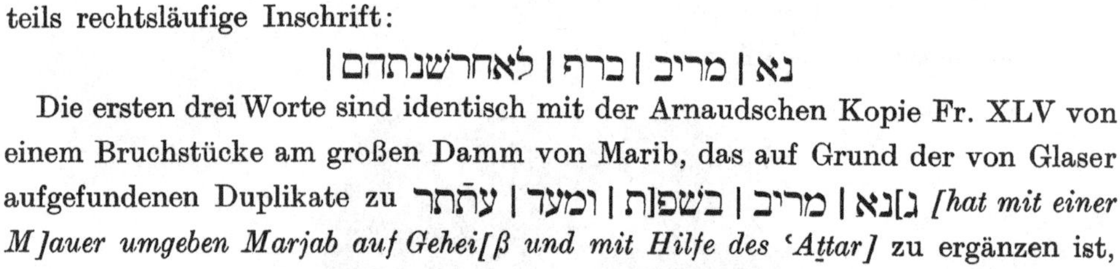

Die Darstellung ist, abgesehen von einigen Kleinigkeiten, die gleiche wie auf dem Relief MM 185. Die Inschrift ist teils links- teils rechtsläufig, die Zeichen sind zum Teil auf den Kopf gestellt:

ןברע | דבע | ןחפנם | בן | תֿעב

Die echte Vorlage entgeht uns. Sie dürfte gelautet haben:

חפנם | בן | תֿובן | עבד | קרצֿן

Ḥafn^m b. Ṯaubān, Knecht des Qarḍān.

Die beiden Anfangsworte חפנם | בן kehren in MM 188 wieder, dem Schlusse sind wir bereits in MM 184 begegnet.

Über den Namen Ḥafn^m s. zu MM 22; ebenso selten ist der zweite Name.

187.

RW 162b. Jetzt in Berlin VA 8967; 0.105 × 0.085.

Liegender Ziegenbock n. r.; darüber:

Siehe die folgende Nr.

188.

RW 81c. Jetzt in Berlin VA 8970.

Buckelochse n. r., aus einem Trog fressend; darüber rechtsläufig:

Die Inschrift ist aus MM 187 und einem Teil von MM 186 zusammengesetzt. אוד geht vielleicht auf אודן Fr. LV Z. 2 zurück.

Glossar.

Dieses Glossar ist als Konkordanz unserer Inschriften gedacht. Die wenigen Wörter, die wir aus anderen Inschriften aufgenommen haben, sind mit einem * versehen. Bei sehr häufigen Wörtern wie ב, ו u. ä. ist von einer Aufführung sämtlicher Belegstellen abgesehen. Das Glossar ist nach Wurzeln geordnet, mit Ausnahme der Eigennamen und solcher Wörter, deren Ableitung ungewiß ist. — Zahlen ohne Zusatz bezeichnen die Nummern unserer Inschriften. — S. = Seite dieses Bandes. — N. = Name. — BN = Beiname. — EN = Eigenname.

א

אב Vater, אבהמו 158_1; in den Eigennamen: m. אבכרב, ודאב, w. אבנעם, אבסנו, אבעלי. — אבות (أُبُوَّة) Parentel 91_3.

אבחץ̇ m. EN 150_6.

אבכרב m. EN 1) ארסל | א״ 100_2 2) 164_3 3) 171 D_3.

אבן Stein 150_2.

אבנעם w. EN 30_1.

אבסנו w. EN 39_3.

אבעלי w. EN 153_1.

אגרם m. EN 1) יגער | א״ 24_1 2) 14_1 3) 91_2. Dem Kommentar zu 14_1 ist hinzuzufügen, daß die Photographie von Jaussen *himy.* 86 ebenfalls die Lesung אגרם mit ג bietet.

אדם Pl. אדימת 26_8, Collectivum (zu עבד) 1) Knechte einer Gottheit 25_{14}, 79_{10}, $82_{5.\,7}$ 2) Klienten eines Gebieters 36_2, 49, 83_3, 123_1, 127_1 3) Klienten eines Stammes oder einer Sippe 4_1, 5_1, 7_1, 8_1, 10_2, 11_2, 17_1, 18_2, 25_3, 26_8f. $_{15}$, 32_1, 68, 95_4, 96_2, 164_4; in der Schlußformel angerufen 68, 95_4, 96_2.

אד̄ן Ansehen 119_2; ומקמם | אד̄נם | ברי 75_4; ומקימתם | אאד̄נם | ברי 27 + 28_6f., 120_1; אאד̄נהמו | ברי 163_{13}; s. auch מאד̄נם.

אד̄רח m. BN 150b.

אוכן m. BN 25_2, 163_1.

אול Vb. V תאול heimkehren, Inf. 80_8, 86_8.

אום 1) s. אלמקה 2) N. einer Gottheit, in den EN והבאום und ש́עדאום.

אושאל m. EN יפד | א״ 43_1.

אוש́ן N. eines Landes 77_3.

אושך m. BN 100_2.

אותר m. BN s. ש́ערם und נש́אכרב.

אזאד m. BN $25_{1.\,18}$, vgl. zu 163_3.

[א]זהר m. EN 94 (?).

אזל s. יאזל.

אזם s. יאזם.

אחד eins, וש́ת̄י | אחד 78_4; 29_8 (?).

אחצן m. BN 164_3.

אח̇ Bruder 1) im eigtl. Sinne, Sg. אח̇הו 5_1, 10_1, 88_3, 89_2, 164_1, אח̇יהו 98_1; Plur. אח̇יהו 2_1, 9_1, 117_2; Dual (oder Plur. ?) אח̇יהו 11_1; אח̇יהמי 97_1f., 99_1 2) Stammesbrüder אח̇יהמו 124_4 (?), 128_2. — אח̇ת Schwester im EN אח̇תהו s. d.

אח̇ד̄ — מאח̇ד̄ Reservoir 1_1.

אח̇טר m. BN $146a_1$.

אח̇תהו w. EN 94a.

אטר (?) 119_1.

איפע Kultstätte des Wadd $146b_1$.

איש́ Mann, als Ehrentitel מש́עדם | איש́ן 26_{14}.

אכיף m. BN 26_1, 88_1.

אל I. Subst., Gott, in den Eigennamen אלוהב, אושאל, אלשרח, אלש́יעד, אלכרב, אלופד, ישפאל, יש́מעאל, ידעאל, יגראל, ד̄רחאל, רבאל, עבדאל, נבטאל, מעדאל, ישרחאל,

שעדאל, שרחאל, תבעאל; Fem. אלת, mit Suff. א״המו 149_3 (?), abgekürzt לת in den Eigennamen והבלת, ידעלת (?), שעדלת, s. d.; Plur. אלאלת mit Suff. א״המו, Götter 57, 67, 150_5. II. אל | שאלם 78_2.

אלה Gott א״ | חשאם $7_{2.\,3}$, 16_2 (?), 152_2; mit Suff. א״ה $90_{4.\,7}$; אלהמו, א״המו 8_2, 155_2.

אלהן Landschaftsname 7_1, 8_1, 9_1f.; Personenname 153_1 (?).

אלהת Plur. von ה̄, s. d.

אלוהב m. EN 1) א״ | ארים 116_1 2) א״ | בן | תבעכרב, | בן | יהסחם Eponym 164_{13}; andere 161_1, 171 D_2.

אלופר m. EN א״ | יצע 3_1, 6_2f.

אלי Plur. von ה̄, s. d.

אלכרב m. EN א״ | בן | מעדאל | בן | יהסחם, Eponym 25_9.

אלמקה Gottesname, auch אלמקהו geschrieben, 35_2, $79_{2.\,6.\,9.\,13}$, $146b_1$, 148_3; א״ | תהון | בעל | רתן $79_{1.\,6.\,13}$; א״ | בעל | אום $163_{4f.\,15}$; in der Anrufung [5_2], 158_2, 165_3, $146b_1$, 148_3; Personendedikation an A. 162.

אלשעד m. EN א״ | ארים 97_1; andere 91_2, 103, 164_1.

אלשרח m. EN 1) א״ | יחצב, König von Saba und von ḏū Raidān 24_5ff., [98_3], vgl. S. 15 2) א״ | אחצן 164_2f. 3) ohne BN 91_2.

אלת s. אל I.

אמן Vb. V תאמן, Inf. תאמנם in Treue 25_{11}. — יהאמן m. BN, s. d.

אמר — אמרם m. EN $150a_1$; s. auch מהאמרם.

אמת Dienerin, Dual אמתי 90_3 (?).

אנמרם m. EN, König von Saba 26_{10}, mit dem BN יהאמן $86_{5.\,17}$, 120_2.

אנעם w. EN 171 D_1.

אנש Menschen, Männer 26_8; s. auch עמאנש.

אצנע m. EN $139/140_1$.

אקין in dem Titel כבר | אקנים 86_{12}, vgl. S. 15 Anm. 2 und 150 Anm. 1.

ארב (min.) 166_4 [vielleicht qatabānisch für ארבי (Gl. 1602_8)].

ארבעי vierzig 78_3.

ארח Vb. geloben 26_1. — Subst. ארחן 26_{13}.

ארים m. BN 48, 97_1, 116_1.

ארס[ל] m. BN 100_1.

ארץ Land, Sg. 29_7, 34_2; Plur. ארצהמו (für ארציהמו, vgl. C I 432_4) 44_2, 83_9, 87_4, 88_6.

אשד Krieger 170_2.

אשדם m. EN 1) א״ | יערר 25_{18} 2) א״ | יענם 98_1; ohne BN 45.

אשמת m. EN 170_1.

אשעד m. EN א״ | ירם 99_1.

אשרע BN des ישרחאל, s. d.

אשוע m. BN 31_1, 124_1, 161_1.

אתו 77_5.

אתם — אתמ[ת] Scharen (?) $33/34_2$; [s. jedoch unter ברת̄].

ב

ב Präpos. 1) „mit“ instrumental $26_{4.\,17}$, 29_4, $80_{5.\,8}$, 81_6, $82_{4.\,5}$, $86_{4.\,8.\,14}$, 159_6, 164_9f.; bes. häufig in Verbindung mit רדא und מקם in den Anrufungen 2) „in“ lokal 25_7f., 34_2, 97_4, 108, 119_1, 163_{11}f., 164_{12}, temporal 25_8, 150_6, 153_4, 164_{12}; zur Bezeichnung des Zustandes 80_8. — Ferner in den Konjunktionen und Präpositionen בעבר, בכן, בדת, בקדמי, בעם, s. unter דת, כן usw. — Minäisch in בקני 166_5.

באי Vb. IV שבאי (min.) 166_2.

באר, Plur. אבאר, Brunnen [78_6], 138_3.

באש Vb. IV Particip מהבאש Schädiger 6_3, [7_3], $146b_3$, 160_6. — באשת Bosheit, Schaden 25_{15}, 159_{11}, 164_{19}.

בדת 44_2.

בדת s. דת.

בחץ s. אבחץ und מבחץ.

בחת Statuette 162_2.

בית def. בת ($90_{5.\,6}$, 116_2, 153_3, 160_2), st. absol. ביתן (24_8, 129_2, 167_3), meist mit Suffix ביתהמו bzw. בתהמו mit folgendem Ortsnamen 6_1, $9_{2.\,4}$, $31_{2.\,3}$, 56_1, 90_6, 95_2, 97_4, 98_2, 108, 123_2, 125_1, 126_2, $146a_2$, 151_2, 153_3, 156_4, 157_3; Name weggelassen 11_2, 25_{21}, 37_1, 42_2, 58, 90_5; Name weggebrochen 21_1, 32_4, 96_1, $160_{2\cdot 5}$; Plur. אבית, mit Suffix אביתהמו 34_3, 78_5, $146a_4$, $146b_3$; Dual mit Suffix ביתיהמי 148_2, zweifelhaft welche Form 37_1; bezeichnet in der Regel das Haus der Sippe, gelegentlich die Sippe selbst, wie in der Wendung לופי | ביתן 24_8 und in den Ausdrücken מחׄטר | אביתהמו 34_3 und ב״ | אבעל (s. s. v. בעל), vgl. S. 14 Anm. 3 und S. 62. In unsern Texten kommen die folgenden Namen von Sippenhäusern vor: בכרם, בקלם, ברו, יגראל, יחצׄר, יפען, ירם, ישפאל, נעמן, עׄילם, צנען, רחבן, רימן. — Einen Tempel bezeichnet בית 108 (ב״ | שׄצרם) und 167_3 (ביתן | תׄנין). — ב״ | קילן $116_{2\cdot 3}$; אבית | מראשׄן 78_5.

בכלני* S. 203.

בכרם N. eines בית 31_2.

בם s. בן I.

בן I. Präpos. = مِن, nach Verben des Errettens 6_3, 7_3, $25_{7\cdot 12\cdot 15}$, 26_{13}, $29_{6\cdot 11}$, 79_{11}, 160_6, 163_{14}, 164_{19}; partitiv 26_{15}, 150_6, $150a_2$, 170_2; lokal 150_3; Bedeutung fraglich 76_4, 77_6. — בם = مِمَّا, 29_9.

II. Subst. = ابن (vgl. hierzu Rhodokanakis *Altsab. T.* I S. 65ff.) 1_1, 24_1, 25_9, 27 + 28_1, 32_3, 36_2, 38_2, 120_2, 127, 138_1, 139 = 140_1, 142_2, 143_2, $146a_1$, 150_6, 155_3, $164_{14\cdot 15}$, 165_1, 170_1; (בן für בנו 24_1, 27 + 28_1 (?), vgl. בנהמו $146a_1$ und 152_1 für בניהמו = بنوهم und בנהמי 126_1 = بنوهما); mit Suffix בנהו = ابنه 26_{14}, 42_1, 43_1, 155_1; בנהמו 11_2, 25_{19}, 75_1, 95_1, $146a_1$, 148_1, 150b, 152_1, 160_1; sicher = ابنهم 25_{19} (ebenso C I 31 und 306), sicher = بنوهم $146a_1$ und 152_1 (ebenso C I 286), wahrscheinlich = بنوهم 11_2, 148_1, 160_1; בנהמי = بنوهما 126_1; Dual בני 98_4; Plural Nom. st. cstr. בנו 8_1, 11_2, 13_1, 18_1, 25_2, 40_1, 49, 75_2, 81_2, 88_1, 93_1, 117_2, 123_1, 124_1, 137, 146_1, $146b_3$, 148_1, $160_{1\cdot 3}$, 164_4, 171 B_1. — בנו 25_{20} ist Fehler für בני, wie umgekehrt בני 97_1 (sehr spät, ebenso C I 541_{18}) für בנו. — בני Gen., Acc. st. cstr. $4_{1\cdot 2}$, 5_1, 7_1, 8_1, $10_{2\cdot 3}$, 11_2 $25_{3\cdot 14}$, 30_4, 81_9, 86_{13}, $91_{3\cdot 4}$, 98_4, 123_3, 128_2, 149_3, 156_3, $164_{5\cdot 23}$; mit Suffix בניהו = ابنه 24_7, 88_3; = بنوه 9_1, 31_1, 124_1, 164_2; zweifelhaft ob = ابنه oder بنوه 88_1, 95_3, 123_1, 151_1, 157_2; בניהמו = بنوهم oder بنيهم 30_2, 32_1, 128_2, 130_2, 136, 171 D_1f.; בניהמי (nom.) 97_2, 153_2, 156_1.

1) leiblicher Sohn, bzw. Söhne, nach vorhergehenden Eigennamen 25_9, 98_4, 120_2, 139 = 140, 148_1, 150_6, 164_{14}, 170_1, ferner an sämtlichen Stellen, wo Formen mit Suffixen vorliegen 2) Nachkommen, zur Bezeichnung der Familien- und Sippenangehörigkeit a) nach vorhergehenden Eigennamen; die Bezeichnung des leiblichen Vaters fällt daneben in der Regel fort, Ausnahmen: 148_1 und die Eponymen 25_9, 164_{14}f. b) ohne vorhergehende EN, Sing. אדם | בן | בתע 36_2, | אדם | בן | רמשם 123_1, בן | בתע | ושקרן 127 Klienten des b. Bata' usw., d. h. des Chefs der Sippe Bata' usw., vgl. *Beitr. z. Min. Epigr.* S. 72, 74 und Grohmann *Göttersymbole* S. 6 Anm.; Pl. zur Bezeichnung der Familie oder Sippe, häufig in der Verbindung אדם | בני Klienten der banū... 4_1, 5_1, 7_1, 10_2, 11_2, 25_3, 164_5, als Apposition zu אמראהמו 10_3, 81_9, 91_4, 123_2, 149_4, 156_3, 160_3, 164_{23}; nach אדמהמו 25_{14}. — Zu vermerken sind die Wendungen | בנו | רמשם ושקרן 137 und בנו | שקפין | וכרב 171 B, sowie singularisch בן | בתע | ושקרן, s. oben unter b).

In unsern Inschriften werden folgende Sippen erwähnt: בקלם, בתע, בתעת, דׄרגלת, הזם, יהסחם, יהרם, כרב, מקרם, עמיתׄע, עמעלי, עׄפרם, קולם, רמשם, רצׄום, שׄחׄומם, שמיעם, שקפין, שקרן, תואד.

Das Femininum zu בן, בנת, erscheint in unsern Texten in der Form בת 30_1,

153_1, mit Suffix בתהמו 171 C_3, Dual בתי 94a. — Von בן abgeleitet ist:

בנות Filiale 29_8, $146a_2$.

בני Vb. bauen 2_2, 3_2, 9_2, 11_3, 15, 18_2, 123_2; ב" | וברא $146a_2$; ב" | והשקרן 126 + 127_1f.; ב" | והותרן | והשקרן $150a_1$ und 156_2.

בעבר s. עבר.

בעדנם s. דת | בעדנם.

בעל Plur. אבעל, א" | ביתהמו bzw. א" | ביתן 24_9, 25_{21}, 37_1, 164_{16}f.; א" | הגרהמו 95_4, Herr, von Menschen gebraucht, vgl. Lidzbarski *Ephem.* II S. 396 und Rhodokanakis *KT* II S. 10ff.; בעל mit folgendem Ortsnamen, Apposition zu Götternamen 24_4, 25_4, 26_2, 29_2, 36_3, 69 + 70, $79_{2.6.13}$, $163_{4.15}$, 164_7; ב" | ביתהמו 30_3, vgl. Nöldeke *ZA* XXIII (1909) S. 184f.; zweifelhaft בעלי 37_2, בעליה 30_2. — Fem. בעלת [75_3], 91_3, 171 A_3.

בעם s. עם.

בפיעתק m. EN 174.

בקלם N. 1) einer Sippe 164_4 2) eines בית 129_2, $157_{1.3}$.

בקר Collectivum, Rinder 138_4.

ברא bauen (vgl. die Herausgeber zu C I 440 Z. 3) allein 75_2, 153_3f.; in Verbindung mit anderen Verben ב" | ובנין | וב" $146a_2$; ב" | והחדתן | והותרן [6_1], 97_3, 98_2; והשקרן 44_1; ב" | והשקרן 124_3, 151_1, 153_2, 160_2; allein vor Lücke 10_2.

ברג m. EN 50.

ברו N. eines בית 123_2.

ברי Fülle, in der Verbindung ברי | אדנם | ברי | אאדנם | ומקמם 27 + 28_5, 75_4, ברי | אאדנהמו | ומקימתם 120_1, 163_{13}.

ברקם m. EN ... ב" | א 122_2, andere 46 und 143.

בררן Ortsname 167_4.

ברת Plur. אברת, Kundgebung, Weisung der Gottheit (wie im Qatabānischen) 34_2. [Die dort gegebene Lesung und Übersetzung ist verfehlt. Es ist zu lesen בכל | אברת | שתמלא | בעמהו und zu übersetzen: *mit allen Weisungen, die er von ihm erbeten.* Diese Bedeutung von ברת dürfte auch sonst (CI 79_7, 299_4, 323_3, 326_3) anzunehmen sein].

בשר Vb. II Infin. תבשר verheißen 26_5.

בת 1) = בית 2) = בנת.

בתע N. der herrschenden Sippe von Ḥāz (vgl. S. 63f.) 30_4, 32_3, 33_1, 36_2, 37_1, $38_{2.3}$, 40_2, [49], 85_2, 91_4, 93, 117_2, 128_2. — בן | בתע | ושקרן 126_1.

בתעת N. einer Sippe 11_2.

ג

גבא (?) s. zu 124_4.

גדד Vb. IV [וה]גדדן (?) 36_1.

גיב beschützen 163_{14}.

גנא 1) Vb. ummauern 64 2) Subst. Mauer $150_{1.2.3}$.

גער s. יגער.

גרב Körper, Person 26_7.

ד

*דא Negativpartikel S. 67.

דאין N. einer Sippe 29_7, 30_1.

דד Onkel, im EN דדכרב 152_1.

דום s. ידם.

דמהן Ortsname; [בנו] | דמהן 83_3.

דעמין Nisbe vom Stammesnamen דעמם 170_1f.

דרם s. ידרם.

דתא Frühling 87_3; ורח | דתא 164_{13}.

ד̄

ד̄ Sing. u. Pl. masc., ד̄ת Sing. fem.; Pl. אלי 146_2, spät אלהת 153_2.

Nota relationis zur Bezeichnung des Genitivverhältnisses ורח | דתא | ד̄חרף 164_{13} im Monat. D. des Jahres; verbindet zwei Substantive, deren zweites den Stoff des ersten angibt צלמן | ד̄ד̄הבן 29_1 die Statue, die (aus) Gold (ist); ähnlich אקולהמו | אלי | מאדנם 146_2 ihre Qaile, die (von) Ma'ḏin (sind); verbindet zwei Eigennamen, so Götternamen mit der Kultstätte ודם | ד̄שמען $146b_1$, 147_3 Wadd von S.; | עתתר

דראש | ערן | דמדרם 152$_2$ ʿAṯtar von Rāʾs ʿIrrān ḏū madar; בעלת | חרת | דת | ט֯רבם 171 AC die Herrin von Ḥ, die von Ẓ.; 159$_4$ תאלב | בעל | חדתנן | דוערן Taʾlab, der Herr der Ḥ., von Waʿrān; daher, unter Weglassung des Götternamens דת | בעדנם, דת | חמים die (Sonne) von Baʿdān^m, Ḥimaj^m, s. d.; דשמוי „der Himmlische" ist unsicher. Ähnlich bei Sippennamen zur Bezeichnung der Zugehörigkeit zu einem größeren Verbande: בנו | חשאם | דאלהן | ועקרבם 8$_1$, [9$_1$]; בנו | הזם | דחמלן 75$_2$, bei Einzelpersonen zur Bezeichnung der Herkunft: דת | דאין 30$_1$, דמאדנם 77$_2$, דמליחם 26$_1$, דעלן 116$_1$, דעימן 150 a$_3$, אלהת | קולם 153$_2$, דת | שקפין 171 A$_1$, דת | שק.. 90; verwendet zur Bildung von Stammesnamen שעבהמו | דשבמם 9$_4$, 27 + 28$_5$, wofür 32$_2$ שעבהמו | דהגרן | ח... gesagt ist; שעבן | וראים 29$_{6.12}$; תלתן | דחמלן 106, 107, dagegen תלת | דהגרם 2$_1$, 24$_2$, 27 + 28$_2$; בני | דרגלת 97$_2$; [בנו |] דרמהן 83$_3$; daher, unter Weglassung von שעב, בנו, תלת: דנעמן 33 und דרידן (s. die Stellen unter שבא). דותנן 36$_2$ und דמליחם ... 160$_2$ sind vorläufig nicht mit Sicherheit unterzubringen.

Pron. rel. כל | דקניו 164$_{17}$f., ebenso 26$_{13}$, 29 [$_7$].$_{10}$, 79$_4$ (?), 119$_2$; דבהגרן | ערן 97$_4$, ebenso [29$_{15}$], 150$_6$ und in דל bei Datierungen 150$_6$, 153$_4$.

Mit dem relativischen דת zusammengesetzt sind die Konjunktionen בדת und לדת, s. unter דת.

דהב Gold 79$_1$.

דהבם Ortsname 146a$_4$.

דכר männlich, Plur. [אולדם | אדכ]רם 87$_3$.

דל s. ד.

דמר Ortsname ד״ | רימת (?) 29$_3$. — דמר[עלי] Königsname 35$_3$.

דן Pron. dem. m. 75$_3$, 76$_3$, 81$_3$, 84$_4$, 86$_3$, 163$_5$ — Fem. דת 29$_3$.

דנם Regen 76$_4$. — דנמם w. EN 171 A$_1$.

דקן Subst. 161$_2$. — מדקנת, Plur. מדקן, ein Bauwerk 13$_2$, 32$_{2.4}$, 65, 146a$_4$.

דרח s. אדרח.

דרחאל m. EN 1) ד״ | יהצל 46, 89$_2$ 2) 84$_1$f.

דשמ(ו)י s. והדשמי.

דת Fem. von ד, und דן, s. d. — בדת Konj. *weil* mit Perf. nach הגו | חמדם zur Begründung der Weihung 25$_{5.11}$, 26$_3$, 29$_5$, 79$_2$, 80$_{3.6}$, 81$_6$, 82$_{3.5}$, 84$_5$, 86$_{3.7}$, 88$_2$; ohne חמדם 163$_{10}$. — לדת Konj. *damit, auf daß*, mit Imperf. 25$_{13}$, [159$_7$]; mit Perf. 163$_8$; mit Perf. und Imperf. in der Formel ול | דת | נעמת | ותנעמן 82$_7$, 85$_6$, 120$_3$. — לשעדהמו | דת | נעמת | ותנעמן 24$_{10}$; vgl. 84$_{12}$.

דת | בעדנם Bezeichnung der Sonnengottheit 5$_2$, 104, 131$_2$, 134, 135, 137, 148$_4$, 150b.

דת | חמים Bezeichnung der Sonnengottheit 35$_2$, 134, 148$_4$, 158$_2$.

ה

הבש s. הובש.

הגר Stadt mit Mauer 25$_8$, 32$_3$, 41$_1$, 95$_4$, 97$_4$, 101$_2$, 146a$_4$, 150$_1$. — דהגרם N. eines Stammes 2$_2$, 21$_2$, 24$_2$, 27 + 28$_2$.

הדבוהו Verbalform, Ableitung? 150$_3$.

הובש N. eines Gottes 148$_2$f.; def. הבש 5$_2$.

הוף* Knecht S. 36 Anm. 1.

הופעתת m. EN 1) 53 2) 77$_8$ 3) 95$_3$ 4) 162$_2$ 5) 172 (vgl. S. 36 Anm. 2).

הור Teich 146a$_4$.

הות Pron. demonstr. m. 25$_{12}$, 29$_{9.11}$, 30$_2$, 119$_1$; f. הית 26$_{13}$.

הזם N. einer Sippe 75$_2$ (?).

הית s. הות.

הכל Ortsname 171 B$_2$.

הם (min.) [הם]להם 166$_5$.

המתעתת m. EN 139$_1$f., 140$_1$.

הנא gesund 87$_3$, 91$_4$.

הנאם m. EN 153$_2$.

העלל m. EN 153$_2$.

הען s. עון.

הק... m. EN 130$_2$.

הקנית s. קני.

הרג 29$_{10}$.

התף s. יהתף.

ו

ו die Copula *und* passim.

וגל s. מוגלם.

וגמן (min.) 166_3.

ודם N. eines Gottes $146b_{1.3}$, 148_3, 157_4 (?) und in den EN ודאב, רבוד, שכרוד.

ודאב 1) m. EN $79_{3.7}$ 2) Zauberwort 168.

והב geben 160_3; vgl. אלוהב und die folgenden Eigennamen:

והבאום m. EN 151_1.

והבאל m. EN 1) ו'' | יחז König von Saba 120_2 2) 75_1.

והבד̄שמי m. EN $26_{1.4.10}$f.

והבלת m. EN 50, [99_3].

והבם m. EN 1) Kurzform von והבד̄שמי $26_{12.17}$ 2) 138_1 3) Sippenname 148_1.

והבן m. EN 103 (?).

והברימן m. EN 42_1.

והבשמשם m. EN 89_1.

וזא fortfahren, Perf. 29_{10}, 82_4f., Imperf. 25_{13}, 26_{16}, 159_7.

וטן — מוטן Wohnsitz 64; Schreibung מוצ̇ן 163_{12}.

וט̇ף s. מוט̇פתן.

וחי Vb. IV שוחי (min.) 166_1.

וין Weinberg 171 D_4.

וכלם Ortsname 36_3, 69.

ולד Kind, Plur. אולד 29_{13}, [87_2], 91_4 und ולד = وُلْد 139_4, 140_3, 141_3, 142_4. 143_3f.

וסף vermehren 84_{11}, 150_2.

ועב Vb. IV שועב (min.) vollenden 166_1.

*ועל — אועלן s. S. 203 Anm. 2.

וערן Ortsname 159_4.

ופד s. אלופד, יפד.

ופי Vb. IV הופי erhalten 79_2, 80_4, 81_6, $82_{3.5}$, 86_3, 88_2, 159_6; שופי (min.) 166_1. — Subst. ופי Wohlsein, Wohl $24_{5.7}$f., 25_{21}, 27 + 28_4, [80_8], 83_6, 88_3, 159_{10}, 164_{16}, 171 C_2, 171 D_3.

וצל (min.) יצל 166_3.

וצ̇ע demütigen 84_{10}.

וקה gebieten 29_4, 81_4, 164_8f.

ורד 76_4.

ורח̇ Monat ורח̇ | ד̄תא 164_{12}, ורח̇ | ד̄חרף 153_4, ורח̇ן | ד̄קיט̇ן 150_6; Plur. אורח̇ם 138_7.

ורר s. מורת.

ושע Vb. IV הושע auszeichnen 80_6.

ותף Subst. 14_4, 76_3.

ותרם m. EN 24_7; s. auch עמותר.

ות̄ב — מות̄ב eine Baulichkeit $146a_3$.

ות̄ן — דות̄ן 76_2.

ות̄ר Vb. IV הות̄ר fundamentieren [6_1], 19_1, 38_1, 95_2, 96_1, 97_3, 98_2, 148_2, 150_1, $150a_1$, 156_2. — מות̄ר Fundament 150_4. — ת̄רת 150_3.

ז

זאד s. אזאד u. תזאד.

זהרם N. einer Sippe 81_2; s. auch אזהר und יזהר.

ח

חגן Konj. *wie* 29_3f., 81_4, 164_8; חגן | כ 76_3.

חגרם N. eines Gottes 150b. — מחגרת 76_3.

חדת̄ Vb. IV החדת̄ erneuern 44_1, 145, 158_1, 161_2. — חדת̄ Kultstätte der Šams 171 A_3; בעל | חדת̄ן Attribut des Ta'lab 159_3.

..חו Ortsname 91_3.

חול s. יחל.

חוים Ortsname 32_3, 41_1.

[חופ]רם (?) Sippenname 90_3f.

חט̇ו Vb. des Baufachs $146a_2$.

חט̇י ein Bauteil $146a_2$.

חט̇י Gunst, Huld 163_6f., neben רצ̇י 25_{17}, 26_{19}, 82_6, 88_4, neben נעמת und מנלת | צדקם 81_8, 85_5, 86_{17}.

חיו leben, Imperat. Plur. חיו 153_4. — Vgl. die folgenden EN.

*חיאל EN s. S. 10. — ...חיו[ן m. EN 150b. — חיועת̄תר | יצ̇ע Königsname 163_8.

חלפן m. EN 133.

חמד Vb. preisen 26_{10}, 159_5. — Nom. verbi לחמדהו Preis 164_{10}; חמדם | בד̄ת zum Preise dafür, daß 25_5, 26_3, 29_4f., 79_1, $80[_3]_{.6}$, 81_5f., 82_3, 84_4f., $86_{3.7}$, 88_2. — חמדם m. EN (?) 90_1; s. auch יהחמד.

חמי s. ד̄ת | חמים u. מחמים.

חמלן Stammesname 32_1, 75_2, 81_{10}, 86_{10}, 124_4; שמעי | ת̄לת̄ן | ד̄ח'' 106, 107.

ישפאל N. eines בית 6_1.

ישרחאל m. EN אשרע | י״ 1_1, 4_2, 5_3, 14_3 (?), 20 (?).

כ

כ wie, als כקצר | תפלו 76_4; כ | חנן s. חנן; vgl. כן.

כבדם Kultstätte des Ta'lab 24_4, 25_5.

כבר Subst. Bezeichnung einer Würde | כבר אקינם 86_{12}, s. S. 15 Anm. 2; davon das Vb. denom. *kabīr* sein 116_2. — Adj. groß 29_{12}.

כהל Machthaber 79_{12} — Abltg. יכהל, s. d.

כוכבן Ortsname 116_3.

כון Vb. *sein* [כ]ון 26_8, כונת 77_7, בכן | יכונן 167_2. — מכנת $146a_3$.

כיד Vb. V דתכידו | ארחן 26_{13}.

כיף s. אכיף.

כל all, jeder 1) mit Subst. im Sing. 6_3, $150_{2.4}$, 161_2 2) mit Subst. im Plur. $26_{5.17}$, 29_{13}, 34_2, $80_{5.8}$, 81_6, 86_4, 87_4, $146a_4$ 3) mit Relativsatz 164_{17}f.

כלבם m. EN 163_2.

כלל s. עבדכללם.

כן in der Konjunktion בכן indem | בכן תנטעת 90_7, בכן | יכונן 167_2.

כרב s. דדכרב, מעדכרב, נשאכרב, עמכרב, תבעכרב und die folgende EN.

כרב Sippenname 171 B_2.

כרבם N. einer Sippe 167_1 (?).

ל

ל mit Suff. להמו 164_{11}. — Zur Bezeichnung des einfachen Dativs nach Verben wie התבו | ל״ הראי 164_{11}, ל״ | תנטע 90_7, ל״ 25_{10}, נעם s. d.; des Dat. commodi nach Verben *bauen, errichten* u. dgl. *für* menschliche Wesen לבניהמו 30_2; für die Gottheit למראהמו 33_1, 64; לשמשהמו 75_2; für, eine Baulichkeit לביתן 129_2, ebenso $146a_{2.3}$, 150_4; zur Bezeichnung der Zugehörigkeit, s. דל unter ד; des Zweckes לופי *zum* Heile (s. die Stellen unter ופי), לחמדהו = لحمده 164_{10} und in den zusammengesetzten Konjunktionen לדת (s. unter דת) und לקבלי (s. u. קבל).

Ob in Verbindung mit Verbalformen, wie ווא | ול 82_4, וסף | ול 84_{11}, וצע | ול 84_{10}, שעדהמו | ול (sehr häufig, s. die Stellen unter שעד) und wohl auch in לאתו und לשטר 77_3 u. $_5$, wie angenommen wurde, eine Konjunktion mit dem Perf. vorliegt oder die Präposition mit dem Nomen verbi, bedarf noch eingehender Untersuchung. Für die zweite Annahme spricht die Stelle 137, wo לשעדהמו sich auf das Femininum בעדנם | דת bezieht.

לבא (?) Subst. 124_4.

לדת s. דת.

להם (min.) s. הם.

לחיעתת m. EN אזאר | ל״ 25_{18}, andere 36_1, 53, 75_1, 165_1.

לקבלי s. קבל.

לקטן Stammes- oder Ortsname $150a_1$.

לת (in EN = אלת) s. אל.

מ

מאת hundert 78_3, מא 78_4, מאנם | תלת 150_6.

מאדנם 1) N. einer Landschaft 77_2, $146b_2$ 2) N. eines Stammes 124_4f. (?).

מאחר s. אחר.

מבחץ m. EN 150_6.

מברא s. ברא.

מדרם Ortsname 152_2.

מדרתן N. eines Tempels (?) 167_3.

מדקן s. דקן.

מהאמרם N. eines Volkes 77_5 (?).

מהבאש s. באש.

מהטלל s. טלל.

מהקמם m. EN $158_{1.2}$.

מוגלם N. einer בנות $146a_{2.3}$.

מוטן s. וטן.

מוטפתן Ortsname 165_3.

מורת Graben (von ורר ?) 66.

מותב s. ותב.

מותר s. ותר.

מחגרת s. חגר.

מחמים m. EN 148_1.

מחפר s. חפר.
מחצרת s. חצר.
מחרם s. חרם.
מחטר s. חטר.
מכנת s. כון.
...מכשת 166_4.
מלא Subst. Weisung 148_3, gew. Plur. אמלא mit שתמלא | בעם 26_5f., $_{17}$f., 80_5, 81_6f., $82_{4.5}$, 86_4; das Vb. allein 76_2. [Über das Vb. in Verbindung mit אברת s. unter ברת].
דמליחם N. einer minäischen Sippe $26_{1.7}$f.$_{9}$, 160_2.
מלך König, st. absol. מלכן 26_{10}, Pl. אמלכן 26_{20}; מ״ | שבא [86_6, 120_2], אמלך | שבא 86_{13}, $147b_2$, 148_4; מ״ | שבא | ודרידן 24_6, Dual מלכי | שבא | ודרידן 98_4, 163_9.
מננת s. מנלת.
מנך N. einer Grabanlage $8_{2.4}$ (?).
מנלת (Ableitung und Lesung nicht sicher; vielleicht מננת) Besitz מנלת | צדקם 81_8, 84_8, 85_6, 86_{16}, 119_2, 120_1.
מנצח N. einer Gottheit 30_3, 31_3, 59, 69, 128_1; Nebenform מצח (= maḍḍaḥ) 5_3, 36_3, 68.
מסוד s. סוד.
מעדאל m. EN 25_9.
מעדכרב m. EN 144_1.
מעיר (?) m. EN 33_1 (?).
מעלץ s. עלץ.
מערמן Ortsname 91_1.
*מעשא S. 19f.
מעב s. עבב.
*מצנעת s. צנע.
מצרעת s. צרע.
מצח s. מנצח.
מקיח s. קיח.
מקימת s. קום.
מקם s. קום.
מקף s. קיף.
מקרם Sippenname 165.
מרא, Pl. אמרא (häufig), Dual מראי, von den Angehörigen der herrschenden Geschlechter und den Königen 5, 6_2, 7_2, 10_3, 11_4, 12, 14_3, 24_5, 25_{17}, 26_{19}f., 30_3, 31_2, 32_3, 35_3, 36_3, 55, 64, 83_{11}, 84_9, 123_2f., 124_3, 125_3, 127_2, $146b_2$, 148_4, $150a_3$, 156_3, 157_2, 160_3 u. $_4$, 163_7, 164_{22}f.; von Gottheiten 33_1, 150_5.
מרים s. רים.
מראש s. ראש.
מרבצן Ortsname 152_2.
מרכצם m. EN 53.
מרמל Ortsname 97_3.
מרתדם m. EN מ״ | יזאן 124_1, 129_1; andere 88_3, 154.
משאל s. שאל.
משבא s. שבא.
משעדם m. EN $26_{7.14}$.
משקי und משקת s. שקי.
משימת s. שים.
מתע erretten $25_{6.14}$, 26_{12}, 29_5, $79_{6.9}$.
*מהלן N. eines Stammes s. S. 27 Anm. 2.

נ

נאר Subst. אתמרם | נ״ 75_4, דתא | נ״ 87_3.
נבטאל m. EN 12_2.
נגר Subst. 1_2.
נגרן N. eines Turmes $150a_2$.
נהפן m. BN 35_1.
נהר, Plur. אנהר Bach 1_2.
נור s. תנרין.
נחל Palmenpflanzung 165_2.
נטע Vb. V תנטע sich demütigen vor (ל) 90_7. נטעת Karawanserei (?) 25_7f., 34_1, 124_3.
נכי 1) Partiz., Feind, Schädiger 6_3, 79_4, 160_6 2) = נכית 25_{15} (kein Steinmetzfehler!).
נכל Subst. 161_2.
נמר s. אנמרם und die folgenden EN.
נמרם m. EN נ״ | יפד 157_2.
נמרן m. BN 82_6.
נעם Vb. wohl ergehen, Perf. wie Imperf. in der Formel לדת | נעמת | ותנעמן 82_7, 85_6f., 120_3; im Relativsatz als 2. Objekt zum Verbum שער bzw. וסף: דת | נעמת | ותנעמן 24_9f., 84_{11}f. — Subst. נעמת Wohlergehen 27 + 28_5, 85_5, [86_{16}], 119_2, 120_1. — Davon:
נעמן N. eines Hauses 125_1, 148_2 und דנ״

33_1 (?), 160_1 N. eines Stammes; s. auch אבנעם.

נפש Seele 77_6, s. auch פרקנפש u. הקני.

נצב Vb. $76_{1.3}$.

נצח s. מנצח.

נצע Anschlag 25_{16}, 79_{11}, 163_{14}, 164_{20}.

נצרן N. einer Sippe 158_1.

נקב, Plur. אנקב Durchstich 1_2.

נשר Präpos. *nach* נ״ | שבא 77_5.

נשרם N. eines Gottes 157_4; s. רבנשרם.

נשאכרב m. EN 1) נ״ | ארסל 100_1 2) נ״ | יזאן 83_7, 105, 125_3, 3) נ״ | נהפן | יגער 35_1, andere $150a_3$ und 152_1; zweifelhaft [נ״ | או]תר 82_1.

ס

מסוד Rathaus 3_2, 4_1, Dual מסודי 148_2.

סחם s. יהסחם; vgl. S. 15 Anm. 1.

סלע Vb. סלעו 36_2.

סנו s. אבסנו.

ע

עבד Knecht der Gottheit $25_{6.13}$, $26_{4.12.17}$, 33_2, 79_3, 80_4. [$_8$], 81_4f., [83_6], 86_{14}, 88_2, 163_{10}; s. auch אדם.

עבדאל m. EN 1) 18_1 2) 99_2.

עבדכללם m. EN 153_1.

עבל. Rest eines Ortsnamens 148_4.

עבר — בעבר um ...willen 86_{13}.

עד bei, bis 141_2, 142_3; die Form עדי 44_2, 87_3f., 88_6, 90_5, 150_3.

עדי s. עד.

עד̄ב wiederherstellen 36_2.

עוד s. יעד.

עום Jahr 29_8 (?).

עון Vb. IV הען helfen 26_{16}f., 79_5f. $_{10}$. — Davon der EN יהען.

עופין Unheil (?) 29_{11}.

עט̇ם (min.) 166_6.

עין (min.) עיננהן 166_4.

עלי s. עמעלי.

עלל s. העלל, יהעלל u. יעלל.

עלמן m. EN 122_2(?); vgl. zu 74 (S. 100 Anm.).

עלן Ortsname, ע״ד̄ 116_1.

עלץ dreschen 84_7. — מעלץ = مُعلّص Treiber 163_5f., = مَعلص Drusch 84_5 — מעלצת Feld 163_{11}f.

עם I. = hebr. עַם, in der zusammengesetzten Präpos. בעם *mit* $26_{8.9.15}$; in Verbindung mit שתמלא = hebr. מֵעִם, s. die Stellen unter מלא.

II. Subst. = عمّ Oheim, Pl. אעמם 99_2 (?) und in den folgenden Eigennamen.

...עמ m. EN 9_3.

עמאנש m. EN 143.

עמותר m. EN 173.

עמית̄ע 1) m. EN $146a_1$, 147 2) Sippenname $146b_3$.

עמכרב m. EN 1) 25_6 2) 155_1.

עמעלי Sippenname $25_{2.3.14}$f.

עמרם m. EN 170_1.

עסבת Subst. $150a_2$.

עצם (?) 78_2.

עקב bewachen 116_2; IV העקב mit Warten versehen $150_{3.4}$.

עקרבם s. ח̇שאם.

ערם s. מערמן.

ערר Vb. עררן (?) 149_1; s. יערר.

ערן Ortsname 1) 97_4 2) ראש | ערן | ד̄מדרם 152_2.

עשמים $146a_3$.

עשא graben 165_1; IV העשא 1_1; vgl. מעשא.

עשם m. EN 148_1.

עת̄תר N. eines Gottes 1) ohne Epitheton in den Anrufungen mit andern Gottheiten 5_2, $146b_{1.3}$, 157_4, 158_2, 165_3 2) ע״ | רפאן 12_1 3) ע״ | שרקן, ihm eine נטעת gebaut 33 + 34_1; am Schluß der Inschriften nach רת̄ר allein oder zusammen mit anderen Gottheiten 5_4, 6_1, 7_3, 8_4, 31_3, 32_4, 58, 122_3, $146b_3$, 157_3, 161_3; nach ברדא 61 4) ע״ | ד̄ראש | ערן | ד̄מדרם 152_2. — Vgl. die zusammengesetzten EN הופעת̄ת, המתעת̄ת, חיועת̄תר, לחיעת̄ת, שערעת̄תר.

ע̇

ע̇בב — מע̇ב, Plur. מע̇בב Wall 14_2.

ע̇ות (min.) 166_5.

עִילם N. eines בית $146a_{2.4}$.

עִילן Ġailān 1) m. BN 117_1 2) N. einer Baulichkeit $146a_2$.

עִימן Ortsname 75_2, $150a_3$, 163_{12}f.

עִלט Ortsname 138_3.

עִלית Unbill 79_{12}.

עִנם s. יעֲנם.

עִפרם Sippenname (?) 91_3.

פ

פ = ڤ 29_{10}.

פלית Subst. 77_7.

פלל Vb. V תפלן (?) 76_4.

פנות, Plur. פנוי Schleuse 1_2.

פקל Plur. אפקל Ernte 87_2.

פרע 1) Vb. 163_{11} 2) Adj. אתׄמרם | פרעם 119_1. — [פ]רע 97_3 (?) — תפרעם Höhe 150_4.

פרק in der Verbindung פרקנפש das Leben retten 79_8.

צ

צבחם m. EN 143_1; 144_1 (?); s. auch יהצבח.

צדק wohltun, Perf. $26_{3.16}$, 80_3, Imperf. 77_6. — Subst. in festen Verbindungen wie צ״ | מעלץ 84_6, אתׄמר | צדקם 81_{11}, 83_9, 88_5, 137 und מנלת | צדקם (Stellen unter מנלת); כל | צדקם 150_4 *von rechter Art* (Nöldeke).

צוב — צובת $150_{1.2.3}$.

צלל mit Fliesen decken $146a_2$.

צלם Statue 25_5, 79_1, 80_3, 84_4, 86_3, 90_5, 159_4, 164_8, Plur. אצלם 24_5, Dual צלמנינהן $27 + 28_3$, צלמנהן 83_6.

צלמת weibliche Statue 29_3; vgl. S. 210.

צנע N. einer Grabanlage 161_3. — צנען N. eines בית $146a_4$. — *מצנעת, مصنعة S. 3 Anm. 2; vgl. auch אצנע.

צִער klein 29_{12}f.

צרב Spätherbst 87_3.

צרי Vb. retten 29_5, 77_4; Subst. Anordnung 26_5.

צרע — מצרע Torflügel, Plur. מצרעת 150_4.

* צִפ[ן] s. S. 42 Anm. = טפן.

ק

לקבלי weil 86_{11}.

קבר — מקברת Plur. מקבר, Grabanlage 8_2, $161_{2.4}$.

קדם Vb. V תקדם vorstehen 116_2. — Subst. קדם Vorbau $146a_3$, 161_2. — בקדמי Präpos. *vor* $76_{1.3}$.

קוח — מקח, Pl. מקיח 150_4.

קול, קיל, defektive Schreibung קל 24_9, Plur. אקול, Qail, בית | קילן $116_{2.3}$; שמעי | שעבן | אקול 24_1f., [$27 + 28_1$], 62, 85_2f.; אקולהמו | אלי | מאדׄנם $146b_2$. — קולם Sippenname 153_2.

קום Vb. IV הקם 38_1 (?); davon abgeleitet der EN מהקמם, s. d., und מקם, Pl. מקימת die Macht der Götter und der Gebieter, aber auch der Klienten, in der Verbindung במקם, במקימת 6_2, $8_{2.3}$, 31_2, 32_2, 42_1, 95_4, 124_3, 150_5 (zweimal), 157_1; ומ״ | אדׄנם | ברי $27 + 28_5$f., [75_4], 120_1; מ״ | חמדו | 159_5; ומ״ | חׄיל | חמד 26_{11}.

קום 30_2 Bedeutung unklar. Die S. 65 als Beleg angeführte Stelle VA 5347 ist zu streichen.

קחמם BN des Gottes Ḥaǧar[m] 150b.

קיט Sommer 87_3; דׄקיטן Monatsname 150_6.

קיל s. קול.

קינן N. eines Gottes 7_2, $90[_4]._8$ (?), 155_2.

קיף — מקף Kultstein 75_3.

קני Vb. קניו 164_{18} — IV הקני das übliche Vb. für *Darbringen* von Statuen in den Votivinschriften 24_3, 25_3, 29_1, [80_1], 81_2, 82_2, 83_4, 84_2, 86_2, 90_4, 121_2, 163_3, 164_5f.; ohne Objekt 85_3, 137_1, 171 A_2; von der Weihung von Personen 139 = 140, 141_2, 142_3, 143_3, 162_1. — Subst. קני Besitz 139 = 140, 141_2, 142_4. — הקנית Weihgeschenk 158_1. — בקני (min.) 166_5.

קצר (?) 76_4.

קרי... Ortsname 1_2.

קרעמתן Stammesname 127_2.

קשב Vb. IV הקשב erneuern 150_1.

ר

ראב — ראבת w. EN 121_1.

ראי Vb. I רא 79_9 — IV הראי schauen lassen 164_{11}; Subst. הראית Gesicht, Vision 164_{10}.

ד̄ראים Stammesname $29_{6.\,12}$; ראים 29_9.

ראש (Haupt, s. S. 209) in dem Ortsnamen ד̄מדרם | ערן | ראש 152_2. — מראשן 78_5.

רבאל m. EN 1) 9_1 2) 51 3) 156_1.

רבב — רב, Plur. ארבב, Herr [אר]בב | אושן (?) 77_3; vgl. רבאל, רבבם, רבבשמע, רבבת, רבודם, רבנשרם, רבשמשם.

רבבם m. EN 1) יהנעם | ר״ 43_2 2) יהעלל | ר״ 45; andere 40_1, 52, 163_2, 164_1f.

רבבשמע m. EN $146a_1$.

רבבת w. EN 90_2.

רבוד[ם] m. EN 123_1.

ר[בנש]רם m. EN 148_1.

רבע Bezeichnung des Mondgottes רבעהמו $146b_2$; s. auch ארבעי.

רבץ̇ s. מרבץ̇ן.

רבשמשם m. EN 1) אשוע | ר״ 31_1 2) נמרן | ר״ | בן | בתע 82_6; ein anderer 11_1.

רגל Fuß 25_7. — ד̄רגלת Sippenname 97_2.

רדא Hilfe, in der formelhaften Wendung ברדא mit Hilfe (der Gottheiten, der Herrscher usw.) $5_{3.\,4}$, 6_2, 7_2, 8_2, $9_{2.\,3}$, 10_3, 11_3f., 30_3, 31_2, 32_3, 55, 67, 123_2, 125_3, 126_2, 153_3, 160_4.

רדמם m. EN ירחב | ר״ 95_3.

רדמן N. einer Landschaft 34_2.

רדע s. ירדע.

רוים N. eines Brunnens 78_6.

רוחן m. EN 102 (s. zu 5_1).

רחב s. יהרחב, ירחב und des folgenden EN.

רחבן N. eines בית 95_2, 148_2.

רחם — רחמן, mit Artikel רחמנן = الرحمن der Barmherzige 153_3.

רידן — ד̄ר״, im Königstitel, bezeichnet den Stamm ḏū Raidān und bedeutet nicht Herr („Baron") von R., s. Glossar zu *Himj. Inschr. u. Altert.* S. 74, zustimmend Praetorius *ZDMG* LIII S. 1ff., M. Hartmann *ZA* X (1896) S. 153, Mayer Lambert *Journ. As.* XI sér., t. XI S. 376, dagegen: D. H. Müller *Südar. Alt.* S. 19, Hartmann *Ar. Fr.* (1909) S. 143f. Die Stellen s. unter מלך.

רים Vb. in die Höhe führen 150_2. — Subst. מרים Spitze 150_3. — רמת $146a_4$. — Andere Ableitungen: ארים, רימן, רימת, רמן.

רים Kultstätte des Ta'lab, s. d.

רימן N. eines בית 24_8; vgl. והברימן.

רימת s. ד̄מר.

רים s. ירם, תרם.

ריתם Ortsname (?) 78_3.

רכל (?) (min.) 166_3.

רכץ̇ s. מרכץ̇ן.

רמחן m. EN 1) 5_1 2) 129_1 (?).

רמל s. מרמל.

רמן N. einer Gottheit 74.

רמשם N. einer Sippe 123_2, 137.

רמת s. רים.

רסל s. ארסל.

רעים s. רוים.

רעש s. יהרעש.

רפאן — [ע]ת̄תר | ר״ 12_1.

רפשן m. EN 25_{19}.

רץ̇ו Vb. IV הרץ̇ו zufrieden machen ד̄יהרץ̇ונהמו 119_2; Subst. רץ̇ו Gunst 25_{17}, 26_{19}, 81_9, 82_6, [83_{10}], 84_9, 164_{22}.

רץ̇ום Sippenname 123_1.

רשם s. ירשם.

רת̄ד Vb. in den Schutz jemandes stellen (mit dopp. Accus.) 9_4, 96_2, $146b_3$, 155_3, 156_4, 160_5 (mit d. Präpos. בן); nom. verbi מרת̄ד „geweiht" תאלב | מ״ 139_2 = 140_1, 141_2, 142_2, 143_2. — Abgeleitete EN s. ... רת̄ד, מרת̄דם.

... רת̄ד m. EN 31_1.

רת̄ון Kultstätte des Almaqah, 163_4f.

ש

שאל — שאלם | אל 78_2. — משאל Orakel 29_4, 81_5, 164_9.

שבא — שבאת Feldzug, [הית] | שבאתן 86_9, [כל | ש]באת 80_8. — משבא Kriegszug 79_5.

שבא Saba 77_5; im Königstitel s. מלך.

שבאי (min.) s. באי.

שבעי siebzig 153_4.

שחימם Sippenname 1_1, 3_1, $4_{1\cdot 2}$, $5_{1\cdot 3}$f., 7_1, $10_{2\cdot 3}$, $11_{3\cdot 4}$, 15, 18_2, 24_1, $25_{3\cdot 20}$, 28_1, 33_1, 155_3, 160_3, $164_{5\cdot 23}$.

שחמן m. EN ש״|יהצבח 31_2, 32_3.

שטר 77_3.

שלמן m. EN 1) $80_{5\cdot 7}$ 2) 126_1.

שלמת m. EN 124_1.

שמוי s. דשמוי.

שמי m. EN 124_2 (?).

שמים Ortsname, דש״ 144_1.

שמיעם Sippenname 124_2f., 137.

שמע 1) = שמעי 117_3, 138_2 2) N. einer Gottheit, s. רבבשמע; andere Ableitungen der Wurzel ש״ s. unter ישמעאל, שמיעם, שמען.

שמעי Stammesname 60, 61, 62, 138_2, דהגרם | תלת | שמעי 2_2, 24_2, 27 + 28_2, דחמלן | תלתן | שמעי 106, 107, 117_3.

שמען Kultstätte des Wadd $146b_1$, 148_3.

שעד Vb. beglücken (m. doppelt. Akkus.) 24_9, 25_{16}f., 26_{19}, 27 + 28_5, 75_3, $81_{7\cdot 10}$, 83_8f., $84_{5\cdot 7}$, 85_5, 87_2, 88_4, 137, $159_{7\cdot 9}$, 164_{21}. — Von der Wurzel ש abgeleitet sind אשעד, משעדם und die folgenden EN.

שעד m. EN 11_1.

...שעד m. EN 91_1.

שעדאום m. EN יענם | ש״ 31_1; ein anderer 159_1.

שעדאל m. EN $146a_1$.

שעדלת m. EN ואוכן | ש״ 163_1.

שעדם m. EN 1) 10_1 2) 47 3) 95_1 4) 99_1.

שעדעתתר m. EN 13_1.

שעדשמשם m. EN 1) יענם | ש״ 32_1 2) 126_1.

שעדתאלב m. EN יהחב | ש״ 33_2, 63, 124_2.

שפקין Sippenname 171 A $_1$f., 171 B_1.

שקי Vb. VIII שתקי 138_2. — משקי(ת) Bewässerung, Tränke 165_2; Plur. משקי 1_2.

שקרן Sippenname 49, 90_1 (?); בתע | ושקרן 127_1.

שרע s. אשרע.

שרר — (שר) Plur. אשרר, Feld [81_{11}f.], 87_4, [88_6].

שתי sechzig 78_4.

שתת sechs 150_6.

ש

שבלם m. EN מעמרן | ש״ 91_1.

שבמם die Stadt Šibām^{m} 25_8; דשבמם Stammesname 9_4, 27 + 28_4f.

שדדין Sippenname 30_1.

שדו — שדוהמו $146a_4$; ...שד 79_5.

[ש]ולמן (?) m. EN 77_2.

שוע s. אשוע.

שוף erretten שף $25_{6\cdot 11}$, שוף 25_{14}; s. ישפאל, שופם.

שופם m. EN יהתף | ש״ 126_1.

שים Schutzpatron, das Epitheton der di minorum gentium, speziell des תאלב | רימם 5_2, 8_3, 11_3, 24_3, $25_{4\cdot 10}$, 26_2, 29_2, 31_3, 32_2, 80_2, 82_2, 83_4, 85_3, 86_2, 89_3, 126_2, 159_3, 164_6; des חגרם קחמם 150b; des ודו $146b_1$, 148_3; des אלמקה 163_3; Name des Gottes weggebrochen 76_2. — משימת (Pl.) Gebiet [81_{12}], 87_4, 88_6.

שין an einem Fußleiden erkrankt sein 25_7. — V תשין 25_7.

שיע s. שעת.

שכרודם m. EN אחטר | ש״ $146a_1$.

שלת Nebenform zu תלת 24_2, 27 + 28_2.

שמר Königsname 150 (Monogr.) = שמר | יהרעש. — שמרם 141 und 142.

שמש Sonne, Sonnengottheit 5_3, 68, 75_2f., 118, $146b_2$, 160_5; Plur. אשמש 150_5; s. auch die EN רבשמשם, שעדשמשם.

שנא Partiz., Feind 25_{16}, 79_{11}f., 84_{10}f., 163_{15}, 164_{20}f.

שסלם Ortsname 37_2.

שעב Stamm 5_4, 19, 24_2, 25_{20}, 27 + 28_5, 29_5f. $_{11}$f., 32_3, 60, 61, 62, 77_5, 78_1, 81_{10}, 84_{10}, 127_2; Plur. אשעב 34_3. — In unsern Texten kommen folgende Stämme vor: דראים, דנעמן, דהגרם, דדמהן, דעם, אלהן, ירשם, חשאם, חולן, חמלן, דשבמם, דרידן, שמעי, מאדנם; über den Stamm שבא s. S. 181 Anm.

שעבן Kultstätte des Wadd $146b_1$, 148_3.

שערם m. EN אותר | ש״ König von Saba und von ḏū Raidān 163_7f.

שעת Gefährtin, Gattin 153_1.

שצי Nachstellung, i. d. Verbindg. | ושצי | נצע שנאם 25_{16}, 79_{11}, 163_{15}, 164_{20}.

שצרם Kultstätte des Ta'lab 32_4, 41_2, 81_3, 83_5, 84_3, 108, 109.

שקר Vb. IV השקר vollenden, meist an zweiter oder letzter Stelle nach בני oder הות̄ר u. ä. 6_1, 8_2, 13_2, 44_1, 96_1, 97_3f., 101_2, 124_3, 126_1, $150a_1$f., 151_2, 153_2, 156_2, 160_2.

שרח s. שרחאל, ישרחאל, שרחם.

שרחאל m. EN 1) 83_2 2) 95_1.

שרחם m. EN 1) עילן | ש" 117_1 2) 11_1 3) $163_{1.10}$; zweifelhaft 132.

שרע mit Wasser versorgen $146a_3$.

שרקן s. עת̄תר | שרקן.

ת

תאול s. אול.

תאלב N. des Hausgottes der Bata'iden, regelmäßig ת" | רימם am Eingang der ihm geweihten Inschriften oder wo er zuerst genannt wird (Ausnahme: 11_4) [5_2], 6_3, 8_3, 16_2, 17_2, (?), 24_3, 25_4, $26_{2.11}$, $27+28_3$, 29_2, 31_3, $32_{2.4}$, 40_2, 41_2, [68], $80_{2.4.6}$f., 81_3, $82_{2.3}$f., 83_4f., 84_2f. $_{13}$, 85_4, $86_{2.3}$f. $_{14}$, 87_2, 98_3, 125_2, 126_2, 128_1, [152_1], 159_3f., 160_4, 164_6f. $_{24}$; ohne רימם 11_4, $25_{11.13}$, 26_{16}, 29_{10}, 81_4, 82_5, 84_8, 160_6 und in den Proskynemen 139—143; ihm sind die Votivsteine 24—29, 80—87, 159 und 164 gewidmet und die in 5, 6, 16 (?), 31, 32, 160 bezeichneten Bauten zum Schutze anempfohlen. Er heißt Herr, בעל, von רימת | ד̄מר (?) 29_2f, חדת̄נן 159_3f., ט̄בין 164_6ff., כברם 24_3f., 25_4f., 26_2f., שצרם $32_{[2].4}$, 41_2, 80_2, 81_3, 82_2, 83_4f., 84_2f., [85_4], תרעת 152_2; vgl. den EN שעדתאלב.

תאמן s. אמן.

תבעאל m. EN 102, 152_1.

תבעכרב m. EN 164_{14}.

תבעם m. EN 72.

תזאד Sippenname 163_3.

תחרבן s. חרב.

תמצת (min.) 166_6.

תנרין Nisbe von תנר 162_1.

תפלן s. פלל.

תפרע s. פרע.

תרם N. einer Baulichkeit 32_2.

תרעת Kultstätte des Ta'lab 152_2.

תשעי neunzig 150_6.

ת̄

ת̄הון BN des Almaqah 163_4.

ת̄וב Vb. II (min.) 166_5; IV הת̄ב vergelten 25_{10}; s. auch den folgenden EN.

ת̄ובן m. EN 186.

ת̄ור Stier 163_5.

ת̄לת̄ drei מאנם | ת̄לת̄ 150_6, ת̄לת̄ת 153_4; ת̄לת̄ Drittel 2_2, 106, 107, 117_3 (Nebenform שלת̄ s. d.).

ת̄מר Frucht; Plur. את̄מרם, את̄מר | [נא]ד 75_4, פרעם | את̄מרם 119, את̄מר | צרקם 81_{10}f., 83_8f., 87_3, 88_5, 137.

ת̄נין N. eines Heiligtums 167_3.

ת̄פר (?) 71.

ת̄רת s. ות̄ר.

Sachregister.

In diesem Register sind, um es nicht über Gebühr anschwellen zu lassen, nur die wichtigsten Stichwörter verzeichnet. — S. = Seite dieses Bandes. Wo mehrere Seitenzahlen aufeinander folgen, steht das S. nur an der ersten Stelle. — MM mit einer Zahl bezeichnet unsere Inschriftennummern.

Verzeichnis der behandelten Inschriften aus dem Corpus Inscriptionum Himyariticarum und anderen Veröffentlichungen.

Zahlen ohne Zusatz bezeichnen die Nummern unserer Inschriften. — S. = Seite dieses Bandes. — Auf : folgen die Stellen, an denen die Inschrift behandelt wird. — Das Zeichen = bedeutet Identität der betreffenden Inschriften.

Band 19 (Reihe C. Band 7).
Kanter, Dr. med. et rer. nat. *Helmuth:* Das Mar Chiquita in Argentinien, Provincia de Córdoba. 4°. XII und 91 Seiten mit Karten, Profilen und 31 Abb. auf 8 Tafeln. 1925. RM. 12.—

Band 20 (Reihe B. Band 11).
Krüger, Fritz: Die Gegenstandskultur Sanabrias und seiner Nachbargebiete, ein Beitrag zur spanischen und portugiesischen Volkskunde. 4°. X und 322 Seiten mit 23 Abb. im Text, 26 Tafeln und einer Übersichtskarte. 1925. RM. 25.—

Band 21 (Reihe C. Band 8).
Lindinger, Leonhard: Beiträge zur Kenntnis von Vegetation und Flora der kanarischen Inseln. 4°. IX und 350 Seiten mit 5 Tafeln und 2 Karten. 1926. RM. 25.—

Band 22 (Reihe B. Band 12).
Heepe, M. u. *Nekes, P. H.:* Jaunde-Wörterbuch. 4°. XVI und 257 Seiten. 1926. RM. 18.—

Band 23 (Reihe B. Band 13).
Jürgens, Oskar †: Spanische Städte, ihre bauliche Entwicklung und Ausgestaltung. Herausgegeben von Dr. *Wilhelm Giese.* 4°. 351 S. mit 276 Abb. auf CXX Tafeln. 96 Abb. im Text u. 27 Stadtpläne in Mappe kartoniert. Text broschiert 1926. RM. 90.—

Band 24 (Reihe C. Band 9).
Ahrens, Dr. rer. nat. *Rudolf:* Wirtschaftsformen und Landschaft. Die zur unmittelbaren Befriedigung des Nahrungsbedürfnisses dienenden Wirtschaftsformen in den außereuropäischen Erdteilen zur Zeit ihres Bekanntwerdens durch die Europäer in ihren Beziehungen zur Landschaft. 4°. XII und 97 Seiten mit 19 Wirtschaftskarten auf 5 Tafeln und 7 Textfiguren. 1927. RM. 10.—

Band 25 (Reihe B. Band 14).
Forke, Prof. Dr. *Alfred:* Geschichte der alten chinesischen Philosophie. XVI und 564 Seiten. 1927. RM. 36.—

Band 26 (Reihe D. Band 2).
Festschrift für Prof. Dr. B. Nocht: Arbeiten über Tropenkrankheiten und deren Grenzgebiete. 4°. X u. 463 Seiten mit Abb. im Text, 41 Tafeln u. 1 Porträt. 1927. RM. 45.—

Band 27 (Reihe B. Band 15).
Urtel, Hermann: Beiträge zur portugiesischen Volkskunde. 4°. VIII u. 82 Seiten und 4 Tafeln. 1928. RM. 6.—

Band 28 (Reihe B. Band 16).
Björkman, Walther: Beiträge zur Geschichte der Staatskanzlei im islamischen Ägypten. VIII und 217 Seiten. 1928. RM. 14.—

Band 29 (Reihe D. Band 3).
Martini, Erich: Untersuchungen zur medizinischen Entomologie und zur Malaria-Epidemiologie des unteren Wolgagebiets. 4°. XII u. 134 Seiten und 21 Abb. im Text. 1928. RM. 12.—

Band 30 (Reihe A. Band 2).
Ziebarth, Erich: Beiträge zur Geschichte des Seeraubs und Seehandels im alten Griechenland. 4°. VIII, 149 Seiten. 1929. RM. 9.—

Band 31 (Reihe A. Band 3).
Topf, E.: Die Staatenbildungen in den arabischen Teilen der Türkei seit dem Weltkrieg. 4°. X, 260 Seiten. 1929. RM. 12.—

Band 32 (Reihe A. Band 4).
Biehl, Max: Die Wirtschaft des fernen Westens. Ihre natürlichen Grundlagen und der heutige Stand der Erschließung. 4°. X, 171 Seiten mit 38 Abb. im Text. 1929. RM. 12.—

Band 33 (Reihe C. Band 10).
Kanter, Helmuth: Kalabrien. 4°. XXI, 378 Seiten mit 51 Kartenskizzen, Diagrammen und 68 Abbildungen auf 34 Tafeln. 1930. RM 25.—

Band 34 (Reihe A. Band 5).
Epstein, Fritz: Heinrich von Staden: Aufzeichnungen über den Moskauer Staat. 4°. 64*, 309 Seiten. Mit 3 Tafeln. 1930. RM 25.—

Band 35 (Reihe C. Band 11).
Krieg, Walter: Der Staat Vera Cruz. Eine wirtschaftsgeographische Untersuchung mit besonderer Berücksichtigung des Problems der wirtschaftsgeographischen Karte. 4°. VIII, 65 Seiten. Mit einer farbigen Karte und 10 Textskizzen. 1931. RM. 10.—

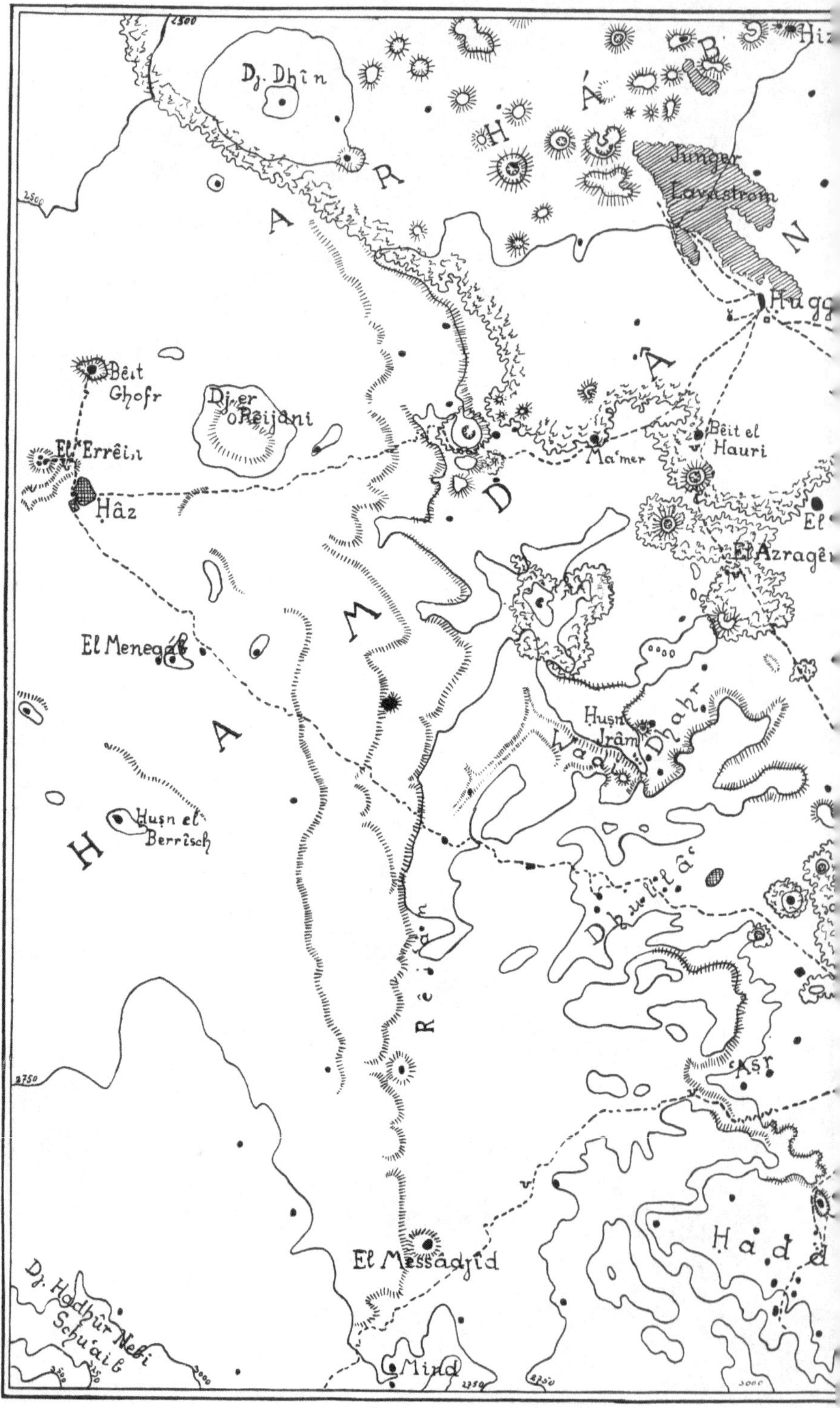

Übersichtskarte der weiteren Umgebung von San'â
Formlinien in Stufen von 250 m

1:1

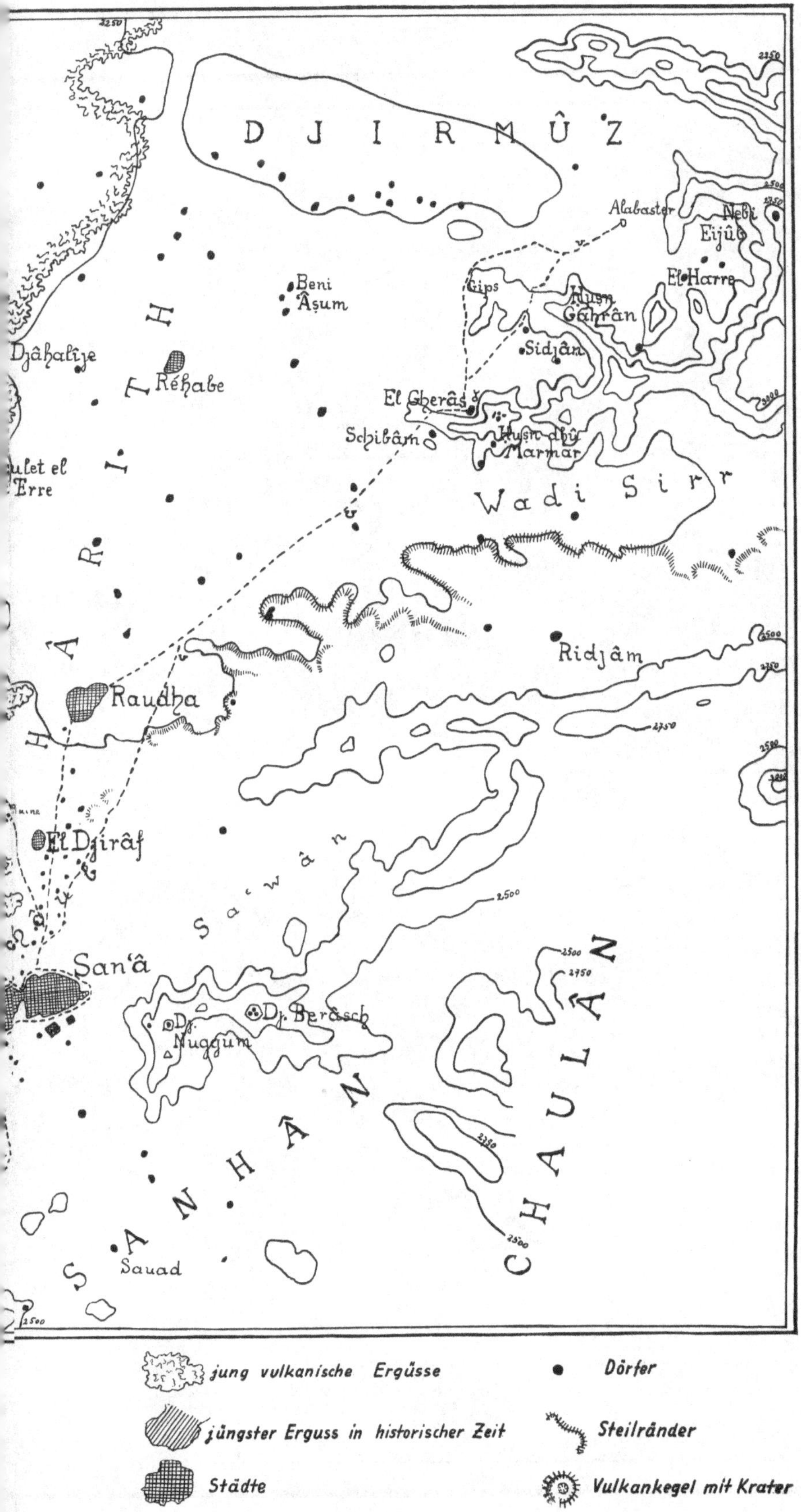
D J I R M Û Z
Alabaster
Nebi Eijûb
El Harre
Gips
Husn Gahrân
Sidjân
El Gherâs
Schibâm
Husn dhû Marmar
Wadi Sirr
Beni Âsum
Djâhalije
Rehabe
H Â R I T H
Raudha
Ridjâm
El Djirâf
Sa'wân
San'â
Dj. Nuqqum
Dj. Beräsch
S A N H Â N
Sauad
C H A U L Â N
2250
2500
2750
jung vulkanische Ergüsse
jüngster Erguss in historischer Zeit
Städte
Dörfer
Steilränder
Vulkankegel mit Krater

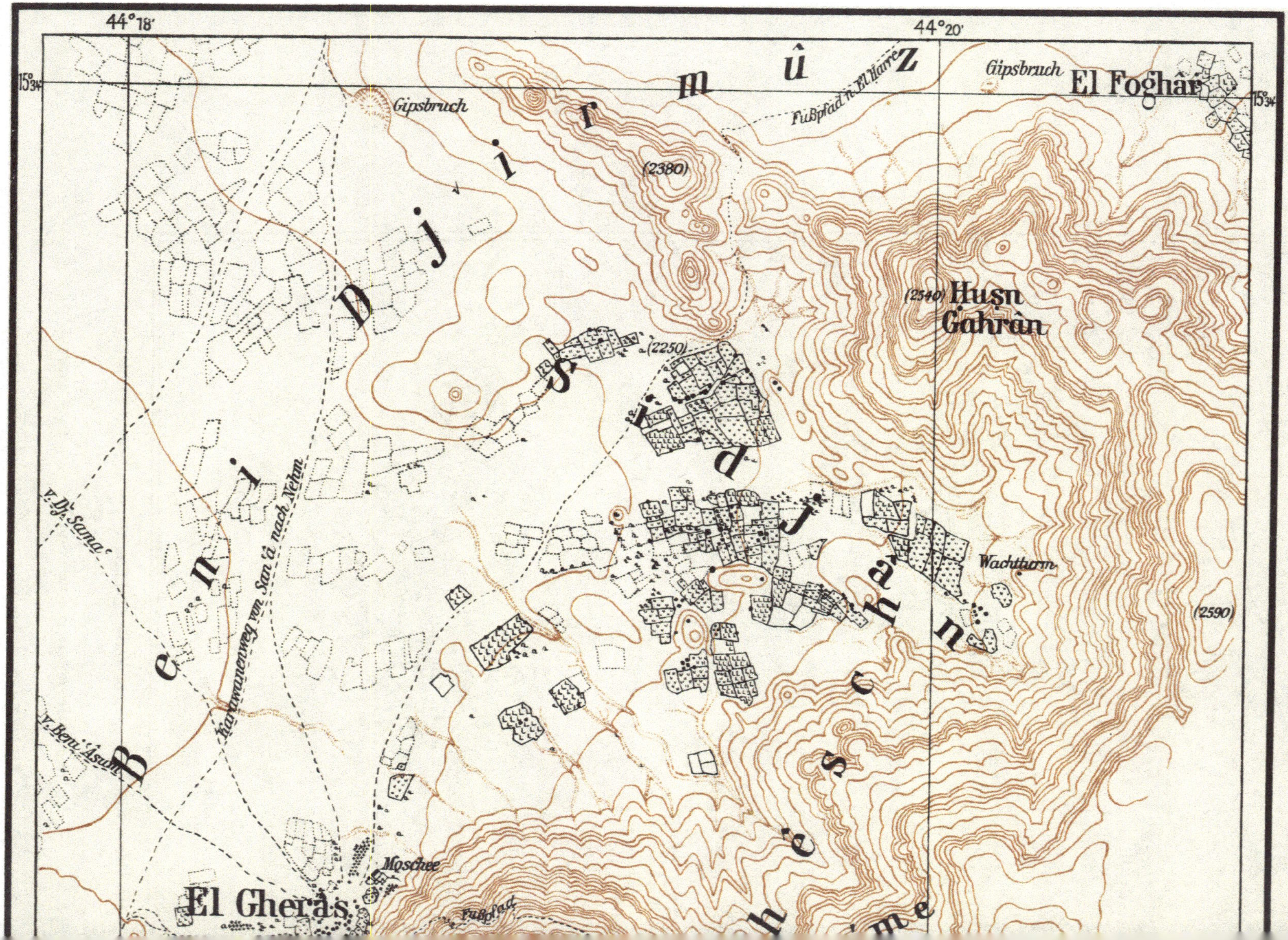

44°18'
44°20'
15°34'
Gipsbruch
El Foghâr
Gipsbruch
Fußpfad n. El Harre
Djirmûz
(2380)
(2540) Husn Gahrân
(2250)
Beni Djischân
Wachtturm
(2590)
Karawanenweg von San'â nach Nehm
v. Dj. Sama'
v. Beni 'Asum
Moschee
El Gherâs
Fußpfad

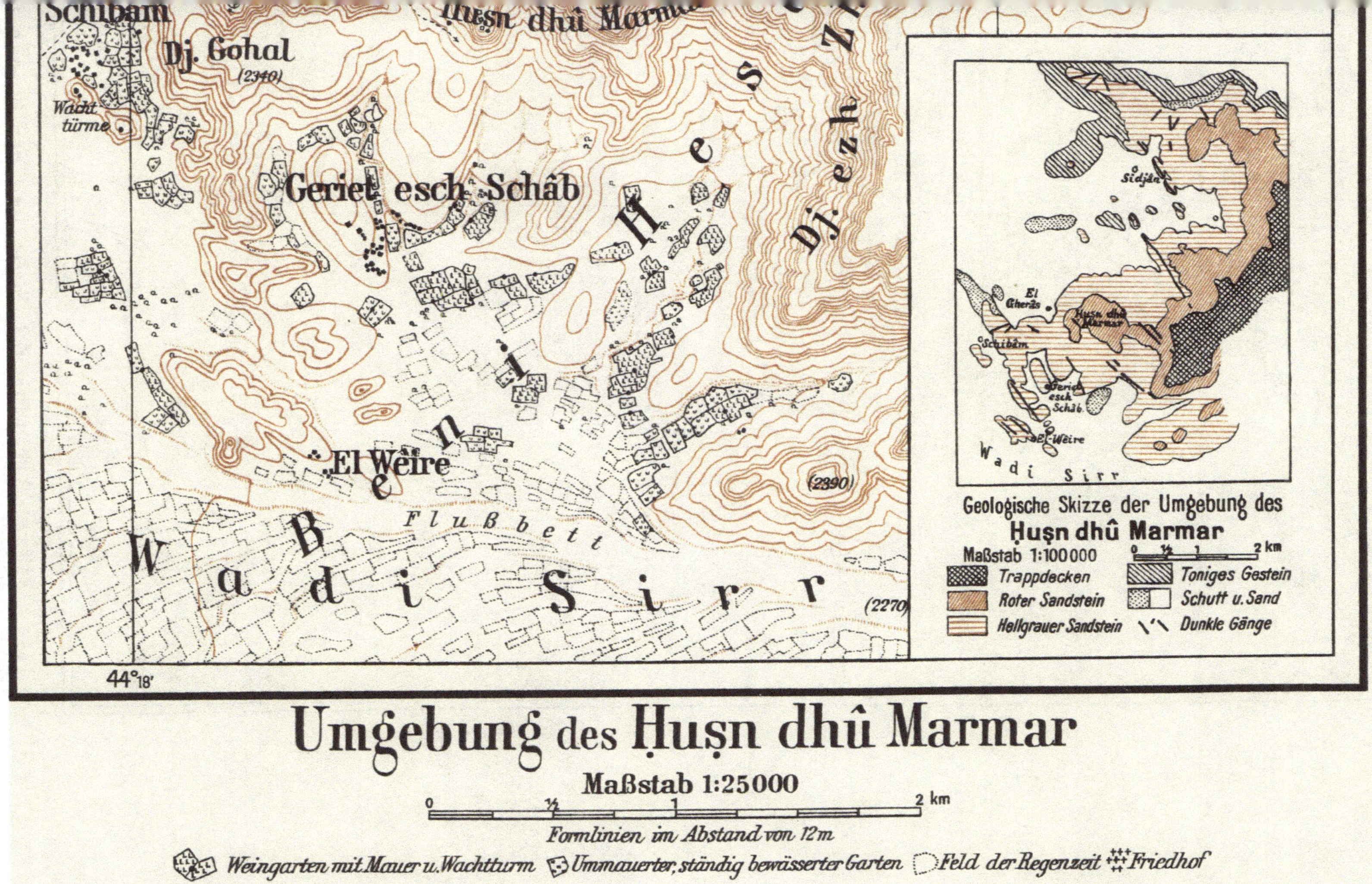

Druck: Gustav A. Schmidt (Abt. J. Köhler, Geogr.-Lithogr. Anstalt) Hamburg 33

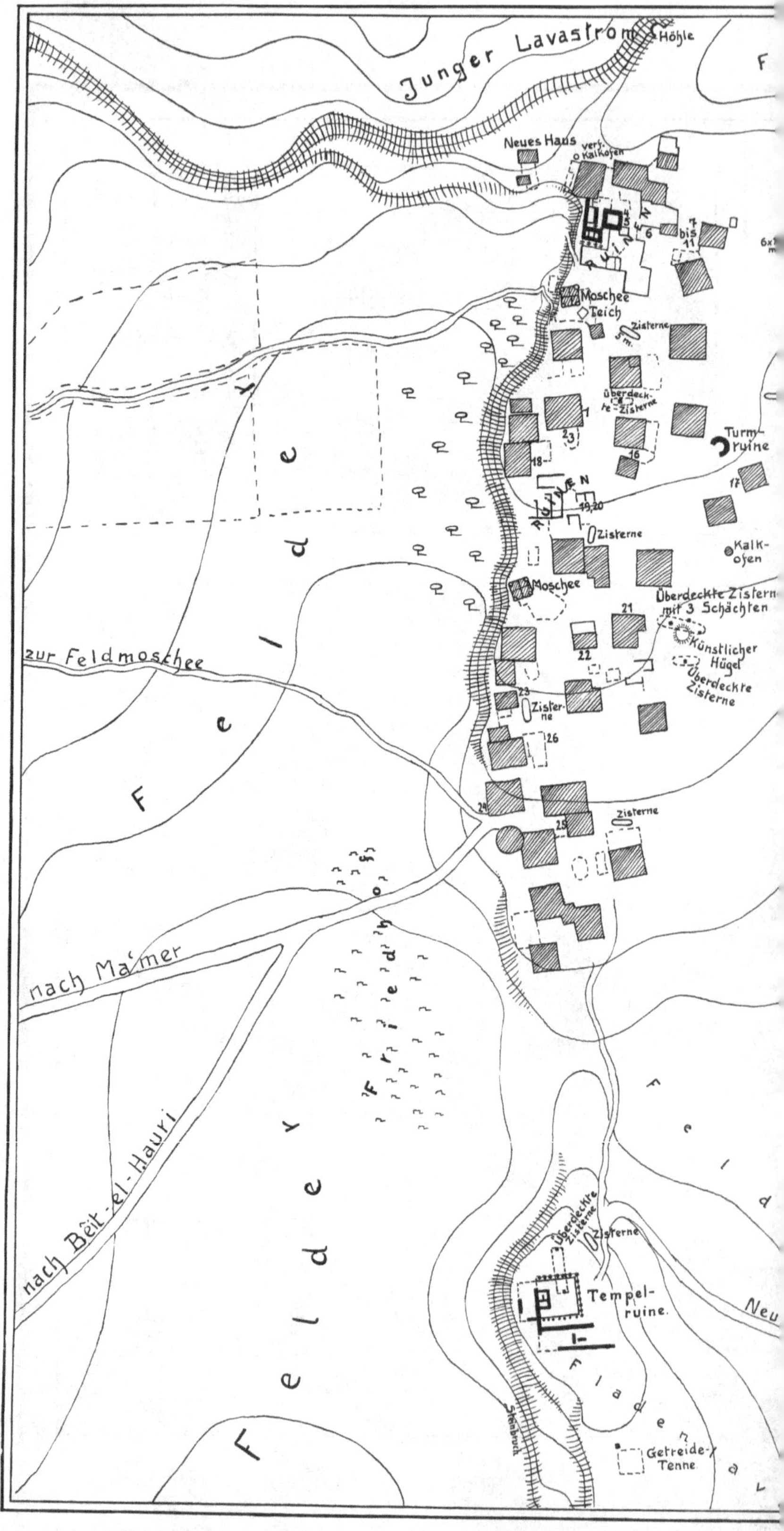

Plan des Dorfes und der Ruinen v

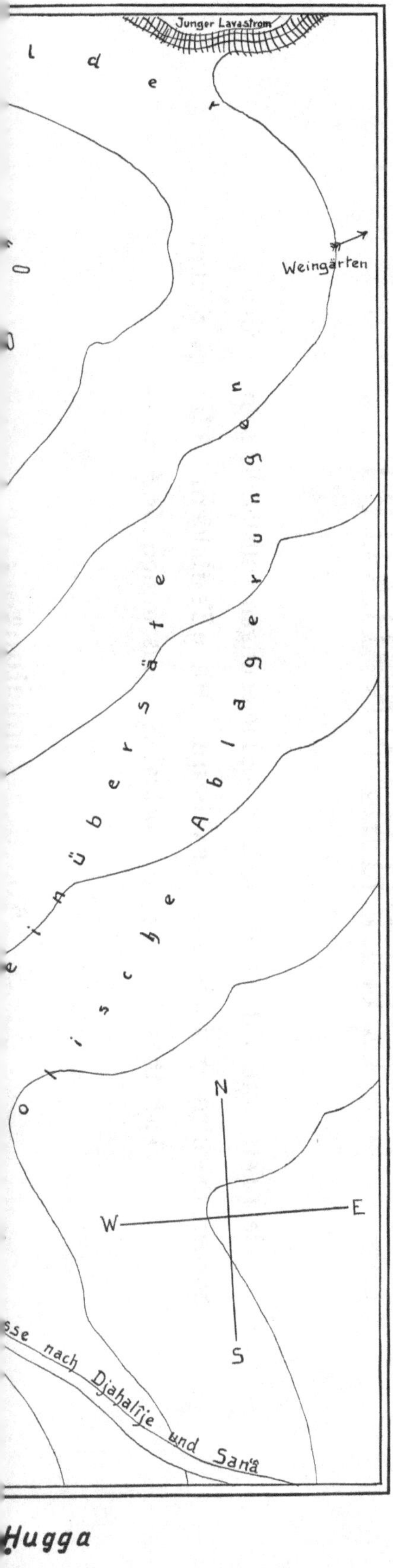

Hugga

Die den einzelnen Häusern beigefügten Zahlen bedeuten die in den Häusern eingebauten Inschriftensteine und Architekturteile:

1 ..... RW 84 = MM 135
2 ..... RW 113 = MM 134
3 ..... nicht abgebildet (kleine Inschrift)
4 ..... Phot. 2 (2. Band)
5 ..... RW 85 = MM 136
6 ..... Fig. 17 (2. Band)
7 ..... RW 86 = MM 124a
8/9..... RW 83 = MM 128
10 ..... RW 82 = MM 127
11 ..... Fig. 58 (2. Band)
12 ..... RW 87 = MM 126
13 ..... Fig. 11 (2. Band)
14 ..... Fig. 11 (2. Band)
15 ..... Fig. 28 (2. Band)
16 ..... Fig. 21 (2. Band)
17 ..... RW 89 = MM 124b
18 ..... Fig. 24 (2. Band)
19 ..... RW 112a = MM 132
20 ..... RW 112b = MM 132
21 ..... RW 111 = MM 131
22 ..... Fig. 12 (2. Band)
23 ..... RW 110 = MM 133
24 ..... Fig. 13 (2. Band)
25 ..... RW 88 = MM 130
26 ..... nicht abgebildet (Kapitell)

CORPUS INSCRIPTIONUM CHALDICARUM

IN VERBINDUNG
MIT F. BAGEL UND F. SCHACHERMEYR
HERAUSGEGEBEN
VON

C. F. LEHMANN-HAUPT

Je 1 Text- und Tafelband, die in 4—5 Lieferungen vollständig sein werden

Soeben erschien: 1. Lieferung: Textband. Mit 9 Textbildern. VIII, 54 Spalten
Tafelband. 42 Lichtdrucktafeln. Zusammen *RM* 60.—

Aus der Einleitung

Diese Sammlung vorarmenischer Keilinschriften [illegible] objektiv der Feststellung, Sicherung und Beurteilung der Inschriften und ihres Textes und zu dessen Verständnis dient. Dagegen soll das subjektive Ermessen des Bearbeiters oder der Bearbeiter der Inschriften in keiner Weise in den Vordergrund treten.

Bei dem heutigen Stande der Forschung ist eine durchgehende Übersetzung der Texte in den meisten Fällen ausgeschlossen und gehört daher nicht zu den Aufgaben des Corpus. In den seltenen Fällen, wo durch besondere glückliche Umstände eine in allem Wesentlichen objektiv gesicherte Übersetzung gewisser Abschnitte erzielt werden kann, wird sie natürlich geboten.

Im übrigen sucht das Corpus dem künftigen Übersetzer in zwei Richtungen vorzuarbeiten. Einmal durch Angabe des wesentlichen Inhalts jeder Inschrift, wo er sich mit einiger Sicherheit feststellen läßt. Dies kann durch einen kurzen Satz, kann aber auch in günstigeren Fällen durch eine Paraphrase geschehen, die sich dem Wortlaut der Inschrift mehr oder weniger anschließt. Diese mehr oder weniger knappen Inhaltsangaben dienen gleichzeitig den Bedürfnissen derer, die neben oder vor dem sprachlichen ein sachliches Interesse an dem Inhalt der Inschriften nehmen: Historiker, Geographen, Kulturhistoriker, Religionsforscher. Zweitens soll ihr sprachlicher Gesamtbefund, ohne jede subjektive Beimengung, der Forschung dadurch zugänglich gemacht werden, daß sämtliche Flexionsformen und Varegister verzeichnet werden. Dem von dem zu früh geschiedenen Gustav Herbig ausgesprochenen Wunsche nach einem a tergo-Index soll nach Möglichkeit entsprochen werden. Ferner ist vorgesehen ein Verzeichnis der in den assyrischen Texten und in den assyrischen Fassungen der Bilinguen usw. vorkommenden assyrischen Wörter und ihrer Übersetzung, soweit sie bekannt ist.

Chaldische Wörter und Wortformen, deren Bedeutung als feststehend gelten kann, sollen in einem Sonderregister zusammengefaßt werden, in welchem die Elemente, auf der die Deutung beruht, durch Hinweis auf die betr. Stellen der Erläuterungen usw., nochmals ins Gedächtnis gerufen werden: ist die Bedeutung durch Vermittlung des Assyrischen gewonnen, so wird das assyrische Äquivalent mit seiner deutschen Übersetzung hinzugefügt. Ein Namen- und ein Sachregister treten hinzu.

Der Textband enthält die Umschrift der Inschriften in chronologischer Folge nach den Herrschern und gegebenenfalls in sich nach sachlichen Kategorien geordnet, wie es das vorläufige Verzeichnis der Inschriften dartut.

Den Texten sind photographische Wiedergaben einzelner Inschriften, die meist bereits in Zinkotypie vorlagen, sowie von Standorten verschiedener Inschriften beigegeben.

WALTER DE GRUYTER & CO. BERLIN W 10 UND LEIPZIG

VORMALS G. J. GÖSCHEN'SCHE VERLAGSHANDLUNG – J. GUTTENTAG, VERLAGSBUCHHANDLUNG

GEORG REIMER – KARL J. TRÜBNER – VEIT & COMP.

1928

CORPUS INSCRIPTIONUM CHALDICARUM

Fortsetzung der Auszüge aus der Einleitung.

Der Tafelband enthält zunächst das erreichbare photographische Material, sei es nach Originalen, sei es nach Abklatschen oder Gipsabgüssen.

Den Photographien sollen nötigenfalls die Autographien der nicht mit Photographien von ausreichender Deutlichkeit vertretenen Inschriften gegen den Schluß des Tafelbandes folgen. —

Mit der Veröffentlichung eines Corpus der vorarmenischen Keilinschriften erfüllt die deutsche Wissenschaft eine Ehrenpflicht. Nicht nur war es ein Deutscher, Friedrich Eduard Schulz, der die systematische Forschung auf diesem Gebiete erfolgreich anbahnte (1828/29) und dabei sein Leben zum Opfer brachte: es geschah das auch lange ehe in Chorsabad und in Koyundjyk Botta und Layard die Trümmer assyrischer Königspaläste aufdeckten, ja selbst ehe Burnouf und Lassen auf Grotefends erster Entzifferung fortbauend ein volles Verständnis der namentlich durch Carsten Niebuhrs Reisen in Europa bekannt gewordenen altpersischen Keilinschriften gesichert hatten.

Im übrigen hat eine Vermehrung des inschriftlichen Materials jahrzehntelang nur durch zufällige und vereinzelte Funde stattgefunden. Besonders bemerkenswert sind die beiden Inschriften, die ganz im Westen Armeniens gefunden wurden, die eine 1840 von Mühlbach und Moltke als Offizieren in türkischen Diensten unweit Izoly am Euphrat (Nr. 133), die andere (Nr. 31) etwas weiter östlich von Layard auf der Burg von Palu am Murad-tschai, dem südlichen der beiden Quellflüsse des Euphrat. Der Hauptanteil an den vereinzelten Funden kam aber auf die Armenier selbst, worüber Näheres zu den einzelnen Inschriften.

Der Übergang zu einer systematischen Sammlung des Materials der [illegible]

Belcks genaue Beobachtungen über den Standort der Inschriften erwiesen sich dabei als besonders bedeutungsvoll für das Eindringen in das Verständnis der Inschriften. So ergab sich aus den Kanalinschriften des Menuas die Gleichung *pili* = Kanal oder = dessen Stützmauer; aus der Rusas-Stele neben der Erkenntnis ihrer historischen Bedeutung als Gründungsurkunde der durch Rusas I erfolgten Neuanlage von Tuschpa-Wan, u. a. auch die Gleichung *ṣue* = Stausee.

Da die Entzifferung der Rusas-Stele die Hoffnung erweckte, daß bei genauer Beobachtung des Standortes der Inschriften sich weitere wichtige Fortschritte in dem Verständnis der Inschriften ergeben würden, so regte sich der Wunsch, alles, was an vorarmenischen Inschriften erreichbar sein möchte, baldmöglichst zu sammeln, um so mehr als W. Belck auf seiner ersten Reise mannigfache Nachrichten über das Vorhandensein von Inschriften zugegangen, die er jedoch nicht aufgesucht hatte, weil er auf seine Anfrage von Europa aus die irrtümliche Auskunft erhalten hatte, die vorarmenischen Keilinschriften seien sämtlich bekannt.

So schien ein Grundstock von neu zu findenden Inschriften gesichert, der reichhaltig genug war, um ein solches Unternehmen zu rechtfertigen.

Daher machte mir bereits im Jahre 1893 W. Belck den Vorschlag, gemeinsam mit ihm Armenien zu bereisen, zum Zwecke einer systematischen Erforschung des gesamten Gebietes des ehemaligen chaldischen Reiches, wobei neue Inschriften aufgesucht und die früher bekannten nach Möglichkeit verglichen werden sollten.

Diese Expedition kam nach mancherlei Mühen bei ihrer Vorbereitung, namentlich was das Zusammenbringen der beträchtlichen Mittel, die notwendig waren, anlangt, und trotz mancher Hindernisse, die ihre techniker im Siemensschen Kupferbergwerk Kedabeg-Kalakent in Transkaukasien angestellt, im Anschluß an eine für Rudolf Virchow in der Nachbarschaft von Kalakent ausgeführte Untersuchung prähistorischer Gräber unternahm. Bei dieser entdeckte Belck Reste einer einheitlichen und merkwürdigen Kultur, deren eigenartigste Erzeugnisse jene Gürtelbleche waren, an deren Veröffentlichung Rudolf Virchow nachmals (1895) seine bedeutsame Abhandlung über die kulturgeschichtliche Stellung des Kaukasus geknüpft hat. Als Träger dieser hervorragenden Kultur vermutete Belck die ältesten Bewohner Armeniens und suchte daraufhin im Einverständnis mit Virchow die Örtlichkeiten auf, welche durch die Überlieferung als Sitze der ältesten Bewohner Armeniens bezeichnet wurden, die Umgebung des Wansees, die Stadt Wan selbst, die Gegend von Eriwan, besonders Armavir, die angeblich älteste armenische Königsstadt. Er wollte etwa vorhandene prähistorische Gräber öffnen, um durch Vergleichung der Funde die Richtigkeit seiner Vermutung zu prüfen. Diese Prüfung hat zwar, wie »Armenien einst und jetzt« II 2, 594 f. dargelegt, jene Vermutung Belcks nicht bestätigt; aber er kam dadurch mit den vorarmenischen Keilinschriften in Berührung und kopierte eine große Anzahl derselben, von denen ein Teil mit den von Schulz entdeckten identisch war, eine bedeutende Anzahl sich aber als gänzlich unbekannt erwies. Er zeigte dabei ein so großes Geschick, daß er selbst von Inschriften, die Schulz als unleserlich bezeichnet hatte, brauchbare Kopien mitbrachte. Nach Belcks Rückkehr durch Rudolf Virchow mit ihm bekannt gemacht, bearbeitete ich mit ihm gemeinsam das neu gewonnene Material: die schon bekannten und die neu entdeckten Inschriften.

aufgaben ein sehr befriedigendes Ergebnis.

Nahezu sämtliche schon früher bekannte chaldische Keilinschriften — die Ausnahmen sind verschwindend gering — wurden, mit wichtigen Fortschritten in der Lesung, die das Verständnis wesentlich förderten, neu verglichen und so viele neue Inschriften, zum Teil von großer historischer Bedeutung, hinzugefunden, daß das Material dadurch mehr als verdoppelt erscheint. Außer den schriftlichen Kopien wurden Papierabklatsche all dieser chaldischen Inschriften und, in geeigneten Fällen, auch Photographien heimgebracht. Das Zustandekommen der Forschungsreise war in erster Linie dem lebhaften Interesse und der tatkräftigen Fürsorge Rudolf Virchows zu verdanken, dessen Andenken das Corpus gewidmet ist.

Die Reise wurde von Berlin aus meinerseits am 8. Mai 1898 angetreten, am 20. Oktober 1899 kehrte ich, am 23. Dezember W. Belck nach Berlin zurück.

Der diplomatischen Förderung seitens der Reichsregierung ist auch an dieser Stelle als einer unerläßlichen Vorbedingung und einer unschätzbaren Förderung dankbar zu gedenken.

Ursprünglich hatte, wie die Reise, so auch die Bearbeitung der Ergebnisse durch beide Expeditionsmitglieder in gemeinsamer Arbeit erfolgen sollen. Als sich dies als untunlich erwies, fiel mir eine Arbeitslast zu, die zusammen mit meinen sonstigen Verpflichtungen die Kräfte des Einzelnen zu überschreiten drohte. So haben sich Herr Felix Bagel und Herr Dr. Fritz Schachermeyr als meine Mitarbeiter wesentliche Verdienste um das Zustandekommen des Corpus erworben.

VORLÄUFIGES VERZEICHNIS DER INSCHRIFTEN

Ein * neben der Zählungsnummer bezeichnet diejenigen Inschriften, die bisher im keilinschriftlichen Originaltext oder in Umschrift sei es überhaupt nicht, sei es nur unvollständig veröffentlicht worden waren.

SARDUR I.

1—3. WAN, SARDURSBURG. Gleichlautende Inschriften auf drei Quadern, assyrisch. Sayce 1. 2; Mat. S. 61f. Nr. 45—47.

ISPUINIS.

4a—f. ZEVASTAN. Säulensteine, a—e in der Kirche, f in einem Garten. Sayce 4.

5. ZEVASTAN. 4 Bruchstücke, eingemauert im Hause des Mgrditsch Avetinian. Sayce 6.

6.* ZEVASTAN. Eingemauert in der Kirche. Ber. 11.

6A.* WAN(?). Steingefäß im Britischen Museum.

7. PATNOTHS. Säulentrommel in einer Totenkapelle. Sayce 69.

8. PATNOTHS. Säulentrommel in der Kirche. Sayce 70.

9.* PATNOTHS. Säulentrommel in der Kirche. Ber. 13.

10. ARALESK (KALADJYK). Säulentrommel in der Kirche. Sayce 3.

11.* WAN, TÄBRIZ-KAPUSY. 16 Zl, dreimal wiederholt. Ber. 18.

12. KELIŠIN. Zweisprachige Steleninschrift, chaldisch und assyrisch. Anatole I. (W. Belck); Sayce Journ. R. As. Soc. 1894, 691ff.

ISPUINIS und MENUAS.

13.* WAN, Kirche SURB POĜOS. Steleninschrift. Sayce 31; Ber. 14.

14.* KASYMOGLU. In der Kirche als Säulenbasis verwendet. Ber. 15.

15.* CHARAKONIS. Große Stele, als Schwellenstein in der Kirche verwendet. Ber. 16.

16. AŠOTAKERT (»Aschrut-Darga«), richtiger PAGAN. Felsinschrift. Denkschr. Wien. Ak. Bd. 36 (D. H. Müller); Sayce 58.

17. MUCHRAPERT. Felsinschrift, früher in der Mauer der Burg, jetzt auf der Insel Ağthamar. Ber. 20. Zapiski XXIV 112f.

18. WAN, MEHER-KAPUSY. [illegible]

36.* MŽNKERT (MESCHINGERT). Ber. 39.

37.* IŠḪANIKOM. Zwischen diesem Dorfe und SURB WARTAN. Ber. 40.

b. Neunzeilig.

38. ARTAMID. In einem Seitentale. Sayce 74.

c. Vierzeilig.

39. ARTAMID. Im Garten des verstorbenen Topal. Z. Ethn. 1892 XXIV S. 134. 149 (Belck, Lehmann-Haupt); Sayce 72.

40. IŠḪANIKOM. Neben der Haustür des Hadji Hovhannes. Z. Ethn. 1892 XXIV S. 134. 150 (Belck, Lehmann-Haupt).

41.* IŠḪANIKOM. An der Kanalmauer bei den vier Mühlen. Ber. 44.

42.* KATEPANTHS. Westlich von 57. Ber. 45.

d. Dreizeilig.

43.* ARTAMID. Im gleichen Garten wie 35. Z. Ethn. 1892 XXIV 134; Sayce 71.

44.* KATEPANTHS. Ber. 47.

45.* KATEPANTHS. Ber. 48.

46.* HAYOTHS-DZOR, zwischen ANDZ(?) und MASPAK. Z. Ethn. 1904 XXXVI 488f. (Lehmann-Haupt).

B. Andere Kanalinschriften 47—52.

47.* BERKRI. Armenischer Friedhof. Ber. 49.

48.* ARTSWAPERT. In der Kirche. Ber. 50.

49.* ADA. Ber. 51.

50.* CHOTANLU. Ber. 52.

51.* MARMOS. Hierher verschleppter Unterteil einer Stele. Ber. 53.

52. AĞTHAMAR. Im Hofe der Kirche [illegible]

MENUAS.

I. Kriegsberichte 19—33.

19.* WAN, Kirche SURB POG̊OS. Chaldischer Opferstein. Sayce 32; Ber. 22.

20.* TAŠ-TÄPÄ. Felsinschrift, die abgesprengten Teile im Britischen Museum. Ber. 23.

21. THSOLAKERT bei KARAKÖINLU, unweit Tašburun. Felsinschrift auf der Chalderburg, jetzt Berliner Museum. Nik. 2; Sayce 34.

22. THSOLAKERT. Nik. 2; Sayce 66.

23.* GÜSAK. In der neuen Kirche als Altarstufe verwendet. Ber. 25.

24.* GÜSAK. In der alten Kirche als Altarstufe verwendet. Ber. 26.

25.* BERKRI. Früher in der Kirche als Altarstufe verwendet, jetzt Stambul. Ber. 28.

26.* DZOROWANK unweit BERKRI. Ber. 29.

27. JAZYLYDAŠ. Felsnische. Sayce 30.

28.* TOPRAK-QAL'ÄH in ALAŠKERT. Am Schulhause eingemauert. Ber. 31.

29.* BERKRI. Unterteil einer Stele, als Grabstein in der armenischen Kirche verwendet, jetzt Stambul. Sayce 89; Ber. 32.

30.* TARR. Steinblock, jetzt Stambul. Ber. 33.

31. PALU. Felsnische auf der Chalderburg. Sayce 33.

32a—c.* TRMERD. Drei Fragmente einer Stele, a als Grabstein auf dem Kirchhof; b und c in der Kirche. Sayce 35A; Ber. 35.

33a—b. PALIN (heutige Aussprache BAĞIN). Zwei wahrscheinlich zusammengehörige Stelenstücke. Z. Ethn. 1900 XXXII 573f. (Huntington- Lehmann-Haupt).

II. Kanalinschriften 34—52.

A. Vom Menuaskanale, heute Šamyram-su(y) 34—46.

a. Vierzehnzeilig.

34. KATEPANTHS. Sayce 22.

35. ARTAMID. Im Garten des Abdurahman Bairamyn Oglu. Z. Ethn. 1892 XXIV 135f. 150 (Belck, Lehmann-Haupt); Sayce 73.

III. Bauinschriften 53—82.

53. WAN-QAL'AH, Nordseite. Eingang zum Felsensaal. Sayce 21.

54. WAN-QAL'AH, Zitadellenmauer. Ber. 56, Abb. S. 622.

55. SIG̊KEH. In der Kirche. Sayce 28; ZDMG 1904 LVIII 817ff. (Lehmann-Haupt).

56.* GÜSAK. In der Kirche. Ber. 58, vgl. VB anthr. G. 1901, 309 (Belck).

57.* KATEPANTHS. Nahe 42. Sayce 23.

58.* KORTSOD (Ebene von BERKRI). In der Mühle. Ber. 60.

59. DELIBABA. In der Kirche. Ber. 61. Zapiski XXIV 129.

60. HASSAN-QAL'AH. Sayce 35.

61. HASSAN-QAL'AH. Im Museum von Stambul als Stein von Pasinler. VB anthr. G 1901 S. 452ff. (Belck).

62. BAŠ-BULAQ. Aus der Burgmauer. Nik. 3; Sayce 81.

63.* ANZAFF.

64. MELASKERT. Recueil XVIII S. 75f. (Scheil).

65. Inschrift unsicherer Herkunft, vielleicht aus der Kirche von Sig̊keh und identisch mit Z. Ethn. 1892 XXIV 125 Nr. 18 (Belck).

66. KOḪBANTHS. Im Kloster. Sayce 17.

67. KOḪBANTHS. Im Kloster. Sayce 18.

68a—b. NORKJUCH. Nach Ag̊thamar gebracht. Zapiski XXIV 113.

69. SUŠANZ. Säulenstein in der Kirche. Sayce 13.

70.* GÜSAK. In der neuen Kirche. Ber. 68.

71.* BOSTAN-KAYA. Ber. 69.

72.* WAN. Im Hause des Mešem-Agha.

73. Fraglicher Herkunft. Sayce 24.

74. VOSGEPAG. Runder Säulenstein. Z. Ethn. 1904 XXXVI 488 (Lehmann-Haupt).

75. JEDI- (oder WARRAK-) KILISSA. Sayce 14.

76. WAN. Im Hause des Atem-Agha.

77. WAN. Im Hause des Atem-Agha. 76 oder 77 = Sayce 15.

78.* CHURKUM. Säulenbasis. Ber. 78.

79. ANZAFF. Hilprecht Aniversary Volume S. 259ff. (Lehmann-Haupt).

80. KOḪBANTHS. Sayce 19.

81. JEDI- (oder WARRAK-) KILISSA. Sayce 25.

81A. Inschrift im Britischen Museum Nr. 90863.

82. JEDI- (oder WARRAK-) KILISSA. Sayce 75.

Fortsetzung des vorläufigen Inschriftenverzeichnisses.

IV. Kult- und Weihinschriften 83—97.

83. WAN. Im Pflaster vor der KURŠUN-Moschee. Z. Ass. 1892 VII 257 ff. (Belck, Lehmann-Haupt); Sayce 80.
84.* WAN. Im Pflaster vor der KURŠUN-Moschee. Ber. 83.
85.* KARAḪAN. Ber. 84.
86. KARMIRWOR WANK. Sayce 7.
87 a—c. WAN. Drei tafelförmige Felsinschriften WAN-QAL'AH, Nordseite. Sayce 20.
88.* ERERIN. In der Kirche, am Altar. Ber. 87.
89.* WAN, Kirche SURB WARTAN. Als Schwellenstein verwendet Ber. 88.
90. JEDI (oder WARRAK)-KILISSA. Sayce 26. 1; Zapiski XXIV 98 ff.
91. JEDI (oder WARRAK)-KILISSA. Sayce 26, 2.
92.* ARTSWAPERT. In einer Seitennische der Kirche. Ber. 91.
93.* KIZILKAYA. Auf dem Kirchhofe. Ber. 92.
94.* METSHOPHAY WANK. Über der Eingangstür der Kirche. Ber. 93.
95. KARAḪAN. Sayce 27.
96. WAN, aus dem Bazar. Schulz 88.
97. JEDI- (oder WARRAK-) KILISSA. Sayce 76.

V. Nicht näher bestimmbare Fragmente 98—110.

98.* ANZAFF.
99* und 100.* PATNOTTHS, in der Kirche.
101, 102, 103. SIǦKEH, in der Kirche. Sayce 10, 11, 16.
104, 105.* ŠUŠANTHS, in der Kirche. Sayce 12, 8.
106,* 107.* ŠUŠANTHS, in der Kirche.
108.* KARAḪAN. In der Mauer eines Kurdenhauses. Ber. 98 a—c.
109. MELASKERT, Kirche SURB SARGIS. Sayce 88.
110.* WAN, BAZAR (?).

ARGISTIS I.

111. WAN, WAN-QAL'AH, Südseite. Große Annaleninschrift. Sayce 37 bis 44.

132 A. Ebenda. Inschrift der in der Tiefe der Nische aufgestellten Stele.
132 B. Ebenda. Felsinschrift a. d. Rückwand d. Nische hint. d. Stele 132 A.
133. IZOLY. Sayce 50.
134. ZAǦALU. Nik. 15; Sayce 82.
135. ATAMḪAN. Nik. 16; Sayce 53.
136.* PATNOTHS. In der Kirche. Ber. 118.
137. ASTWADZAŠÊN im Haiôth-zôr. Sayce 62.
138.* BINGÖL-DAǦ.
139. Aus der Gegend von ERIWAN. Veröffentlichungen der Kaiserlich Russischen Archäologischen Kommission Nr. 37 (Nikolsky).
140, 141, 142, 143. ARMAWIR. Nik. 13, 14, 12, 20; Sayce 63, 64, 65, 85.

RUSAS I.

144.* WAN, in einem Privathaus. Oberteil einer Stele, wahrscheinlich Kopfstück zu 145. Ber. 126.
145. KEŠIŠ-GÖL. Große Stele ohne Oberteil. Z. Ethn. 1892, 141 ff. 151 f.; Sayce 79.
146.* SIDIKAN-TOPZAUÄ. Zweisprachige Steleninschrift, chaldisch-assyrisch. (Teilweise publ. ZDMG 1904 LVIII 834 f.: Lehmann-Haupt); Ber. 128.
147. KÖLANGRAN am Gokča-See. Nik. 18; Sayce 55, vgl. J. R. Asiatic Soc. 1894, 713 ff.

ARGISTIS II.

148,* 149.* Zwei große Stelen, wahrscheinlich aus den Ruinen einer Stadt unweit Ardješ und Djelaby-Baǧi und Haǧi verschleppt. Ber. 130. 131.
150. HAIKAWANK. ZDMG 1904 LVIII 815 ff. (Lehmann-Haupt); Sayce 87.

RUSAS II.

151. ETSCHMIADZIN. ZDMG 1902 LVI 101 ff; Sayce 86.

113a—b.* WAN. Im Hofe des Terzibasean. Zwei Fragmente. Ber. 101.

114.* WAN. Kirche von ENGUSNER. Ber. 102.

115. ELAR. Nik. 6; Sayce 36.

116. ORDAKLU. Nik. 8; Sayce 60.

117. QULIDJAN. Nik. 7; Sayce 61.

118. GANLIDJA. Nik. 5; Sayce 47.

119. SARYKAMYŠ. Nik. 21; Sayce 84.

120. ARMAVIR. Aus zwei Stücken zusammengesetzt. Nik. 10. 11.

121. BLUR bei ARMAVIR. Nik., 1893 S. 35ff. Nik. 17; Sayce 59.

122. GAZANTSCHI. Nik. 4; Sayce 67.

123. ŠAḪRIAR, Distrikt Armavir. VB anthr. G 1900, 572 A. 5 (Lehmann-Haupt).

124.* GÜGANTHS im Hayoths-dzor (könnte etwa auch Argistis II. zukommen). Säulenstein.

125.* KARA-QAL'AH. Nik. 24.

126. SARDARABAD. Nik. 9; Sayce 77.

127.* ARMAWIR.

128. GANLI-TÄPÄ. Nik. 22.

SARDUR III.

129.* WAN, Kirche SURB POĜOS. Sayce 48; Ber. 116.

130, 131. KARATAŠ. Sayce 51.

132. WAN, WAN-QAL'AH. Nordseite. NISCHE ḪAZINEH-KAPUSY. Felsinschrift oben an der Ostseite der Nische. Sayce 49.

1912, 107ff.; Zapiski XXV 47ff.

154. WAN, TOPRAK-QAL'ÄH. Fragment eines Weiheschildes aus Bronze mit Randinschrift. Z. Ass. 1894 IX 95 (Belck, Lehmann-Haupt).

155. WAN, TOPRAK-QAL'ÄH. Tontafel mit einem an Rusas gerichteten Bericht. Ber. 135. Mat. Nr. 36 S. 105f. Armenien II 2, 588.

RUSAS III.

156. ARMAWIR. Nik. 19; Sayce 85.

157—162. WAN, TOPRAK-QAL'ÄH. Teile von 6 verschiedenen Weiheschilden aus Bronze mit Randinschrift. Z. Ass. 1892 VII 265ff.; 1894 IX 95ff.; Sayce 52.

163a—b. WAN, TOPRAK-QAL'ÄH. Inschriften auf zwei Teilen eines Bronzefrieses. Sayce 52; Z. Ass. 1894 IX 99 A. 2.

Inschriften unbestimmbarer Zuweisung.

(Für die Zwecke dieses Prospektes stark gekürzte Angaben.)

164—176 B. 26 Steininschriften.

177—180. 4 Tontafeln.

181—186. 6 Siegelabdrücke.

187a—189c. 28 Scherben von beschrifteten Tonkrügen.

190—193. Verschiedenes.

Reichsdruckerei.
3430. 28. IIb.

FSC
www.fsc.org
MIX
Papier | Fördert gute Waldnutzung
FSC® C083411

Kolibri 360 GmbH
Ferdinand-Jühlke-Straße 7
99095 Erfurt, Deutschland
produktsicherheit@kolibri360.de